普通高等教育"十一五"国家级规划教材
北京高等教育精品教材

设计材料及加工工艺
（修订版）

江湘芸　编著

北京理工大学出版社
BEIJING INSTITUTE OF TECHNOLOGY PRESS

图书在版编目（CIP）数据

设计材料及加工工艺/江湘芸编著. —2版. —北京：北京理工大学出版社，2010.11(2023.12重印)

普通高等教育“十一五”国家级规划教材

ISBN 978-7-5640-3046-9

Ⅰ. ①设… Ⅱ. ①江… Ⅲ. ①工程材料－造型设计－高等学校－教材 Ⅳ. ①TB47

中国版本图书馆CIP数据核字（2010）第020552号

出版发行 / 北京理工大学出版社
社　　址 / 北京市海淀区中关村南大街5号
邮　　编 / 100081
电　　话 / (010)68914775(办公室)　68944990(批销中心)　68911084(读者服务部)
网　　址 / http://www.bitpress.com.cn
经　　销 / 全国各地新华书店
印　　刷 / 廊坊市印艺阁数字科技有限公司
开　　本 / 889毫米×1194毫米　1/16
印　　张 / 14.5
字　　数 / 460千字
版　　次 / 2010年11月第2版　2023年12月第29次印刷　　责任校对 / 陈玉梅
定　　价 / 76.00元　　责任印刷 / 边心超

前　言

工业设计是一门新兴的实用学科。《设计材料及加工工艺》是工业设计专业中一门必修的基础专业课程，它在工业设计教学中具有十分重要的地位。

在设计中，材料及工艺和设计的关系是密切相关的。材料及工艺是产品设计的物质技术条件，是产品设计的基础和前提。设计通过材料及工艺转化为实体产品，材料及工艺通过设计实现其自身的价值。材料作为一个包括产品—人—环境的系统，以其自身的特性影响着产品设计，不仅保证了维持产品功能的形态，并通过材料自身的性能特性满足产品功能的要求，成为直接被产品使用者所视及与触及的唯一对象。任何一个产品设计，只有与选用材料的性能特点及其加工工艺性能相一致，才能实现设计的目的和要求。每一种新材料、新工艺的出现都会为设计实施的可行性创造条件，并对设计提出更高的要求，给设计带来新的飞跃，出现新的设计风格，产生新的功能、新的结构和新的形态。而新的设计构思也要求有相应的材料及工艺来实现，这就对材料及工艺提出了新的要求，促进了材料科学的发展和工艺技术的改进与创新。

《设计材料及加工工艺》为国家“十五”规划教材，出版后使用效果良好，已进行多次印刷，荣获2004年北京市精品教材。教材编写于2002年，出版时间为2003年8月，其部分内容已满足不了时代的需求，为此需要修订和补充教材内容，以符合当代设计教育的要求，使设计材料和工艺更好地为设计服务。该教材的修订版是普通高等教育“十一五”国家级规划教材。

《设计材料及加工工艺（修订版）》在原教材内容的基础上进行了大量的拓展和补充，全书内容共为十一章。着重探讨“材料设计”系统，将材料的性能、使用、选择、制造、开发、废弃处理和环境保护看成一个整体，探讨材料对人的生理和心理效应及对环境的影响因素，积极评价各种材料在设计中的使用价值和审美价值，使材料具有开发新产品和新功能的可行性。教材以材料的应用为切入点，着重介绍设计中常用的设计材料及加工工艺，了解和掌握各种材料的基本特性、表面质感和用途，比较各种材料的特定形态及实现这种形态的工艺技术，了解当今时代的新信息，能动地运用新材料和新技术，把握材料及工艺在设计中的运用。

本书作为工业设计专业的适用教材，内容不过多涉及有关工科专业理论。全书文字简洁、通俗易懂，具有广、浅、新的特点。特别是书中配置的大量图片，使读者更直观地感觉到产品设计中材料与工艺的魅力。

由于编者水平有限，书中难免存在不足之处，敬请读者批评指正。

编　者

目　录

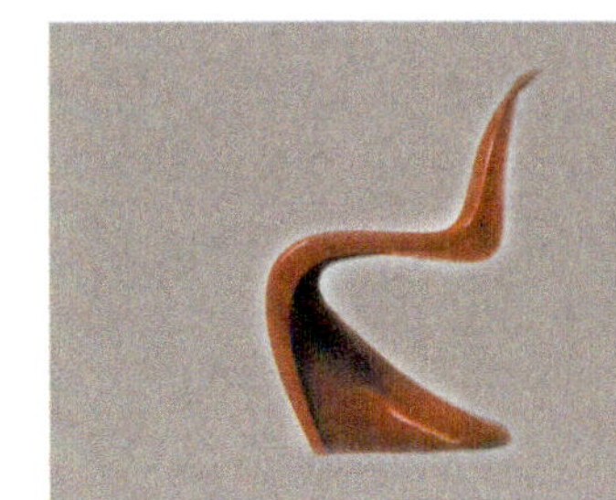

第一章

概 论

1.1 设计与材料

翻开人类进化史，我们不难发现，材料的开发、使用和完善贯穿其中，与人类的生活和社会发展密不可分。材料对人类的生存和发展产生了深刻的影响，人类文明进化的时代就是以材料的产生和使用来划分的，历史学家曾按材料的使用情况将人类社会的发展分成旧石器时代、新石器时代、青铜器时代和铁器时代（包括钢时代）。以材料的名称来划分人类的历史，体现了材料对人类生存发展的决定意义。整个人类史就是一部材料史，一部材料史就是人类的文明史、设计史。纵观人类的造物史，实际上是不断发现材料、利用材料、创造材料的历史，材料无时无刻不在影响着我们的生活。

人类从石器时代、陶器时代、铜器时代、铁器时代步入当代的人工合成材料时代，材料早已成为人类赖以生存和生活中不可缺少的重要部分，材料是人类一切生产和生活的物质基础，是人类进步的里程碑，是人类文明和时代进步的标志，是社会科学技术发展水平的标志。

人类最早选择的材料是草、木、藤、石、皮毛等自然材料，新石器时期，人类就开始对这些自然材料进行有目的的加工，使材料具有了承载人性的文化特征。陶的发明是人类文明史上的里程碑，是人类主动改造自然的象征，它使人类告别了仅以利用自然材料进行设计活动的时期，进入了利用加工材料进行设计的历史。

材料是人类生产各种所需产品和生活中不可缺少的物质基础。人类改造世界的创造性活动，是通过利用材料来创造各种产品才得以实现的。从原始时代起，人类使用材料时就注意到各种材料的基本特性，并经过无数次的失败和成功，积累和丰富了对材料的认识和加工技术，尽量针对不同的材料予以不同的形态设计。科学技术的发展使现代新型材料不断出现和广泛应用，对工业造型设计有着极大的推动作用。每一种新材料的发现和应用，都会产生不同的成型加工方法和工艺制作方法，从而导致产品结构的巨大变化，给产品造型设计带来新的飞跃，形成新的设计风格，同时也给产品造型设计提出更高的要求，形成设计发展的推动力，从而会引发一场新的设计运动。

人类的设计意识与使用材料是并生共存的，任何设计都需要通过材料来实现。产品造型设计的过程实质上是对材料的理解和认识的过程，是“造物”与“创新”的过程，是应用的过程。

以家具中的椅子为例，可以看出椅子设计造型的变化与发展和椅子材料的应用与发展是相辅相成、相互影响、相互促进和相互制约的。

古希腊时期，采用天然石材制作的石椅子，由于石材承受的压力远远高于承受拉力，且不易加工装配，通常整体落地，因而形成一个基座式椅子的造型风格。

我国明式家具在家具发展中占有十分重要的地位，明式家具除其完美简洁的造型、严谨合理的结构、精致的制作工艺外，自然亮丽的材料质感是明式家具的重要特征。明式椅子所用木材多为紫檀木、黄花梨木、杞梓木、红木、乌木、铁力木和楠木等，这些木材质地坚硬、色泽柔和、纹理优美、强度高、气味独特，是其他一般木材无法比拟的。在用材上，根据椅子结构的不同部位，审辨木材的材质、色泽和纹理，以恰如其分的尺寸进行粗细随形处理。在制作中，由于材质坚硬，使得精密的榫卯结构得以实现，这样使得明式椅子在造型上，线条更加挺拔秀丽、流畅，其形体更加严谨轻巧、浑然一体，如圈椅、官帽椅（图1-1）。由这些优质木材制作的家具经烫蜡打磨或用其他装饰工艺加工后，其光亮如镜，显露出自然华美的纹理，呈现出黑里透红、润泽内蕴的光辉色彩和富有含蓄深沉的美感。这使明式家具以其独特的清秀典雅、明快流畅的风格屹立于世界家具之林，这也充分体现了材料自身美与家具造型和风格两者之间的关系。

图1-1　明代家具——圈椅和官帽椅

在现代设计发展的进程中，设计师们在材料的运用上给我们留下了丰富而宝贵的经验。自18世纪欧洲工业革命以来，随着科学技术的发展，出现了各类新材料、新工艺，给家具造型带来了新的生命。特别是1919年德国兴起的“包豪斯”学派，主张以直线和突破陈规的构思去合理使用各种材料，讲究构图的动势感和材料质感上的对比，使其在合理而富有数理性的造型概念中充满“动”与“视”的和谐统一。由马谢尔·布鲁耶（Marcel Breuer）领导的家具改革，开辟了家具设计新的一页。他由自行车把手而引出了钢管家具的设想，于1925年以钢管和帆布为材料，成功地设计并制造出了世界上第一张以标准件构成的钢管椅——瓦西里椅（图1-2），首创了世界钢管椅的设计，突破了原有木制椅子的造型范围。由于钢管具有弹性，强度高，表面经处理后显露出的光泽，使产品造型更显得轻巧优美、华贵高雅、结构坚固、单纯紧凑，满足了良好的使用功能和审美功能，充分表现了钢的强度与弹性的结合，强调了美观决定于功能需求、材料的固有特性以及精巧的结构这三者之间的相互关系，体现出强烈的时代感和现代工业、现代材料的科学美。

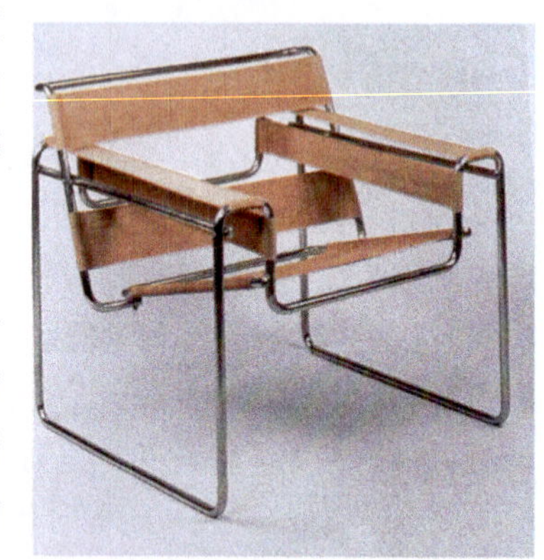

图1-2　钢管椅——瓦西里椅

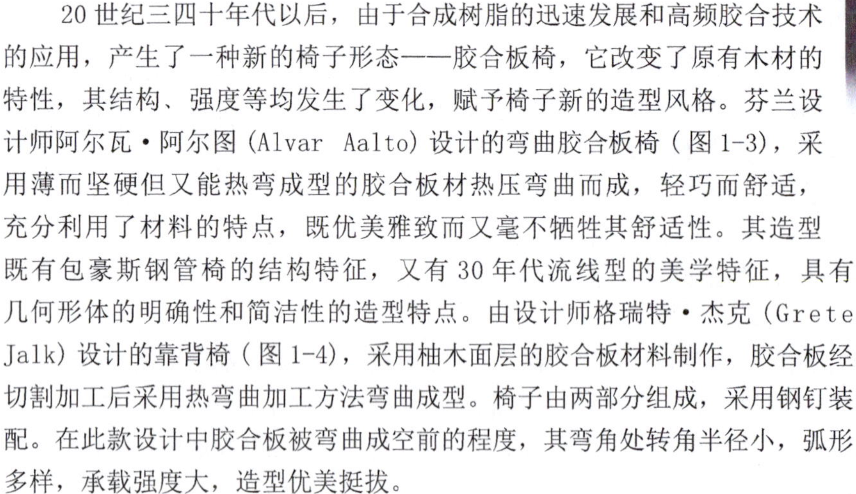

20世纪三四十年代以后，由于合成树脂的迅速发展和高频胶合技术的应用，产生了一种新的椅子形态——胶合板椅，它改变了原有木材的特性，其结构、强度等均发生了变化，赋予椅子新的造型风格。芬兰设计师阿尔瓦·阿尔图（Alvar Aalto）设计的弯曲胶合板椅（图1-3），采用薄而坚硬但又能热弯成型的胶合板材热压弯曲而成，轻巧而舒适，充分利用了材料的特点，既优美雅致而又毫不牺牲其舒适性。其造型既有包豪斯钢管椅的结构特征，又有30年代流线型的美学特征，具有几何形体的明确性和简洁性的造型特点。由设计师格瑞特·杰克（Grete Jalk）设计的靠背椅（图1-4），采用柚木面层的胶合板材料制作，胶合板经切割加工后采用热弯曲加工方法弯曲成型。椅子由两部分组成，采用钢钉装配。在此款设计中胶合板被弯曲成空前的程度，其弯角处转角半径小，弧形多样，承载强度大，造型优美挺拔。

图1-3　胶合板椅

此外，新的合金技术和合成化学技术也为椅子提供了各类高性能的轻质合金材料及高分子聚合材料，这一系列材料的问世，为椅子造型设计开辟了更广阔的领域。丹麦设计师威勒·潘顿（Verner Panton）设计的S形塑料椅（图1-5），采用塑料一次性模压成型而得，其造型简洁优美，色彩艳丽，突破了原有木质椅子的造型特征，独特的造型充分体现了塑料的生产工艺和结构特点，使塑料这种工业化、大众化的材料变得高雅，是现代材料、现代

图1-4　靠背椅

生产方式与造型的有机结合，是现代家具史上革命性的突破。设计师皮尔罗·加提（Piero Gatti）等设计的Sacco椅（图1-6），采用乙烯基布缝制成一个锥状袋子，内装颗粒状聚苯乙烯泡沫球，此款布袋椅完全抛弃了家具设计的结构，适宜使用者所采取的各种坐姿。

材料科学的发展，使产品形态产生了根本的变化。各种新材料、新工艺的出现，给椅子造型带来了新的生机，出现了诸如玻璃椅子（图1-7）、充气椅子（图1-8）等各种形式和结构，表达了不同的材料引起了产品造型的变化。这些材料与工艺的结合，为椅子造型设计提供了更多的造型方法和手段，产生了完全崭新的造型风格。

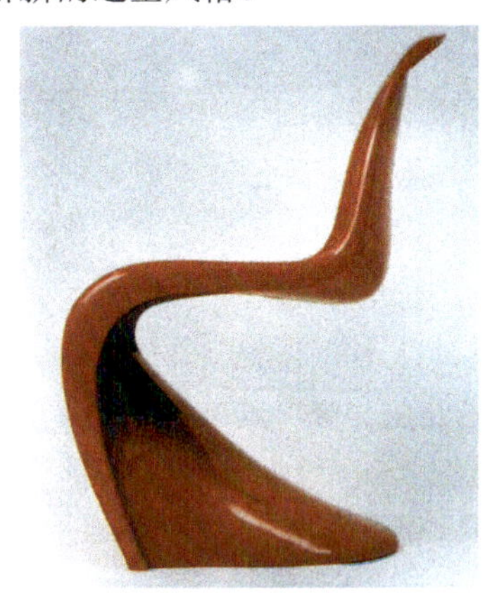

图1-5　S形塑料椅

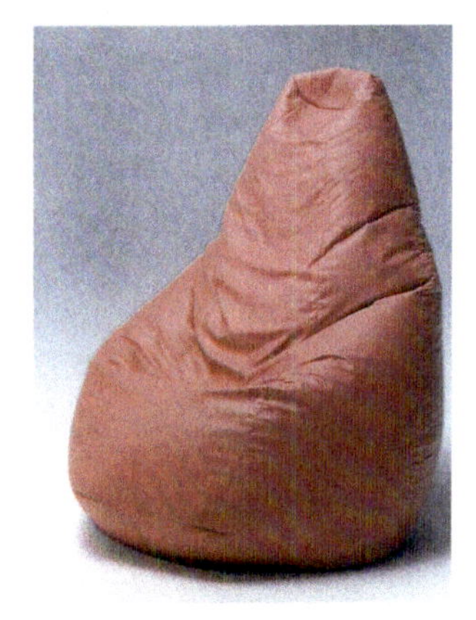
图1-6　Sacco椅

图1-7　玻璃椅子

1.2 产品造型设计的物质基础

图1-8　充气椅子

产品造型设计是工业产品技术功能设计与美学设计的结合与统一，集现代科学技术与社会文化、经济和艺术为一体。造型设计是一种人造物的活动，是人们在一定文化艺术指导下，有意识、有目的地运用人类科学文化发展的优秀成果，用现代工业化生产方式将各种材料转变为具有一定使用价值或具有商品性的工业产品的创造活动。

产品是由一定的材料经过一定的加工工艺而构成的，一件完美的产品必须是功能、形态和材料三要素的和谐统一，是在综合考虑材料、结构、生产工艺等物质技术条件和满足使用功能的前提下，将现代社会可能提供的新材料、新技术创造性地加以运用，使之满足人类日益增长的物质和精神需求。

在产品造型设计中，材料是用以构成产品造型且不依赖于人的意识而客观存在的物质，无论是传统材料还是现代材料、天然材料还是人工材料、单一材料还是复合材料，均是工业造型设计的物质基础；工艺是指材料的成型工艺、加工工艺和表面处理工艺，是人们认识、利用和改造材料并实现产品造型的技术手段。材料通过工艺过程成为具有一定形态、结构、尺寸和表面特征的产品，将设计方案转变成具有使用价值和审美价值的实体。

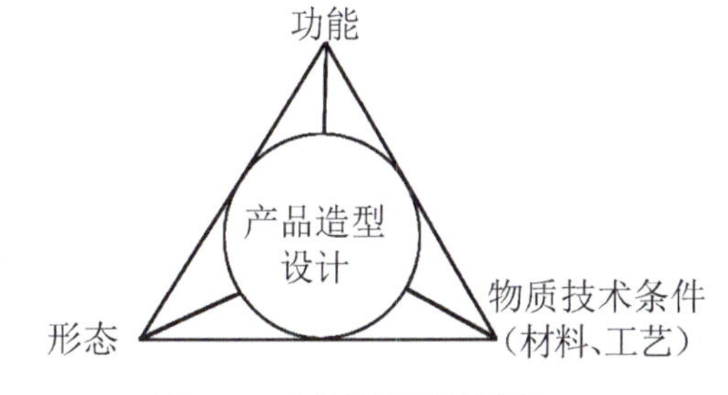

图1-9　产品造型设计要素

材料与工艺是设计的物质技术条件，是产品设计的前提，它与产品的功能、形态构成了产品设计的三大要素（图1-9）。组成产品造型设计的三个基本要素是互相影响、互相促进和互相制约的。功能是设计的目的，形态是产品功能的具体表现形式，物质技术条件是实现设计的基础。而产品的功能和造型的实现都建立在材料和工艺上。只有三者有机结合，才能充分体现出现代工业产品的实用性、艺术性和科学性。

在诸多的造型材料中，各种材料都有其自身的材料特性，并因加工性能和装饰处理的各异而体现出不同的材质美，从而影响着产品造型设计。任何一种产品造型设计只有与选用材料的性能特点及其工艺特性相一致，才能实现设计的目标和要求。

在设计中，对于材料要有一个较为全面的认识，一方面，材料的发展与我们社会的进步有着紧密的联系，可以说，材料开拓了想象的空间，设计也为材料提供了展示其魅力的平台；另一方面，将材料看做是有生命的对象，适度地运用会与设计作品相得益彰。

材料的不同，必然带来设计的不同，新的材料会产生新的设计，产生新的造型形式，给人们带来新的感受。

1.3 材料设计

19 世纪以前的制品都是采用天然材料做成的。材料与制品的对应关系都是相对固定的。由于材料种类稀少，在设计中改变材料性质、重新组合使用材料、改变材料用途的可能性极小，因此改变材料的色彩或将不同的材料组合起来就成了设计的主要任务。20 世纪初塑料诞生后，由于塑料的质地均匀、价格便宜并适合于机械大生产，因此大部分器具纷纷以塑料替代天然材料，其中尤其突出的是用尼龙代替丝绸。这个时期的设计仍用塑料摹仿用玻璃、陶瓷、木材等单一材料做成的生活器具，从本质意义上讲仍未摆脱“替代设计”的阴影。20 世纪 70 年代以来，更多具有特殊性质的塑料品种在工业生产中得到广泛应用。塑料本身所具有的特点决定了其产品的色彩、形态和使用方法，也提示了新制品诞生的可能。这一时期的设计工作已不再是被动地运用塑料，而是采用能充分发挥各种塑料特性的方法来进行包括汽车、飞机、家具、建筑等的设计。同时新的塑料制品还在包装业、运输业、捕鱼业等领域中得到了恰当的运用。随着材料品种的增多，设计开始面临确切表达和利用材料个性的问题。

近年来，一批设计师不甘心被动地接受材料科学的研究成果，从“以人为本”的角度出发，积极评价各种材料在设计中的价值，挖掘材料在造型设计中的潜力，有意识地运用新材料和新技术来创造新产品，同时关注环境问题。从而出现了“材料设计”的理念，确定了材料运用已成为设计活动中一个不可忽视的部分。

1. 材料设计的内容

产品造型中的材料设计，是以包括“物—人—环境”的材料系统为对象，将材料的性能、使用、选择、制造、开发、废弃处理和环境保护看成一个整体，着重研究材料与人、社会、环境的协调关系，对材料的工学性、社会性、经济性、历史性、生理性和心理性、环境性等问题进行平衡和把握，积极评价各种材料在设计中的使用价值和审美价值，使材料特性与产品的物理功能和心理功能达到高度的和谐统一，使材料具有开发新产品和新功能的可行性，从各种材料的质感中去获取最完美的结合和表现，给人以自然、丰富、亲切的视觉和触觉的综合感受。如图 1-10 所示。

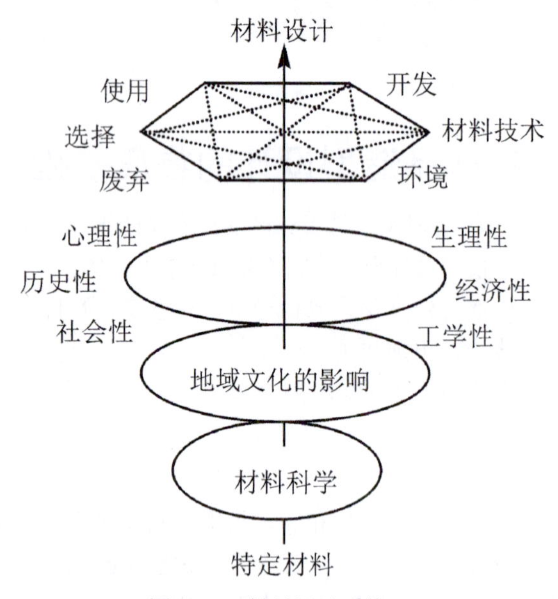

图 1-10　材料设计系统

产品造型中的材料设计能有效地发掘材料为设计服务的潜力，使设计在色彩、形态、制造工艺方面所受的限制大幅度降低，使设计的可能性不断扩大。有意识地运用各种新技术和新手段来创造新材料，运用具有新的组合方式、新的形态和新的性质的各种材料进行新产品的开发。因此，我们在选择使用材料时，不仅从材料本身的角度考虑材料的功能特性，还必须从使用者和环境的角度考虑材料与人机界面的特殊关系，考虑材料与周围环境的有机联系，甚至包括防止环境污染和非再生资源的滥用等问题。

2. 材料设计的方式

产品造型中的材料设计如图 1-11 所示，其出发点在于原材料所具有的特性与产品所需性能之间的充分比较。其主要方式有两种：一是从产品的功能、用途出发，思考如何选择或研制相应的材料；二是从原材料出发，思考如何发挥材料的特性，开拓产品的新功能，甚至创造全新的产品。不论是哪一种方式，其根本之所在都是使原材料的特性与产品所需性能取得更好的匹配。

在第一种方式中，所思考的问题是：①当已有合适的材料可供选择时，以现有的材料为前提，即为了实现产品所需要的功能而选择最适合的材料。应充分展开对产品所需性能与原材料所具有特性的比较与评价，从性能、成本等多方面深入探讨对材料及其应用方法的选择；②当没有合适的现成材料可供选择时，则应利用合适的原材料进行结构设计，研制能高度满足产品性能要求的新材料；③研制与开发产品化过程中的应用技术，在要求产品具有高度性能的现代设计中，从材料直接变成产品的情况极少。造型所要求的形状、外观所要求的材质感和表面性状（色彩、光泽、肌理等），都需通过应用技术来实现。应用技术是加工技术、成型技术、表面装饰技术等的产品化技术。从现在起有必要再加上废弃技术和再资源化技术。

第二种思考方式却与第一种刚好相反。近年来，随着各种新技术的开发，适用各种技术的新材料也相应得到开发，从而诞生了各种新的原材料，这些新的原材料不仅等待着新用途的开发，而且还为新造型的出现打下了重要的基础。另一方面，与新材料用途开发一样，是以再利用、再资源化而引人注目的废弃物的用途开发。

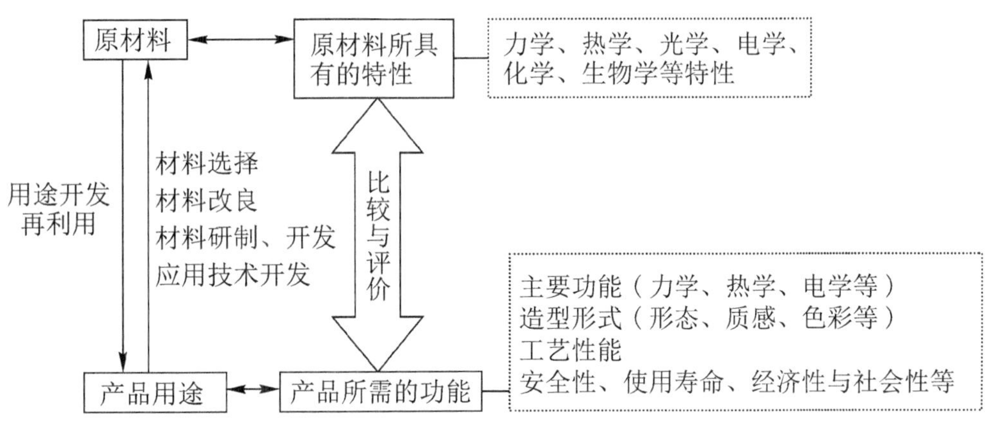

图 1-11　材料设计的方式

3. 材料与产品的匹配关系

产品设计包含两个侧面，即功能设计与形式设计。材料不仅是功能设计并且还是形式设计的主要处理对象，因为材料不仅保证了能维持产品功能的形态，而且材料成为直接被产品使用者所视及与触及的唯一对象。因此在产品设计中，材料不仅要与功能设计层面并且还要与形式设计层面取得良好匹配。这一匹配关系如图 1-12 所示。

由图得知，材料的性能分为三个层次：其核心部分是材料的固有性能，包括物理性能、化学性能、加工性能等；中间层次是人的感觉器官能直接感受的材料性能，它主要是部分物理性能，如硬软、重轻、冷暖等；其外层是材料性能中能直接赋予视觉的表面性能，如肌理、色彩、光泽等。产品功能设计所要求的是与核心部分的材料固有性能相匹配，而在产品形式设计中除了材料的形态之外，还必须考虑材料与使用者的触觉、视觉相匹配。一般触觉要求的是与中间层次的性能感觉相匹配，而视觉上要求与材料的表面感觉相匹配。

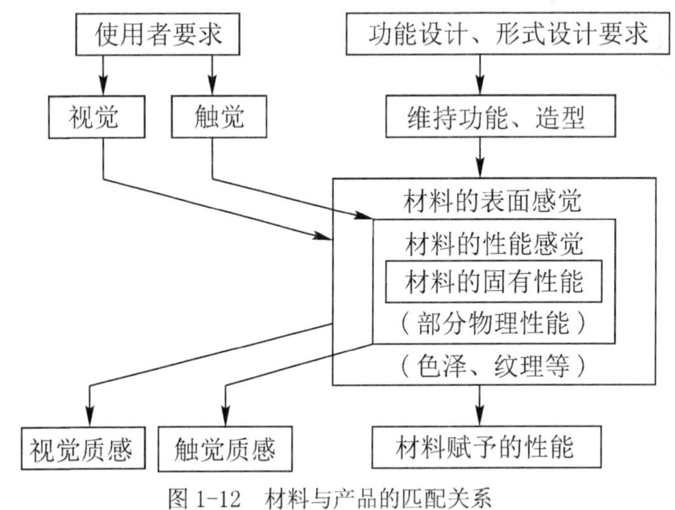

图 1-12　材料与产品的匹配关系

随着科学技术的进步，尤其自 20 世纪 80 年代后期以来，人类终于逐步认识到材料科学必须与人、社会、环境取得协调，不然全人类都将为此付出沉重的代价。不少国家已逐步以法律的形式把产品与人、社会、环境的协调确定为发展科技的国策。

1.4 设计材料的分类

在工业设计范畴内，材料是实现产品造型的前提和保障，是设计的物质基础。一个好的设计者必须在设计构思上针对不同的材料进行综合考虑，倘若不了解设计材料，设计只能是纸上谈兵。随着社会的发展，设计材料的种类越来越多，各种新材料层出不穷。为了更好地了解材料的全貌，可以从以下几个角度来对材料进行分类。

1. 按材料的来源分类

第一代的天然材料：不改变其在自然界中所保持的状态，或只施以低度加工的材料，如木材、竹材、棉、毛皮、石材等（图 1-13）。

图 1-13　天然材料（竹、木、皮毛、石）

第二代的加工材料：利用天然材料经不同程度的加工而得到的材料，加工程度从低到高，有人造板、纸、水泥、金属、陶瓷、玻璃等（图 1-14）。

第三代的合成材料：利用化学合成方法将石油、天然气和煤等原料进行制造而得到的高分子材料，如塑料、橡胶、纤维等（图 1-15）。

图 1-14　加工材料（金属、玻璃）

图 1-15　合成材料（塑料、橡胶）

第四代的复合材料：用各种金属和非金属原材料复合而成的材料（图 1-16）。

第五代的智能材料或应变材料：随环境条件的变化具有应变能力，拥有潜在功能的高级形式的复合材料。图 1-17 为“花火”灯，灯罩是有热感应的记忆合金，温度一开始升高，“花”就会开始绽放。所以，亮灯的时间越长花也会开得越大。

图 1-16　复合材料

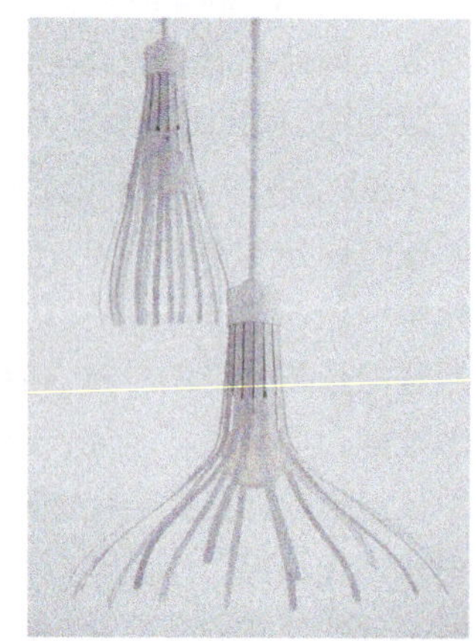

图 1-17　“花火”灯

2. 按材料的物质结构分类

按材料的物质结构分类，可以把设计材料分为四大类，如下所示。

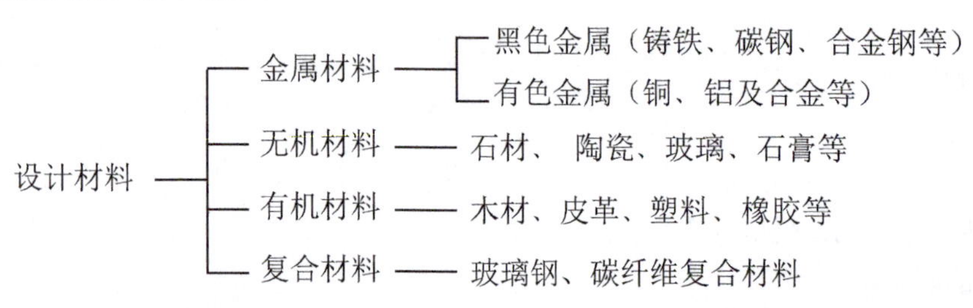

3. 按材料的形态分类

设计选用材料时，为了加工与使用的方便，往往事先将材料制成一定的形态，我们把材料的形态称为材形。不同的材形所表现出来的特性会有所不同，如钢丝、钢板、钢锭的特性就有较大的区别。钢丝的弹性最好，钢板次之，钢锭则几乎没有弹性；而钢锭的承载能力、抗冲击能力极强，钢板次之，钢丝则极其微弱。

按材料的外观形态通常将材料抽象地划分为三大类：

(1) 线状材料（线材）

线材通常具有很好的抗拉性能，在造型中能起到骨架的作用。设计中常用的有钢管、钢丝、铝管、金属棒、塑料管、塑料棒、木条、竹条、藤条等（图 1-18）。

图 1-18　线状材料制作的椅子

图 1-19　板状材料制作的椅子

(2) 板状材料（面材）

面材通常具有较好的弹性和柔韧性，利用这一特性，可以将金属面材加工成弹簧钢板产品和冲压产品；面材也具有较好的抗拉能力，但不如线材方便和节省，因而实际中较少应用。各种材质面材之间的性能差异较大，使用时因材而异。为了满足不同功能的需要，面材可以进行复合，形成复合板材，从而起到优势互补的效果。设计中所用的板材有金属板、木板、塑料板、合成板、金属网板、皮革、纺织布、玻璃板、纸板等（图 1-19）。

(3) 块状材料（块材）

通常情况下，块材的承载能力和抗冲击能力都很强，与线材、面材相比，块材的弹性和韧性较差，但刚性却很好，且大多数块材不易受力变形，稳定性较好。块材的造型特性好，本身可以进行切削、分割、叠加等加工。设计中常用的块材有木材、石材、泡沫塑料、混凝土、铸钢、铸铁、铸铝、油泥、石膏等（图 1-20）。

图 1-20　块状材料制作的椅子

1.5 设计材料的基本特性

任何设计均须通过材料来创造内容，设计的结果由加工后的特定的材料得以保证，设计在很大程度上取决于材料的固有特性。材料本身具有极为复杂的特性，在探讨造型时，设计师必须了解、掌握并正确评价材料特性，从材料本身推演出产品所需的结构和形式，能动地使用物质技术条件，将材料特性发挥到最大限度。

1.5.1 材料特性的评价

正确掌握材料特性，将材料特性发挥到最大限度，是任何完美设计的第一原理，是产品造型设计的重要原则。

材料特性包括两方面：一是材料的固有特性，即材料的物理特性和化学特性，如力学性能、热性能、电磁性能、光学性能和防腐性能

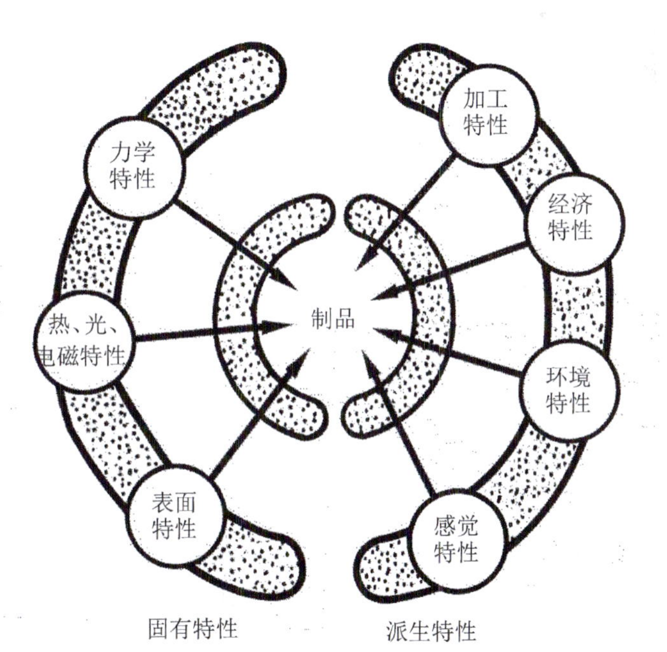

图 1-21　制品与材料特性的关系

等；二是材料的派生特性，它是由材料的固有特性派生而来的，即材料的加工特性、材料的感觉特性和环境特性。这些特性的综合效应从某种角度来讲其决定着产品的基本特点。

如图 1-21 所示的是对这种关系的形象表示：

材料所呈现出的性能是材料内部结构的外在表现，受材料内部的微观结构所制约，这种内部结构只有用特殊的方法才能被观察到，它的变化通过材料性能变化被人们所感知，这就是我们对材料有“硬”与“软”、“脆”与“韧”、对某种环境“敏感”与“不敏感”的感性认识。材料内部结构的变化之多，甚至用“变化万千”都无法形容，因而材料的性能是多种多样的。图 1-22 是材料内部不同尺度结构示意图，它清晰地将物质形态从微观到宏观展现出来。从原子结构、晶体结构、显微结构、复合结构到工程部件，研究领域涉及纯科学（物理、化学、数学等）、材料科学、工程科学。经验告诉我们，宏观物体由微观物质组成，材料的宏观性能（包括热、电、磁、声、光等物理性能、化学性能、力学性能）是由微观结构所决定的。

材料特性的评价一般分两部分进行：一为基础评价；二为综合评价，如表 1-1 所示。基础评价是以单一评价因素进行评价，而综合评价是以组合的因素进行评价，是复合的、动态的评价。

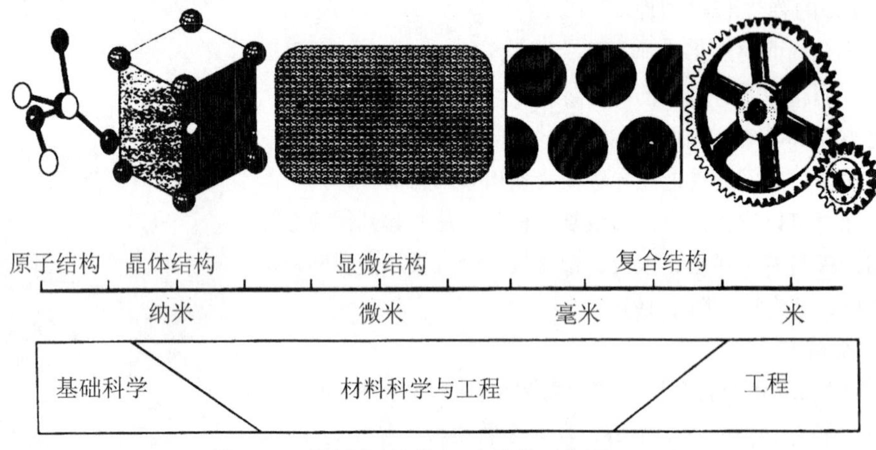

图 1-22　材料内部不同尺度结构示意图

表 1-1　材料特性的评价

<table>
<tr><td colspan="3">评价类型</td><td>评价因素</td></tr>
<tr><td rowspan="3">基础评价</td><td colspan="2">物质评价</td><td>组成、结构、密度、形态、组织等</td></tr>
<tr><td rowspan="2">性能评价</td><td>物理性能</td><td>机械性能（强度、弹性等）
热性能（热膨胀、热传导、耐热性等 ）
电磁性能（导电性、导磁性等）
光学性能（颜色、反射率、偏光率等）</td></tr>
<tr><td>化学性能</td><td>耐酸性
耐碱性
耐臭氧性</td></tr>
<tr><td colspan="3">综 合 评 价</td><td>寿命、耐环境性、可靠性、安全性等</td></tr>
</table>

1.5.2 材料的固有特性

材料的固有特性是由材料本身的组成、结构所决定的，是指材料在使用条件下表现出来的性能，它受外界条件（即使用条件）的制约。

1．材料的物理性能

(1) 材料的密度

材料的密度是材料单位体积内所含的质量，即材料的质量与体积之比，即

$$\rho = M/V$$

式中，ρ 为材料密度，单位为 kg/m^3；

M 为材料的质量，单位为kg；

V 为材料的体积，单位为m^3。

(2) 力学性能

①强度：指材料在外力（载荷）作用下抵抗塑性变形和破坏作用的能力。材料抵抗外力而产生明显塑性变形的能力称为屈服强度。强度是评定材料质量的重要力学性能指标，是设计中选用材料的主要依据。

由于外力作用方式不同，材料的强度可分为抗压强度、抗拉强度、抗弯强度和抗剪强度等。

②弹性和塑性：弹性是指材料受外力作用而发生变形，外力除去后能恢复原状的性能。这一变形称为弹性变形。材料所承受的弹性变形量愈大，则材料的弹性愈好。塑性指在外力作用下产生变形，当外力除去时，仍能保持变形后的形状，而不恢复原形的性能。这一变形称为永久变形。永久变形量大而又不出现破裂现象的材料，其塑性较好。

③脆性和韧性：脆性是指材料受外力作用达到一定限度后，产生破坏而无明显变形的性能。脆性材料易受冲击破坏，不能承受较高的局部应力。韧性是指材料在冲击荷重或振动荷载下能承受很大的变形而不致破坏的性能。

脆性和韧性是两个相反的概念，材料的韧性高则意味其脆性低；反之亦然。

④刚度：指材料在受力时抵抗弹性变形的能力，常以弹性模量（应力与应变量之比值）来表示，刚度是衡量材料产生弹性变形难易程度的指标。材料抵抗变形的能力越大，产生的弹性变量越小，材料的刚度越好。

⑤硬度：指材料表面抵抗塑性变形和破坏的能力，材料硬度值随试验方式不同而异。

⑥耐磨性：耐磨性的好坏常以磨损量作为衡量标准的指标。磨损量越小，说明材料耐磨性越好。

(3) 热性能

①导热性：指材料将热量从一侧表面传递到另一侧表面的能力，通常用导热系数来表示。导热系数大，是热的良导体，如金属材料；导热系数小，是热的绝缘体，如高分子材料。

②耐热性：指材料长期在热环境下抵抗热破坏的能力，通常用耐热温度来表示。晶态材料以熔点温度为指标（如金属材料、晶态塑料）；非晶态材料以转化温度为指标（如非晶态塑料、玻璃等）。

③热胀性：指材料由于温度变化产生膨胀或收缩的性能，通常用热胀系数表示。热胀系数以高分子材料为最大，金属材料次之，陶瓷材料最小。

④耐燃性：指材料对火焰和高温的抵抗性能。根据材料耐燃能力可分为不燃材料和易燃材料。

⑤耐火性：指材料长期抵抗高热而不熔化的性能，或称耐熔性。耐火材料还应在高温下不变形、能承载。耐火材料按耐火度又可分为耐火材料、难熔材料和易熔材料三种。

(4) 电性能

①导电性：指材料传导电流的能力。通常用电导率来衡量导电性的好坏。电导率大的材料导电性能好。

②电绝缘性：与导电性相反。通常用电阻率、介电常数、击穿强度来表示。电阻率是电导率的倒数，电阻率大，材料电绝缘性好；击穿强度越大，材料的电绝缘性越好；介电常数愈小，材料电绝缘性愈好。

(5) 磁性能

磁性能是指金属材料在磁场中被磁化而呈现磁性强弱的性能。按磁化程度分为：

铁磁性材料——在外加磁场中，能强烈被磁化到很大程度，如铁、钴、镍等。

顺磁场材料——在外加磁场中，只是被微弱磁化，如锰、铬、钼等。

抗磁性材料——能够抗拒或减弱外加磁场磁化作用的材料，如铜、金、银、铅、锌等。

(6) 光性能

材料对光的反射、透射、折射的性质。如材料对光的透射率愈高，材料的透明度愈好；材料对光的反射率高，其表面反光强，则称为高光材料。

2．材料的化学性能

材料的化学性能指材料在常温或高温时抵抗各种介质的化学或电化学侵蚀的能力，是衡量材料性能优

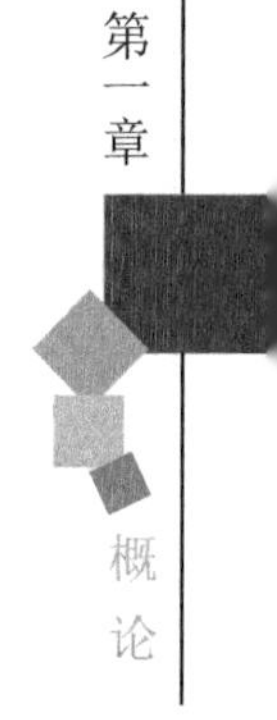

劣的主要质量指标。它主要包括耐腐蚀性、抗氧化性和耐候性等。

①耐腐蚀性：指材料抵抗周围介质腐蚀破坏的能力。耐腐蚀性是衡量金属材料性能优劣的主要指标。

②抗氧化性：指材料在常温或高温下抵抗氧化作用的能力。

③耐候性：指材料在各种气候条件下，保持其物理性能和化学性能不变的性质。如玻璃和陶瓷的耐候性好，塑料的耐候性差。

1.5.3 材料的派生特性

材料的派生特性包括材料的加工特性、材料的感觉特性、环境特性和材料的经济性。

材料的加工特性、材料的感觉特性和环境特性的内容将分别在第二、第三、第四章中进行阐述。

材料的经济性指的是材料的经济性指标，包括材料的价格、加工成本等。在设计过程中，除了材料本身的价格影响产品成本预算以外，材料的加工工艺性对成本也有巨大的影响。对于加工性能好的材料，竞争力就体现在其加工成型简便、成型质量可靠、对成型设备要求低、表面性能优越等方面。

由于材料多种多样，能相互替代的产品很多，而不同材料必定存在或多或少的差价，材料表面处理工艺的进步，能够用价格相对便宜的材料取代价格昂贵的材料。设计时应在保证装饰效果、使用安全的前提下，选择工艺相对简单的设计材料。

材料的经济性不仅要优先考虑选用价格比较便宜的材料，而且要综合考虑材料对整个产品的设计、制造、运输方式乃至报废后的回收处理成本等的影响，以达到最佳技术经济效益。材料的经济性主要表现为以下两方面：一是材料的成本效益分析。了解材料本身的相对价格、材料的加工费用，提高材料的利用率。在产品设计中，产品制作的成本应该由材料生命周期成本来表示。降低材料生命周期成本对制造者、使用者和回收者都是有利的。二是在选用材料时应尽可能地就近取材，考虑当时、当地材料的供应情况，简化供应和储存的材料品种。

◆ 思考题

1. 从工业设计发展历史的角度出发，结合一类产品探讨材料与对设计的关系。
2. 产品设计的物质基础是什么？它对设计有何影响？
3. 简述材料设计的内容。
4. 材料设计的方式有几种？各有什么特征？
5. 如何实现材料与设计的合理匹配？
6. 简述设计材料的分类及主要用途。
7. 设计材料具有哪些特性？设计中如何把握材料的特性？

第二章

材料的工艺特性

在产品造型设计中，精湛的工艺技术是实现产品最佳效果的前提和保障。一个好的设计者必须在构思上对不同材质和不同工艺进行综合的全面考虑，必须通过各工艺技术将其制作成产品。倘若不了解材料所特有的材质属性、工艺程序和技术要求，所谓的设计也只能是纸上谈兵。因此产品造型设计应依据切实可行的工艺条件和工艺方法，编排出一套合理的工艺程序方案，确保工艺技术在加工过程中得以尽量发挥，将工艺的美从产品中淋漓尽致地体现出来。正如丹麦著名设计师克林特所说：“运用适当的技巧去处理适当的材料，才能真正解决人类的需要，并获得率直和美的效果。”

材料的工艺性是指材料适应各种工艺处理要求的能力。材料的工艺性包括材料的成型加工工艺、连接工艺和表面处理工艺。它是材料固有特性的综合反应，是决定材料能否进行加工或如何进行加工的重要因素，它直接关系到加工效率、产品质量和生产成本等。材料通过工艺过程成为具有一定形态、结构、尺寸和表面特征的工业产品，将设计方案转变为具有使用价值和审美价值的实体。

图 2-1 为 Laborious 钟，其造型简洁、明快。在这个产品中充分运用了各种加工和表面处理方法，不同的加工方式和工艺技巧产生了不同的效果。它采用整块不锈钢板加工而成，采用了冲孔、弯曲、切割、铆接、研磨、抛光、涂饰等工艺手段，突出了机械美所特有的力量感和现代感，并生动地表现出人类的心灵手巧和娴熟的技能，从而创造出丰富的视觉效果。

图 2-1　Laborious 钟

2.1 材料的成型加工

造型设计中，材料在通过加工后，必须能构成并且能长期“记忆”设计所赋予它的应有形态，才能最终成为产品。材料的成型加工性能是衡量产品造型材料优劣的重要标志。产品造型设计材料必须具有良好的成型加工性能。材料通过成型加工才能成为产品，并体现出设计者的设计思想。如果没有先进、合理、可行的工艺手段，多么先进的结构和美观的造型，也只是纸上谈兵——实现不了。

2.1.1 成型加工工艺

美观的造型设计，必须通过各种工艺手段将其制作成为物质产品，此外，即使是同一种款式的造型设计，采用相同的材料，由于工艺方法与水平的差异，也会产生相差十分悬殊的质量效果。因此，在造型设计中实现造型的工艺手段是重要因素。工业产品造型设计必须有一定的工艺技术来保证。造型设计应该依据切实可行的工艺条件、工艺方法来进行造型设计构思。同时要熟悉所选用材料的性能和各种工艺方法的特点，掌握影响造型因素的关系与规律，经反复实践，才能较好地完成造型设计。

成型加工工艺对设计效果的影响因素很多，主要体现在以下几个方面。

1. 工艺方法

不同的材料有不同的成型加工方法。钢铁材料的成型加工工艺性能优良，而且成型方法很多，可采用

铸造、锻压、焊接、切削加工（如车、钻、镗、磨、铣、刨等）等方法，制造出许多机械设备和日用产品。木材至今仍然是一种优良的造型材料，用途极广。这是由于木材具有易锯、易刨、易打孔、易组合等加工成型特性，加之木材表面的纹理能给人以淳朴、自然、舒适的感觉。塑料制品的品种和数量日益增多，这不仅是由于塑料的原料易得，性能优良（如重量轻、绝缘性好、耐腐蚀、耐药品、有绝热性等），表面富有装饰效果和不同质感；还因为塑料的可塑性特别强，几乎可以采用任何方法自由加工成型，塑造出几何形体非常复杂的产品，因而容易体现出设计者的构思要求，已成为当代设计中不可缺少的重要设计材料。

各种材料的成型加工方法从原理上通常可归纳为以下三种：

①去除成型：又称减法成型，是指坯料在成型过程中，将多余的部分除去而获得所需的形态。例如切削加工成型。

②堆积成型：又称加法成型，是指通过原料的不断堆积而获得所得形态。例如铸造成型、压制成型、注射成型、快速成型等。其中快速成型是一种特殊的堆积成型法，其原理是逐层堆积成型，因此这种成型方法又称为生长法。

③塑性成型：是指坯料在成型过程中不发生量的变化，只发生性的变化。例如弯曲、变形、轧制、压延等。

相同的材料和结构方式，采用不同的工艺方法，所获得的外观效果差异较大。例如，用同样的钢板材料，弯板制作电气控制柜，用手工方法卷板成型很难达到预期效果，且费时、劳动强度大；而采用机器弯板成型工艺方法，成型准确，外观平滑整齐、美观，生产效率高，适合弯折复杂的断面，是目前钢板成型的较好工艺方式。

相同的造型，由于所选材料和工艺方法的不同，其造型结构也发生相应的变化，以至最终的外观造型效果也有一定差别。如图 2-2 所示，(a) 为铸造成型，(b) 采用厚钢板焊接成型，(c) 则采用薄钢板弯折成型（为了增加结构强度，在构件上焊接一块加强板）。

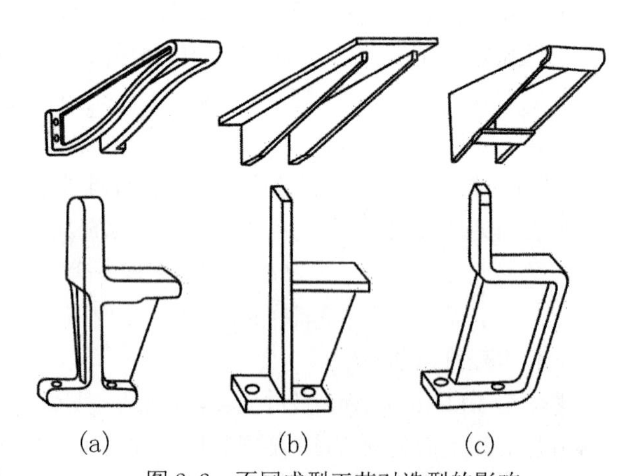

图 2-2　不同成型工艺对造型的影响

(a) 铸造成型；(b) 焊接成型；(c) 弯折成型

2. 工艺水平

材料、结构和工艺方法均相同，但由于工艺水平不同，所获得的产品质量也不同。例如，同样的零件需要铸造成型，采用翻砂铸造，所得零件粗糙，尺寸精度很低；采用熔模铸造，零件的精度和表面质量就可提高很多。又如，为了提高机床外观质量，改变过去傻、大、粗、黑的造型，机床铸件应采用方形小圆角，显出棱角分明，形体平面平整光洁。但由于铸造工艺水平低，铸件很难满足要求。为了提高外观精度，许多精密机床的外表面不得不进行粗加工，以弥补铸件精度低的缺陷。因此，提高工艺水平是保证产品造型效果的基本手段。

3. 新工艺的采用

新工艺代替传统工艺是提高产品造型效果的有效途径。随着科学技术的深入发展，先进工艺和新技术不断涌现，如精密铸造、精密锻造、精密冲压、挤压、模锻、轧制和粉末冶金工艺等使毛坯趋于成品。在加工中电火花、电解、激光、电子束和超声加工等工艺的发展，使难加工材料、复杂形面、精密微孔等的加工变得较为容易和方便，而快速成型技术的出现和运用，为设计师提供了表达设计思想的有力工具，为设计开拓了更广泛的空间。

为了提高质量，提高产品造型艺术效果，提高效率，造型设计人员要不断地学习、应用和创造新工艺，才能设计和制造出更新颖、更美观的产品。

表 2-1 为常用特种加工的加工类型及其应用范围。

4. 工艺方法的综合应用

运用多种工艺方法，是增加造型的外观变化，丰富造型艺术效果的有效方法。造型设计中，不要局限于传统的材料与工艺，更不要局限于某种工艺技术形成的造型特点和风格，要灵活运用多种加工工艺手段，使造型充分表现材料本身的质地美，或使相同的材料达到不同的质感效果，这样才能使造型的外观更富于变化。

表 2-1　常用特种加工的加工类型及其应用范围

加工方法	加工能量	应用范围
电火花加工	电	穿孔、型腔加工、切割、强化等
电解加工	电化学	型腔加工、抛光、去毛刺、刻印等
电解磨削	电化学机械	平面、内外圆、成型加工等
超声加工	声	型腔加工、穿孔、抛光等
激光加工	光	微孔、切割、热处理、焊接、表面图形刻制等
化学加工	化学	蚀刻图形、薄板加工等
电子束加工	电	微孔、切割、焊接等
离子束加工	电	注入、镀覆、微孔、蚀刻去毛刺、切割等
喷射加工	机械	去毛刺、切割等

由于不同的成型方式各具特点，以及生产设备、技术水平、加工成本等方面的限制，因而不同的成型加工方式对产品造型设计提出生产工艺方面的要求也不同。如铸件产品的造型设计要有适宜的脱模斜度、合理的结构和壁厚，以便于脱模和减少模具制作的困难，降低成本；切削加工件的造型在设计上要方便刀具的正常出入；模压产品设计要有一个合理的分型面，为了使材料充满模腔，外形应力求简单、平直，并尽可能避免多孔、深孔、拉伸度过长的产品造型。因此，产品的造型设计必须满足生产工艺的要求，必须与生产设备、技术水平和成型方式相适应。

因此，实现造型所采用的加工工艺是造型设计中的重要因素。造型设计应该依据切实可行的工艺条件、工艺方法来进行造型设计构思。设计师虽然不直接动手参与材料的加工成型，但是必须了解所设计的产品是否有可能，采用某种技术来加工成型。如果现有技术无法实现时，是否有新技术可供应用，或者是否有必要开发新的技术，甚至是否有必要改变材料规划，选用其他合适的材料来加工成型，或者改变设计的形式以适应材料的成型加工性能。所以，设计师必须充分了解各种材料的特性与适合该材料的各种成型技术。

2.1.2 材料成型工艺的选择原则

材料成型工艺的选择原则是高效、优质、低成本，即应在规定的周期内，经济地生产出符合技术要求的产品，其核心是产品品质。必须指出，产品的成本预算是以生产合格产品为基础的，如果所选择的成型工艺方法虽然很经济，但导致了更多废品的出现，那么，原来所估算的经济效益和交货期限也就无法实现了。为了合理选用成型工艺，必须对各类成型工艺的特点、适用范围以及涉及成型工艺成本与产品品质的因素有比较清楚的了解。根据零件类别、用途、功能、使用性能要求、结构形状与复杂程度、尺寸大小、技术要求等，可基本确定零件应选用的材料与成型方法。

(1) 产品材料种类

一般而言，当产品的材料选定后，其成型工艺的类型也就相应确定了。例如，产品为铸铁件，应选铸造成型；产品为薄板成型件，应选冲压成型；产品为 ABS 塑料件，应选注塑成型；产品为陶瓷材料件，应选相应的陶瓷成型工艺；在选择成型工艺中还必须考虑材料的各种性能，如力学性能、使用性能、工艺性能及某些特殊性能。

(2) 产品的尺寸精度要求

产品尺寸精度的高低，与成型工艺密切相关。若产品为铸件，尺寸精度要求不高的可采用普通砂型铸造；而尺寸精度要求较高的，则依铸造材料或批量的不同，可选用熔模铸造、压力铸造或其他铸造成型工艺。若产品为锻件，尺寸精度要求低的多用自由锻造成型，而精度要求较高的则选用模锻成型、挤压成型等工艺。

(3) 产品的形状及复杂程度

产品的形状与复杂程度也决定了成型工艺的方法。形状复杂的金属制件，特别是内腔形状复杂件，如箱体、泵体、缸体、阀体、壳体、床身等可选用铸造成型工艺；而形状简单的金属制件可选用压力加工、焊接成型工艺；形状复杂的工程塑料制件多选用注射成型工艺；形状简单的工程塑料制件，可选用吹塑、挤出成型或模压成型工艺。

(4) 产品的批量

在一定条件下，生产批量也会影响材料和成型工艺的选择。零件的生产批量也是选择成型方法应考虑的一个重要因素。一般规律是：单件、小批量生产时，选用生产效率较低的成型方法，如自由锻造、砂型铸造与切削加工等成型方法。对于成批、大量生产的产品，可选用生产率较高的成型工艺。例如大量生产非铁合金铸件，应选用金属型铸件、压力铸造等成型工艺；大量生产 MC 尼龙制件，宜选用注射成型工艺。

(5) 现有生产条件

在选择成型方法时，必须考虑企业的实际生产条件，如设备条件、技术水平、管理水平等。一般情况下，应在满足零件使用要求的前提下，充分利用现有本企业的生产条件。当现有条件不能满足产品生产要求时，也可考虑调整材料种类及成型方法。

(6) 充分考虑利用新工艺、新技术和新材料的可能性

随着现代工业的发展和工业市场需求的日益增大，用户对产品品种和品质更新的欲望愈来愈强烈，使生产性质由成批、大量变为多品种、小批量，选择成型方法就不应只局限于传统工艺，因而扩大了新工艺、新技术和新材料应用的范围。因此，为了缩短生产周期，更新产品类型及品质，在可能的条件下应大量采用精密铸造、精密锻造、精密冲裁、冷挤压、液态模锻、超塑成型、注射成型、粉末冶金、陶瓷等静压成型、复合材料成型以及快速成型等新工艺、新技术及新材料，采用少或无余量成型，从而显著提高产品品质、生产效率及经济效益。

2.2 材料的连接工艺

连接工艺是将两个或两个以上的材料零部件连接在一起的工艺和技术，是产品设计中一个十分重要的问题。产品无论是简单的还是复杂的，都是由不同材料、不同功能的零部件组装而成。

一个好的连接设计，不仅能满足产品的使用性能和功能要求，而且可以延伸产品的功能，以同时满足外观造型设计的产品要求，提升产品的附加值。如果设计不当，则不仅影响产品的使用性能，甚至会在产品竞争中失利。因此在选择连接工艺技术时通常要考虑以下一些因素：

①连接件属性：连接件的几何形状及尺寸、材料性能和适应性。

②拆装性能：可靠性、安全性、可逆性、拆装频率。

③操作性能：简单、方便、快捷、省力。

④产品使用环境：负荷、温度、湿度、化学介质等。

⑤环保因素：以回收为目的的连接件的易拆卸。

⑥经济因素：连接成本、轻量化、节省能源。

⑦美学要求：连接外观、视觉效果。

连接工艺技术是一种富有创造性的工艺技术，理论和设计实践的结合会帮助产品设计师进行有效的、创新的连接组装设计，开发出更多具有竞争力的消费产品。

连接工艺按照不同的连接原理，可以分为机械连接结构、焊接和粘接三种连接方式；而按照连接后的功能特征可以分为动连接和静连接，如表 2-2 所示。

不同的连接方法，其连接性能、适用范围有较大差别，连接方法的选择不仅与连接性能的要求有关，而且和装配的材料件的种类和性能要相适应。

表 2-2　连接工艺的分类

分类		连接方法
连接原理	机械连接	钉接、铆接、螺纹栓连接、键销连接、卡和连接等
	焊接	熔焊、压焊、钎焊
	粘接	胶黏剂粘接、溶剂粘接
连接功能	静连接	不可拆固定连接：焊接、铆接、粘接、钉接等
		可拆固定连接：螺纹连接、销连接、卡扣连接、插接等
	动连接	移动连接：滑动连接、滚动连接
		转动连接：铰链连接、轴连接
		柔性连接：弹簧连接、软轴连接

1. 机械连接

机械连接是采用机制螺钉、螺栓、螺母、自攻丝螺钉、铆钉等机械紧固件（图 2-3），将需连接的零部件连接成为一个整体过程。各零部件

相互间的连接是靠机械力来实现的，随着机械力的消除，接头可以松动或拆除。

机械连接的优点是连接快速、连接强度高、耐久性好。但由于大部分紧固件是金属的，由此也带来诸如增加重量、接合区域局部高应力、不同材料因温度升高导致的热膨胀失配以及美学上的问题等。

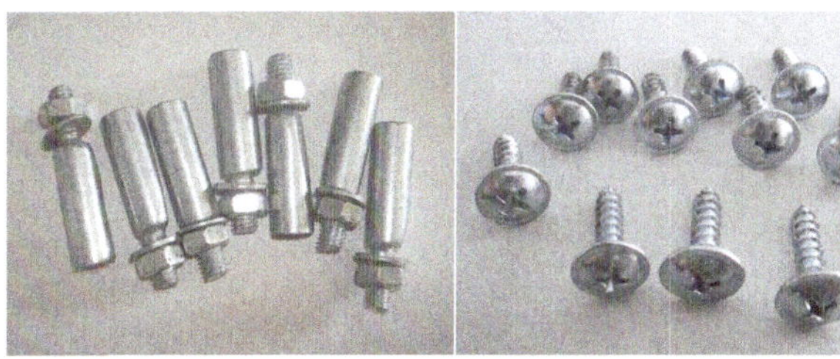

图 2-3　金属紧固件

机械连接按照连接形式的不同，机械连接可以分为螺纹连接、铆钉连接、销钉连接、扣环连接和铰链连接等几类。

为了对材料件实现有效的连接，应根据材料的性能特点有针对性地选择机械紧固件和方法。

2．焊接

焊接是将两个或两个以上的零件或组件固定连接于一体的一种工艺方法，主要是采用热熔的方法，将连接部分加热至融合或焊缝间填以焊料进行连接。其原理是材料在热熔融状态下，分子链段能够自由流动，分子进行重新排列，从而实现材料零部件之间的连接（图 2-4）。

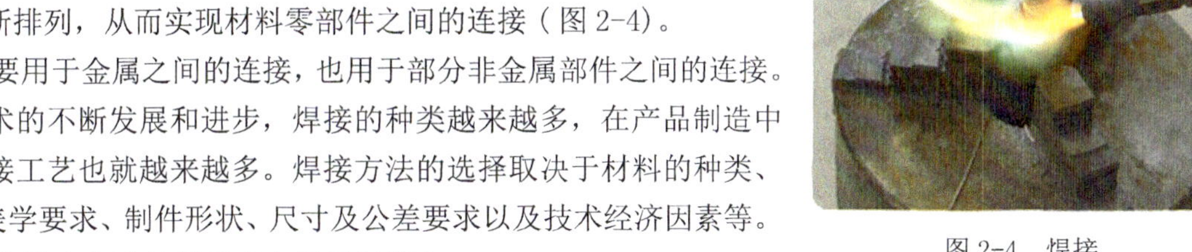

图 2-4　焊接

焊接主要用于金属之间的连接，也用于部分非金属部件之间的连接。随着科学技术的不断发展和进步，焊接的种类越来越多，在产品制造中可选择的焊接工艺也就越来越多。焊接方法的选择取决于材料的种类、结构要求、美学要求、制件形状、尺寸及公差要求以及技术经济因素等。

焊接部分的内容详见第五章金属材料部分。

3．粘接技术

随着科学技术的不断发展，大量新材料和新技术的应用，使焊接和机械连接在某些情况下难以保证构件的质量，这时必须考虑采用粘接技术——借助溶剂或胶黏剂在构件表面上产生的黏合力，将同种或者不同种材料牢固地连接在一起，实现同种材料或不同材料之间的紧密连接的一种技术。

粘接技术具有以下特点：

①能够连接多种不同种类的材料；

②垂直于粘接表面的应力分布均匀；

③相对于机械连接方式而言，是一种可以减轻重量的轻型连接设计。

④粘接过程可以在常温下进行，避免了热应力和热变形的产生。

⑤对连接处具有一定的密封作用。

⑥可以实现较大面积的自动连接工艺。

粘接不仅可以独立用于解决任何连接问题，还可以配合其他的连接方法以弥补结构力学的不足，优化效果；如其和铆接配合，解决接触缝密封并分担应力，降低铆孔内应力；其和螺栓配合，使螺帽粘接固定，防止振动松脱；其和榫接配合，可以解决木材因为干燥而收缩榫头松动。

良好的粘合质量取决于正确的粘接工艺，这包括以下三个方面：

①根据被粘接材料的性质、工作环境的设计要求，选择适当的胶黏剂（图 2-5）和粘接工艺。

②粘接面良好的表面处理技术；

③合理的接头设计（图 2-6）。

粘接技术适用于金属、塑料和木材等多种材质。通常用在需要永久性的非拆卸的连接件中，也常与机械紧固件结合使用。使用粘接连接时要注意，由于各种胶黏材料是有机化合物，它的一些性能会受时间、温度、相对湿度和其他环境因素的影响。

图 2-5　各种胶黏剂

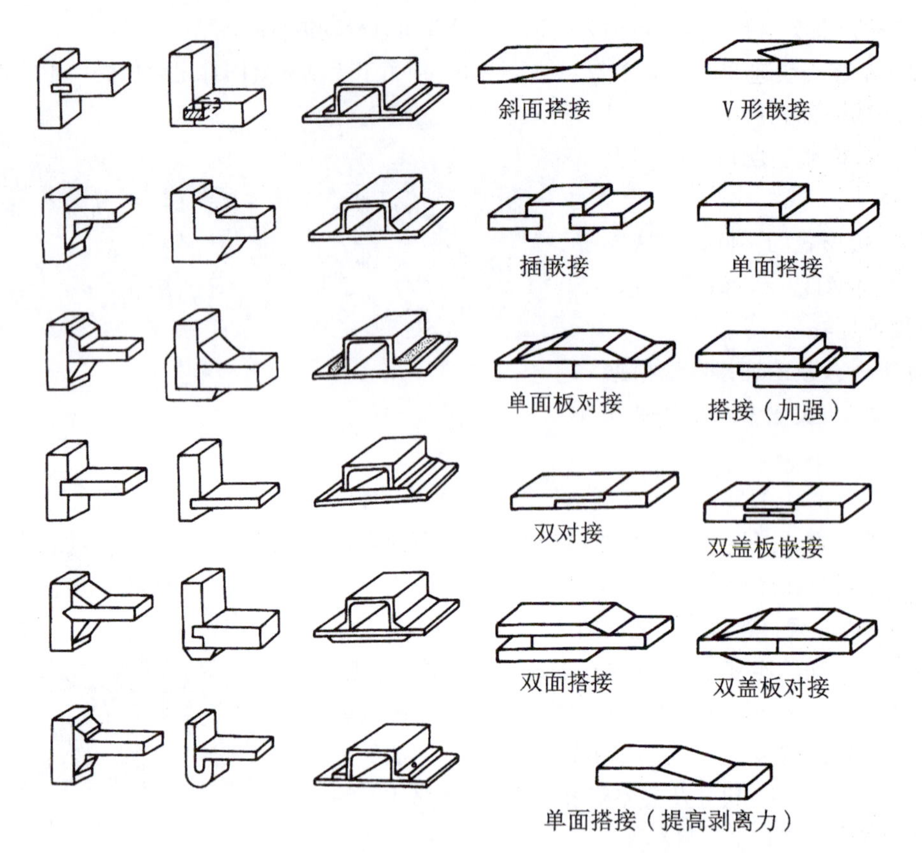

图 2-6　粘接接头形式

4. 静连接

连接后的各个零件（或组件）之间无相互位置变化，连接零件之间不允许产生相对运动，连接固定为一体，故又称为固定连接。根据连接后的可拆性分为可拆固定连接和不可拆固定连接。

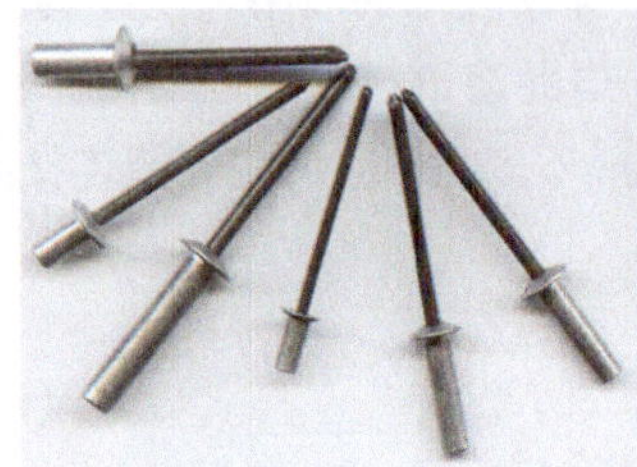
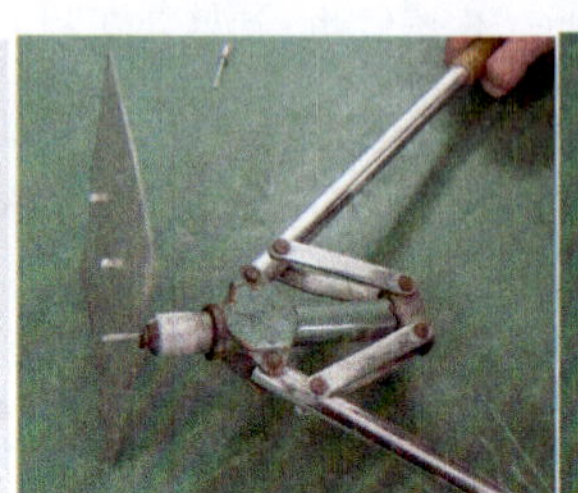

图 2-7　铆钉及铆钉连接

(1) 不可拆固定连接

连接成为一个整体后，至少必须毁坏连接中的某一部分才能拆开的连接，具有不可拆性。一旦拆分必将破坏连接结构。主要的连接方式有钉接、铆接（图 2-7）、焊接、胶接。

(2) 可拆固定连接

连接成为一个整体后，不需毁坏连接中的任一零件就可拆开的连接，允许多次重复拆装。具有可拆性，且不破坏连接结构。主要的连接方法有卡扣连接（图 2-8）、螺纹连接（图2-9）、粘接（图2-10）等。

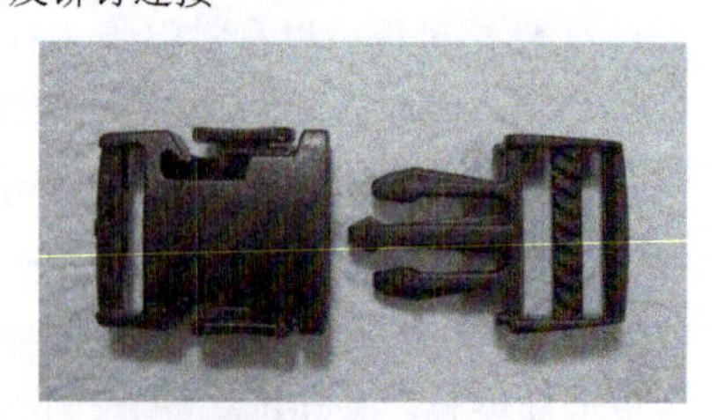

图 2-8　卡扣连接

5. 动连接

连接的各个零件（或组件）可发生相对的运动，产生位置变化。可分为移动连接、转动连接和柔性连接。

图 2-9　螺纹连接

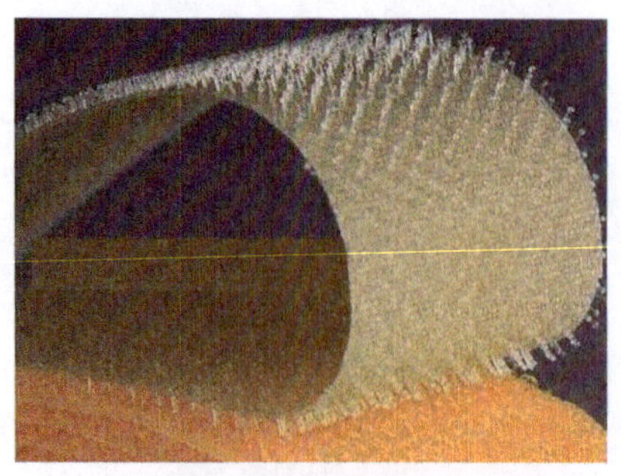

图 2-10　粘接

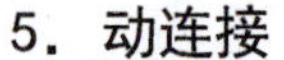

(1) 移动连接结构

构件沿着一条固定的轨道运动。轨道可以是空间或者平面曲线，最常用的轨迹是直线。通常采用直线导轨（图 2-11）、滚珠丝杠、直线轴承等连接件来实现。采用了移动连接结构的滑盖手机（图 2-12）。

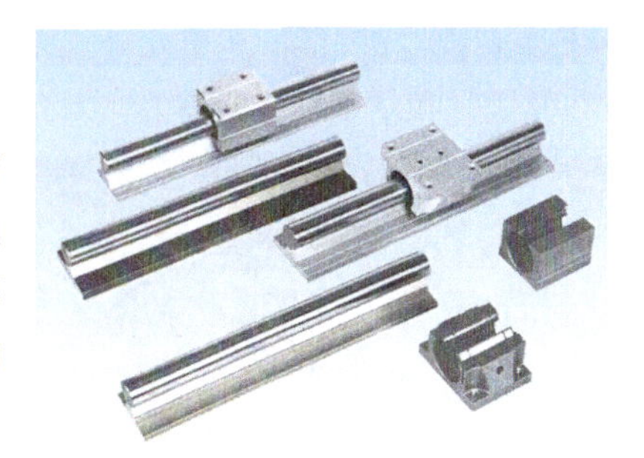

图 2-11　直线导轨

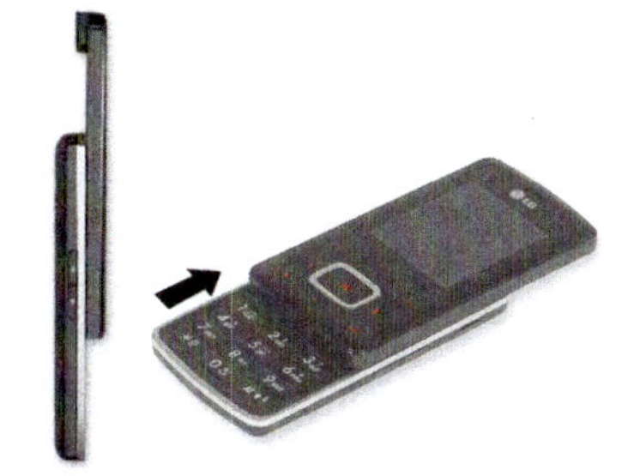

图 2-12　移动连接结构

(2) 转动连接结构

连接的零部件可相互发生转动。通常通过连接构件进行连接，这是一种常用的机械工业结合方式。图 2-13 为常见的连接构件。图 2-14 为采用转动连接结构的产品。

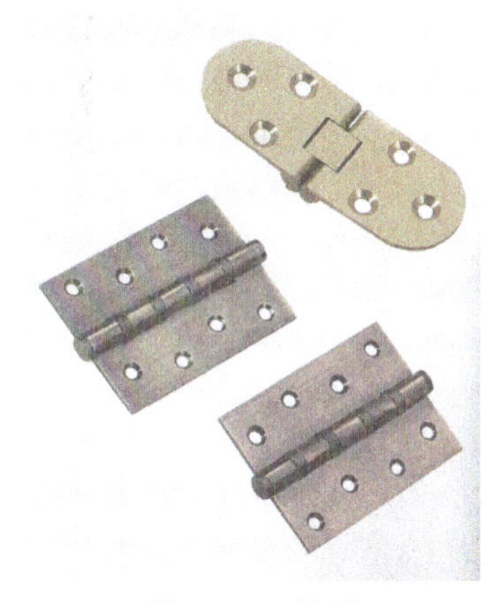

图 2-13　铰链

图 2-14　转动连接结构

图 2-15 为科勒 (Kohler) 公司生产的可伸缩自如的折叠水龙头 (Karbon)，是一个有着机械关节、可延伸可调整的、表面抛光铬质感水龙头，就和工作台灯的机械臂一样，你可以将它延伸到需要的地方，有无数的自我稳定的姿态，当不用的时候，可以紧凑地折叠在一起，节省更多的空间。传统的水龙头无论花样、形式再多，可本质不变，都是固定的，人是以它为核心运作的。而这个折叠水龙头的位置是可以通过三个灵活的关节随时变换，真正做到了以人为核心、以人为本。

图 2-15　伸缩自如的折叠水龙头 (Karbon)

(3) 柔性连接

被连接零部件的位置、角度在一定范围内可能变化，或连接构件自身可发生一定范围的形状、位置的变化，而不影响连接固定关系。如波纹管连接、橡胶柔性连接（图 2-16）、软连接（图 2-17）等。

图 2-16　橡胶柔性连接

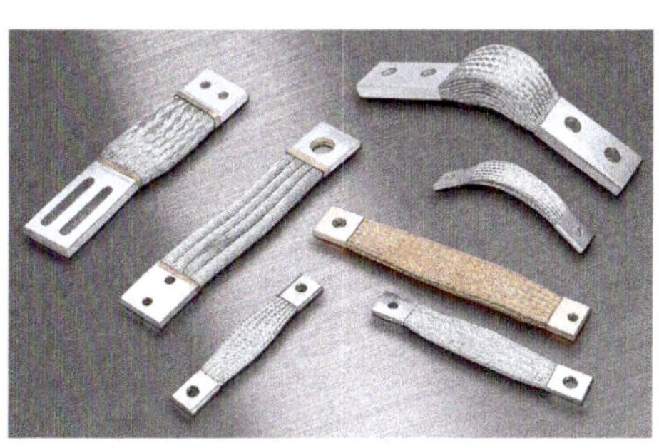

图 2-17　软连接

图 2-18 为索浦贵族 K2000 耳机，耳机的结构设计上采用了多种连接结构，使其在使用上舒适便捷，实现了自然的协调性，适合长时间地佩戴。顶部的连接是一片弹性很好的合金钢片，带有记忆形变的功能，结构上得到了稳定的效果。耳机两端设有可伸缩调节的耳机柄设计，连接的器材采用弧形合金钢片，合金钢片内外两侧分别有导向滑动卡齿轨道，先确保定位移动准确和使用的方便，根据个人的头型进行随意上下的调整，而且能保证有长期使用的耐用度。耳机单元与拱形的耳机柄的连接处可以转动调节，这项设计考虑得很周到，先确保了佩戴的方便，在平时不听的时候可以平放。佩戴的时候，耳机单元可以半转 90°，然后可以卡住，通过佩戴时，与人的头部顶住耳机单元而形成夹紧的结构。耳塞单

元和耳塞柄的衔接调整，衔接结构是类似倒“U”形，和单元外壳搭配得很融洽，“U”内侧有突出与单元可以进行小角度的开合调节，形成在佩戴时和拿下耳机所需的倾斜角，使K2000佩戴起来更能紧贴耳朵。

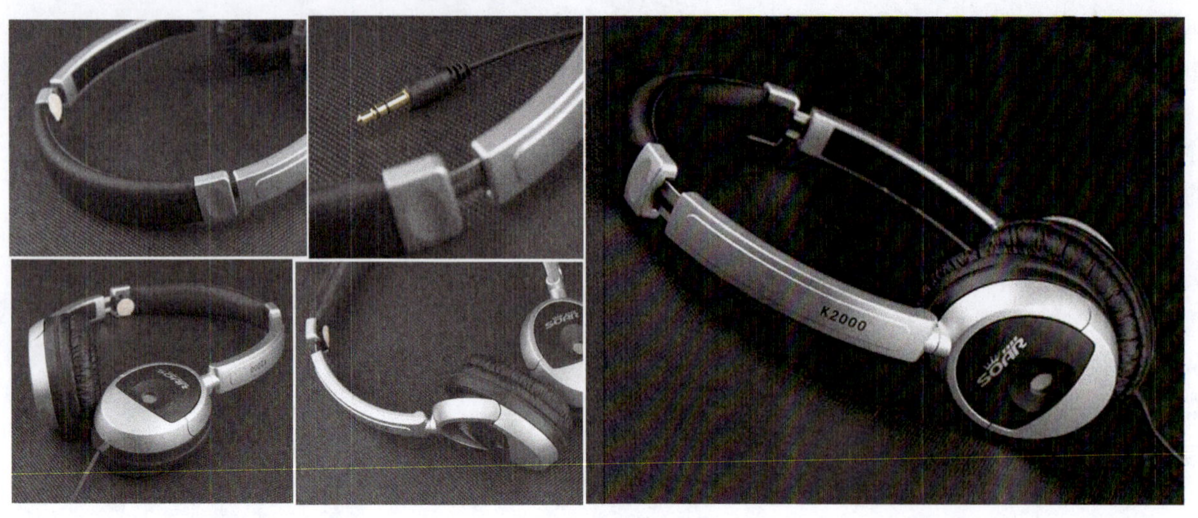

图2-18　索浦贵族K2000耳机

2.3 材料的表面处理

产品设计是为了使所创造的产品与人之间取得最佳匹配的活动，而与人的关系还表现于视觉与触觉的世界，也就是材料表面的世界。具体说就是要处理诸如色彩、光泽、纹理、质地等直接赋予视觉与触觉的一切表面造型要素。而这些表面造型要素则会因材料表面性质与状态的改变而改变。产品表面所需的色彩、光泽、肌理等，除少数材料所固有的特性外，大多数是依靠各种表面处理工艺来取得。所以表面处理工艺的合理运用对于产生理想的产品造型形态至关重要。

在产品造型设计时要根据产品的性能、使用环境、材料性质，正确选择表面处理工艺和面饰材料，使材料的颜色、光泽、肌理及工艺特性与产品的形态、功能、工作环境匹配适宜，以获得大方、美观的外观效果，给人以美的感受。

2.3.1 表面处理的目的

表面处理技术是指采用诸如表面电镀、涂装、研磨、抛光、覆贴等能改变材料表面性质与状态的表面加工与装饰技术。

从产品造型设计出发，表面处理的目的是：一是保护产品，即保护材料本身赋予产品表面的光泽、色彩、肌理等而呈现出的外观美，并提高产品的耐用性，确保产品的安全性，由此有效地利用材料资源；二是根据产品造型设计的意图，改变产品表面状态、赋予表面更丰富的色彩、光泽、肌理等，提高表面装饰效果，改善表面的物理性能（光性能、热性能、电性能等）、化学性能（防腐蚀、防污染、延长使用寿命）及生物学性能（防虫、防腐、防霉等），使产品表面有更好的感觉特性。

图2-19　同材同型的产品因表面处理不同而呈现不同感觉

表面处理技术，既可使相同材料具有不同的感觉特性（同材异质感，如图2-19所示），又可使不同材料获得相同的感觉特性（异材同质感）。例如，同一铝材表面采用不同的面饰工艺，如腐蚀、氧化、抛光、旋光、喷砂、丝纹处理及高光、亚光、无光等产生不同质感；同一玻璃材质采用研磨、喷砂、抛光、蚀刻等处理使玻璃形成花纹和图案， 通过透明与不透明的对比， 给人以柔和、含蓄、实在的感觉。又如电镀不仅可改变塑料表面性能，而且可使塑料表面呈现金属的光泽和质感；表面涂覆工艺不仅使金属获得符合设计要求的色彩，还可获得仿木纹、仿皮革、仿纺织物等各种肌理。

2.3.2 表面处理类型

材料的表面性质和状态与表面处理技术有关，通过切削、研磨、抛光、冲压、喷砂、蚀刻、涂饰、镀饰等不同的处理工艺可获得不同的材料表面的性质、肌理、色彩和光泽，使产品具有精湛的工艺美、技术美和强烈的时代感。设计中所采用的表面处理技术，一般可分为三类，如表 2-3 所示。

表 2-3　造型材料表面处理的分类

分类	处理的目的	处理方法和技术
表面精加工	有平滑性和光泽，形成凹凸花纹	机械方法（切削、研削、研磨） 化学方法（研磨、表面清洁、蚀刻、电化学抛光）
表面层改质	有耐蚀性，有耐磨耗性，易着色	化学方法（化成处理、表面硬化） 电化学方法（阳极氧化）
表面被覆	有耐蚀性，有色彩性，赋予材料表面功能	金属被覆（电镀、镀覆） 有机物被覆（涂装、塑料衬里） 珐琅被覆（搪瓷、景泰蓝） 表面覆贴

1. 表面精加工

将材料加工成平滑、光亮、美观和具有凹凸肌理的表面状态。通常采用切削、研磨、蚀刻、喷砂、抛光等方法。图 2-20 为表面采用喷砂精加工处理的玻璃杯。图 2-21 为摩托罗拉 V3I 手机，在全金属材质外壳上加入了回纹抛光处理，银灰色机身在光线照射下会散发出令人炫目的光线折射，金属质感更强。

图 2-20　精加工处理的玻璃杯

2. 表面层改质

改变原有材料的表面性质。可以通过物质扩散在原有材料表面渗入新的物质成分，改变原有材料表面的结构，如钢材的渗碳渗氮处理、铝的阳极氧化、玻璃的淬火等，也可以通过化学的或电化学的反应而形成氧化膜或无机盐覆盖膜来改变材料表面的性能，从而提高原有材料的耐蚀性、耐磨性及着色性等。

表面层改质处理的方法主要有化成处理和阳极氧化处理。

(1) 化成处理

化成处理是通过氧或碱液的作用使金属表面形成氧化物或无机盐覆盖膜的过程。进行化成处理后，要求形成的覆盖膜对基体材料具有耐蚀保护性、耐磨性，并对基体材料有良好的附着能力，即不会从基体金属上剥离。

(2) 阳极氧化处理

图 2-21　摩托罗拉 V3I 手机

将金属制件置于电解槽中的阳极上，通过电化学作用使其氧化而形成氧化膜的过程称为阳极氧化，这种表面处理方法对铝及其合金制件广泛使用。经过阳极化氧处理可在表面获得厚度为几十微米到几百微米的氧化膜，并能通过调整阳极氧化所用的电解液及工艺条件等，得到不同硬度、弹性、孔隙率及孔径的氧化膜。阳极氧化后得到的氧化膜具有多孔性、吸附性、一定的硬度和较好的绝缘性，并可作为有机涂层的底层。

铝及铝合金经阳极氧化处理后得到的新鲜氧化膜，具有多孔状结构，所以膜层有很好的吸附性，对各种染料表现出良好的吸附能力，因而再经过一定的工艺处理，可染上各种鲜艳的色彩。从而不仅具有防护作用，还有装饰效果（图 2-22、图 2-23）。

目前国内外成功使用的有在硫酸、铬酸或草酸电解液中进行电解的三种阳极氧化工艺。表 2-4 所示为铝及铝合金阳极氧化溶液的类型。电解液类型和组成不同，操作条件也不同，氧化膜的性能、应用范围也不同。

图 2-22　阳极氧化的铝装饰板

图 2-23　阳极氧化处理的铝壶

表 2-4　铝及铝合金阳极氧化溶液的类型

溶液类型	溶液组成 / %	电流密度 / ($A·dm^{-2}$)	电压 / V	温度 / ℃	氧化时间 / min	膜颜色	膜厚 / μm	应用
硫酸	10 ～ 20	1 ～ 2	10 ～ 20	20 ～ 30	10 ～ 30	透明、无色	3 ～ 35	可作防护膜，封闭后有很好的耐蚀性；膜能染色；不用作连接件
	20 ～ 25	2.5	23 ～ 120	1 ～ 3	240	灰色	250	膜硬度高，有很好的耐磨性
铬酸	2.5 ～ 3	0.1 ～ 0.5	0 → 40 40 40 → 50 50	40	10 ～ 40 20 ～ 40 5 ～ 40 5 ～ 40	不透明的灰色	2 ～ 15	用作防护膜，很少作为装饰；不适合含重金属大于 5% 的铝合金
草酸	3 ～ 5	1 ～ 2	40 ～ 60	18 ～ 20	40 ～ 60	黄色	10 ～ 65	用作电解电容器的绝缘膜

3. 表面被覆

在原有材料表面堆积新物质的技术，依据被覆材料和被覆处理方式的不同，表面被覆处理有镀层被覆、有机涂层被覆、珐琅被覆等。

(1) 镀层被覆

镀层被覆技术能在制品表面形成具有金属特性的镀层，金属镀层不仅能提高制品的耐蚀性和耐磨性，而且能够增强制品表面的色彩、光泽和肌理的装饰效果，因此能保护和美化表面，由于有优异的镀层，常常使制品的品位和档次得到提高。图 2-24 为电镀产品。

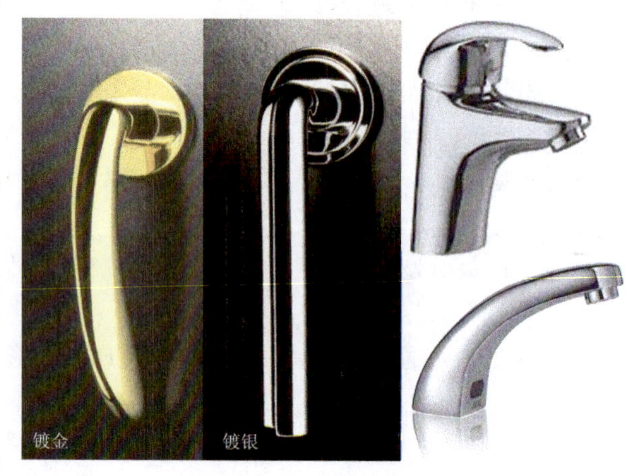

图 2-24　表面电镀产品

镀层被覆的常用金属有铜 (Cu)、镍 (Ni)、铬 (Cr)、铁 (Fe)、锌 (Zn)、锡 (Sn)、铝 (Al)、铅 (Pb)、金 (Au)、银 (Ag)、铂 (Pt) 及其合金。镀层的颜色、色调和耐候性见表 2-5。

(2) 涂层被覆

涂层被覆技术是在制品表面形成以有机物为主体的膜层，并干燥成膜的工艺。这是一种简单而有经济可行的表面装饰方法，在工业上通常简称为涂装。涂装的目的有以下三个方面：

①保护作用：防止制品表面受腐蚀、被划伤和脏污，提高制品的耐久性，起到一定的防护作用，延长使用寿命。图 2-25 是未经表面处理的木板在外面环境下经过 6 个月所发生的变化对比图，而图 2-26 是经

表面处理的木板在外面环境下经过6个月所发生的变化对比图。从这两张对比图中，可以看出表面处理对于材料的保护作用。

表 2-5 镀层金属的特性

镀层金属	镀层金属的颜色	镀层的色调	耐候性	指示影响
金	黄色	从带蓝头的黄色到带红头的黑色	厚膜时不变	不变
银	白色或浅灰色	纯白、奶黄色、带蓝头的白色	泛黄、褪色	变
铜	红黄色	桃色、红黄色	泛红、泛黑	变
铅	带蓝头的灰色	铅色	—	不变
铁	灰色，银色	茶灰色	变成茶褐色	变
镍	灰白色	茶灰白色	褪光	微变
铬	钢灰色	蓝白色	不变	不变
锡	银白，黄头白色	灰色	褪光	微变
锌	蓝白色	蓝白色、黄色、白色	产生白锈	变

②装饰作用：将制品表面装饰成涂层所具有的色彩、光泽和肌理，使制品在外观的视觉感受上成为美观悦目的制品。图2-27为表面采用涂饰的灯具。

③特殊作用：涂装除了上述作用外，还可使制品具有隔热、绝缘、耐水、耐辐射、杀菌、吸收雷达波、隔音、导电等特殊功能。特别是通过涂装与其他表面处理技术相叠加的多重处理，可获得能适应相当苛刻条件和使用环境的防护装饰涂层。图2-28为IOGear的无菌无线激光鼠标，涂有二氧化钛和银的纳米粒子混合物图层。该混合物图层通过两种方式让酶和蛋白质失去活力，阻止细菌、病毒、真菌和藻类在鼠标表面寄生。经过测试，无菌鼠标能够有效阻止有害微生物在其表面“定居”。对于医疗机构、图书馆和公用电脑，无菌鼠标显然是一个最完美的选择。

未经过表面处理

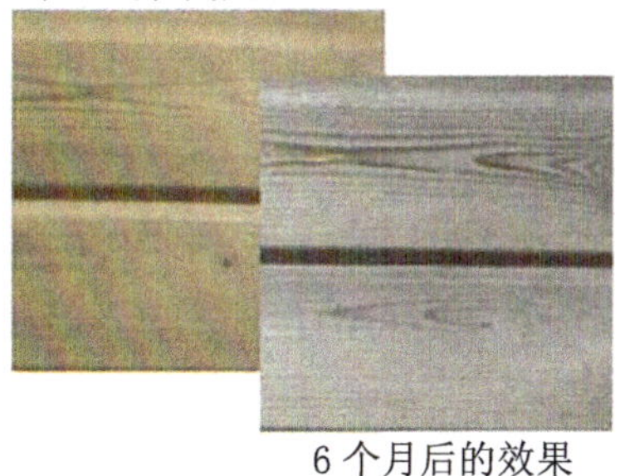

6个月后的效果

图2-25 未经过表面处理的木板

刚经过表面处理时的效果

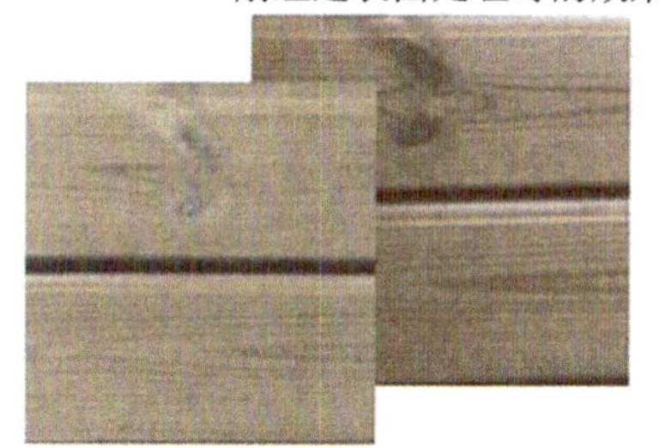

6个月后的效果

图2-26 经过表面处理的木板

图2-27 表面采用涂饰的灯具

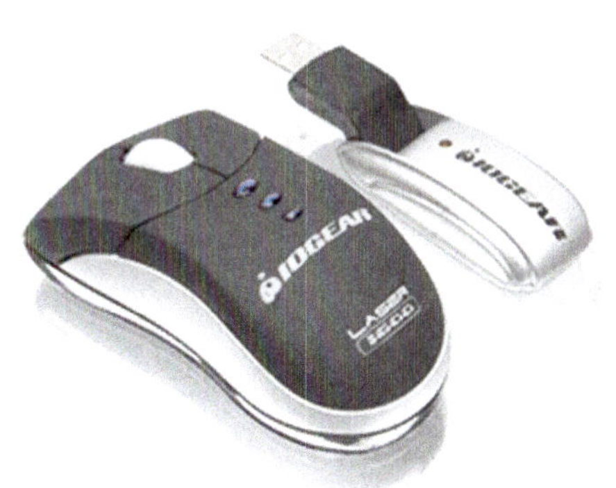

图 2-28 IOGear的无菌无线激光鼠标

涂装所用的材料是各种涂料，一般由主要成膜物质、次要成膜物质、辅助成膜物质和挥发物质组合而成。涂料的组成决定了涂料的性能，也决定了各种涂料的使用范围和使用效果。

涂料的基本组成如下：

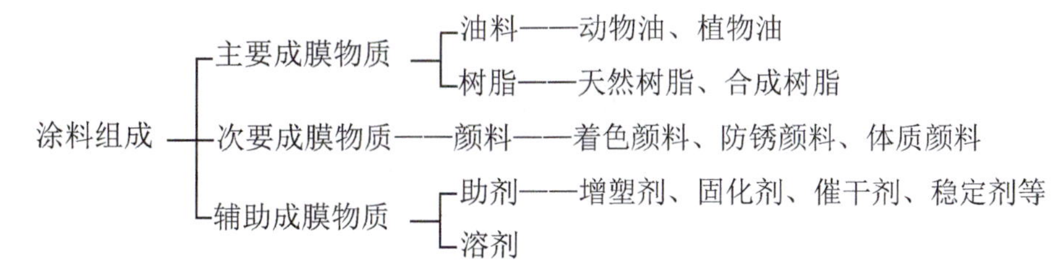

其中主要成膜物质是涂料中的主要组分，大多数为各种合成树脂，其主要作用是将其他成分黏结成一个整体，并能附着在被覆制品表面，形成坚韧的保护膜。

根据涂料中的主要成膜物质的类型，我国涂料种类可分为 17 类，如表 2-6 所示。

表 2-6　主要涂料类型

序号	主要成膜物质类别	涂料类别
1	油脂	油脂漆类
2	天然树脂	天然树脂漆类
3	酚醛树脂	酚醛树脂漆类
4	沥青	沥青漆类
5	醇酸树脂	醇酸树脂漆类
6	氨基树脂	氨基树脂漆类
7	硝基纤维素	硝基漆类
8	纤维酯、纤维醚	纤维素漆类
9	过氯乙烯树脂	过氯乙烯漆类
10	烯类树脂	烯树脂漆类
11	丙烯酸树脂	丙烯酸树脂漆类
12	聚酯树脂	聚酯漆类
13	环氧树脂	环氧树脂漆类
14	聚氨基甲酸酯	聚氨酯漆类
15	元素有机聚合物	元素有机硅漆类
16	橡胶	聚氨基甲酸酯漆类
17	其他	其他漆类

由于有机溶剂涂料在使用时对环境有污染，同时为了节省资源，现代涂料已从有机涂料向水性涂料、粉末涂料、高固体组分涂料和反应性涂料转化，并向无溶剂涂料过渡。

涂装工艺一般包括制件表面涂装前处理、涂覆涂料及涂层干燥三大步骤。由于涂层的厚度较薄，若涂装工艺实施不当，制件的涂层容易出现劣化、脱落、起泡、膜下浸蚀等，因此必须严格实施正确涂装工艺，保证涂装质量。

(3) 珐琅被覆

公元前 3 世纪，在埃及已有了在铜器表面的珐琅技术，此后作为工艺技术被继承下来，发展为称作景泰蓝的工艺美术品，很受人们器重。这种技术在工业制品上的应用则被称为搪瓷。珐琅被覆是用瓷釉（玻璃质材料）在金属制品表面形成被覆层，然后在 800℃左右进行烧制而成。搪瓷生产工艺主要包括釉料制备、坯体制备、涂搪、干燥、烧成、检验等工序。搪瓷产品既有金属固有的机械强度和加工性能，又有涂层具有的耐腐蚀、耐磨、耐热、无毒及可装饰性。

铁、铜、铝、不锈钢以及金、银都可被覆珐琅。采用珐琅被覆的制品既有金属固有的机械强度和加工性能，又有涂层具有的耐腐蚀、耐磨、耐热、无毒及优良的装饰性。但其缺点是受到冲击和温度急剧变化时，珐琅层容易剥落。珐琅制品已广泛用于厨房用具、医疗用容器、生活用品、化工装置和工艺品等。图 2-29、图 2-30 为表面涂饰搪瓷涂面的产品。

(4) 表面覆贴

表面覆贴是在基材表面覆贴一层面饰材料，从而改变基材的表面特征。

常用的面饰材料有：天然薄木、皮革、

图 2-29　搪瓷餐具

图 2-30　表面搪瓷处理的灯具

人造革、塑料薄膜、DAP 装饰纸、PVC 木纹贴面板、三聚氰胺板（图 2-31）等。

图 2-32 为华硕公司推出的竹面环保概念机型 EcoBook。外壳及键盘周边均用纹理清雅的竹材包覆，竹子材料的运用带来了良好的触觉感受以及审美体验，从光滑竹皮外壳上透出天然纹路，温柔绽放着隽秀雅致的精工雕花，犹如一本奉之高阁的藏书，古韵浓厚，内涵广博，温和自然。

图 2-33 为“黎明和早晨的时光”套椅，在 4 mm 铝板表面粘贴皮革。

图 2-31　三聚氰胺板

图 2-32　竹面环保电脑

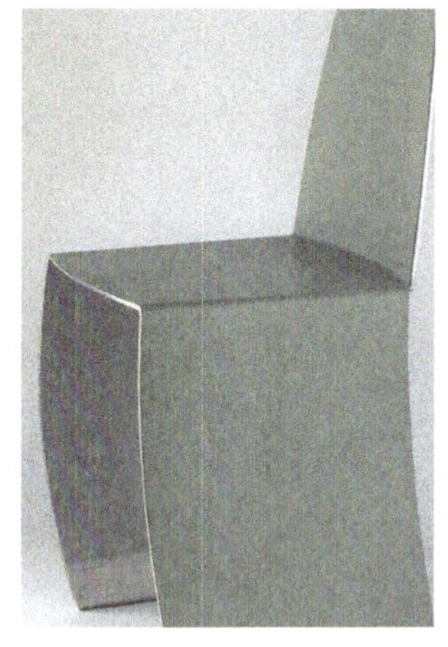

图 2-33　“黎明和早晨的时光”套椅

2.3.3 材料表面处理工艺的选择原则

现代工业产品设计在取得合理的功能设计后，形态表面的色感、量感、质感的设计和配置，是吸引人、唤起购买者兴趣的重要方面。表面处理工艺的应用，不仅提高了产品质量，而且丰富了产品造型的艺术效果。材料表面处理工艺的选择原则有以下几个方面：

(1) 形态的时代性

新材料、新工艺、新技术的应用提高了材料本身的质感，改变材料肌理，呈精美感。产品的造型只有在提供了新材料、新工艺、新技术的基础上才可能反映出产品的时代性。产品的表面处理工艺反映时代的科学技术水平。图 2-34 为惠普 DV2500 系列笔记本电脑，应用了最新的第二代 Imprint 技术（膜内压花技术），与第一代 Imprint 技术相比，DV2500 系列笔记本电脑的图案已不是简单的线条，而是更有美感、更具变化的图形图案，并且精度方面也达到了一个新高度。通过 Imprint 技术，在成型产品表面增加一层透明涂层，将纹理图案镶嵌在笔记本外壳和上层漆面之间，形成美观大方的保护层，使上盖具有了一层高强度、高光泽的涂层，膜内图案或为“波纹状”，或为“印记状”，有一种深邃的发散感，视觉效果十分出色，这让惠普笔记本体现出独有的纹理效果，还大大加强了笔记本表面的抗磨防刮功能，保证外观历久弥新。

图 2-34　惠普 DV2500 系列笔记本电脑

(2) 求简的单纯性

产品形态的设计简洁、单纯是现代工业产品的鲜明特色，是时代的要求。在选择装饰工艺时，必须经过充分的提炼、概括，删繁就简，装饰少但要精，以清新的时代面貌展现产品单纯性的美观。为了简化产品表面的装饰工艺，可采用模腔纹样处理装饰。

图 2-35 为富士“配镜头的胶卷相机”，机身表面的肌理通过模具模腔纹样处理而得，无需再进行表面装饰。

(3) 功能的合理性

表面处理不仅为了使产品美观，在许多方面还体现功能的合理性。在体现功能合理性上应该做到：表面处理工艺突出产品功能的主体部分，强调功能的正确使用要求，根据功能对操作的不同影响来选择适当的处理方法。例如视觉显示器的屏（图 2-36）表面必须具有较低的反射率，

图 2-35　富士配镜头的胶卷相机

以防止眩光与反射，并具有增强图形字符与背景对比的性质，以便于操作者清晰、正确的辨识。而触觉控制器会有两种截然相反的要求：一方面，在需要可靠抓握的场合，要求摩擦力大；另一方面，在要求能顺利滑移的场合，则要求摩擦力小。例如，手动或脚踏控制可能会分别要求相应的控制器具有较高或较低摩擦力的表面，以有利于握紧或滑移。例如，雷柏 7100 光学笔记本无线鼠标（图 2-37），根据不同的功能采用不同的表面处理方式，亮黄色表面采用了光亮的类釉质表面设计，手感顺滑细腻，而在鼠标两侧指握处，采用了细腻磨砂面设计，增强使用接触时的手感。

(4) 情感的审美性

美的确定是人们在生活中的感觉，它与人的主观条件如想象力、修养、爱好分不开，它离不开生活，离不开对象，而又因人、因时代、因地域、因环境等因素而异。满足人们情感需求的审美性，是选择装饰工艺的又一原则。

(5) 产品的多样性

由于消费层次的差异，产品分为高、中、低不同档次。在选择产品表面处理工艺时，必须考虑到产品档次的经济性，以求得产品的合理装饰，使生产获得理想的经济效益。

图 2-36　液晶电视显示屏

①高档产品又称豪华型产品，它象征使用者的富有、气派。在选用表面处理工艺时，一是对产品外观进行多侧面表面处理，或提高材料本身的质感，或改变材料的肌理，使产品呈现精美感；二是采用多种新的表面处理工艺，使产品具有现代感、贵重感。

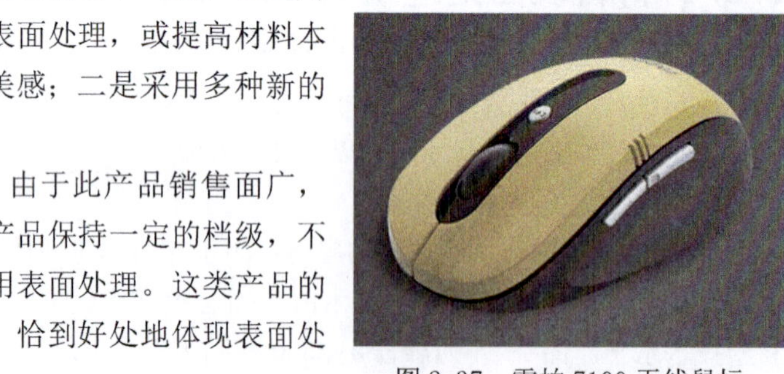

图 2-37　雷柏 7100 无线鼠标

②中档产品是消费层次较广的一种产品。由于此产品销售面广，价格适中，因此在选用表面处理工艺时既要使产品保持一定的档级，不失现代感，又要考虑产品的价格，不可随意使用表面处理。这类产品的表面处理一般选用一两种最新的表面处理工艺，恰到好处地体现表面处理的现代感。

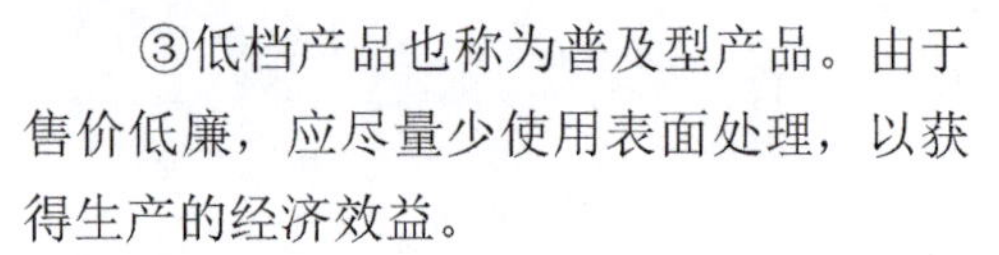

③低档产品也称为普及型产品。由于售价低廉，应尽量少使用表面处理，以获得生产的经济效益。

图 2-38 为高、中、低三种档次的 Zippo 打火机，(a) 高档，表面镀铬水晶镶嵌；(b) 中档，表面幻彩镀饰；(c) 低档，表面精加工。

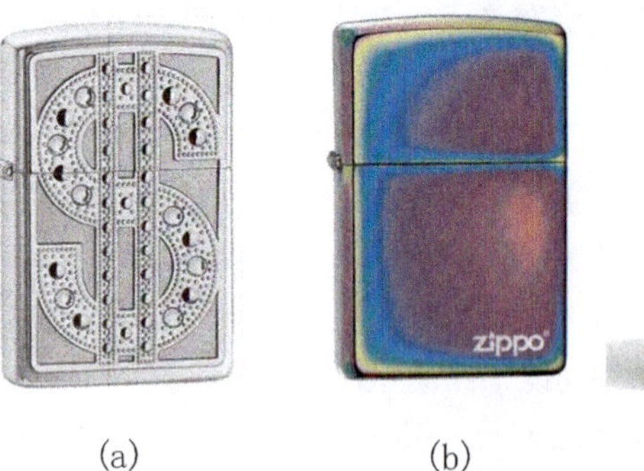

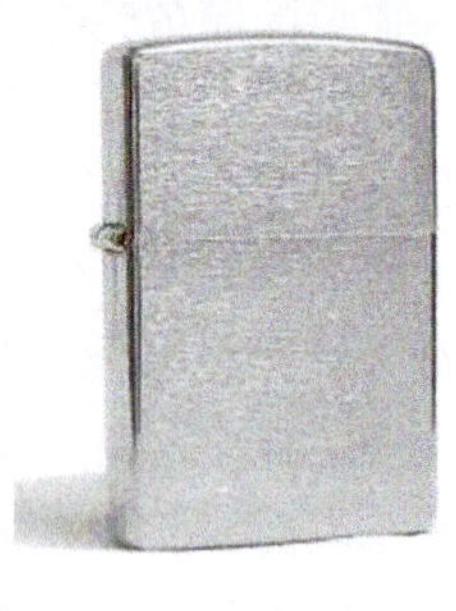

(a)　(b)　(c)

图 2-38　Zipp 打火机
(a) 高档；(b) 中档；(c) 低档

(6) 产品的经济性

表面处理也同样存在成本问题。在表面涂上无瑕疵、高光泽或无光泽的高级涂料显然比一般的表面处理成本高。随着科学技术水平的不断提高，在消费品市场上，同类商品的性能、可靠性与安全性间的差异正日趋缩小。产品的价格和产品本身所具有的“魅力”就成为消费者最终决定购买的主要原因，这两者在很大程度上都受表面处理方式的影响。表面处理是节能节材、提高产品附加值的有效手段。

(7) 环境保护

在表面处理工艺及涂、镀材料的选择中，同样应考虑环境保护的因素。传统的涂、镀工艺不仅使能源消耗大，而且给环境带来污染。例如含有溶剂的油漆，在其形成漆膜的过程中挥发的溶剂有很大的毒性；在电镀过程中产生的含铬的电镀液也严重污染了环境。近年来，开发研制的一些表面处理技术则充分考虑了环境保护的因素。例如，粉末涂料是一种不含有机溶剂的固体粉末，其材料利用率几乎为 100%，成膜均

匀光滑，耐磨性好，而且能耗低、废物处理少，基本消除了对环境的污染。

2.4 新材料成型技术——快速成型技术

快速成型是20世纪80年代末期发展起来的一项先进的高新制造技术，在制造思想的实现方式上具有革命性的突破，对促进企业产品创新、缩短新产品开发周期、提高产品竞争力有积极的推动作用。快速成型技术的出现，创立了产品开发的新模式，并由此产生了一个新兴的技术领域。

在产品开发过程中，产品的实效性已成为制造者保持竞争力的一个关键因素。快速成型技术提供了比传统成型方法更快捷的制造产品机会，实现了产品设计开发中从CAD到实体模型或零件的制造过程，不仅可以自动、快速、准确地将设计构思观念物化为具有一定结构和功能的实体原型产品，从而可以对产品设计进行快速评价、修改及功能实验，为产品投产提供快速、准确的实体评价信息，提高产品质量，缩短产品设计开发周期。

在Freedom of Creation展示的最新快速成型产品，设计师Janne Kyttanen创作的名为Cambrian的灯（图2-39）。Freedom of Creation在利用快速成型技术选择性激光固化和立体光雕制作灯具和其他产品方面一直领先。此灯具利用了快速成型技术，呈现出一个匪夷所思的自然物形态，貌似海胆，与自然融为一体，精巧别致，充分体现了快速成型技术不受造型实现难度限制的最大特征。

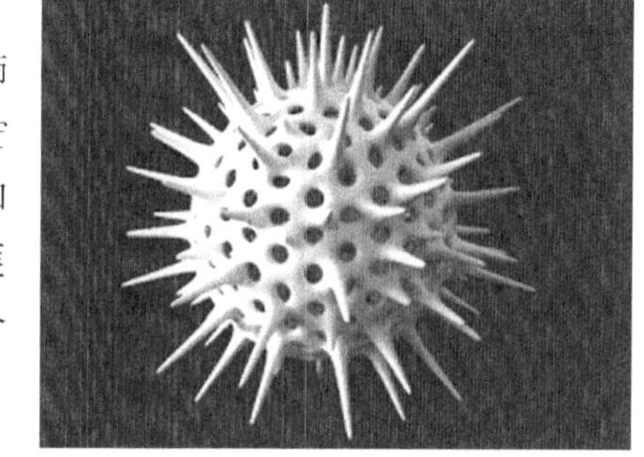

图2-39　Cambrian灯

2.4.1 快速成型的原理及特点

快速成型（Rapid Prototype，RP），又称快速原型制造技术、快速制样或实体自由形式制造。快速成型是一种用材料逐层堆积出制件的制造方法，是集计算机辅助设计（CAD）、计算机辅助制造（CAM）、数字控制（CNC）、精密机械、激光技术和材料科学与工程等最新技术而发展起来的产品设计开发技术，其目标是将计算机三维CAD模型快速地转变为具体物质构成的三维实体模型。其主要技术特征是成型的快捷性，能自动、快捷、精确地将设计思想转变成一定功能的产品原型或直接制造零部件。

1. 快速成型原理

快速成型是基于离散、堆积原理而实现快速加工原型或零件的加工技术。快速成型的原型或零件是指能代表一切特性和功能的实验件，一般数量较少，常用来在新产品试制时作评价之用。

快速成型的成型过程：首先建立目标件的三维计算机辅助设计（CAD）模型，然后对该实体三维模型进行分层离散处理，把原来的三维数据变成二维平面数据，即沿同一方向（比如Z轴）将CAD实体模型离散为一片片很薄的平行平面，把这些薄平面的数据信息传输给快速成型系统中的工作执行部件，随后按特定的成型方法将各种材料按三维模型的截面轮廓信息进行扫描，通过逐点、逐面将成型材料一层层加工，使控制成型系统所用的成型原材料有规律地一层层复现原来的薄平面，并逐层堆积形成实际的三维实体，最后经过处理成为实际的实体原型或零件。快速成型原理如图2-40所示，而图2-41展示了快速成型过程中的三个主要阶段。

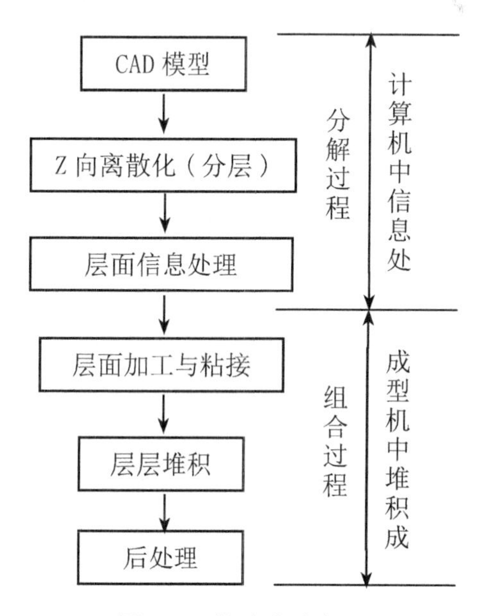

图2-40　快速成型原理

2. 快速成型特点

快速成型技术是将一个实体的、复杂的三维加工离散成一系列层片的加工，大大降低了加工难度，开辟了不用任何刀具而迅速制作各类零件的途径，并为用常规方法不能或难以制造的模型或零件提供了一种新型的制造手段。其特点如下：

（1）改变了传统模型的制造方式，设计制造一体化

快速成型制造技术彻底摆脱了传统的“去除”加工方法，采用全新的“增长法”加工方法（用一层层的小毛坯逐步叠加成大工件），将复杂的三维加工分解成简单的二维加工组合，由有模具制造到无模具制造，这就是RP技术对制造业产生的革命性意义。

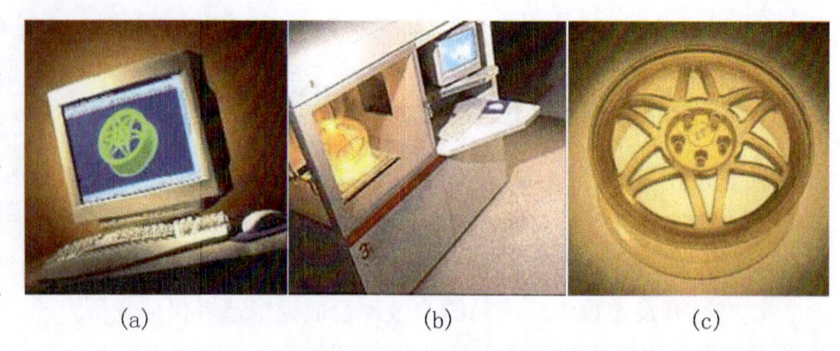

(a)　　(b)　　(c)

图2-41　快速成型过程

(a)CAD三维数据；(b)快速成型机；(c)制作好的样件

由于采用了离散/堆积分层制造工艺，能够很好地将计算机辅助设计(CAD)、计算机数值控制(CNC)、激光、精密伺服驱动和新材料等先进技术集于一体，体现了技术的高度集成和设计制造一体化。RP是计算机技术、数控技术、激光技术与材料技术的综合集成，用CAD模型直接驱动实现设计与制造高度一体化，其直观性和易改性为产品的完美设计提供了优良的设计环境。

(2) 设计的易达性

可以制造任意复杂形状的三维实体模型，快速成型技术不受零件几何形状的限制，在计算机管理和控制下能够制造出常规加工技术无法实现的复杂几何形状零件的建模，能充分体现设计细节，尺寸和形状精度大为提高，零件不需要进一步加工。

(3) 快速性

RP技术是一项快速直接地制造单件零件的技术。传统的零件成型方法是采用多种机械加工机床，以及刀具和模具，还要有高水平的技工，成本高，制造周期往往长达几星期，甚至几个月，不能适应新产品的更新。而快速成型可以在无需准备任何模具、刀具和工装卡具的情况下，直接接受产品设计(CAD)数据，快速制造出新产品的样件、模具或模型。当产品设计方案确定后，CAD数据便可用来生成真实零件模型，进行模具制造，或进行工程试验，或驱动数控机床加工，使产品在设计初期就能同时考虑到后期的制造加工及品质控制问题，因而大大缩短新产品开发周期、降低开发成本、提高开发质量。

(4) 材料的广泛性

由于各种RP工艺的成型方式不同，因而材料的使用也各不相同，如金属、纸、塑料、光敏树脂、蜡、陶瓷，甚至纤维等材料在快速成型领域已有很好的应用。

由于运用快速成型技术制造产品成本比较高，所以只适用于小批量的生产。对于需要大量生产的工业产品，我们可以用快速成型技术将其模板做出来，再用传统的生产工艺对其进行大批量的生产。

以上特点决定了快速成型技术主要适合于新产品开发、快速单件及小批量零件制造、复杂形状零件的制造、模具与模型设计与制造，也适合于难加工材料的制造、外形设计检查、装配检验和快速反求工程等。

2.4.2 快速成型的基本方法

不同种类的快速成型系统因所用成型材料不同，成型原理和系统特点也各有不同。但是，其基本原理都是一样的，即“分层制造，逐层叠加”。形象地讲快速成型系统就像是一台“立体打印机”。目前采用的快速成型方法主要有以下几种：

1. 光固化成型——SLA成型工艺

光固化成型是目前RP领域中最普遍的制作方法。SLA(Stereo Lithography Apparatus)是立体平版印刷设备的英文缩写，它是一种液态光敏树脂聚合物选择性固化的成型机。其原理是利用紫外激光光束使液态光敏树脂逐层固化形成三维实体。通过CAD设计出三维实体模型，利用离散程序将模型进行切片处理，将电脑软件分层处理后的资料，由激光光束通过数控装置的扫描器，按设计的扫描路径投射到液态光敏树脂表面，使表面特定区域内的一层树脂固化，生成零件的一个截面；每完成一层后，浸在树脂液中的平台会下降一层，固化层上覆盖另一层液态树脂，再进行第二层扫描，新固化的一层牢固地黏结在前一固化层上；如此重复直至最终形成三维实体原型（图 2-42）。

用 SLA 工艺能直接制成类似塑件的中、小制件，也能制成中空立体树脂模来代替蜡模，然后进行浇注，即可获得尺寸精度高、表面粗糙度低的各种精密合金铸件，如波音 747 飞机的货舱门、复杂叶轮等。最适合制造细、薄、精致的艺术件。

图 2-43 为 BlackHoney Fruit Bowl（黑蜂巢水果盘），由 Arik Levy 设计，这个水果盘用环氧树脂通过光固化快速成型（即 SLA）做成。“最终的形式是硬和软的对比，”Levy 说，他将蜂巢的形状变得稍许的不规则，给材料带来一种生命感。“如果你放一个橙子进去，你就会感觉到这个盘子将要吃掉它。”

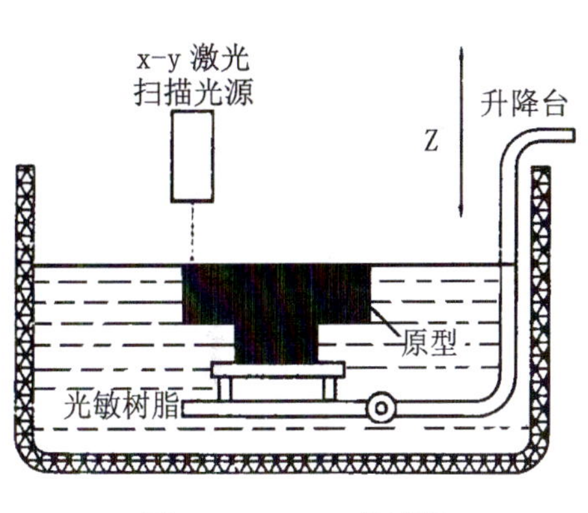

图 2-42　SLA 工艺过程

图 2-43　果盘

2. 选择性激光烧结成型——SLS 成型工艺

选择性激光烧结 SLS(Selected Laser Sintering) 成型工艺与 SLA 成型工艺的成型原理相似，只是将液态光敏树脂换成在激光照射下可烧结成型的各种固态烧结粉末（金属、陶瓷、树脂粉末等）。其基本过程是将 CAD 软件控制的激光束，投射到覆盖一层烧结粉末的工作面上，按照零件的截面信息对粉末层进行有选择的逐点扫描，受激光照射的粉末层熔化烧结，使粉末颗粒相互黏结而形成制件的实体分。每完成一层烧结，工作平台下降一层，作业面上重新覆盖一层粉末，再进行另一层的烧结，如此反复进行。逐层形成立体的零件（图 2-44）。

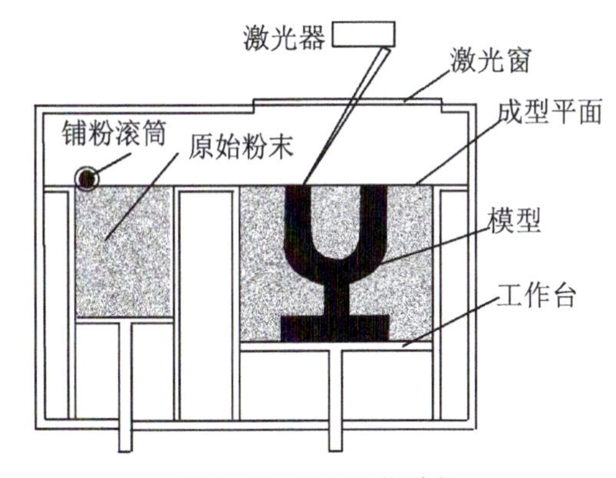

图 2-44　SLS 工艺过程

图 2-45　吊灯

SLS 制件的原型亦可直接作为商品样件，供市场研究及设计分析，还可作为铸件的母模及各种模具。用 SLS 法可直接烧结陶瓷或金属与胶黏剂的混合物，经后处理得到陶瓷或金属模具。SLS 制件的精度、表面及外观品质比 SLA 制件的低。

图 2-45 为罗·阿拉德设计的吊灯，采用选择性激光烧结成型 (SLS)。

3. 熔积堆积成型——FDM 成型工艺

熔丝沉积成型 (Fused Deposition Modelling, FDM) 使用丝状材料（石蜡、金属、塑料、低熔点合金丝）为原料，利用电加热方式将丝材在喷头中加热至略高于熔化温度，呈熔融状态。在计算机的控制下，喷头作 $X—Y$ 平面的扫描运动，将熔融的材料从送料端口喷头射出，涂覆在工作台上，冷却后形成工件的一层截面；一层成形后，喷头上移一层高度，进行下一层涂覆，这样逐层堆积形成三维实体（图 2-46）。

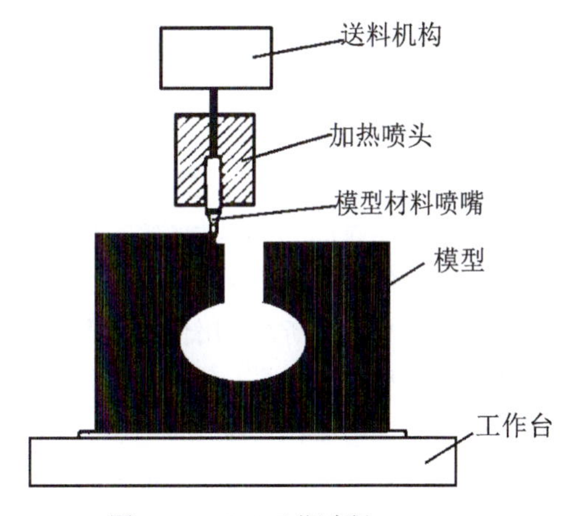

图 2-46　FDM 工艺过程

FDM成型工艺适合成形中、小塑件。FDM成型工艺的原材料的价格较高，其成型件的表面有明显的条纹，表面品质不如SLA塑件的好。

4. 分层实体成型——LOM成型工艺

又称层叠成型法（Laminated Object Manufacturing，LOM），是以薄片材（如纸片、塑料薄膜或复合材料）为原材料，通过薄片材进行层叠加与激光切割而形成模型。其成型原理为激光切割系统按照计算机提取的横截面轮廓数据，将背面涂有热熔胶的片材用激光切割出模型的内外轮廓；切割完一层后，工作台下降一层高度，在刚形成的层面上叠加新的一层片材，利用热粘压装置使之粘合在一起，然后再进行切割；这样一层层地黏合、切割，最终成为三维实体（图2-47）。

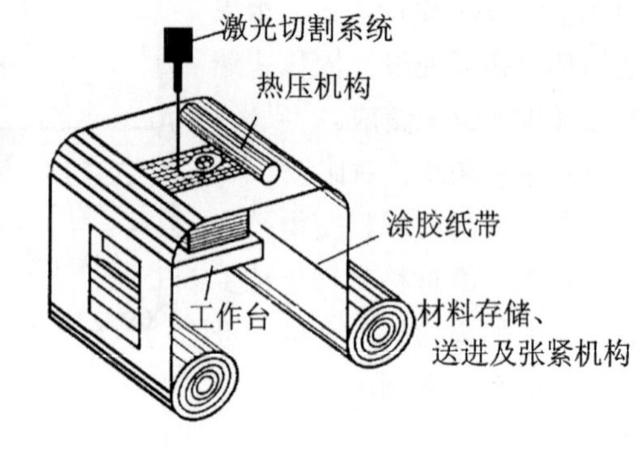

图2-47　LOM工艺过程

LOM成型工艺最适合制造较大尺寸的快速成型件。成型件的力学性能较高。LOM成型工艺的制模材料因涂有热熔胶和特殊添加剂，其成型件硬如胶木，有较好的力学性能，且有良好的机械加工性能，可方便地对成型件进行打磨、抛光、着色、油漆等表面处理，获得表面十分光滑的成型件。成型件的精度高而且稳定。成型件的原材料（纸）价格比其他方法便宜，无须设计和制作支撑结构。

以上四种快速成型方法的特征比较见表2-7所示。

表2-7　四种快速成型技术的特征比较

成型方法	成型原理	成型精度	成型速度	制造成本	常用成型材料
SLA	激光逐点层叠加	高	较快	高	液态光敏树脂等
SLS	激光逐点层叠加	较高	较慢	较低	石蜡、塑料、金属、陶瓷等粉末
FDM	非激光层叠加	较低	较快	较低	石蜡、塑料、低熔点金属等丝材
LOM	激光轮廓切割层叠加	较低	快	低	纸、金属箔、塑料薄膜等

2.4.3 快速成型技术在设计领域的应用

快速成型（RP）技术在设计领域最重要的应用就是开发新产品。在新产品开发过程中，采用快速成型技术可以自动、快捷地将设计思想物化为具有一定结构和功能的原型产品，快速成型技术的用途主要包括以下几个方面：

（1）优化产品设计

快速成型支持技术创新、改进产品外观设计，提高了制造复杂零件的能力，使复杂模型的直接制造成为可能，这对产品外观设计尤为重要。

（2）支持同步（并行）工程的实施

快速成型使设计、交流和评估更加形象化。快速成型产品可供设计者和用户进行直观检测、评判、优化，并可迅速反复修改，直到最大限度地满足用户的要求，有效地缩短了产品的研制周期。使新产品设计、样品制造、市场订货、生产准备等工作能并行进行。在新产品设计阶段，虽然可以借助图样和计算机模拟对产品进行评估，但这种评估方法不直观，特别是对形状复杂的产品，往往因很难想象其真实形貌而不能做出正确、及时的判断。采用快速成型所成形的样品与最终产品相比，仅仅在材质上有所差别，而在形状及尺寸方面几乎完全相同，且有较好的强度，经表面处理后，看起来与真实产品一模一样，因此具有直观的评估效果。

（3）对产品性能进行及时、准确地校验与分析

快速成型件可在产品样机水平上，进行加工工艺性能、装配性能、有关工模具的校验与分析，进行产

品功能特性的测试、风洞试验、有限元分析等，可及时发现产品设计的错误，做到早找错、早更改，避免更改后续工序所造成的大量损失，显著提高新产品投产的一次成功率。

(4) 快捷、经济地制作各种模具

快速成型使模型或模具的制造时间缩短数倍甚至数十倍，大大缩短新产品研制周期，确保新产品上市时间。传统的制作模具的方法是对木材或金属毛坯进行切削加工，既费时又费钱。近年来出现了一种快速成型技术——快速模具制造 RT(Rapid Tooling)，可直接或间接制作模具，使模具的制造时间大大缩短、节省了大量的开模费用、成倍地降低新产品研发成本。快速模具制造可迅速实现单件及小批量生产，使新产品上市时间大大提前，迅速占领市场。

快速成型技术可以近乎完美地诠释出设计师所要表达的设计理念。对于设计师所设计出来的较复杂的形态，这种新型的技术可以完全不受形状复杂程度的限制。快速成型技术给设计界带来了福音，并大大地发挥其自身的作用，使产品设计走向一个更高台阶。工业设计是技术和艺术的完美结合，从快速成型技术我们可以充分地感受到“技术改变世界”，它给设计师带来了更大的发挥想象的空间，也对制造领域造成了深远的影响。

快速成型设计实例：

(1) 台灯（图 2-48）

由旧金山地区著名的设计公司One&Co为Materialise MGX公司所设计的新产品，因充分运用快速成型技术的优点，展现科技结合艺术的新视野，体现产品形态的多变性。灯体是承袭“渐变”的设计规范，越接近桌面光线会因为密度变松而增加亮度。因为这样变换的外观设计而产生一个既复杂又亲密的向下照明效果，自然产生图案优雅的光影效果。这个产品是运用“将规则的几何形外观与极具弹性的中心结构整体共存于作品上”来创造这个灯饰，并且运用光影的效果将“链条式”单元提升到更高的层次，“链式结构”已经提升为设计的主角，在桌上成为令人注目的焦点。

图 2-48　台灯

(2) 设计师 Marcel Wander 的作品

荷兰设计师 Marcel Wander 的作品更可以说明，精密的快速成型技术如何让设计概念大为突破。图 2-49 所示花瓶对我们的美感开了一个玩笑，看似美丽的花瓶竟然是设计师请友人擤鼻涕时，利用高速摄影机捕捉其运动的轨迹、转化成CAD档案之后，以快速成型技术制造而成。一个简单瞬间的日常动作就被记录下来，“列印”成为具体的美丽花瓶，这大概是过去的设计师难以想象的。Marcel Wander 这个设计的目的是灵活地运用摄影工具，将原本“看不到”的东西呈现出来，因此以擤鼻涕的成果作为主题，完整地将原型再现，属于 Marcel Wander 早期尝试创作的实验性作品。

图 2-49　花瓶

图 2-50　Bob 灯

Marcel Wander 在米兰 2007 上展出了很多设计作品，其中一组主要的设计是采用快速成型技术来实现的，其造型简洁，纷繁妖娆的镂空以及材质上的选料，都使得这些作品成为上陈之作。如 Bob 灯（图 2-50）和 Crochet 椅（图 2-51），采用树脂材质，使用光固化成型工艺完成这一复杂的作品。

(3) 骨椅 (Bone chair)（图 2-52）

荷兰设计师 Joris Laarman 设计的骨椅，是 Bone furniture 系列作品之一，借用了树和骨骼的生长原理，模拟出了树和骨骼这种自

图 2-51　Crochet 椅

然形态。具有奇特外表的Bone Chair是仿生设计结合科技所产生的成果，是基于人类对生物生长运作的法则的研究，应用电脑软件所运算出来的有机造型。Joris Laarman运用以生物形体为模型的电脑软件进行多次实验，让软件模仿造骨细胞的功能，来计算椅子的受力状态，去除并未受力的多余部分，让现存的每一寸结构都具有实际力学上的作用，以达到最佳重量分布的造型；另一方面也用软件算出结构中最脆弱，也就是最可能损坏的部位来加以补强，类似树木的生长和自身修复的过程。这样设计出的最终造型符合直觉中重量分布传播的力学合理性。骨椅呈现给我们一个完全不受束缚的自然物体形态，展现了设计师的独具匠心和快速成型技术的巧妙程度。Joris Laarman采用快速成型制作Bone Chair的模型，以传统的开模铸造方式生产，以手工打磨并做最后加工处理，总共限量生产12件。

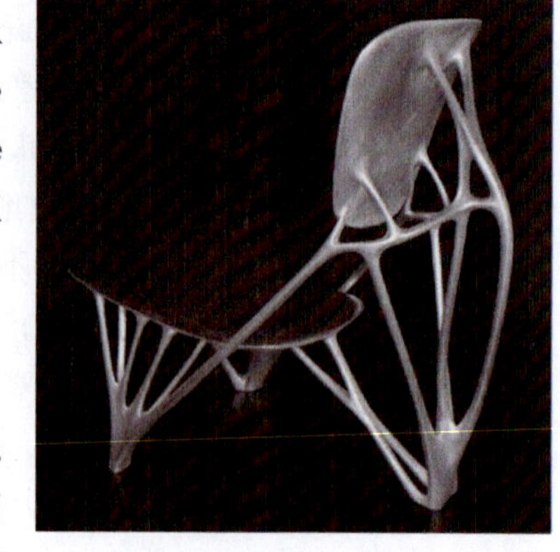

图2-52 Bone Chair

(4) 金刚石椅（图2-53）

今年在米兰设计周(Milan 2008)上展示一组由Nendo设计的作品，这组作品以金刚石的原子结构作为几何出发点，设计了一个柔软但又强健的结构，使用了快速成型技术做成的。从这个产品的错综复杂的结构来看，如果使用传统制作工艺需要非常复杂的程序和很长的时间才可以完成，而运用了快速成形技术一般只需要几小时至几十小时就可以完成。设计充分利用了快速成型技术的便捷性，设计出了用传统方法很难制造出的精良产品，产品体现了快速成型技术在工业设计中的优势。

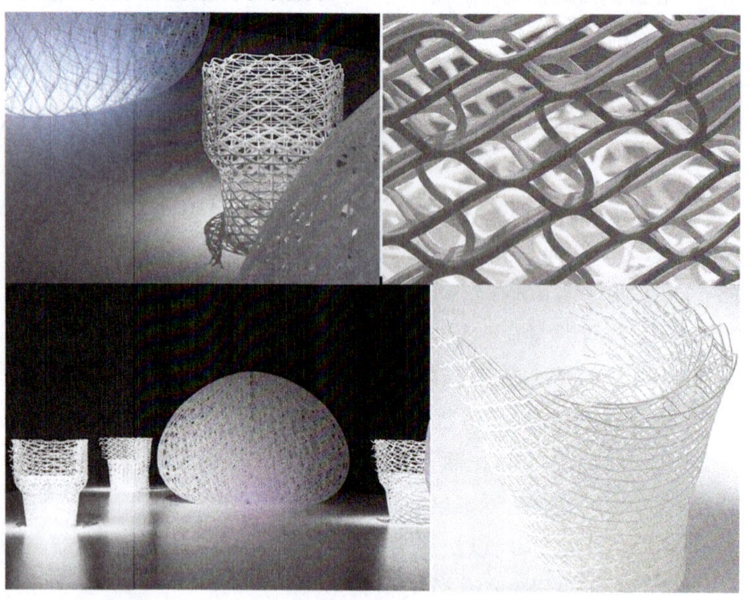

图2-53 金刚石椅

(5) Solid Chair（图2-54）

由法国设计师Patrick Jouin设计。Patrick Jouin采用“镭射立体成型”技术，率先尝试在一次成型中“长出”1∶1尺寸的实品，而成为最终以限量方式销售的椅子，这种突破性的想法，让Solid Chair在2005年的米兰家具展出尽风头。

自从罗·阿拉德(Ron Arad)运用原本以制作模型为主的快速成型技术制造产品后，法国设计师Patrick Jouin也开始寻找合适的设计，来进一步发展快速成型与设计结合的潜能。由于快速成型可以直接接收3D档案，在不需模具或其他外力协助的情况下，以类似印表机的原理，层层堆叠“印刷”出档案中的物件，而制造出非常复杂、无法经由传统制造方式所制造的造型，是一种非常类似自然物“生长”的工业生产方式。因此，Patrick Jouin便从植物的意象出发，设计出类似植物纤维组织或是稻草生长而弯折的造型，来符合“生长”的意象。由于可以直接由3D档案生产实体物件，而不受加工方法的限制，快速成型给予设计师极为高度的自由。理论上，一个设计师无须离开办公室，便能直接透过CAD/CAM软体和网路，随心所欲将自己的构想转化成实体物件，因此运用快速成型技术来制造复杂造型的作品，已逐渐形成一种可称为“桌上生产”的趋势。

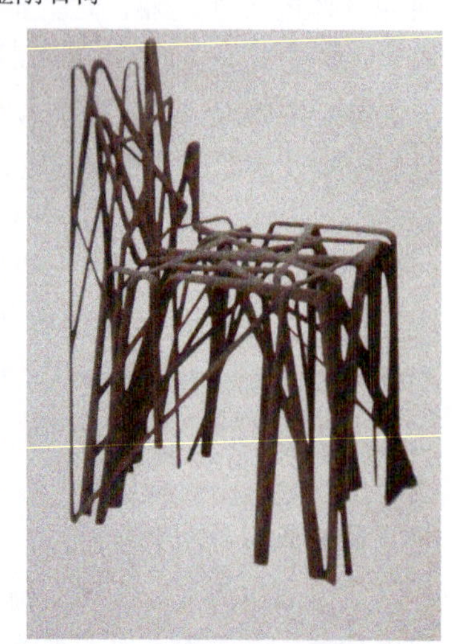

图2-54 Solid Chair

(6) Fractal桌（图2-55）

由英国设计组合Platform与Matthias Bar于2008年共同设计，并由比利时 Materialise MGX 公司协力制造。该设计是一件非常有创意的设计作品，它通过对几何碎片成长进行模拟衍生而来，像树干一样桌腿不断向上分裂成长为较小的枝杈，直到最茂密的顶端为止，它就好像一片生长在地板上的白色树林，这样也就形成了一个宽阔的带有花纹的桌面。它不仅具有较强的实用性，而且还能起到一定的装饰作用。在采用快速成型技术之前该桌的制造一直未能实现。

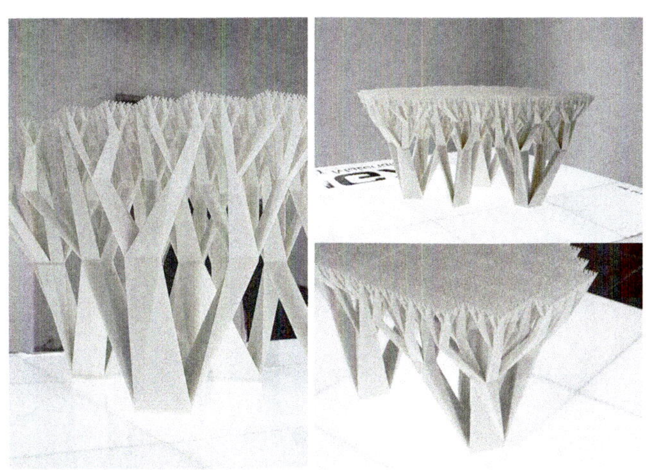

图 2-55 Fractal 桌

(7) 奎恩灯（图 2-56）

这是一款从造型上就能把你完全征服的灯具！其灯的外形是由一种造型软件，通过快速成型制成的。那富有柏拉图感觉的立体外形，能让每一位热爱生活的人心动！

(8) Random Pak Chair（图 2-57）

由澳洲设计师 Marc Newson 设计，采用生长的观念进行制作，他运用材料科学的堆积密度原理，设计出一种类似细胞结构的复杂图案，作为整体的元素基础，并运用“电铸法”这种类似“生长”的制造方式，让金属粒子直接“生长”的印有图案的导电底座上，孕育出复杂的立体造型，因而强调了 Random Pak Chair 之如同生物体般生长的特色。这种方法所制造的金属结构纯度极高，并可制造出与图案精确吻合的复杂结构，镍金属经抛光处理后，如同一颗闪亮耀眼的金属结晶。工业化的生产方式，经巧妙设计后，造成手工艺所无法企及的精致效果，无论就视觉效果、技术、或概念层次皆具独特性，实为难以取代的独特作品。

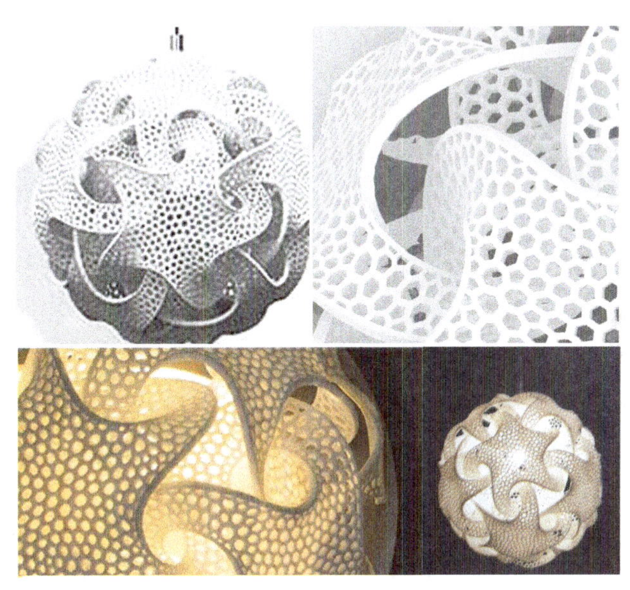

图 2-56 奎恩灯

(9) 高科技灯具（图 2-58）

年轻的丹麦设计师 Janne Kyttanen 和 Jiri Evenhuis 采用快速成型技术制成的带有灯影的照明产品。他们用 SLA 和 SLS 快速成型技术设计制造了一系列造型独特的灯具产品。在成型过程中，激光接触到的光敏聚合物液体可以被精确地固化成所要的造型。快速成型技术的运用实现了数字化与实物之间的对接。

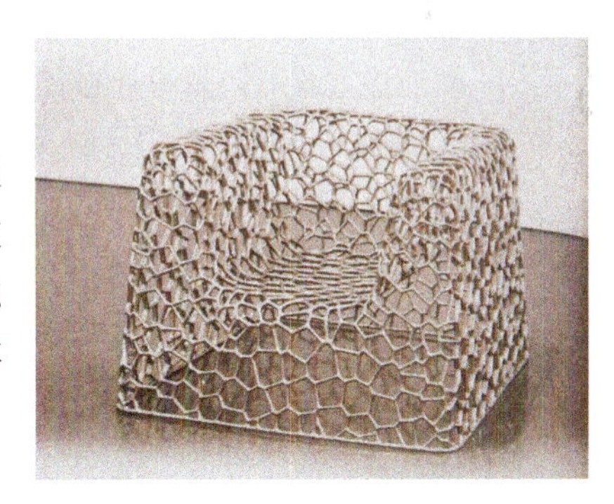

图 2-57 Random Pak Chair

(10)“FRONT”的设计作品（图 2-59）

在东京设计周上，名为“FRONT”的设计团队向公众展示和表演了整个设计过程，她们利用运动捕捉技术和快速成型技术，把凌空绘制的家具和产品草图转换成了一件件个性十足的真实产品，这些产品包括两把椅子、一张矮桌和一盏落地灯，大家对这种独特的创造方式惊叹不已。从最初的讨论到最后的产品问世，四名设计师齐心协力，相互配合。就技术方面而言，四位女设计师所依赖的快速成型是一种将三维模型立刻转化成实际产品的加工技术。设备通过激光柱将三维模型解析，然后在柔软的塑料上分层切割和铸造。每一个 0.1mm 厚的软性塑料被激光柱照射后开始立即硬化。数小时以后，三维实体就会浮现出来，那些先前的想法就这样被快速实现了。在这个过程中，设计团队还采用了另一项新技术——动作捕捉技术。通过设计师用她的手指在空中绘画，而就在她身后，一把椅子的模型立即通过动作捕捉显示在屏幕上。动作捕捉是一种将位移记录并迅速生成三维模型的先进技术，它主要运用于电影制作和游戏设计中。而FRONT团队巧妙地转用了这项技术，把它嫁接到设计上。于是女设计师们在空中描绘的图画就神话般地随即成为现实。整合这些技术意味着FRONT可以将瞬间的灵感立即转化成真实的产品，从而为设计师的创作带来了更新鲜和更生动的方式。

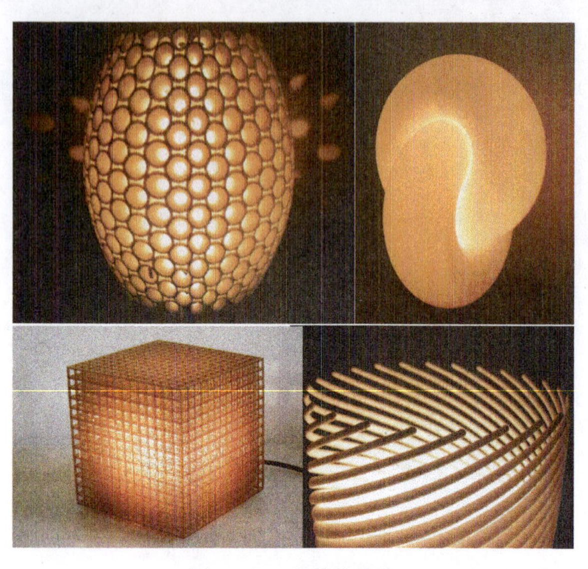

图2-58　高科技灯具

图2-59　“FRONT”的设计作品

◆ 思考题

1. 试述材料工艺技术对实现材料特定形态的影响。
2. 选择材料加工成型工艺时要考虑哪些原则？
3. 连接技术是一种富有创造性的技术，试对各种连接方式进行分析。
4. 动连接方式对产品的形态有很大的影响，列举5个具有动连接结构的产品并进行分析。
5. 试述材料表面处理的目的及其分类。
6. 为什么施工前要对工件表面进行预处理？如何选择表面预处理方法？
7. 试述涂料的组成及其作用，涂饰是如何选择涂料和涂装方法？
8. 试述涂装的主要工艺程序。为什么要强调涂料的施工配套？
9. 电镀与阳极氧化的基本原理有何不同？
10. 试述常用金属、塑料的表面电镀特点及其工艺过程。
11. 表面处理技术与产品附加值有何关联？
12. 叙述快速成型技术的原理及过程。它与传统的加工方法有何根本区别？
13. 快速成型技术是哪些先进技术的集成？快速成型技术未来的发展方向是什么？
14. 总结四种典型的快速成型技术（SLA，LOM，SLS，FDM）的成型原理、工艺过程和成型特点，并进行比较。
15. 结合工业设计专业来阐述快速成型技术的应用。
16. 塑料制品独特的、极为方便快捷的零件连接方式，如一体柔性铰链、压力装配方法及搭扣连接等，有效地减少了制品构件数目，简化了装配工序，提高了生产效率，并为使用带来极大便利，因此塑料产品构件间连接方式的设计成为塑料制品设计的重要内容。请搜集优秀塑料制品，并对其进行材料选用及构件间连接分析，学习并借鉴优秀案例尝试对身边制品进行创新设计。

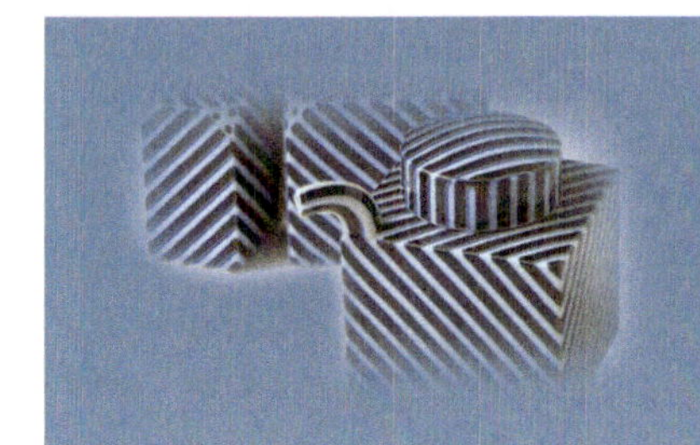

第三章

材料感觉特性的运用

3.1 材料感觉特性的概念

对材料的认识是实现产品设计的前提和保证。早在1919年成立的包豪斯学院，就十分重视材料及其质感的研究和实际练习，师生们意识到材料的特性、功能等仅靠语言来理解是远远不够的，而应该运用材料进行造型训练并通过实践操作深化理解，探究其美感。该院的伊顿曾写道：当学生们陆续发现可以利用的各种材料时，他们就更加能创造具有独特材质感的作品。通过这种实际研习后，学生们认识到周围的世界实在是充满了具有各种表情的质感环境，同时领悟到了若不经过材质的感觉训练，就不能正确把握材质运用的重要性。

3.1.1 材料感觉特性的内容

材料感觉特性又称材料质感，是人的感觉系统因生理刺激对材料作出的反映或由人的知觉系统从材料表面特征得出的信息，是人对材料的生理和心理活动，它建立在生理基础上，是人们通过感觉器官对材料作出的综合印象。

材料感觉特性包含两个基本属性：

生理心理属性，即材料表面作用于人的触觉和视觉系统的刺激性信息，如粗犷与细腻、粗糙与光滑、温暖与寒冷、华丽与朴素、浑重与单薄、沉重与轻巧、坚硬与柔软、干涩与滑润、粗俗与典雅、透明与不透明等基本感觉特征。

物理属性，即材料表面传达给人的知觉系统的意义信息，是一种表面特征，也就是材料的类别、性能等。主要体现为材料表面的几何特征和理化类别特征，如肌理、色彩、光泽、质地等。

材料感觉特性按人的感觉可分为触觉质感和视觉质感，按材料本身的构成特性可分为自然质感和人为质感。

1. 材料的触觉质感

材料的触觉质感是人们通过手和皮肤触及材料而感知材料的表面特性，是人们感知和体验材料的主要感受。

(1) 触觉质感的生理构成

触觉是一种复合的感觉，由运动感觉与皮肤感觉组成，是一种特殊的反映形式。运动感觉是指对身体运动和位置状态的感觉；皮肤感觉是指辨别物体机械特性、温度特性或化学特性的感觉，一般分为温觉、压觉、痛觉等。

触觉的游离神经末梢分布于全身皮肤和肌肉组织。人手是一种特殊的感觉器官，当手跟物体接触时，肌肉紧张的运动感觉与皮肤感觉相结合，形成关于物体的一些属性，如弹性、软硬、光滑、粗糙等感觉；手臂运动与手指的分开程度，则能使人产生物体大小的感觉；而提起物体所需肌肉的屈伸力量，则能使人产生关于物体重量的感觉。

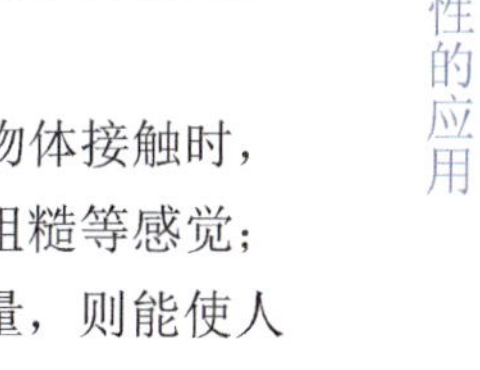

触觉对事物的感觉是相当灵敏的，其灵敏度仅次于视觉。触觉对于人们认识事物和环境、确定对象的位置和形式、发展感觉和知觉，有着十分重要的作用。

(2) 触觉质感的心理构成

从物体表面对皮肤的刺激性来分析，根据材料表面特性对触觉的刺激性，触觉质感分为快适触感和厌憎触感。人们对蚕丝质的绸缎、精加工的金属表面、高级的皮革、光滑的塑料和精美陶瓷釉面等易于接受，喜欢接触，从而产生细腻、柔软、光洁、湿润、凉爽等感受，使人感到舒适如意、兴奋愉快、有良好的官能快感；而对粗糙的砖墙、未干的油漆、锈蚀的金属器件、泥泞的路面等会产生粗、黏、涩、乱、脏等不快心理，造成反感甚至厌恶，从而影响人的审美心理。

(3) 触觉质感的物理构成

材料的触觉质感与材料表面组织构造的表现方式密切相关。材料表面微元的构成形式，是使人皮肤产生不同触觉质感的主因。同时，材料表面的硬度、密度、温度、黏度、湿度等物理属性也是触觉不同反应的变量。表面微元的几何构成形式千变万化，有镜面的、毛面的。非镜面的微元又有条状、点状、球状、孔状、曲线、直线、经纬线等不同的构成，产生相应的不同触觉质感。

在现代工业产品造型设计中，运用各种材料的触觉质感，不仅在产品接触部位体现了防滑易把握、使用舒适等实用功能，而且通过不同肌理、质地材料的组合，丰富了产品的造型语言，同时也给用户更多的新的感受。

2. 材料的视觉质感

材料的视觉质感是靠眼睛的视觉来感知的材料表面特征，是材料被视觉感受后经大脑综合处理产生的一种对材料表面特征的感觉和印象。

(1) 视觉的生理构成

在人的感觉系统中，视觉是捕捉外界信息能力最强的器官，人们通过视觉器官对外界进行了解。当视觉器官受到刺激后会产生一系列的生理和心理的反应，产生不同的情感意识，如图 3-1 所示。

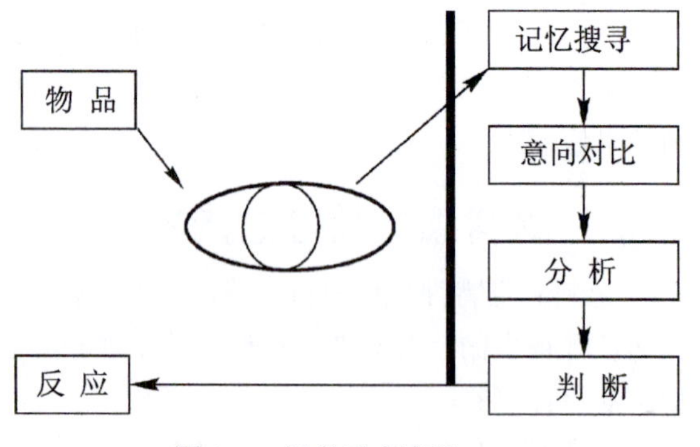

图 3-1　视觉反应流程

(2) 视觉质感的物理构成

材料对视觉器官的刺激因其表面特性的不同而决定了视觉感受的差异。材料表面的光泽、色彩、肌理、透明度等都会产生不同的视觉质感，从而形成材料的精细感、粗犷感、均匀感、工整感、光洁感、透明感、素雅感、华丽感和自然感。

(3) 视觉质感的间接性

视觉质感是触觉质感的综合和补充。一般来说，材料的感觉特性是相对于人的触感而言的。由于人类长期触觉经验的积淀，大部分触觉感受已转化为视觉的间接感受。对于已经熟悉的材料，即可根据以往的触觉经验通过视觉印象判断该材料的材质，从而形成材料的视觉质感。由于视觉质感相对于触觉质感的间接性、经验性、知觉性和遥测性，也就具有相对的不真实性。利用这一特点，可以用各种面饰工艺手段，以近乎乱真的视觉质感达到触觉质感的错觉。例如，在工程塑料上烫印铝箔呈现金属质感，在陶瓷上真空镀上一层金属，在纸上印制木纹、布纹、石纹等，在视觉中造成假像的触觉质感，这在工业造型设计中应用较为普遍。触觉质感和视觉质感的特征比较见表 3-1。

表 3-1　触觉质感和视觉质感的特征

	感知	生理性	性质	质感印象
触觉质感	人的表面 + 物的表面	触觉——手、皮肤	直接、体验、直觉、近测、真实、单纯、肯定	软硬、冷暖、粗细、钝刺、滑涩、干湿
视觉质感	人的内部 + 物的表面	视觉——眼	间接、经验、知觉、遥测、不真实、综合、估量	脏洁、雅俗、枯润、疏密、死活、贵贱

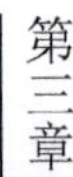

(4) 视觉质感的距离效应

材料的视觉质感与观察距离有着密切的关系（图 3-2、图 3-3、图 3-4）。一些适于近看的材质，在远处观看时则会变得模糊不清；而一些适于远看的材质，如移到近距离观看，则会产生质地粗糙的感觉。因此精心选用适合空间观赏距离的材质，考虑其组合效果是十分重要的。

图 3-2　轮胎表面材质的远近效果

3. 材料的自然质感

材料的自然质感是材料本身固有的质感，是材料的成分、物理化学特性和表面肌理等物面组织所显示的特征。比如：一块黄金、一粒珍珠、一张兽皮、一块岩石都体现了它们自身特性所决定的材质感。自然质感突出材料的自然特性，强调材料自身的美感，关注材料的天然性、真实性和价值性（图 3-5）。

图 3-3　树木表面材质的远近效果

4. 材料的人为质感

材料的人为质感是人有目的地对于材料表面进行技术性和艺术性的加工处理，使其具有材料自身非固有的表面特征。人为质感突出人为的工艺特性，强调工艺美和技术创造性。随着表面处理技术的发展，人为质感在现代设计中被广泛地运用，产生同材异质感和异材同质感，从而获得了丰富多彩的各种质感效果（图 3-6）。

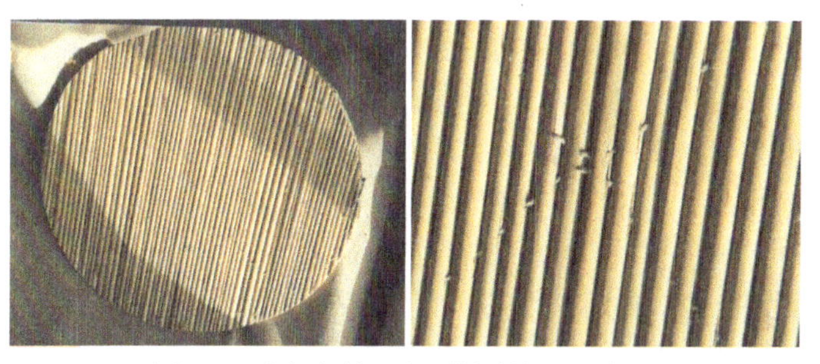

图 3-4　高粱杆篦子表面材质的远近效果

3.1.2 材料感觉特性的评价

以人的感觉为依据选择材料时，人的感觉对材料的评价乃是关键。

图 3-5　材料的自然质感

图 3-6　表面电镀的玻璃酒杯

1. 材料感觉特性的描述

用来描述材料感觉特性的形容词相当多，我们从文献提到的有关材料感觉特性的用语中，整理出 20 组适合表示材料感觉特性的形容词，见表 3-2。

2. 材料感觉特性的测定

产品中可能使用的材料种类繁多，为了找出不同材料感觉特性的区别，选择了 7 种材料作为评价对象，分别是玻璃、陶瓷、木材、金属、塑料、橡胶、皮革。我们针对每组感觉特性制作了感觉量尺，在量尺上标注这 7 种材料的感觉特性（表 3-3）。如在“温暖—凉爽”尺度上，皮革与木材是较温暖的，而金属则是最凉爽的；在“光滑—粗糙”尺度上，玻璃、金属与陶瓷都属于较光滑的，而木材则是最粗糙的；在“时髦—保守”尺度上，玻璃、陶瓷与金属是较时髦的，木材则被认

表 3-2　材料感觉特性的描述用语

1. 自然—人造	11. 浪漫—拘谨
2. 高雅—低俗	12. 协调—冲突
3. 明亮—阴暗	13. 亲切—冷漠
4. 柔软—坚硬	14. 自由—束缚
5. 光滑—粗糙	15. 古典—现代
6. 时髦—保守	16. 轻巧—笨重
7. 干净—肮脏	17. 精致—粗略
8. 整齐—杂乱	18. 活泼—呆板
9. 鲜艳—平淡	19. 科技—手工
10. 感性—理性	20. 温暖—凉爽

为是较保守的；在“感性—理性” 尺度上，皮革、木材与陶瓷则被认为较感性的，而金属则较为理性的。

3.1.3 影响材料感觉特性的相关因素

材料的感觉特性是材料给人的感觉和印象，是人对材料刺激的主观感受。材料感觉特性的塑造是整体的，其构成的因素众多，通常表现为：

1．材料种类

材料的感觉特性与材料本身的组成和结构密切相关，不同的材料呈现着不同的感觉特性。各种材料较具代表的感觉特性见表 3-4。

如果同一种样式的造型采用的材料不同，造成的最终视觉和触觉效果也不同，如图 3-7 所示为同种书架造型采用不同材质——塑料和木材的视觉效果对比。

图 3-8 所示的这款剪刀是 2003 年由日本设计师设计的。塑料和木材这两种不同类的材料应用于该剪刀的手柄，不仅产生不同的视觉和触觉效果，而且加工工艺也不一样，塑料采用注塑成型，在成型模型中考虑到塑料结构中金属嵌件的设计；而木质手柄的加工成型工艺则多依靠手工生产。

表 3-3 材料感觉特性的差异

感觉特性	材料感觉特性的差异
1．自然—人造	木 陶 皮 塑 玻 橡 金
2．高雅—低俗	陶 玻 木 金 皮 塑 橡
3．明亮—阴暗	玻 陶 金 塑 木 皮 橡
4．柔软—坚硬	皮 木 橡 塑 陶 玻 金
5．光滑—粗糙	玻 金 陶 塑 橡 皮 木
6．时髦—保守	玻 陶 金 塑 橡 皮 木
7．干净—肮脏	玻 陶 金 塑 木 皮 橡
8．整齐—杂乱	玻 金 陶 塑 木 皮 橡
9．鲜艳—平淡	陶 玻 金 皮 橡 塑 木
10．感性—理性	皮 木 陶 玻 塑 橡 金
11．浪漫—拘谨	皮 陶 玻 木 塑 橡 金
12．协调—冲突	木 玻 陶 皮 木 金 橡
13．亲切—冷漠	木 皮 玻 陶 塑 橡 金
14．自由—束缚	木 玻 陶 皮 塑 金 橡
15．古典—现代	木 皮 陶 橡 塑 玻 金
16．轻巧—笨重	玻 木 塑 皮 陶 橡 金
17．精致—粗略	玻 陶 金 塑 木 皮 橡
18．活泼—呆板	玻 陶 皮 木 塑 金 橡
19．科技—手工	金 玻 陶 塑 橡 皮 木
20．温暖—凉爽	皮 木 橡 塑 玻 陶 金

表 3-4 各种材料的感觉特性

材料	感 觉 特 性
木材	自然、协调、亲切、古典、手工、温暖、粗糙、感性
金属	人造、坚硬、光滑、理性、拘谨、现代、科技、冷漠、凉爽、笨重
玻璃	高雅、明亮、光滑、时髦、干净、整齐、协调、自由、精致、活泼
塑料	人造、轻巧、细腻、艳丽、优雅、理性
皮革	柔软、感性、浪漫、手工、温暖
陶瓷	高雅、明亮、时髦、整齐、精致、凉爽
橡胶	人造、低俗、阴暗、束缚、笨重、呆板

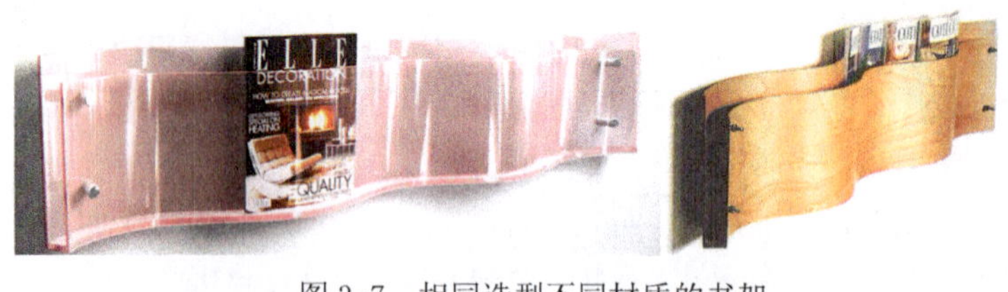

图 3-7 相同造型不同材质的书架

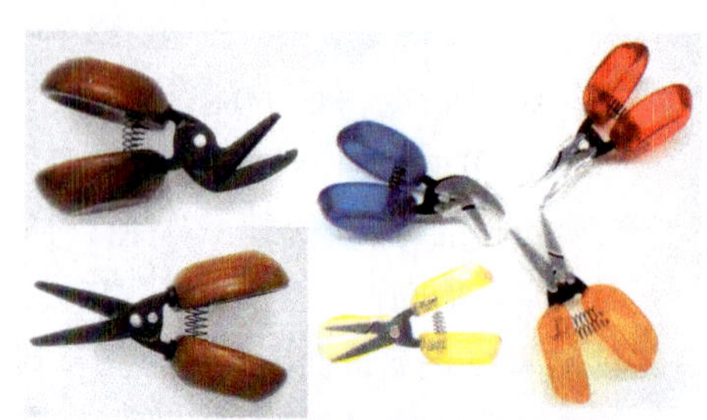

图 3-8 相同造型不同材质的剪刀

2．材料成型加工工艺和表面处理工艺

材料的感觉特性除与材料本身固有的属性有关外，还与材料的成型加工工艺、表面处理工艺有关，常表现为同质异感和异质同感，如同一质地的花岗石材，不经任何加工处理的毛面花岗石，给人以朴实、自然、亲切、温暖的感觉，而表面经精磨加工的光亮花岗石，给人以华丽、活泼、凉爽的感觉。又如塑料制品表面经镀铬处理后，外观质感与不锈钢制品质感相同，给人以精致、光滑、炫目、豪华等感觉。

不同的加工方法和工艺技巧会产生不同的外观效果，从而获得不同的感觉特性。

锻造工艺：锻造工艺充分利用了金属的延展性能，化百炼钢为绕指柔。特别是在锻打过程中产生的非常丰富的肌理效果，可圆、可方、可长、可短、可规则、可随意、可粗犷、可精细，忠实地保留下制作过程中情绪化的痕迹，具有强烈的个性化特征和浓厚的手工美。

铸造工艺：铸造工艺良好的复写功能可精确地复制出纤细的叶脉、粗粝的岩石，甚至流动的液体，丰富了金属的表现范围。

焊接工艺：焊接工艺是现代科技的产物，各种复杂的造型，均可通过焊接来完成。焊接不仅是实现造型、表达观念、倾泻情感的表述技艺，同时也是一种艺术的表现力。焊接后的锉平、抛光是一种工艺美，有意识保留焊接的痕迹，能产生奇特的肌理美，丰富产品的艺术美感。

铆接工艺：铆接工艺具有一种强烈的工业感和现代感。铆接的铆接头有节奏地整齐排列，形成一种肌理变化。

编织工艺：编织工艺是一种由纤维艺术发展而来的工艺，是将丝状材料按一定的方法编织在一起，可产生极富韵律和秩序感的肌理效果。

车削工艺：车削后的材料表面有车刀的连续纹理，有旋转感。

磨削工艺：磨削后的材料表面精细光滑，富有光泽感。

电镀工艺：电镀的材料表面不仅能改变材料的表面性能，而且表面具有镜面般的光泽效果。

喷砂工艺：喷砂工艺能使材料获得不同程度的粗糙表面、花纹与图案，通过光滑与粗糙、明与暗的对比给人以含蓄、柔和的美感。

3．其他因素

材料感觉特性在很大程度上受时代的制约，与时代的科技水平、审美标准、流行时尚等因素有着直接的关系。由于人们的经历、文化修养、生活环境、风俗和习惯等的差异，材料的感觉特性只能相对比较而言。

3.2 质感设计

任何产品无论其功能简单或复杂，都要通过其外观造型，使机能由抽象的层面转化为具体的层面，使设计的理念物化为各个应用实体。产品造型在取得合理的功能设计后，产品表面的质感设计往往使产品形态成为更加真实、含蓄、丰富的整体，使产品以自身的形象向消费者显示其个性，向消费者感官输送各种信息，以满足消费者对各种产品的新要求。

材料是设计表现的载体，是实现设计构思的物质基础，它不仅具有材料的功能特性，还具有其特有的材质与情感，体现为材料的质感。材料的质感是设计材料的一个重要特征，质感设计是工业产品造型设计中一个重要的方面，是对工业产品造型设计的技术性和艺术性的先期规划，是一个合乎设计规范的“认材—选材—配材—理材—用材”的有机过程。科学合理地运用材料的质感，将会拓宽设计思路，丰富和完善设计构思，给设计带来全新的特点。

3.2.1 质感设计的形式美法则

形式美是美学中的一个重要的概念，是从美的形式发展而来的，是一种具有独立审美价值的美。广义讲，形式美就是生活和自然中各种形式因素（几何要素、色彩、材质、光泽、形态等）的有规律组合。

形式美法则是人们长期实践经验的积累，是一种普遍原则，是造型设计中重要的造型原则。整体造型完美统一的原则是一切造型美形式法则具体运用中的尺度和归宿。在产品造型设计中要善于发现和发挥功能、材料、结构、工艺等自身合理的美学因素，在设计创造中运用形式美法则去发挥和组织起各种美感因素，达到形、色、质的完美统一。

质感设计的形式美法则实质上是各种材质有规律组合的基本法则，它不是凝固不变的，是一个从简单到复杂、从低级到高级的过程，它随着科技文化和艺术审美水平的发展而不断更新，应灵活掌握应用。

1. 调和与对比法则

调和与对比法则是指材质整体与局部、局部与局部之间的配比关系。各部分的质感设计应按形式美的基本法则进行配比，才能获得美的质感印象。调和与对比法则的实质就是和谐。

调和法则就是使整体中各部位的物面质感统一和谐，其特点是在差异中趋向于“同”，趋向于“一致”，强调质感的统一，使人感到融合、协调。

对比法则就是整体中各个部位的物面质感有对比的变化，形成材质的对比、工艺的对比，其特点是在差异中趋向于“对立”“变化”。质感的对比虽然不会改变产品的形态，但由于丰富了产品的外观效果，具有较强的感染力，使人感到鲜明、生动、醒目、振奋、活跃，从而产生丰富的心理感受。

在同一产品中使用同一种材料，可以构成统一的质感效果。但是，如果各部件的材料以及其他视觉元素（形态、大小、色彩、肌理、位置、数量等）完全一致，则会显得呆板、平淡，而失去生动性。因此在材料相同的基础上应寻求一定的变化，采用相近的工艺方法，产生不同的表面特征，形成既有和谐统一的感觉，又有微妙的变化，使设计更具美感。如图 3-9 为硬盘驱动器，其外壳采用 ABS 塑料，在材质上形成统一效果，但又通过造型、色彩的变化形成统一和谐中的微妙变化。

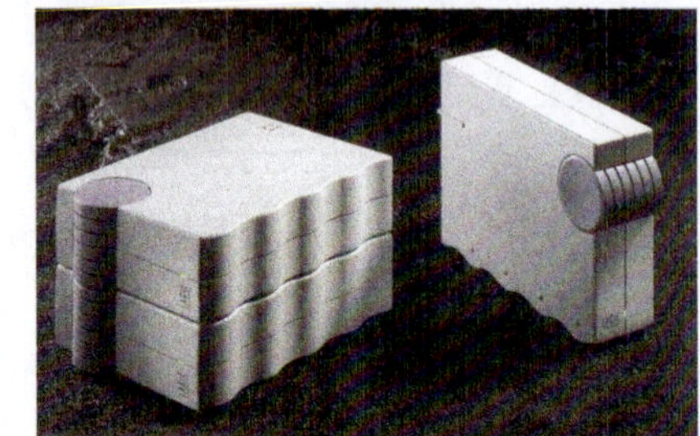

图 3-9　硬盘驱动器

在同一产品中使用差异性较大的材料可以构成强烈的材质对比，如天然材料与人工材料、金属与非金属、粗糙与光滑、规则与杂乱、有光与无光、透明与不透明、坚硬与柔软等。由于材质的对比已经具有了丰富的变化，所以应努力创造统一和调和，使其在对比中包含着调和。图 3-10 为电熨斗，主体采用耐腐蚀、传热性好、高光泽的不锈钢材料，把手部分采用隔热性好、不导电、重量轻、易加工的塑料材料。

图 3-10　电熨斗

调和与对比法则的普遍原则是变化中求统一（对比而不零乱），统一中求变化（调和而不单调），追求设计效果的和谐完美。调和与对比是对立的两个方面，设计者应注意两者的关系，在两者之间掌握一个适当的度，使调和中不失对比，对比中不失调和，同时也不可使调和与对比对等，中庸的配比则使产品缺乏个性。从运用变化中求统一的手段看，主要是充分发挥其种种美感因素中的一致性方面，常常借助于调和、主从、呼应等形式法则来表达其整体造型中各美感因素间的内在联系；从运用统一中求变化的手段看，主要是着重于种种美感因素中的差异性方面，常常运用对比、节奏、重点等形式法则来展现其整体造型中各美感因素的多样变化。

2. 主从法则

主从法则实际上就是强调在产品的质感设计上要有重点。所谓重点是指产品用材在并置组合时要突出中心，主从分明，不能无所侧重。质感的重点处理，可以加强工业产品的质感表现力。没有主从的质感设计，会使产品的造型显得呆板、单调或与此相反而显得杂乱无章。心理学试验证明，人的视觉在一段时间内只可能抓住一个重点，而不可能同时注意几个重点，这就是所谓的“注意力中心化”。明确这一审美心理，在设计时就应把注意力引向最重要之处，应恰当地处理一些既有区别又有联系的各个组成部分之间的主从关系。主体部分在造型中起决定作用，客体部分起烘托作用。主从应相互衬托，融为一体，这是取得造型完整性、统一性的重要手段。

在产品造型的质感设计中，对可见部位、常触部位，如面板、商标、操纵件等，应作良好的视觉质感和触觉质感设计，要选材恰当、质感宜人、加工工艺精良。而对不可见部位、少触部位，就应从简从略处理。用材质的对比来突出重点，常用非金属衬托金属，用轻盈的材质衬托沉重的材质，用粗糙的材质衬托光洁的材质，用普通的材质衬托贵重的材质。

图 3-11 为无绳鼠标，主体部分经表面处理具有高光的金属质感，操作件部分采用亚光的橡胶材料，良好的视觉质感和触觉质感设计充分体现了质感设计的主从法则，同时也充分体现了工业产品的质感表现力。

3.2.2 质感设计的运用原则

任何产品，无论其功能简单或复杂，都要通过其外观造型，使机能由抽象的层面转化为具体的层面，使设计的理念物化为各个应用实体。产品造型在取得合理的功能设计后，产品表面的质感设计往往使产品形态成为更加真实、含蓄、丰富的整体，使产品以自身的形象向消费者显示其个性，向消费者感官输送各种信息，以满足消费者对各种产品的新要求。

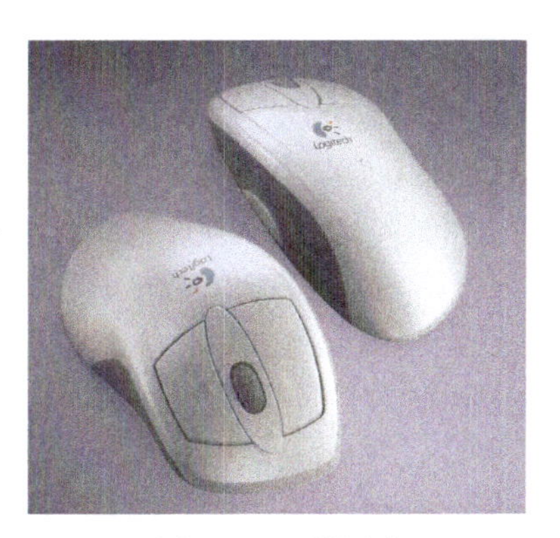

图 3-11　无绳鼠标

在产品造型的质感设计中，不同材料的综合运用可丰富人们的视觉和触觉感受。一个成功的产品设计并非一定要使用贵重的材料，也不在于多种材料的堆积，而是在体察材料内在构造和美的基础上，精于选用恰当得体的材料，贵于材料的合理配置与质感的和谐应用。

图 3-12 为 Vertu 手机，是英国 uk 手机制造商推出的一款贵族收藏系列新成员。这款 Vertu 的标志性特点是她流畅的机身线条以及充满灵感韵味的奢华高效的性能。它的外观设计十分独特，是将精密不锈钢、陶瓷、蓝宝石、水晶以及液体合金这样的坚硬耐磨材料与由手工缝合的黑棕两色柔软皮革相互配合，柔软的皮革和坚硬的金属材料相搭配，造出一种独特的美感平衡，从而尽显其与众不同的高雅气质，充分展现了材质属性和美学特征。由传统工艺发展而来的液体合金工艺在 Ventu 上的应用，使得这款手机的耐久性和防磨性能异常出色。

图 3-12　Vertu 手机

在众多的材料中，如何选用材料的组合形式，发挥材料在产品设计中的能动作用，是产品设计中的一个关键。表现产品的材质美并不于用材的高级与否，而在于合理并且艺术性、创造性地使用材料。

合理地使用材料，是根据材料的性质、产品的使用功能和设计要求正确地、经济地选用合适的材料。

图 3-13 为干酪磨碎机（阿列西公司），梨木具有美丽柔和的色彩，经过砂磨和抛光处理后，显露出柔和的光泽，与金属的高反光形成了一种对比，同时也增加了质感。经过精细的表面处理，显得极为精致。

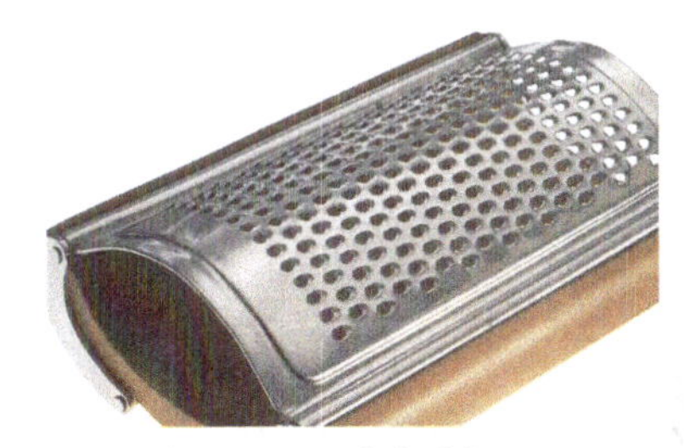

图 3-13　干酪磨碎机

艺术性地使用材料是指追求不同色彩、肌理、质地材料的和谐与对比，充分显露材料的材质美，借助于材料本身的素质来增加产品的艺术造型效果。

图 3-14 为土耳其设计团队 ilio 设计的名为“冰滴”(Icedrop) 的烛台，由树枝、玻璃、蜡烛构成。设计师从自然界中吸取灵感，让日常生活用品呈现出新鲜的面孔，树枝展现了固有的颜色和肌理，给人一种沧桑之美；玻璃烛台的形状很像是一块将要一点一点溶化的冰，给它热量的或许正是缓慢燃烧的蜡烛，象征时光的流逝。

创造性地使用材料则是要求产品的设计者能够突破材料运用的陈规，大胆使用新材料和新工艺，同时能对传统的材料赋予新的运用形式，创造新的艺术效果。

图 3-15 为丹尼·拉恩 (Danny Lane) 设计的玻璃椅子，椅面和椅背采

图 3-14　“冰滴”烛台

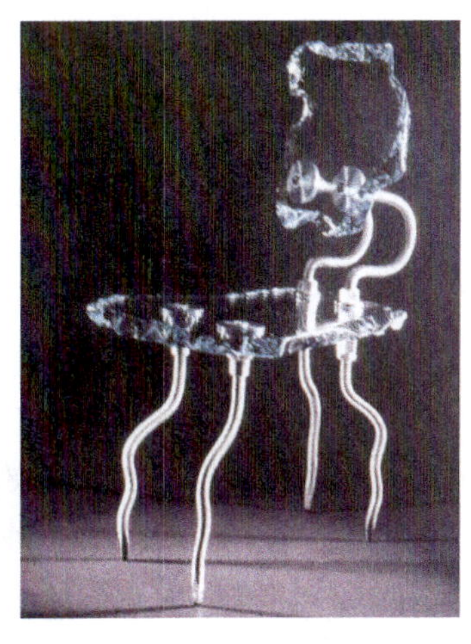

图 3-15　玻璃椅子

用边缘参差不齐但经抛光处理的厚板状玻璃，椅架采用铝合金材料，两种材质的采用使其与工业化标准产品形成强烈对比，启示着人们对材料的大胆利用和积极探索。图 3-16 为设计师 Shozo Toyohisa 设计的椅子，椅子采用了皮革、金属、大理石、木材等多种材料制作，其中大理石做的扶手是该设计中最大胆的材料运用。

现代设计中的质感设计作为产品造型的要素之一，随着材料科学和加工技术的不断发展以及物质材料的日益丰富，正日益受到设计师的青睐，材料的质感设计给设计界带来了惊喜的新变化，丰富人们的视觉和触觉感受，满足人类日益增长的物质和精神需求。因此设计中应熟练掌握材料的基本性能，科学、合理地运用材料的质感特征，最大限度地发挥材料各自的特性，丰富和完善设计构思，从各种设计材料的质感中获求最完美的结合和表现，使所设计的产品具有自然、丰富、亲切的视觉和触觉的综合感受，从而给人以美的享受。

图 3-16　椅子

3.2.3 质感设计的主要作用

现代设计确定了以人为本的设计观念，人们在满足物质需求的同时，对精神的索取是无止境的。材料在与人的关系中，除具有实用功能属性外，还在触觉、视觉等感官层次上给人带来生理和心理上的审美影响，因此现代设计更加专注于挖掘材料固有的表现力，充分表现材料的真实感和朴素、含蓄的天然感，以深刻体现现代人在高科技时代对于自然和自然本质的追求，以满足人们的心理需求。

质感设计在产品造型设计中具有重要的地位和作用，良好的质感设计决定和提升产品的真实性和价值性，使人充分体会产品的整体美学效果。因此可将产品设计中质感设计的作用归纳如下：

(1) 提高适用性

良好的触觉质感设计，可以提高产品的适用性。如在电子产品的外观设计中，表面有细小颗粒的亚光塑料受到人们的喜爱，这种塑料与传统的表面光滑、反光强的塑料相比，粗糙无光的表面摆脱了传统塑料的廉价感，无论是视觉还是触觉，都让人感到愉悦，尤其在触觉上，有良好的手感，使人乐于触摸。因此，一些产品操作部位的质感设计，使产品自身传达出如何正确操作的语义。如各种工具的手柄表面有凹凸细纹或覆盖橡胶材料，具有明显的触觉刺激，易于操作使用，有良好的适用性。

图 3-17 为小型相机的高档机型，操作性能良好，在设计上有独特风格：机身主要部分采用金属制作，机体手持部分采用仿皮革处理，有良好的触感。金属的亮光泽与皮革的暗色调及其有机造型，构成醒目的对比效果，显示了产品的高科技、高性能及高档次的品质，具有强烈的吸引力。

图 3-17　照相机

(2) 增加宜人性

良好的视觉质感设计，可以提高工业产品整体设计的宜人性。材料的色彩配置、肌理配置、光泽配置，都是视觉质感的设计，带有强烈的材质美感，给人以丰富的视觉质感和美的享受。图 3-18 所示的皮座台灯，采用内装砂粒的皮革底座，底座可任意调节摆放位置，灯罩采用表面经亚光处理的铝材制作，在灯罩上有不规则的小孔，使整个造型具有独特的视觉效果。

(3) 塑造产品的精神品位

产品的精神品位就是产品的意境。在质感设计中要使材质形象体现产品的意境，就应该创造性地设计材质形象，熟悉各种材料的感觉特性，把握好各种材质的对比效果，实现从材质形象到产品意境的飞跃。

在利用材料塑造产品精神品位时，要从产品整体出发，注意整体的和谐。只有达到整体的和谐，才能塑造出独特的精神品位。图 3-19 为设计灵感源自英国第二大博物馆的维多利亚钢笔，笔身为酒红色亮漆，

图 3-18　皮座台灯

笔身上以两条细线作分割装饰，配上精工雕刻的银笔盖，笔尾与笔帽末端呈对称的椭圆，笔帽上来自建筑纹饰的雕刻花纹充分体现出产品的典雅高贵。

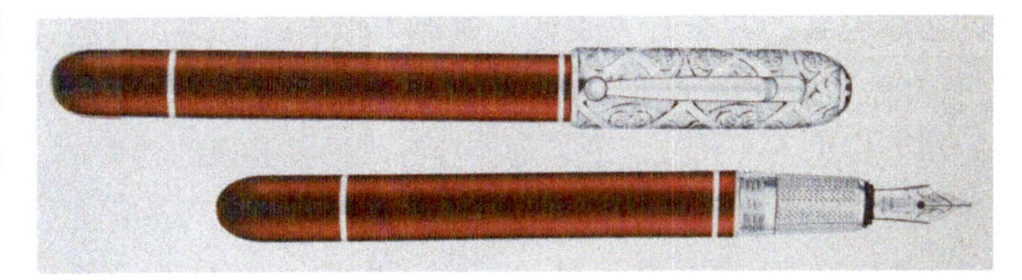

图 3-19　维多利亚钢笔

(4) 达到产品的多样性和经济性

良好的人为质感设计可以替代和弥补自然质感，达到工业产品整体设计的多样性和经济性。例如，各种表面装饰材料，如塑料镀膜纸能替代金属及玻璃镜；塑料木纹贴面板可以替代高级木材；各种贴墙纸能仿造锦缎的质感；各种人造皮毛几乎可以和自然皮毛相媲美，这些材料的人为质感具有普及性、经济性，可节约大量短缺的天然材料，满足工业造型设计的需要。

产品设计的多样性主要体现在以下两方面：一是根据使用对象、使用环境、功能要求选用不同的材料；二是根据使用者的心理和生理要求，塑造产品的个性特征（图 3-20）。

图 3-20　ippo 手机

(5) 创造全新的产品风格

随着后现代主义的兴起，产品造型设计的观念也受到影响。后现代主义带来了一种全新的设计美学观念，给设计注入了新的生机和活力。它注重设计的情趣和文化内涵，强调设计的个性特征，注重研究人的心态和生活方式，使设计更加贴近生活。

在设计中，设计师们大胆地选用各种材料，充分挖掘材料的表达潜力，并运用一些反常规的手段加工处理材料，出人意料地把差异很大的材料组合在一起，从而创造出令人惊喜的、全新的材质效果。

图 3-21 是瑞士设计师弗兰克·格里 (Frank Gehry) 用厚纸板制作的椅子和搭脚凳，使用一种简陋甚至“破相”的材料，创造了一种无论视觉还是触觉都非常丰富的效果。设计师斯达夫·史密斯 (Steve Smith) 运用坚硬的材料（如岩石和钢铁），创作具有雕塑感的功能性的作品，在他的作品中有着明显的象征主义的激情与意识，图 3-22 是他采用原形石板或奇异的石材与钢铁配合制作的小桌。

3.3 材料的抽象表达

图 3-21　纸板椅凳

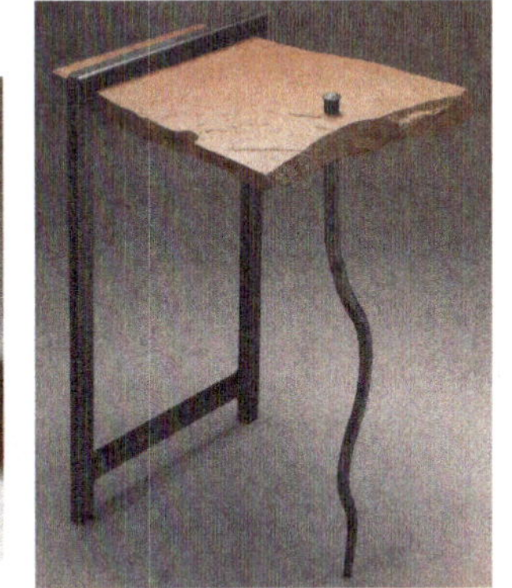

图 3-22　钢铁与石的杰作

任何材料都充满了灵性，任何材料都在静默中表达自己。无论人们是有意还是无意，都在不知不觉中感受到了它，并接纳了它。面对一种材料，人们往往会产生种种感觉，种种感觉的扩张，种种感觉与感觉的联系，就会产生将材料做这样或那样处理的种种有意或无意的设计行为，这种设计行为就称为材料的抽象表达。材料的抽象表达不仅体现了装饰性，还体现了设计师的设计理念，即表达了设计作品外在质感与内在情感的有机结合，从知觉的角度将材料视做有生命的物，赋予作品新的生命力（图 3-23）。

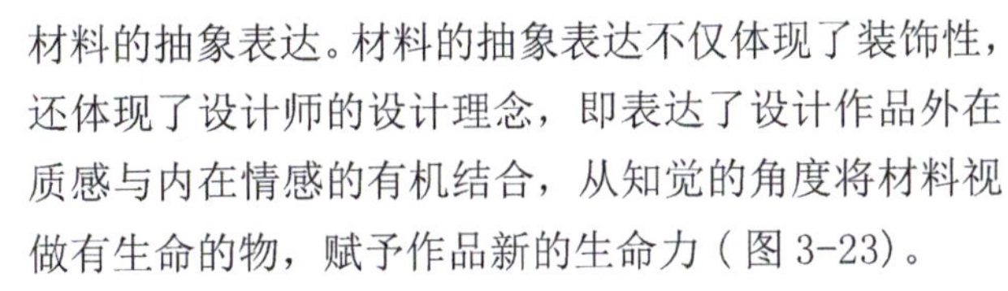

图 3-23　材料的抽象表达

1. 材料的抽象表达

材料的抽象表达是将材料的某些特征（色彩、光泽、肌理、质地、形态等）加以提炼、升华为具有某种审美价值的意象，并沿着抽象表达的共同方向，使材料成为能够唤起人们某种情感的具有抽象意念的材料，是材料的视觉要素、触觉要素及内在

的心理要素的综合抽象表达，体现为境界、情趣、力感、空间感、动感、生命等。图 3-24 为法国设计师费罗的作品《无题》，不锈钢材料在设计师的精心构思下，通过锻造、焊接等方式，使其表面的质地、肌理、色彩、光泽等特征充分显示。

图 3-24 《无题》（不锈钢）

材料的感觉特性是材料具有抽象表达的重要因素。材料的视觉质感（材料的色彩、光泽、形状、肌理、透明、莹润等）形成了材料的抽象视觉要素；材料的触觉质感（材料的硬软、干湿、粗糙、细腻、冷暖等）则形成了材料的抽象触觉要素。另一方面，材料内部充满了一种张力，这种隐藏着的内在力，形成了材料的心理要素。只有当材料的视觉要素、触觉要素和心理要素与人的情感相通时，材料的抽象表达才得以真正的形成。

材料抽象表达的方式通常可分为两大类：第一类是对材料传统自然外观特征加以减约、提炼或重新组合。在这类表达中设计者以自己对材料的认识理解为依据，在设计创作中削砍次要与偶然的因素，从材料的自然特征中抽取艺术表达形象，使表达形式得以创造特定的情感和表达需要传递的信息；第二类是设计者尽可能舍去材料的自然外观特征在观念上跳脱常规传统特征的局限，以全新的视角，将灵感创意和情感通过材料的特殊内在属性表达出来，让非我们习惯的材料特征成为认知的对象，产生视觉上的新意，活化人们的心灵。

2. 抽象思维是材料抽象表达的基础

在设计中，设计师的抽象思维对于材料抽象表达的运用至关重要，是材料抽象表达的基础。思维是人所具有的心理品质，是反映客观现实的能动过程，是人脑对客观事物间接的、概括的反映。抽象思维是一种深刻的思维方式，它不同于形象思维，是非具象的思维，是人们在认识过程中借助于概念、判断、推理反映现实的过程，是对具体的物象进行提炼概括，将客观物象转化为抽象形态的表现，是抽取了形体的本质属性、撇开非本质属性的思维，是用科学的抽象概念揭示事物的本质，表述认识现实的结果。抽象思维源于生活，但又高于生活，升华为生活的一种艺术形式，是对生活的体验和对艺术的认识及思考，是基于人的感觉，而感觉是人与生俱有的，当感觉与感觉沟通、连贯时，抽象思维就得以形成。在抽象思维中抽象形象代替了具体形象，同时这种思维还融进了个人的艺术和文化的修养及个人的激情。

一个成功的现代设计师，必须通过眼睛和手去认识世界，关注自然界的各种形态，掌握自然形态结构的典型特征，探究材料本身的微妙变化，对材料的各种特征进行分析、提取和归纳，运用抽象思维的才能，关注材料的抽象表达，将人的情感与自然形态相结合，使自然形态转化为具有生命力和富有情感的设计形态，从而表达人类内在情感的丰富感受。在设计中设计师应以现代人独特的审美视觉和极丰富的想象力，将具有鲜明时代特征的材料特征作为设计的造型语言，通过各种技术手段实现新的组合，使材料的材质特征和表现形式得以充分展现。

图 3-25 《胸针》

图 3-25 为德国设计师伯纳特·兰德设计的首饰《胸针》，采用以各种金属材料（铜、不锈钢和铝等）制成的螺母、齿轮、弹壳等现成物品组合成飞鸟。在此作品中，设计师以现代人独特的审美视觉和极丰富的想象力，将具有鲜明时代特征的金属材料制品作为设计的造型语言，通过拼接和铆焊实现新的组合，使金属的材质特征和表现形式得以充分展现。

3. 材料的抽象表达对设计有直接的意义

材料作为设计的表现主体，以其自身的固有特性和感觉特性参与设计构思，其审美特征被充分挖掘，为设计提供了新的思路、新的视觉经验和新的心理感觉。随着设计表现形式的日趋多样，各类材料独具特色的审美特征也越来越受到设计师的关注，在设计中把握材料的特征和注重材料抽象语言的运用，已成为现代设计中材料抽象表达的一个重要理念。

材料抽象表达，首先是对材料抽象表达的理解，强调对材料美感的抽象表达是设计构思的艺术元素。

作为人类情感的特定媒介，材料本身隐含着与人类心理相对应的情感契机。不同的材料给人以不同的触感、视感、联想、心理感受和审美情趣，人们通过视觉和触觉、感知和联想来体会材料的美感。材料的美感是丰富多样的，材料的色彩、光泽、肌理、质地和形态的美往往产生抽象的审美意境，引发设计师的联想，从多方面启发设计灵感，把构思和想象与材料的材质效果相融合而进行设计创作。设计者在材料抽象美的感染和启示下，把材料作为设计表达语言，做到从材料角度构思，善于发现、体现和利用材料的特征，充分考虑材料自身的不同个性，释放材料的各种特质，从各种设计材料的特殊质感中获求最完美的结合和表现，使其各自的美感得以表现，赋予材料以生命，形成符合人们审美追求风格的各种情感，给人以一种自然、丰富、亲切的视觉和触觉的综合感受，真正解决人类的需要。

图 3-26 为拉塞尔・卡汞设计的《壁饰》，利用铜及其他材料的组合，充分展示了材料或绚丽、或深沉、或典雅、或沧桑的材质美感以及或精致、或豪放、或坚硬、或柔美的工艺美感。

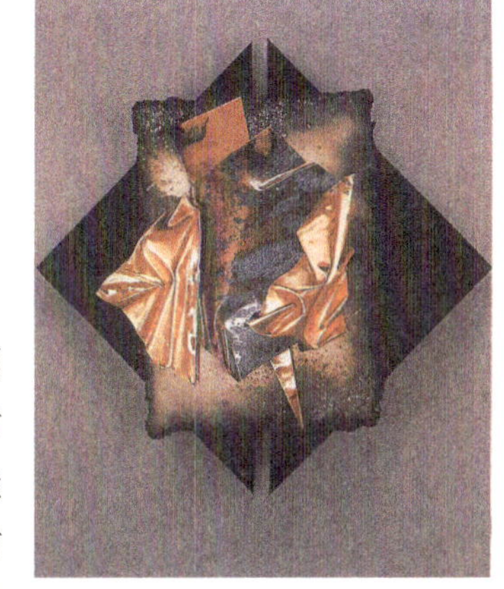

图 3-26　《壁饰》

材料抽象表达，强调材料本身的性能特征，强调材料在设计中的作用，强调对材料的认识是实现设计构思的前提和保障。在诸多的设计材料中，各种材料都有其自身的材料特性，正确掌握材料特性，将材料特性发挥到最大限度，是任何完美设计的第一原理。要求设计者具有材料意识，以材料特性为切入点，把材质美作为设计元素，正确熟练掌握材料的基本性能和感觉特性，从材料角度构思，善于发现、体现和利用材料的美感，在材料美的感染和启示下，把构思和想象与材料的材质效果相融合而进行设计创作。及时掌握新技术、新工艺和新材料的发展动向，选择最能体现设计构思的材料和工艺方法。

材料抽象表达，强调对材料进行巧妙地组合配置。设计中，不同材料的综合运用可丰富人们的视觉和触觉感受。材料的奇妙组合，能使平庸陈腐的东西变得出人意料的新奇，极富想象力，使人们对其有了全新的认识和感觉，正如法国设计师艾立基姆所说：“多种材料混合并置使用的倾向正影响着设计界，材质的混合运用及变化是一种充满惊喜的新体验。”材料抽象表达，既有对材料属性的深入把握，也有对人的主观价值、趣味、心灵、情感、潜意识、理性等的探索，它打破了世界和自我的界限，抛弃传统艺术的法则和方式，探索追求新的艺术形式，是一种新的艺术思潮和审美观念。

图 3-27 为美国设计师彼得・雪设计的《像风车的茶壶》，设计师以陶瓷作为设计材料，采用现代陶艺技术和表面装饰手段，使陶瓷表面呈现出不同的色彩、光泽和肌理，利用这些材质特征与几何形态相结合进行设计创作。作品具有强烈的现代设计风格，充分体现出现代的设计理念，使作品成为超越实用性且具有独特自身价值的艺术品，表达出现代社会对传统审美评价标准的自我突破。

图 3-27　《像风车的茶壶》（陶瓷材料）

现代设计越来越注重材料的抽象表达，材料的抽象表达在现代人群里得到了理解和尊重，人们能够像欣赏音乐一样来欣赏材料的抽象美，能够在材料抽象的境界中感受到美。材料抽象表达的探究有效地发掘了材料为设计服务的潜力，使设计的可能性不断扩大。设计中材料的各种抽象因素在设计师的精心构思下，通过各种加工处理和灵活配置应用，使各种材料的表面质地、肌理、色彩、光泽等特征充分显示，不仅展示了材料自身的存在和美感，也洋溢着一种震撼人心的生命力，启示着材料世界与人类心灵的相互交融和沟通，达到物我两相忘并互相交融的境界，充分表现人和自然的和谐，产生一种生命的共鸣和情感的联想，给人以自然、丰富、亲切的视觉和触觉的综合感受。因此，材料的抽象表达在现代设计中将有独特的魅力。

3.4 材料的美感

美感是人们通过视觉、触觉、听觉在接触材料时所产生的一种赏心悦目的心理状态，是人对美的认识、欣赏和评价。

产品造型美是广义的、多元的，它包括产品的功能美、结构美、色彩美、形态美、材料美、工艺美等。众所周知，产品的造型美与材料的材质有密不可分的关系，正如桑塔耶纳在《美感》一书中说：“假如雅典那的巴特农神殿不是由大理石砌成，王冠不是用黄金制造，星星没有亮光，那它们将是平淡无奇的东西。”

材质美是产品造型美的一个重要方面，人们通过视觉和触觉、感知和联想来体会材质的美感。不同的材料给人以不同的触感、联想、心理感受和审美情趣，如黄金的富丽堂皇、白银的高贵、青铜的凝重、钢材的朴实沉重、铝材的平丽轻快、塑料的温顺柔和、木材的轻巧自然、玻璃的清澈光亮。

材料的美感与材料本身的组成、性质、表面结构及使用状态有关，每种材料都有着自身的个性特色。材料的美感主要通过材料本身的表面特征，即色彩、光泽、肌理、质地、形态等特点表现出来。在造型设计中，应充分考虑材料自身的不同个性，对材料进行巧妙的组配，使其各自的美感得以表现，并能深化和相互烘托。形成了符合人们审美追求风格的各种情感。

3.4.1 材料的色彩美感

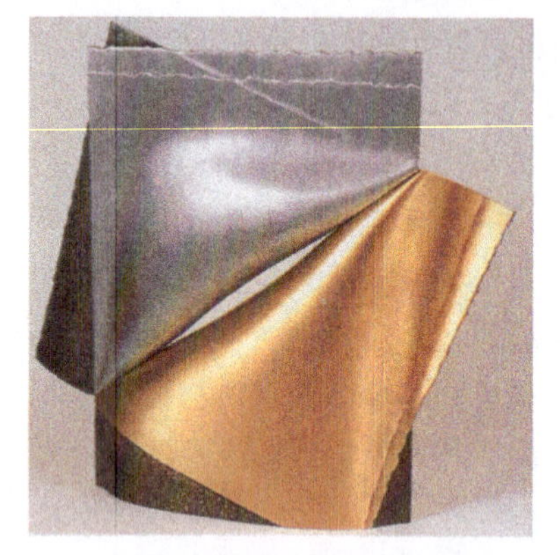

图 3-28　氮化钛和 24K 金的自然色彩

图 3-29　铝质餐具

材料是色彩的载体，色彩不可能游离材料而存在。色彩有衬托材料质感的作用。

材料的色彩可分为材料的固有色彩（材料的自然色彩）和材料的人为色彩。

材料的固有色彩或材料的自然色彩是产品设计中的重要因素，设计中必须充分发挥材料固有色彩的美感属性，而不能削弱和影响材料色彩美感功能的发挥，应运用对比、点缀等手法去加强材料固有色彩的美感功能，丰富其表现力。图 3-28 为氮化钛和 24K 金的自然色彩。

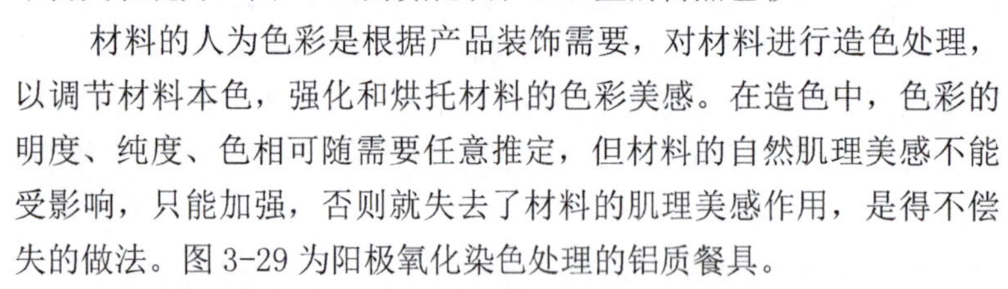

材料的人为色彩是根据产品装饰需要，对材料进行造色处理，以调节材料本色，强化和烘托材料的色彩美感。在造色中，色彩的明度、纯度、色相可随需要任意推定，但材料的自然肌理美感不能受影响，只能加强，否则就失去了材料的肌理美感作用，是得不偿失的做法。图 3-29 为阳极氧化染色处理的铝质餐具。

图 3-30　Polaroid 照相机

孤立的材料色彩是不能产生强烈的美感作用的，只有运用色彩规律将材料色彩进行组合和协调，才会产生明度对比、色相对比和面积效应以及冷暖效应等现象，突出和丰富材料的色彩表现力。

①相似色材料的组合：指明暗度差异不大、色相基本上属同类的微差、无较大冷暖反差的材料的组合。这种组合配置易于统一色调，一般先选定一种面积大的材料做基调，再选用色彩相近或同类色中明暗度上有一定差异的材料来组合。相似色彩的材料的组合，给产品带来和谐、统一、亲切、纯净、柔和的效果（如图 3-30 所示）。

②对比色材料的组合：材料的色彩的对比，主要是色相上的差异、明度上的对比、冷暖色调上的对比。这种组合能给产品带来强烈、活泼、充满生机的感觉，突出产品的视觉刺激程度。这种组合方式一般选定一个面积大的材料作为主调，再选用其他在明度、色相、冷暖程度上与基调成反差对比的材料色彩，使其达到产品所需要的色彩效果（如图 3-31 所示）。

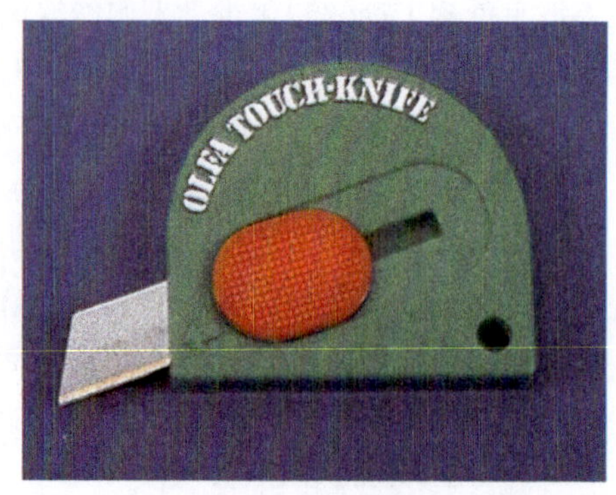

图 3-31　裁切刀

材料色彩的应用应遵循以下原则：

①尽量运用材料的天然色彩：材料天然色彩本身就具有极强的美感，没有比天然色更符合材料特性的颜色，从语义学角度讲，其色彩本身对材料具有最合理的表达。而改变材料天然色彩就意味着表面处理工艺中一系列工序的介入，一方面会增加制造成本，另一方面会带来资源、能源的浪费以及环境的污染，妨碍可回收材料的有效再利用。

②尽量通过较少的颜色种类来构成：多构件产品尽量用少量的（一般为两种）颜色构成，多构件制品的每一个构件尽量采用单色。

一方面这样容易达到变化统一的美学效果，另一方面由于材料的附加色彩与加工工艺有关，除印刷、仿木纹、大理石等少数工艺外，表面每增加一种颜色便可能增加一道工序。

3.4.2 材料的肌理美感

图 3-32　石材的自然肌理

肌理是天然材料自身的组织结构或人工材料的人为组织设计而形成的，在视觉或触觉上可感受到的一种表面材质效果。它是产品造型美构成的要素，在产品造型中具有极大的艺术表现力。

任何材料表面都有其特定的肌理形态，不同的肌理具有不同的审美品格和个性，会对心理反应产生不同的影响。有的肌理粗犷、坚实、厚重、刚劲，有的肌理细腻、轻盈、柔和、通透。即使是同一类型的材料，不同品种也有微妙的肌理变化。不同树种的木材具有细肌、粗肌、直木理、角木理、波纹木理、螺旋木理、交替木理和不规则木理等千变万化的肌理特征。这些丰富的肌理对产品造型美的塑造具有很大的潜力。

图 3-33　木材的自然肌理

根据材料表面形态的构造特征，肌理可分成自然肌理和再造肌理；而根据材料表面给人以知觉方面的某种感受，肌理还可分为视觉肌理和触觉肌理。

自然肌理：材料自身所固有的肌理特征，它包括天然材料的自然形态肌理（如天然木材、石材等）和人工材料的肌理（如钢铁、塑料、织物等）。自然肌理突出材料的材质美，价值性强，以“自然”为贵（如图 3-32、图 3-33 所示）。

再造肌理：材料通过表面面饰工艺所形成的肌理特征，是材料自身非固有的肌理形式，通常运用喷、涂、镀、贴面等手段，改变材料原有的表面材质特征，形成一种新的表面材质特征，以满足现代产品设计的多样性和经济性，在现代产品设计中被广泛应用。再造肌理突出材料的工艺美，技巧性强，以“新”为贵。图 3-34 为陶瓷表面的再造装饰肌理。

图 3-34　陶瓷表面的装饰肌理

视觉肌理：通过视觉得到的肌理感受，无须用手摸就能感受到的。如木材、石材表面的纹理；

触觉肌理：用手触摸而能感觉到的有凹凸起伏感的肌理。如皮革表面的凹凸肌理、纺织材料的编织肌理等。在适当光源下，视觉也可以感知这种触觉肌理。

在产品设计中，合理选用材料肌理的组合形态，是获得产品整体协调的重要途径。材料肌理形态的组合方式主要有：

①同一肌理的材料组合：一般通过对缝、碰角、压线、横竖纹理的设置、肌理的微差、肌理的凹凸变化来实现同一肌理的组合协调。这种组合形态易于统一，整体效果好，但组合不好则会产生单调。

②相似肌理的材料组合：图 3-35 为三角托架台，采用胡桃木与梨木制作。胡桃木与梨木同属于木质纹理，它们之间有树木生长年轮留下的共同纹理，

图 3-35　木制三脚托架台

但各树种生长形态的不同，使他们留下的纹理具有一定的差异。这种相似肌理的组合协调能起到中介过渡的作用，肌理的柔和变化，使人在视觉心理上产生愉悦平衡，获得柔和、亲切、舒适感。

③对比肌理的材料组合：材料的肌理美感许多是靠对比的手法来实现的。两种以上材料肌理组合配置时，通过鲜明肌理与隐蔽肌理、凹凸肌理与平面肌理、粗肌理与细肌理、横肌理与竖肌理等的对比运用，产生相互烘托、交相辉映的肌理美感。图 3-36 为罗·阿拉德（Ron Arad）设计的“混凝土”音响组合，以钢筋水泥为音响设备的基本材料，无论是音箱还是唱盘座，都是混凝土，其外观粗糙异常，与精细的塑料唱片形成强烈的肌理对比。

图 3-36　混凝土音响组合

肌理虽是依附于产品表面的材质处理，但因为同一形态、肌理处理的差别，往往使其表面效果迥然不同，用有形的、动态的、美的肌理强化产品的外观形象，使产品传递出各种信息。

材料纹理的应用与色彩同样重要，它不仅可以丰富视觉感受，还可以丰富触觉感受。恰当的纹理设计可以提升整个设计的品质，赋予材料特定的心理感受。

材料纹理的应用主要具有以下作用：

①发掘材料天然纹理美感。在适当的位置，以适当的方式直接使用或简单加工材料表面纹理，突现其天然美感。

图 3-37 为 Christine KrÖncke 公司设计的 Velia 桌，桌面虽然是玻璃材质，但在玻璃桌面中央贴了一层薄木片，虚与实，人工与自然的质感结合获得最佳平衡。

图 3-37　Velia 桌

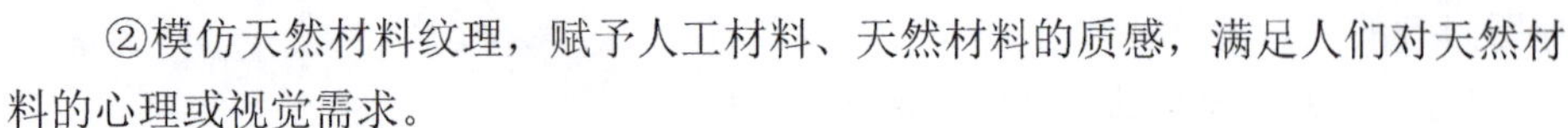

②模仿天然材料纹理，赋予人工材料、天然材料的质感，满足人们对天然材料的心理或视觉需求。

③具有韵律美的人工纹理，可增强产品的美感。

图 3-38 为保温瓶，上部金属平滑的抛光面和下部金属有规律的凹槽，肌理对比强烈，纵向肌理的外表让视觉流线感非常强烈。

④起到防滑、心理暗示等功能。在手柄、踏板等表面设计一定的凹凸纹理可增强防滑特性，同时恰当的纹理设计可暗示和引导使用者正确使用产品。

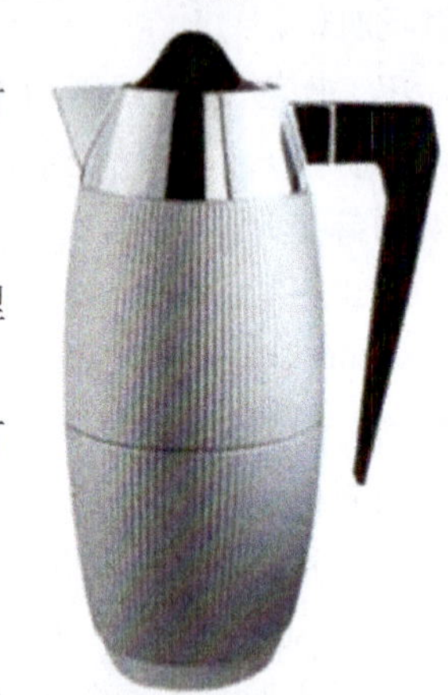

图 3-38　保温瓶

3.4.3 材料的光泽美感

人类对材料的认识，大都依靠不同角度的光线。光是造就各种材料美的先决条件，材料离开了光，就不能充分显现出本身的美感。光的角度、强弱、颜色都是影响各种材料美的因素。光不仅使材料呈现出各种颜色，还会使材料呈现不同的光泽度。光泽是材料表面反射光的空间分布，它主要由人的视觉来感受。

材料的光泽美感主要通过视觉感受而获得在心理、生理方面的反应，引起某种情感，产生某种联想从而形成审美体验。

根据材料受光特征可分为透光材料和反光材料：

(1) 透光材料

透光材料受光后能被光线直接透射，呈透明或半透明状。这类材料常以反映身后的景物来削弱自身的特性，给人以轻盈、明快、开阔的感觉，如图3-39所示。

透光材料的动人之处在于它的晶莹，在于它的可见性与阻隔性的心理不平衡状态，以一定数量叠加时，其透光性减弱，但形成一种层层叠叠像水一样的

图 3-39　透光材料

朦胧美，如图 3-40 所示。

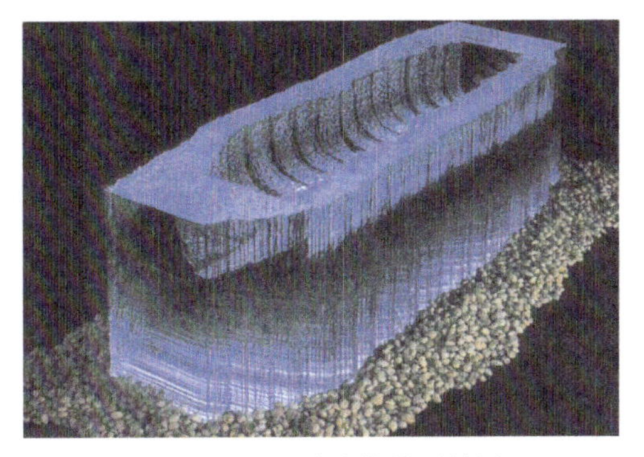
图 3-40　玻璃的叠透效果

(2) 反光材料

反光材料受光后按反光特征不同又分为定向反光材料和漫反光材料。

定向反光是指光线在反射时带有某种明显的规律性。定向反光材料一般表面光滑、不透明、受光后明暗对比强烈，高光反光明显，如抛光大理石面、金属抛光面、塑料光洁面、釉面砖等。这类材料因反射周围景物，自身的材料特性一般较难全面反映，给人以生动、活泼的感觉，如图 3-41 所示。

漫反光是指光线在反射时反射光呈 360° 方向扩散。漫反光材料通常不透明，表面粗糙，且表面颗粒组织无规律，受光后明暗转折层次丰富，高光反光微弱，为无光或亚光，如毛石面、木质面、混凝土面、橡胶和一般塑料面等，这类材料则以反映自身材料特性为主，给人以质朴、柔和、含蓄、安静、平稳的感觉，如图 3-42 所示。

图 3-41　定向反光材料

光洁度主要指材料表面的光洁程度，材料的表面可以从树皮的粗糙表面一直到光洁的镜面，利用光洁度的变化也可以创造出丰富的视觉、触觉及心理感受。光滑表面给人以洁净、清凉、人造、轻盈等印象。而粗糙表面给人以温暖、人性、可靠、凝重、天然的印象。

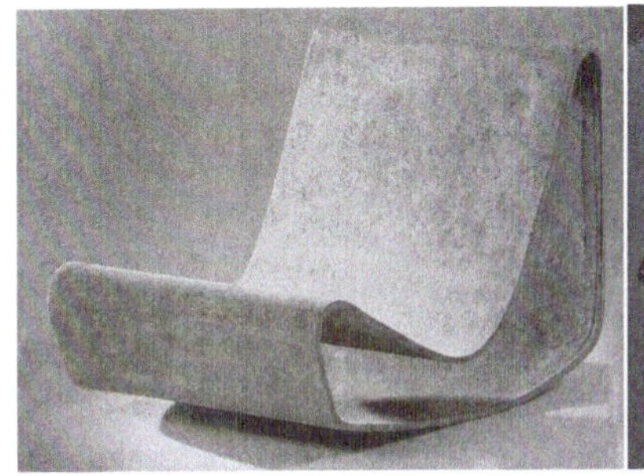

图 3-42　漫反光材料

许多材料都有透明特性，对于这些材料可通过工艺手段实现半透明或不透明，可利用材料不同程度的透明效果呈现出丰富的表现力，同时透明材料一般都具有光折射现象，因此，利用这一特性可对透明材料进行雕琢，产生丰富的视觉效果。

图 3-43 所示的 New Shadow 器皿，独特的工艺使得纯金和玻璃这两种材质完美结合，呼应这款产品的浪漫。

图 3-43　New Shadow 器皿

3.4.4 材料的质地美感

材料的美感除在色彩、肌理、光泽上体现出来外，材料的质地也是材料美感体现的一个方面，并且是一个重要的方面。材料的质地美是材料本身的固有特征所引起的一种赏心悦目的心理综合感受，具有较强的感情色彩。

材料的质地是材料内在的本质特征，主要由材料自身的组成、结构、物理化学特性来体现，主要表现为材料的软硬、轻重、冷暖、干湿、粗细等。如表面特征（光泽、色彩、肌理）相同的无机玻璃和有机玻璃，虽具有相近的视觉质感，但其质地完全不同，分属于两类材料——无机材料和有机材料，具有不同的物理化学性能，所表现的触觉质感也不相同。

质地是与任何材料有关的造型要素，它更具有材料自身的固有品格，一般分为天然质地与人工质地

（见图 3-44、图 3-45）。

天然质地包括未经人工加工的天然材料的质地（如毛石、树皮、沙土及动物毛皮等）和以天然材料为基材经人工加工而成的材料质地（如经切割、打磨、刻画、抛光等加工的木材、石材等材料）；

图 3-44　天然质地——沙石板岩

人工材料所反映的质地为人工质地，如各种金属、塑料、玻璃等材料的质地。

在设计中，产品材料质地特性及美感的表现力是在材料的选择和配置中实现的。

(1) 相似质地的材料配置

相似质地的材料配置是指两种或两种以上相似质地材料的组合配置。图 3-46 所示的显微镜产品，选用的造型材料都属于高分子材料，具有相似的特征，但又有一些差异：黑色部位的材料为软塑料，柔韧而富有弹性，具有良好的触感，便以操作和观察；蓝色部位的材料为硬塑料，表面具有微细肌理。

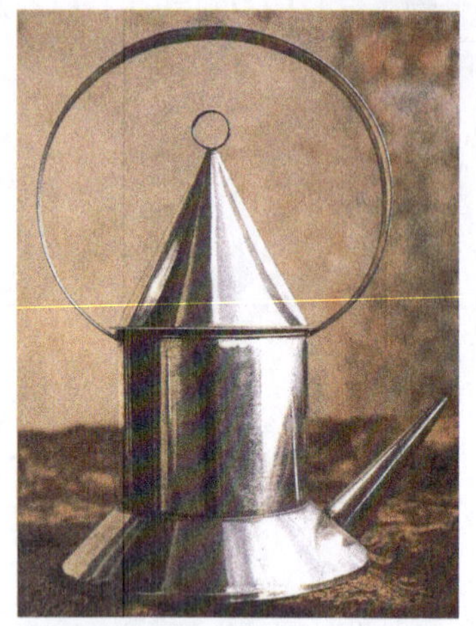
图 3-45　人工质地—— 金属

图 3-46　显微镜

(2) 对比质地的材料配置

对比质地的材料配置是指两种或两种以上材料质地截然不同的组合配置。在对比中，相互显示其材质的表现力，展现其美感属性，图 3-47 所示的椅子，椅座采用实心樱桃木制作，表面采用透明涂饰，充分显示了木材的材质特征，而椅背采用高抛光的铝合金材料。

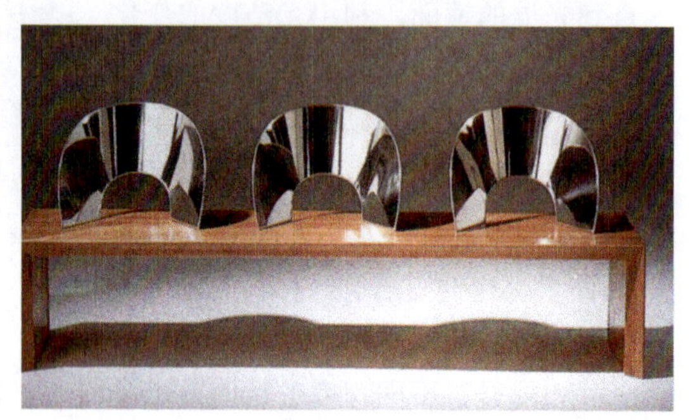
图 3-47　椅子

图 3-48 为双材质茶器组：如明镜般的材质加上高雅的贵族式设计流线又动感，令人过目不忘，往后倾斜的壶盖，加上像抛物线般美妙的细弧，与圆胖的壶身形成对比，看得出设计师的功力，以瓷和不锈钢两者的搭配在餐具上是前所未有的创举。此系列是由著名的西班牙设计师赫莲娜·罗拿 (Helena　Rohner) 所设计，附带有牛奶罐、糖罐，以及珍贵茶叶罐。三个小配件都有宽宽的杯身高矮不一，且微微地往杯口缩小，微妙的造型变化独树一格。赫莲娜·罗拿表示：茶壶圆滚的形状，总让我想起蒸汽船两端尖尖翘起的造型，结合不锈钢与陶瓷的材质，能够赋予茶器温柔和简洁的现代感。

图 3-49 为由捷克设计师设计的“无题”杯子，由水晶玻璃和岩石组成，杯子造型的独特之处是根据使用需求可上下翻转使用，上下两部分杯体由岩石连接而成，整个造型突出体现了玻璃极富魅力的透明性和晶莹剔透的光泽感，以及岩石粗犷天然的自然特征，充分展现了玻璃和岩石的材质美感。

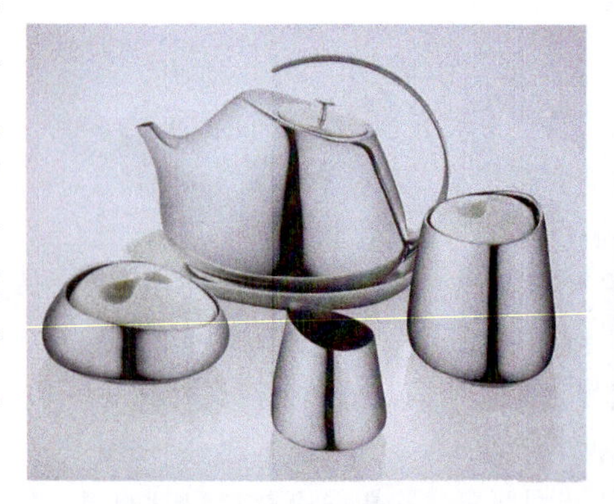
图 3-48　双材质茶器组

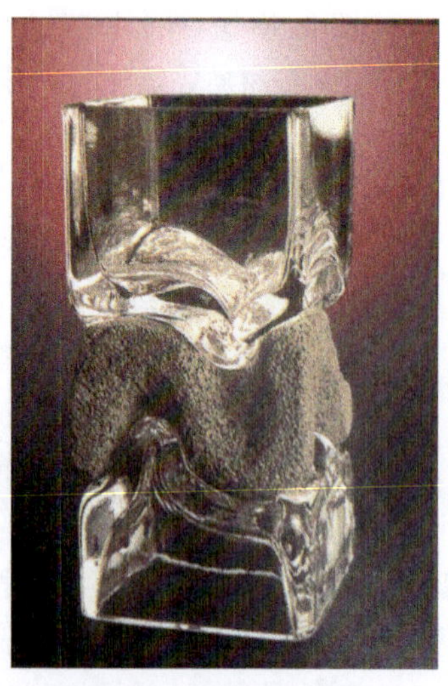
图 3-49　“无题”杯子

3.4.5 材料的形态美感

形态作为材料的存在形式，是造型的基本要素。设计材料的形态通常分线材、面材和块材。不同的材料形态蕴涵着不同的信息和情感。

1. 线材的美感

线材的特征与线的性质相似，具有导向性和延伸性，在空间有伸长的力量感和方向感，表现为轻巧、虚幻、流动、优美、灵活多变的造型特色，具有轻快感、弹性感、速度感、流动感、通透感等。

线材的形态可分为：

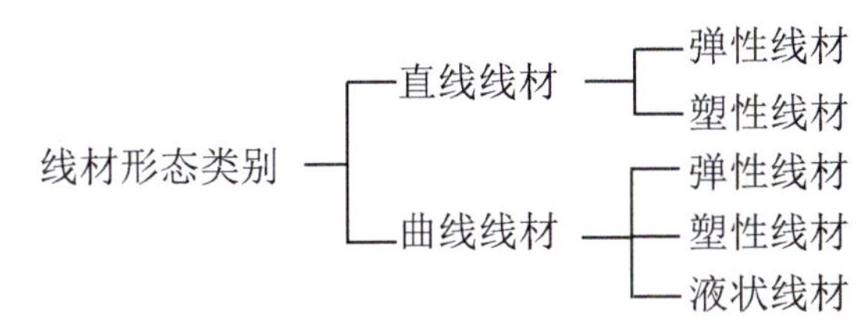

线状材料通常有竹、藤、金属丝（如铁丝、铜丝等）、木条、塑料管、塑料棒、棉线、麻绳、草绳及化纤线等。在运用线材进行设计构思时，应把握线材的形态变化（直线、曲线）和组合特征，运用重叠、并列、虚实、渐变等手法可产生出丰富的视觉效果，充分展现线状材料的材质与造型的美感，如图 3-50 所示。

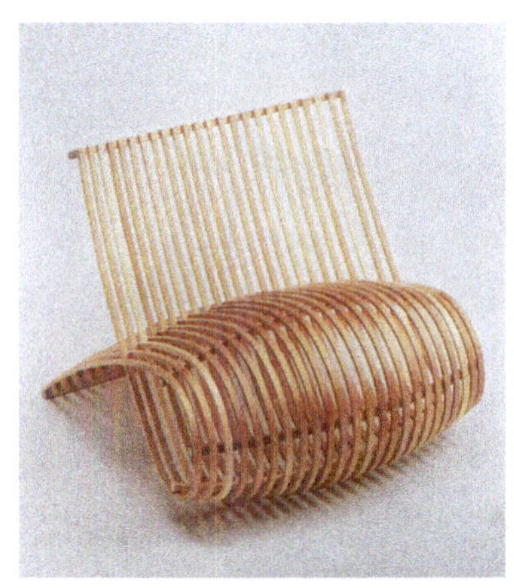

图 3-50 线材的造型

2. 面材的美感

面材是现代设计应用最多的材料，具有延伸感和空间的虚实感，其截面（侧面）具有线材的特征，如轻快、流畅等；其表面（正面）则具有块材的感受，如充实、沉稳等。表面平滑的面材具有延伸感，凹凸不平的面材具有体量感，透明的面材具有通透感，球面的面材具有张力感……

面材的形态可分为：

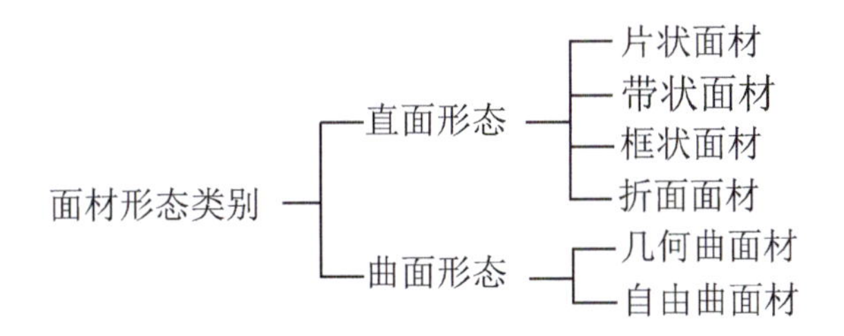

面状材料通常有纸板、木板、金属板、塑料板、塑料泡沫板、玻璃板、石板、皮革等。面材的运用与线材类似，所不同的是面材造型所占的空间比线材的大，造型时着重考虑空间虚实、结构形式、材料力学特性等因素，如图 3-51 所示。

图 3-51 面材的造型

3. 块材的美感

块材是一个封闭的形态，是实体最具象的存在，它不像线材和片材那么敏锐、轻快，而是稳重、扎实、安定的实体，具有重量感、充实感和较强的视觉表现力。

块材的形态可分为：

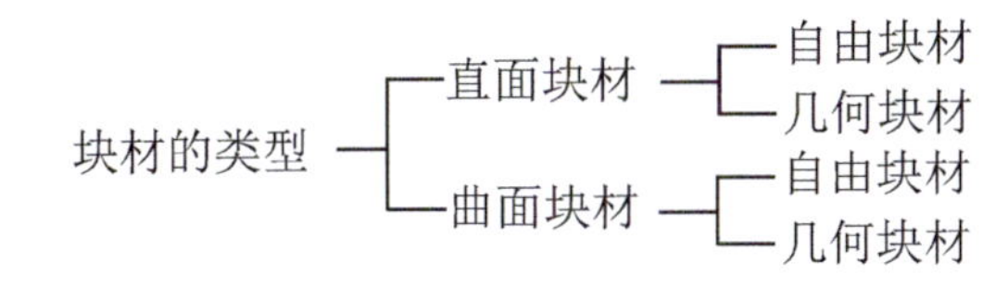

块状材料有自然生成的物体，有经过人为加工修饰而成的实体，其种类通常有石材、木材、混凝土、黏土、合成材料等。块材的造型多采用几何形体和通过雕刻、堆积、削减、挖空等技巧来完成，如图 3-52 所示。

图 3-52 块材的造型

4. 综合形态的材料美感

以不同形态的材料，如线材与片材、片材与块材、线材与块材或线材、片材、块材的综合而进行的造型。这种造型只要符合美的形式原理，重视形色的秩序性，满足视觉层次的要求，充分发挥材料特性必能产生美的造型，如图 3-53、图 3-54、图 3-55 所示。

图 3-54 线材与块材的造型

图 3-53 线材与片材的造型

图 3-55 片材与块材的造型

思考题

1. 材料感觉特性是设计材料独特的特性，它包含哪些内容？
2. 产品设计中如何运用质感设计原则？
3. 从材料的基本构成要素入手，进行材料抽象表达训练。强化对材料特性的理解，训练在设计中应如何有效地发掘材料的特性。
4. 材质美是产品美的一个重要方面，产品的材质美可通过哪些方式来体现？
5. 在设计中如何体现材料的美感？

第四章

材料与环境

4.1 环境意识

环境意识作为一种现代意识，已引起了人们的普遍关注和国际社会的重视。随着世界性的日新月异的生活方式与突飞猛进的生产方式的不断演进，全球资源无节制的利用与消耗，产生的废弃物不断增加，对地球环境的破坏越来越严重。“我们只有一个地球”的呼声更是越来越高，保护我们赖以生存的绿色空间环境已成为公众注目的重要课题。

20 世纪下半叶是人类历史发展的黄金时代，随着科技和经济的高速发展，一方面，物质的富足为人们提供了优厚的生存条件，人们在进行物质享受的同时，对生存环境、精神功能方面的享受也提出了新的要求标准；另一方面，现代文明带来的负面效应愈来愈明显，工业化大生产与高科技结合产生空前巨大的社会效益和经济效益，使人们在饱尝工业文明带来的甜头后，也不得不吞下生态环境遭到破坏这颗自己种植的苦果。

长期以来，人类在材料的提取、制备、生产以及制品的使用与废弃的过程中，消耗了大量的资源和能源，并排放出废气、废水和废渣，污染着人类自身的生存环境。有资料表明，从 1970 — 1995 年的 25 年间，人类消耗了地球自然资源的 1/3。现实要求人类从节约资源和能源、保护环境和社会可持续发展的角度出发，重新评价以往研究、开发、生产和使用材料的活动；改变单纯追求高性能、高附加值的材料而忽视生存环境恶化的做法；探索发展既有良好性能或功能，又对资源和能源消耗较低，并且与环境协调较好的材料及制品。图 4-1 给出了材料的“生命周期”示意图。从图中可见，矿物开采、原材料加工和冶炼、材料半成品加工、产品生产使用等各个环节都会向我们居住的地球或大气层排放污染物。

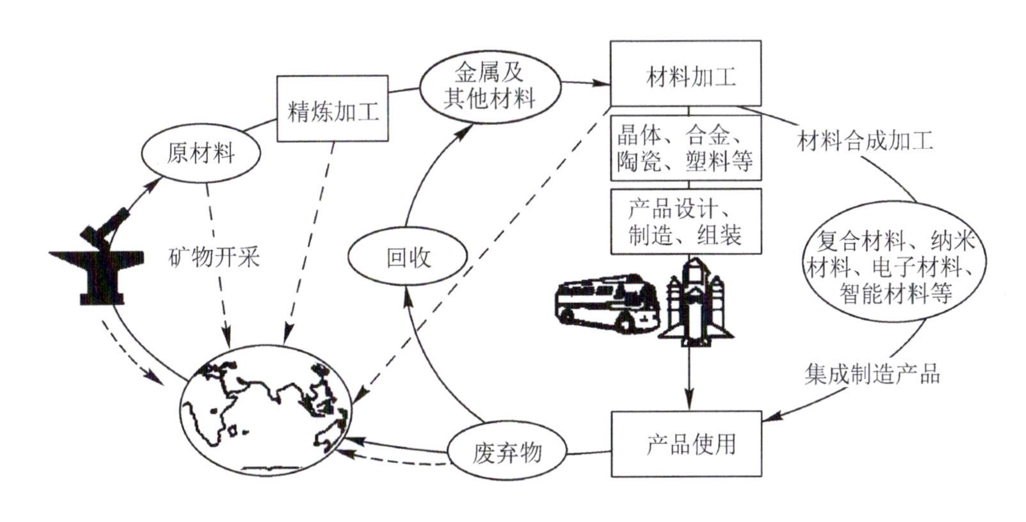

图 4-1　材料的“生命周期”示意图
（虚线箭头表示可能的污染源）

迄今为止，材料生产—使用—废弃的过程，可以说是一个将大量有用资源从环境中提取出来，再将大量废弃物排回到环境中去的恶性循环过程。《拯救地球》一书的作者 Lester Brown 大声疾呼道：“我们的社会习惯于用了即丢，耗费过多的能源，产生太多的碳，造成严重的空气污染、酸雨、水污染、有毒废物和垃圾问题，对社会产生巨大的冲击。”

环境意识是现代社会的产物，也是后工业社会发展的必然。它是现代人类对自然、社会、人性的感悟与理性判断的结果，具有明显的时代特征。人类寄希望于设计，试图通过设计来改善目前的生存环境状况。

4.2 绿色设计

一谈到绿色方面的问题，都会想到工业对环境的污染，如果我们将视野再扩大、再深入一些，就会发现许多危害生态或污染的因素，在设计开发阶段就应该考虑周详。以往的设计总是只考虑产品的功能目标，而忽略了产品在使用结束后对生态环境的破坏。

绿色设计出现在新旧世纪交替之际，是 20 世纪后期兴起的现代设计理念之一。绿色设计的基本思想就是维护地球绿色生态环境的设计，就是在设计阶段将环境因素和预防污染的措施纳入产品设计之中，将环境性能作为产品的设计目标和出发点，力求产品对环境的影响最小，如图 4-2 所示。

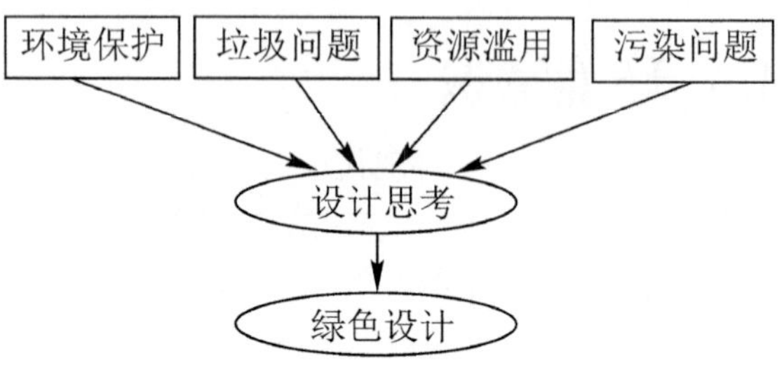

图 4-2　绿色设计的产生

作为一种设计思潮，绿色设计要求设计师放弃那种以产品在外观上标新立异为宗旨的习惯，而将设计变革的中心真正放到功能的创新、材料与工艺的创新、产品环境亲和性的创新上，以一种更为负责的态度与意识去创造最新的产品形态，用更科学合理的造型结构使产品真正做到物尽其材、材尽其用，并且在不牺牲产品使用性能的舒适与完美的前提下，尽可能地延长使用周期。通过绿色设计的倡议与实施，系统有序地探索人类产业发展与社会文明的关系，有效、合理地缓解高科技下工业化社会与生态环境的冲突，在此基础上开发绿色产品。

4.2.1 绿色设计的基本特征

绿色设计是指在产品整个生命周期内以产品环境属性为主要设计目标，着重考虑产品的可拆卸性、可回收性、可维护性、可重复利用性等功能目标，并在满足环境目标要求的同时，保证产品应有的基本功能、使用寿命和经济性等，突出了“生态意识”和“以环境保护为本位”的设计观念，体现为以下几个特征：

(1) 环境协调性

环境协调性是指产品开发与使用的整个过程中，对人类生态环境与资源环境的协调有益程度。为达到这一目标，绿色设计中应将环境问题与产品的性能、造型设计等问题共同考虑，使产品在满足所要求的功能目标的同时，也要防止对环境的污染破坏，尽量避免废弃物的产生，以最低的成本、最高的再生值回收并重复利用。

(2) 价值创造性

与传统的设计相比，绿色设计的产品价值形态发生了新的变化，其本身就包含着创造性内涵，体现在：结构与零部件设计中的结构技术的更新与进步变化；在材料与工艺选择中的污染防范技术的应用；在人与环境整体关系中的创新设计和提高产品总体价值的措施。

(3) 功能全程性

绿色设计是将产品的功能认识与价值认识贯穿到产品开发直至废弃全过程的设计思想与策略。绿色设计将产品的生命周期从“产品制造到投入使用”延伸到了“产品使用结束后的处理及回收利用”，从而在设计过程中从整体的角度理解和掌握与产品有关的环境问题及原材料的循环管理与利用、废弃物的处理与回收利用等，便于绿色设计的整体过程的优化和“全程性”功能目标的实现。

4.2.2 绿色设计的基本原则——6R设计原则

在地球资源有限、地球净化能力有限这一共识的前提下，指导绿色设计的方针是产品的6R原则，即研究（Research）、保护（Reserve）、减量化（Reduce）、回收（Recycling）、重复使用（Reuse）和再生（Regeneration）原则。

(1) 研究（Research）

重视研究产品的环境对策，着眼于人与自然的生态平衡关系，从设计伦理学和人类社会的长远利益出发，以满足人类社会的可持续发展为最终目标，详尽考察研究新产品生命周期全过程对自然环境和人的影响，即在设计过程的每一个决策中都充分考虑到环境效益，尽量减少对环境的破坏。

(2) 保护（Reserve）

最大限度地保护环境避免污染，尽可能减缓由于人类的消费而给环境增加的生态负荷，减少原材料和自然资源的使用，减轻各种技术、工艺对环境的污染。

(3) 减量化（Reduce）

这一原则的目标是减少物质浪费与环境破坏，包含以下四方面的内容，即产品设计中的减小体量，精减结构；生产中的减少消耗；流通中的降低成本与消费中的减少污染。

在设计中，设计师必须利用各种设计的技巧及手法，在不影响产品其他方面功能的前提下，将设计材料的使用降到最低，尽量节约资源，减少不必要的浪费。

图4-3为2005年红点奖的LT01 Seam One台灯，采用铝板加工而成，造型非常优雅，用现代的设计语汇演绎了经典的台灯样式。这是一系列铝制灯具中的一件，在这个系列里汇集了运用高品质材料完成的上乘设计作品。这个设计的目的是减少元素，使结构尽可能的简洁，比例尽可能均衡，并且使灯具看上去强壮有力。

图4-3 LT01 Seam One台灯

(4) 回收（Recycling）

将使用过的产品废弃物中尚有利用价值的资源或部件加以收回，减少废弃物的垃圾量，并将可利用的部分加以重复使用或再生。

这一原则包括三方面内容：

①通过立法形成全社会对资源回收与再利用的普遍共识；

②通过材料供应商与产品销售商的联手建立材料回收的运行机制；

③通过产品结构设计的改革，使产品部件与材料的回收运作成为可能。

目前塑料的回收已形成一定的机制，塑料制品上通常都有回收标志，如图4-4所示。

(5) 重复使用（Reuse）

这一原则包含了两个层次，一是将废弃产品的可用零部件用于合适结构中，继续发挥其作用；二是更换零部件，使原产品重新返回使用过程。

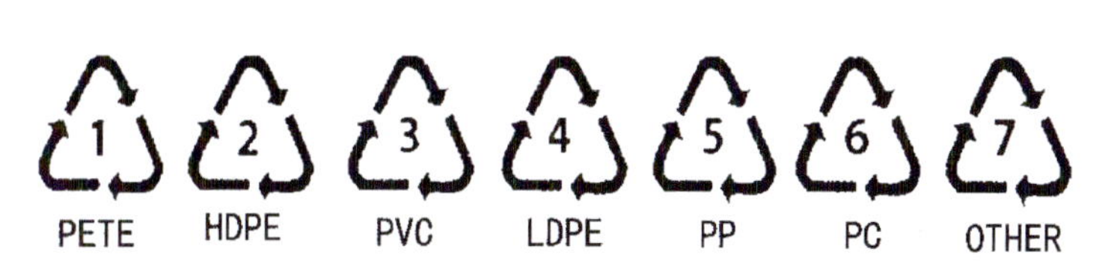

图4-4 塑料的回收标志

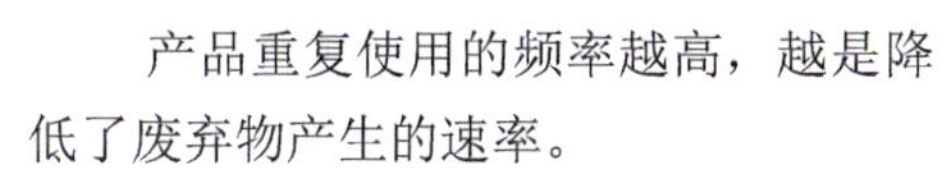

产品重复使用的频率越高，越是降低了废弃物产生的速率。

以回收旧物制作各式新潮家具而闻名的设计师Campana Brothers，将废弃的轮胎结合传统竹编工艺制成实用的椅座Transneomatic Large（图4-5），发挥他们一贯的环保创意。

图4-5 椅座Transneomatic Large

图4-6为荷兰设计师托德·布恩吉（Tord Boonji）设计的玻璃水具，设计者根据设计目的对玻璃废酒瓶进行新的利用，用薄壁的瓶子做水杯，用厚壁的瓶子做水瓶。设计中将废长颈瓶进行清洗并去除标签，用金刚石刃的台锯切去瓶颈，在切割后用砂轮

对粗糙的瓶口进行倒角、抛光等修整，然后再将壶身加工成磨砂面。

(6) 再生 (Regeneration)

将尚有资源利用价值的废弃物回收后，重新加工制成有利用价值的原料或产品。

这一原则包含了两方面内容：一是通过回收材料并进行资源再生产的新颖设计，使得资源再利用的产品得以进入市场；二是通过宣传与产品开发的成功，使再生产品的消费为消费者接受与欢迎。

以目前的回收再生技术和成本来看，虽然回收再生的成本有时会比利用全新原料的成本高，但其意义却具有积极的影响。图 4-7 为啤酒的礼品包装，罐体的外包装和包装盒采用再回收利用的自然纤维制成，这种包装材料具有绝缘性和良好的手感。

图 4-6 玻璃水具

图 4-7 啤酒的礼品包装

4.2.3 产品设计的绿色观念

在产品设计领域，绿色设计已成为可持续发展理论具体化的新思潮与新方法。产品绿色设计的目的，就是要克服传统产品设计的不足，使所设计的产品既能满足产品功能的要求，又能满足适应环境与可持续发展需要的要求，如表 4-1 所示。

表 4-1 绿色设计与传统设计的比较

比较因素	传统设计	绿色设计
设计依据	依据用户对产品提出的功能、性能、质量及成本要求来设计	依据环境效益和生态环境指标与产品功能、性能、质量及成本要求来设计
设计人员	设计人员很少或没有考虑到有效的资源再生利用及对生态环境的影响	要求设计人员在产品构思设计阶段，必须考虑降低能耗、资源重复利用和保护生态环境
设计技术及工艺	在制造和使用过程中很少考虑产品回收，仅考虑有限的贵重金属材料回收	在产品制造和使用过程中可拆卸易回收、不产生毒副作用及保证产生最少的废弃物
设计目的	以需求为主要设计目的	为需求和环境而设计，满足可持续发展的要求
产品	普通产品	绿色产品或绿色标志产品
产品生命周期	产品制造到投入使用	产品制造到投入使用直至使用结束后的处理和回收利用

产品设计的绿色观念由四个层次组成（图 4-8）。第一层为目标层，以设计出绿色产品为绿色设计的总目标；第二层为绿色设计的内容层，包括绿色产品的结构设计、环境性能设计、绿色设计的材料选择和资源性能的设计；第三层为绿色设计的主要阶段层，即实现绿色设计内容所考虑的主要过程阶段，包括产品生产过程、使用过程和回收处理过程等产品生命周期各阶段；第四层为设计因素层，即绿色设计过程应考虑的主要因素，包括时间、成本、材料、能量和环境影响等。

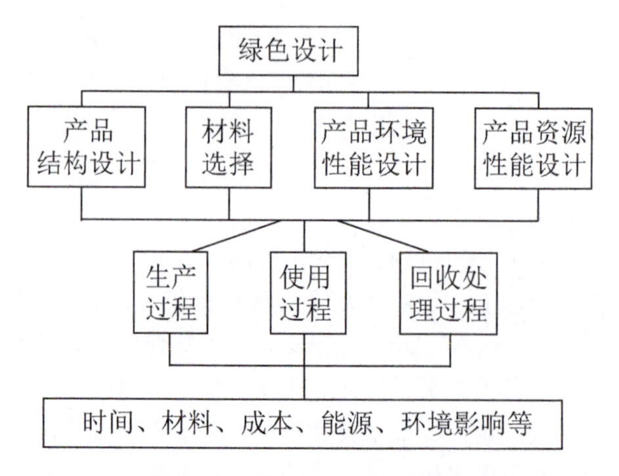

图 4-8 产品绿色设计层次图

在产品的设计中，应采取“从开始就要想到终结”的绿色设计观念，即“设计时就让产品在整个生命周期内不产生环境污染”的策略，而不是“产品生产污染后再采取措施补救”的策略。在产品设计的初期阶段，应详细考虑产品生命周期全过程中对环境影响的各方面因素，这些因素包括材料的选择、制造方式、生命周期的考虑、包装材料的选择、行销运输的方式、使用后的回收及废弃的处理等（图 4-9）。

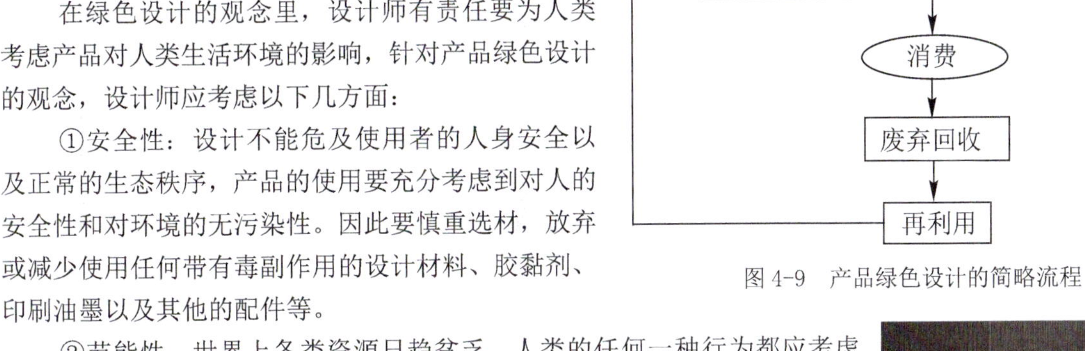

图 4-9　产品绿色设计的简略流程

在绿色设计的观念里，设计师有责任要为人类考虑产品对人类生活环境的影响，针对产品绿色设计的观念，设计师应考虑以下几方面：

①安全性：设计不能危及使用者的人身安全以及正常的生态秩序，产品的使用要充分考虑到对人的安全性和对环境的无污染性。因此要慎重选材，放弃或减少使用任何带有毒副作用的设计材料、胶黏剂、印刷油墨以及其他的配件等。

②节能性：世界上各类资源日趋贫乏，人类的任何一种行为都应考虑到节约能源与资源，未来的设计应以减少用料或使用可再生的材料为基础，加强材料、能源和其他资源的使用效率，提高产品效能，延长产品的生命周期，降低产品的淘汰更换率。尽量采用节能新技术和省料新工艺，减少不必要的造型装饰。

图 4-10　灯具

③生态性：应考虑到设计对环境保护所起到的重要意义，努力避免因设计不当和选材的失误而造成的环境污染与公害。对此，人们应提倡使用无害于环境的材料和在自然环境下易降解、易于回收的材料。

④社会性：设计是时代文化的一种表征，任何设计都应考虑到对社会模式、文化价值观、伦理道德及精神领域等诸方面的影响。积极响应消费者的环保心理，树立绿色消费意识，建立绿色产品形象。

图 4-10 所示的这款灯具充分体现了产品绿色设计的理念，其灯座采用回收的饮料罐，灯罩采用 PVC 或 PP 的再生塑料。

4.2.4 绿色设计的发展方向

绿色设计强调对资源与能源的有效利用，提倡为解决废品而设计（Design for Disposal, DFD），其发展的方向有以下几方面：

1. 绿色产品的设计

绿色产品应具有节省能源、节省物料、保护环境、便于回收利用、符合人机工程等特点。绿色产品的设计是绿色设计中最有成就的设计成果，它不仅表现在产品的少量化设计，还表现在产品的再利用化设计和资源再生设计。图 4-11 所示的是由法国设计师菲力浦·斯塔克设计的“亲近自然”电视机，该电视机的机壳采用木材碎屑模压而成，产生一种有趣的富有装饰性的外观效果。而图 4-12 所示的为圆盘状环保纸质多变容器，在追求设计感的同时，诉求着生活的感性，人性化的要求，是审美性与功能性的再统一，生活美学将更尊重自然与人性的整合。受这股风潮影响，自然材质更受青睐，运用自然材质的特性，以加工技术展现质感，更具特色。

图 4-11　“亲近自然”电视机

(1) 产品的简约设计

产品的简约设计对减低能源与资源消耗有着直接的促进作用，它是建立在真正减少材料与成本消耗的基础上的，不仅表现在产品体量的“轻、

图 4-12　环保纸质多变容器

薄、短、小”，还体现在产品结构的精简与品质的高性能化。图 4-13 为 Studiomama 设计的 Solid 灯，结构简洁，材料的使用达到最低。

图 4-13 Solid 灯

(2) 产品的可拆卸设计

设计的产品可以拆卸和分解，并可重新组合使用，避免了因产品整体报废而导致的资源浪费和环境污染，有利于产品功能的再开发和产品零部件的再利用。

2. 绿色包装设计

绿色包装设计的目标是既要降低包装成本，又要降低包装废弃物对环境的污染程度，提倡无包装设计和再利用包装设计。

(1) 无包装设计

无包装设计是绿色设计浪潮中一项有力的措施。无包装设计是指抛弃包装的设计或者是包装物本身与被包装的产品同时被享用。德国研制出一种以淀粉为原料的饮料杯，它不易溶于水，当人们取杯喝水后，该杯也可以被吃掉。单这一项设计就可以节约德国每年耗费 40 亿只塑料杯的材料，并给环境的清理、保护带来极大的益处与方便。日本最近研制出两种可食用的包装纸：一种是采用淀粉作为原料，添加其他一些可食用的物质，加工制成的包装纸；另一种是采用从甲壳类物质中提炼出来的脱乙酰壳多糖作为原料，加工制成的包装纸。利用这种包装纸包装快餐面、调味品等，可以直接放入锅中烹调，而不需要将包装袋除去。

(2) 再利用包装

再利用包装是绿色设计中卓有成就的设计项目。瑞士设计师以谷物材料来研制快餐容器，这种容器不会像发泡塑料餐盒那样不易回收、不易再造、不易消灭而造成白色污染。用谷物研制的容器，用过之后，可被直接转化为牲畜的饲料，或者成为农作物的肥料。

3. 绿色能源的开发

绿色能源应是耗能省、环保性好，储量丰富和可再生的能源。绿色能源的开发是绿色设计的另一项重大举措。美国、日本、德国等国以政府形式制订并颁布推广和开发清洁的无污染能源计划，研究开发高新技术下的能源新产品，如太阳能、风能、水力能、地热能、海洋能等。新一代的电动汽车、太阳能汽车以及高新技术研制的燃氢汽车，将在不远的将来全面投产，彻底改变现在汽车对空气的严重污染状况。

4. 创造有生命的材料

创造有生命的材料听起来令人感到不可思议，但确实是一项令人鼓舞的计划。研制能够“吐新纳故”的材料一直是材料研究者与设计师努力向往的，这类材料能够吸入被污染的空气，并吐出新鲜的空气。如果这项研制计划成功，将给整个社会改造环境带来不可估量的贡献，将使人类生存的环境得到理想的改善。

4.3 绿色材料

绿色材料是绿色设计的基础，绿色设计首先要选择绿色材料，大力研究和发展绿色材料必然有助于绿色产品的开发和推广。

4.3.1 绿色材料的主要内涵

绿色材料（又称环境协调材料、生态环境材料、环境材料）是指具有良好使用性能，对资源和能源消耗少，对生态环境污染小，可再生利用率或可降解循环利用率高，在材料的制备、使用、废弃及到再生循环利用的整个过程中，都与环境协调共存的材料。绿色材料是具有系统功能的一大类新型材料的总称，是赋予传统结构材料、功能材料以优异的环境协调性的材料以及直接具有净化和修复环境功能的材料。

一般来说，绿色材料应具有三个明显特征：

①先进性：发挥材料的优异性能，为人类开拓更广阔的活动范围和环境；

②环境协调性：减轻地球环境的负担，提高资源利用率，对枯竭性资源的完全循环利用，使人类的活动范围同外部环境尽可能协调；

③舒适性：使人们乐于接受和使用，使活动范围中的人类生活环境更加繁荣、舒适。

4.3.2 典型的绿色材料

(1) 生物降解材料

在可持续发展的先进材料中，生物降解塑料一直是近几年的热门课题之一。由于白色垃圾的压力，加之传统塑料回收利用的成本较高，且再生塑料制品的性能往往不尽如人意，生物降解塑料及其制品日趋流行。目前，市场上主要有两类产品，一类是淀粉基热塑性塑料制品，另一类是脂肪族聚酯塑料制品。

(2) 循环与再生材料

材料的再生利用是节约资源、实现可持续发展的一个重要途径，同时，也减少了污染物的排放，避免了末端处理的工序，增加了环境效益。废弃物再生利用在全世界已比较流行，特别是材料再生及循环利用的研究几乎覆盖了材料应用的各个方面。例如，各种废旧塑料、旧报纸的再生利用（图 4-14），铝罐、铁罐、塑料瓶、玻璃瓶等旧包装材料的回收利用，冶金炉渣的综合利用，废旧电池材料、工业垃圾中金属的回收利用等，正在进行工业化规模的实施。目前研究的热点是各种先进再生循环利用的工艺及设备系统等。

材料的循环制备和使用是国际上许多材料科学工作者潜心研究的一个热门领域，也是环境材料研究的一项重要内容。一般说来，可再生循环制备和使用的材料具有以下特征：①可多次重复循环使用；②废弃物可作为再生资源；③废弃物的处理消耗能量少；④废弃物的处理对环境不产生二次污染或对环境影响小。

(3) 净化材料

人们把能分离、分解或吸收废气或废液的材料称为净化材料。

开发门类齐全的环境保护工程材料，改善地球的生态环境，是环境材料研究的一个重要方面。一般来说，环境工程材料可分为治理大气污染或水污染、处理固态废弃物等不同用途的几类材料。

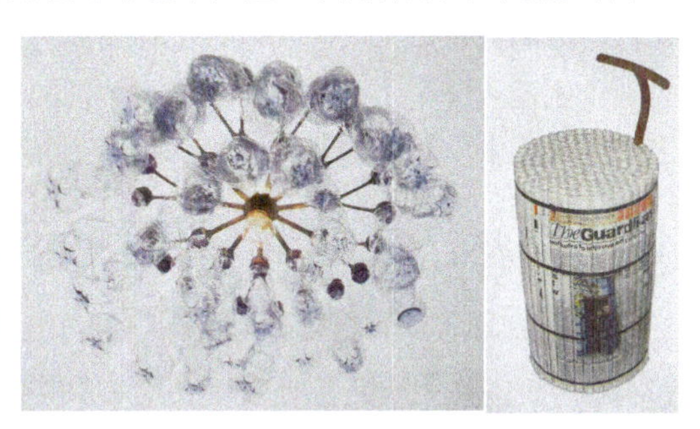

图 4-14　废弃物的再利用

下面以几种实例说明：

①陶瓷过滤器：陶瓷过滤器主要应用于汽车尾气的污染控制。为了在高温或耐蚀环境中使用，一般用堇青石制成蜂窝结构作为净化触媒的载体。

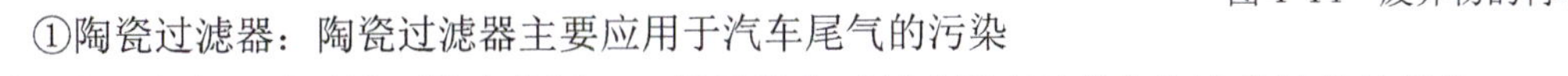

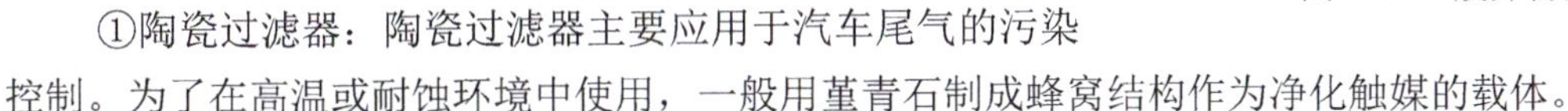

②吸附材料：日本研究人员发现以方石英和火山灰为主要成分的天然矿石具有很高的吸臭、吸湿能力，其吸附能力比沸石或活性炭高 10 ～ 30 倍。

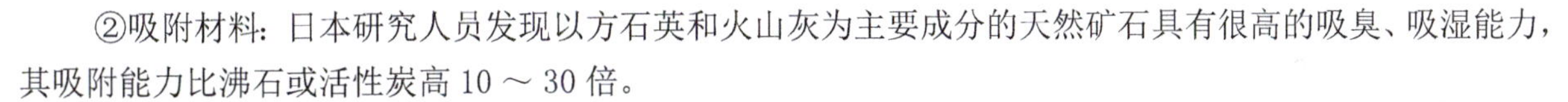

③有害气体转换技术：在二氧化碳循环利用方面，日本 NEC 公司开发了在常压和 300℃条件下把二氧化碳还原为甲烷的技术，转换率为 96%。

④废水净化材料：这类材料的品种较多，如有机或无机的薄膜材料和陶瓷球等。同时，有利于健康的净化饮水用材料也是一种需求量较大的材料。

(4) 绿色建筑材料

世界上用量最多的材料是建筑材料，特别是墙体材料和水泥，我国用量为 20 亿吨 / 年以上，其原料来源于绿色土地，每年约有 5 亿平方米的土地遭到破坏。同时，工业废渣、建筑垃圾和生活垃圾的堆放也占用大量的绿色土地，造成了地球环境的恶化。另外，人类有一半以上的时间在建筑物中度过，人们更需要改变居住的小环境。为此，对建材的要求是：最大限度地利用废弃物，具有节能、净化、有利于健康的功能。这种有利于环境的建筑材料成为绿色建材。绿色建材有如下几类：

①基本型：满足强度要求并对人体无害，这是对建材最基本的要求。

②用废弃物型的建材：数量最多的废弃物是工业废渣、建筑垃圾和生活垃圾。利用这些废弃物制造各种建材。

③节能型建材：已见报道的节能型建材主要有四类，一是节能型墙体材料；二是太阳能电池和建材一体化的瓦片和外墙；三是光电化学电池玻璃窗；四是太阳能储热住宅材料，利用化学反应储存太阳能，可同

时利用相变潜热储热、化学储热等不同的方式，随气候和季节变化调节室内温度。

④健康型材料：对人体健康有利的非接触性材料有远红外材料、磁性材料等。日本研究人员发明了一种由远红外陶瓷制成的内墙板，采用这种板材可提高空气和水的活性，使室内空气净化，具有清爽感（与高原环境类似）。

⑤抗菌材料：利用紫外光激发下二氧化钛的光电化学作用，结合银离子或铜离子的抗菌效果可制成抗菌材料。

(5) 绿色能源材料

绿色能源是指洁净的能源，如太阳能、风能、水能以及废热和垃圾发电能源。

4.3.3 绿色材料的评估方法 (LCA)

保护生态环境，减少和控制在材料合成、加工和使用过程中对环境的污染，研究和开发一些环境兼容性的材料和产品，建立材料的环境影响的评价方法和标准，是摆在材料科学工作者面前的一项紧迫任务。

对于绿色材料的评价，不少国家采用材料生命周期评价法 (Life Cycle Assessment/Analysis，LCA)。它以开发利用环境负荷最小的产品为目的，是产品从原料获取到最终废弃处理的全过程中对社会和环境影响的评价方法。

开展对材料或产品及其生产、使用直至废弃生命周期或环境协调性的评估研究，是改造或者淘汰某一材料、产品或生产工艺的基础性工作。通过对生命周期评价方法的示范性研究，形成材料开发、应用、废弃到再生循环整个生命周期与生态环境间的相互作用和相互制约的理论，揭示人类材料需求活动所引起的生态环境变化，以及生态环境变化对人类生存所需材料的质量和数量的影响规律，制定材料的环境评估标准。

4.4 材料选择对环境保护的考虑

随着全球工业化进程的发展规律，有更多的各类材料被大量用于工业产品中，这是工业设计师造福人类的一大业绩。但是，一切事物往往有其反面，各类工业材料的大量使用，使人类居住的环境遭到了日益严重的污染，自然资源尤其是非再生资源也遭到滥用与破坏。如何减少环境污染、重视生态保护成为人们关注的热点，也成为设计师选用材料必须考虑的重要因素。

①选用适合产品使用方式的材料，对各种材料的种类、使用量和使用条件等都加以严格的限制。提高产品效能，延长产品生命周期，减低产品的淘汰率。

②减少使用材料对环境的破坏和污染，避免使用有毒、有害成分的原料。图 4-15 所示的是由日本 Victor 公司推出玉米淀粉制成的玉米光盘。这种光盘采用一种以玉米粉合成的特殊塑料材料制成，和传统光盘所用的材质不同，减少了传统工艺在生产光盘过程中产生的二氧化碳，且废弃后可自然分解。

图 4-15　玉米光盘

③材料使用单纯化、少量化，尽量避免多种不同材料的混合使用，限制产品中所使用的材料种类。

④尽量选用可回收再生或重复使用的材料，避免抛弃式的设计，减少垃圾的产生，提倡易拆卸的结构，标明部件中所使用的材料名称，明确标示回收标志，使消费者能明确了解回收的材料类别，进行垃圾分类，以便回收再利用。以利于资源的再循环利用。

毕业于英国皇家艺术学院的琼·阿特费尔德 (Jane Artfield) 将回收的香波、洗洁剂瓶子绞碎，热压成塑料薄板，创造出一种可以用传统木工工具加工的绿色材料。RCP 椅就是利用这一材料制作的“绿色”家具，色彩丰富，廉价而具有可消费性。图 4-16 为利用废旧塑料为原料制作的 RCP 椅子。

图 4-16　RCP 塑料椅子

对废弃物的再利用不仅能有效减少可能污染环境的垃圾堆放，也大大节约了原材料。因此，开发采用再生材料，甚至直接利用废弃物制作产品，将是十分有意义的工作，理应成为现代工业设计的一个重要课题。

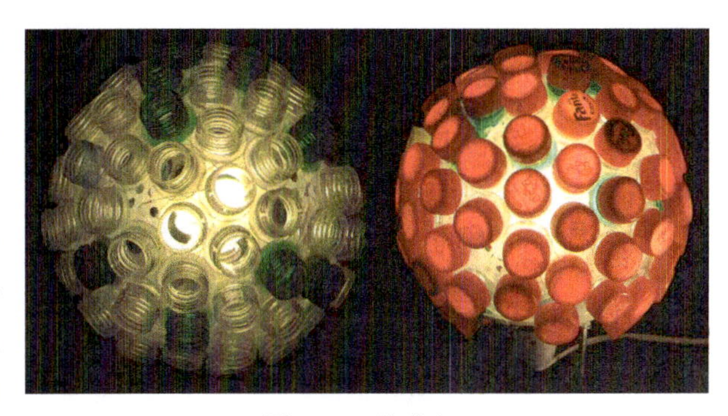

图 4-17　瓶盖灯

由英国设计师的Lula Dot设计的瓶盖灯（图4-17）是由塑料瓶口与瓶盖所组成。在设计师的巧手下，各种废弃物纷纷变身成为华丽的时尚灯饰。设计者将破损的塑料瓶收集起來，将它们重新利用，赋予其新的生命，让它再次在灯具中发光。而这款瓶盖灯共由约40个塑料瓶口瓶盖组成。

由设计师Michelle Brand设计的这些吊灯看起来非常华丽，但仔细观看，会发现吊灯上一个个透明的“花儿”居然就是塑料饮料瓶的底部剪下来的，这让人感到惊讶和感动；简单廉价的空瓶子也可以变成一个如此典雅大方的吊灯（图4-18）。

图 4-18　吊灯

⑤选用废弃后能自然分解并为自然界吸收的材料。

图 4-19　环保手机产品

产品使用废弃后，对环境的污染是严重的。在塑料使用过程中，塑料废弃物，尤其是塑料包装材料是令人头痛的环境污染。现在已采用废弃后能在光合作用或生化作用下自然分解的塑料制作包装材料，这种塑料包装材料废弃后，在光合作用下会失去其物理强度并脆化，经自然界的剥蚀碎成颗粒进入土壤，并在生化作用下重新进入生物循环，不再给环境造成污染。

由沃里克大学制造集团公司与PVAXX研发公司以及摩托罗拉公司合作开发新的手机产品（图4-19），是一种环保手机，废旧手机被埋到泥土里，几周后就能够自然分解，作为混合肥料，是处理废旧手机的神奇方法。

⑥减少不必要的表面装饰，尽量选用表面不加任何涂饰、镀覆、贴覆的原材料，便于回收处理和再利用。在产品设计中为了达到美观、耐用、耐腐蚀等要求，大量使用表面覆饰材料，这不仅给废弃后的产品回收再利用带来困难，而且大部分覆饰材料本身有毒，覆饰工艺本身会给环境带来极大的污染。因此，设计中保持材料的原材质表面状态，不仅有利于回收，同时，材料本身的材质也给人粗犷、自然、质朴的特殊美感，如图4-20，采用铝材制作的座椅，表面不经任何处理，极易回炉再利用。

图 4-20　铝制座椅

Jurgen Bey于1999年设计的树干长椅，由真实的树干和青铜制成，两种不同材质的表面均不采用任何表面处理，充分显示出强烈的质地美感（图4-21）。

图 4-21　树干长椅

4.5 影响材料选择的环境因素

由于产品总是在一定的环境中运行和使用，产品的材料也必受到环境的影响。因此，在材料的选择中必须对产品未来使用环境中可能存在的影响因素作必要的考虑。一般来讲，影响材料选择的环境因素可包括以下几个方面：

(1) 冲击与振动

产品在使用环境中受到冲击和振动的影响，可能会导致产品基本结构破裂，如果冲击和振动产生的应力超出材料的承受极限时，会导致材料失效。

(2) 温度与湿度

温度的极端值也是材料选择中必须体现的一个方面。例如在具有极端温度（特别热或特别冷）的场合，选用导热率低的材料来制作手动控制器的操纵手柄会更合适，因为这样的材料有助于降低热传导。

湿度也会对材料造成影响。如某些塑料受潮后会引起尺寸的变化，从而影响机器的性能。而有的金属在湿度较大的环境中极易锈蚀。

(3) 人为破坏

材料的选择除了考虑正常的使用环境外，还要考虑到被粗暴对待的可能性，如在运输与使用过程中可能经受的人为破坏。作为人—机交互面的人的一方往往并不可靠，在相关的材料选择中应予以考虑。例如在公共场所的设备（如邮箱、废物箱等）常会遭到不适当的对待而极易损坏。在这种场合，与其采用牢固且价格昂贵的材料（如不锈钢），倒不如采用价格较低，在设计上选用易于更换和易于涂饰的材料更为有效。

(4) 火灾危害

从安全和持久的角度考虑，火灾危害是材料选择时必须考虑的因素。其选择的准则包括材料的易燃性、火焰的蔓延速度、燃烧时是否会产生易爆或有害的气体以及材料的抗高温性能（即材料在高温中仍能保持其正常功能的时间长度）。在实际产品中，如果材料选择不当，产品在工作时所产生的热量会引起某些材料释放出有毒气体，或加速某些材料的老化或龟裂。

(5) 生物危害

某些材料，如木材、橡胶和某些塑料会被昆虫或鸟类及其他动物啮食。为保证产品的使用寿命和安全可靠性，在材料选择时应考虑这种可能。

(6) 污损

应考虑到在清洗产品表面的污物时可能会造成产品某种程度的损坏。如果该表面处于一定电压之下，则表面绝缘层的破损会增加其漏电的危险性。在这种情况下，应选用不易被污物弄脏的材料，或在结构设计上保证其易于清洗。

(7) 气候影响

紫外光线、霜冻和雨水是气候环境中对材料影响最大的因素。如果选用了不适当的材料就容易老化或锈蚀，并因此缩短产品的使用寿命，或使机器上的操作指令符号褪色、模糊而影响操作。

(8) 噪声

噪声是有害的，尤其当其突然而不被预料的出现时更为有害。这时操作者就需要选择适当的隔声材料作防护。如复合板材能降低传导的噪声，而油漆的金属却会使噪声问题更加恶化。

由此可见，人与环境对材料选择的影响也是不容忽视的。对具体的产品而言，考虑侧重会有不同。一件成功的产品应当产生于综合上述因素考虑之后选择的材料之上。

◆ 思考题

1. 阐述绿色设计的6R原则。
2. 通过实际产品案例阐述产品设计的绿色理念。
3. 什么是材料的环境协调性？
4. 绿色设计材料应具备什么特征？

第五章

金属材料及加工工艺

人类文明的发展和社会的进步同金属材料密切相关，金属材料的生产和使用，不断推进人类社会的发展，开创了新的历史。人类社会先后经历了“铜器时代”“铁器时代”的洗礼，逐步迈入“轻金属时代”，实现了现代的人类文明。

长期以来，金属材料一直是最重要的结构材料和功能材料。钢铁、铜合金、铝合金、镍合金等都是最重要和最广泛应用的传统金属材料，即使是21世纪，也不能否定金属材料是最重要的结构材料和功能材料的地位。

在钢、铁和合金为代表的现代工业社会，金属材料以其优良的力学性能、加工性能和独特的表面特性，成为现代产品设计中的一大主流材质（图5-1）。

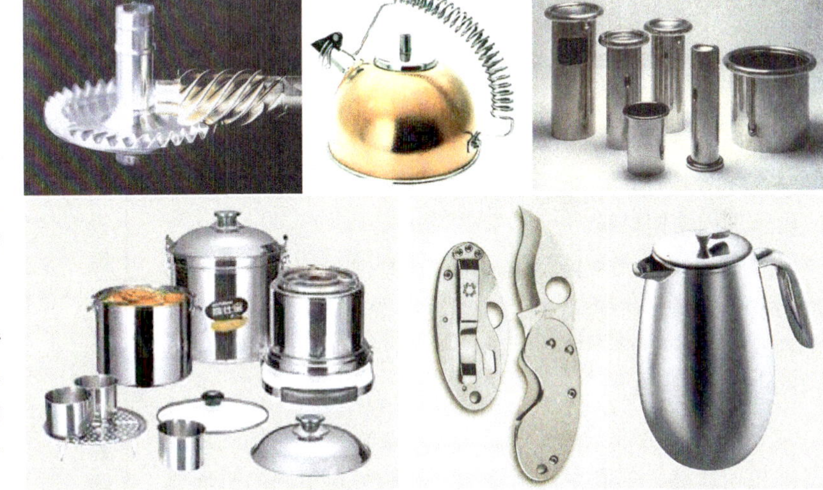

图5-1　金属产品

5.1 金属材料的分类及特性

1. 金属的分类

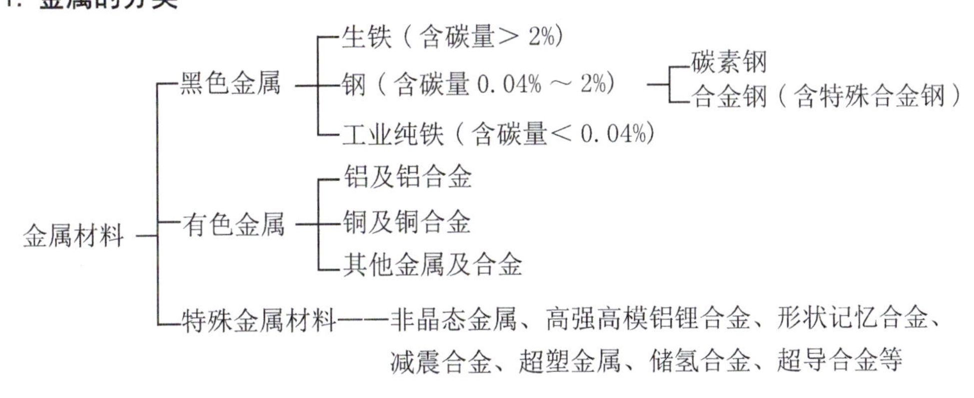

金属材料是金属及其合金的总称。金属材料种类繁多，按照不同的要求又有许多分类方法：

①按金属材料构成元素分为黑色金属材料、有色金属材料和特殊金属材料。

黑色金属材料包括铁和以铁为基体的合金。如纯铁、碳钢、合金钢、铸铁、铁合金等，简称钢铁材料。钢铁材料资源丰富、冶炼加工较方便、生产率高、成本低、力学性能优良，在应用上最为广泛。

有色金属包括铁以外的金属及其合金。常用的有金、银、铝及铝合金、铜及铜合金、钛及钛合金等。

②按金属材料主要性能和用途分为金属结构材料和金属功能材料。

③按金属材料加工工艺分为铸造金属材料、变形金属材料和粉末冶金材料。

④按金属材料密度分为轻金属（密度＜ 4.5 g/cm³）和重金属（密度＞ 4.5 g/cm³）。

2. 金属的基本特性

在各个工程领域中，金属材料是所有材料中最主要和最基本的结构材料，也是现代产品设计得以实现的最重要的物质技术条件。在现代工业设计活动中，几乎没有不涉及金属材料的。由于金属及其合金在理学、物理学、化学和加工工艺等方面的一系列特殊的优异性能，使得它不仅可以保证产品使用功能的实现，而且可以赋予产品一定的美学价值，使产品呈现出现代风格的结构美、造型美和质地美。

金属材料几乎都是具有晶格结构的固体，由金属键结合而成。金属的特性是由金属结合键的性质所决定的。金属材料除了来源丰富、价格也较便宜外，还具有许多优良的造型特征，金属的特性表现在以下几个方面：

① 金属材料表面具有金属所特有的色彩、良好的反射能力、不透明性及金属光泽。

金属中的自由电子能吸收并辐射出大部分投射到金属表面上的光能，所以纯净的金属表面能反光，有良好的反射能力、不透明、肌理细密并且呈现各种颜色，呈现出坚硬、富丽的质感效果。部分金属的色泽见表 5-1。

表 5-1　部分金属的色泽

金属	色泽
铜	玫瑰红
银、铝、镁、锡	银白色
锡镍合金	淡玫瑰红
铁	灰白色
金、黄铜	金黄色
锌	浅灰
铅	苍灰
钛	暗灰
镍	略带黄的银白色
铬	微带蓝的银白色

②优良的力学性能：金属材料具有高的弹性模量与高的结合能，因此使得金属材料具有较高的熔点、强度、刚度及韧性等特性。正是这样的强韧性能，使金属材料广泛应用于工程结构材料。

③优良的加工性能（包括塑性成型性、铸造性、切削加工及焊接等性能）。金属可以通过铸造、锻造等成型，可进行深冲加工成型，还可以进行各种切削加工，并利用焊接性进行连接装配，从而达到产品造型的目的。

④表面工艺性好：在金属表面可进行各种装饰工艺获得理想的质感。如利用切削精加工，能得到不同的肌理质感效果；如镀铬抛光的镜面效果，给人以华贵的感觉；而镀铬喷砂后的表面成微粒肌理，产生自然温和雅致的灰白色，且手感好，此种处理用于各种金属操纵件非常适宜；另外在金属表面上进行涂装、电镀、金属氧化着色，可获得各种色彩，装饰工业产品。

⑤金属材料是电与热的良导体。金属具有良好的导电性和导热性，由于金属中的金属键里有大量电子存在，当金属的两端存在有电势差或外电场时，电子可以定向地、加速地通过金属，使金属表现出优良的导电性。加热时，离子（原子）的震动增强，使金属表现出良好的导热性。

⑥金属合金：金属可以制成金属间化合物，可以与其他金属或非金属元素在熔融态下形成合金，以改善金属的性能。合金可根据添加元素的多少，分为二元合金、三元合金等。

⑦金属的氧化：除了贵金属之外，几乎所有金属的化学性能都较为活泼，易于氧化而生锈，产生腐蚀。

上述特性明确地反映了金属的本质，因此，在工业产品材料中，常常把金属视为具有特殊光泽、优良导热和良好塑性的造型材料。

5.2 金属材料的工艺特性

金属材料是现代工业的支柱，在选用金属材料时，除了按产品功能要求考虑必要的机械性能外，还必须同时考虑其工艺性能。金属材料的工艺性能是指其经受各种工艺技术的难易程度，实质上是物理、化学、机械性能的综合。金属材料的工艺性能包括金属材料的成型加工工艺特性、热处理工艺特性以及表面处理工艺特性。因此了解金属材料的工艺特性是设计师快速并可靠地实现设计构思的一个重要途径。

5.2.1 金属材料的成型加工

图 5-2　金属液的浇铸

1. 铸造

铸造是一种历史悠久的金属液态成型工艺，是熔融态金属浇入铸型后，冷却凝固成为具有一定形状铸件的工艺方法（图 5-2）。今天，铸造已是第五大工业领域，年产数千万吨铸件。

现代工业生产中，铸造是生产金属零件毛坯的主要工艺方法之一，与其他工艺方法相比具有下列特点：

①铸造成型生产成本低。大多数铸造原材料价格便宜，来源较广泛，可以大量利用废料重熔、重铸，且铸造不需昂贵的设备。

②工艺灵活性大，适应性强，适合生产不同材料、形状和重量的铸件，并适合于批量生产。可铸出各种形状复杂、特别是内腔形状复杂的铸件。铸件形状与零件最终形状又较接近，可以节省大量金属材料与切削加工的工时。铸件的大小和所用的金属材料几乎不受限制。可以生产小到几克的纽扣，大到 300 吨的轧钢机架等铸件。

③铸件的力学性能，特别是抗冲击性能较低。一般地，铸造合金的内部组织晶粒较粗大，铸造生产的工艺复杂，影响铸件品质的因素多，铸件容易产生缺陷，公差较大、废品率高，故铸件的力学性能不如锻件和焊件，不宜作为承受较大冲击动载荷的零件。常用的铸造材料有铸铁、铸钢、铸铝、铸铜等，通常根据不同的使用目的、使用寿命和成本等方面来选用铸件材料。

铸造按铸型所用材料及浇注方式分为砂型铸造、熔模铸造、金属型铸造、压力铸造和离心铸造等。

(1) 砂型铸造

砂型铸造俗称翻砂，用砂粒制造铸型进行铸造的方法。图 5-3 为砂型铸造的基本工艺过程，主要工序有：制造铸模，制造砂铸型（即砂型），浇注金属液，落砂，清理等。

砂型铸造适应性强，几乎不受铸件形状、尺寸、重量及所用金属种类的限制，工艺设备简单，成本低，为铸造业广泛使用。但砂型铸造劳动条件差，铸件表面质量低，图 5-4 为砂型铸造产品。

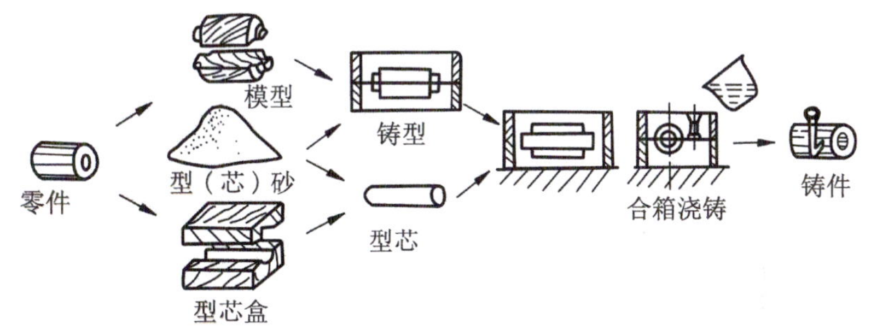

图 5-3　砂型铸造的基本工艺过程

(2) 熔模铸造

熔模铸造又称失蜡铸造，为精密铸造方法之一，是常用的铸造方法。熔模铸造的工艺过程如图 5-5 所示：

①制作母模：母模是铸件的基本模样，用于制造压型。可根据设计方案用适当的材料制作母模。

②制作压型：压型是制造蜡模的特殊铸型。压型常用钢或铝合金加工而成，小批量时可采用易熔合金、石膏或硅橡胶制作。

用硅橡胶制作压型时，将母模均匀地刷上一层硅橡胶，然后贴一层纱布，如此反复五六次，视铸件的大小决定。外层用石膏固定，待硅橡胶模固化后，取出母模，即翻制得硅橡胶模压型。

③制作蜡模：制造蜡模的材料有石蜡、蜂蜡、硬脂酸和松香等，常用 50% 石蜡和硬脂酸的混合料。将熔化好的蜡料倒入压型内，同时不断地翻转压型，使蜡料均匀形成蜡模，待蜡料冷却后便可从压型中取出，修毛刺后即得蜡模。批量生产时则将多个蜡模组装成蜡模组。

浇注流道，使用蜡棒黏结蜡模制作浇注流道，浇注流道要有浇注口和出口。

图 5-4　砂型铸造产品

④制作型壳：在蜡模上均匀地刷一层耐火涂料（如水玻璃溶液），洒一层耐火砂，使之硬化成壳。如此反复涂三四次，便形成具有一定厚度的由耐火材料构成的型壳（洒耐火砂先细后粗）。

⑤脱蜡：将制作好的型壳放入炉中烘烤，将蜡模熔化流出并回收，从而得到一个中空的型壳。

⑥焙烧和造型：将型壳进行高温焙烧，以增加型壳强度。为进一步提高型壳强度，防止浇注时型壳变形或破裂，可将型壳放在箱体中，周围用干砂填充。

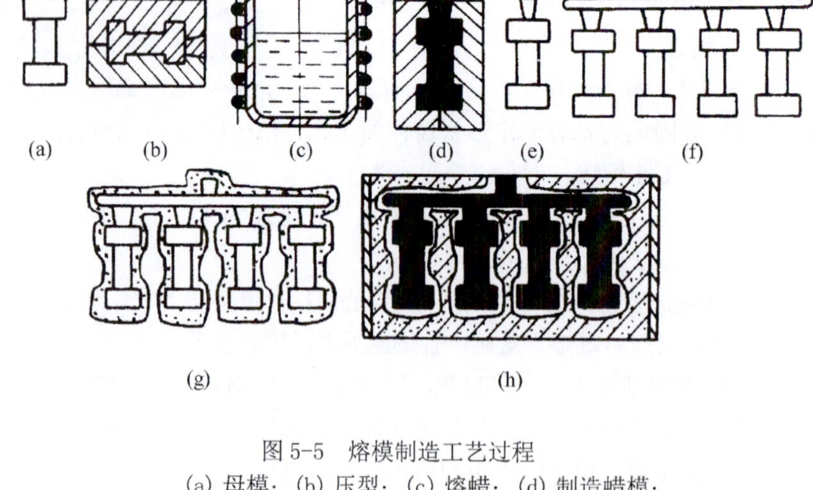

图 5-5 熔模制造工艺过程

(a) 母模；(b) 压型；(c) 熔蜡；(d) 制造蜡模；(e) 蜡模；(f) 蜡模组；(g) 制壳脱蜡；(h) 造型浇注

⑦浇注：将型壳保持一定温度，浇注金属溶液。

⑧脱壳：待金属液凝固后，去除型壳，切去浇口，清理毛刺，获得所需铸件。

熔模铸造尺寸精确，铸件表面光洁、无分型面，不必再加工或少加工。熔模铸造工序较多，生产周期较长，受型壳强度限制，铸件重量一般不超过 25 kg。适用于多种金属及合金的中小型、薄壁、复杂铸件的生产。图 5-6 为熔模铸造产品。

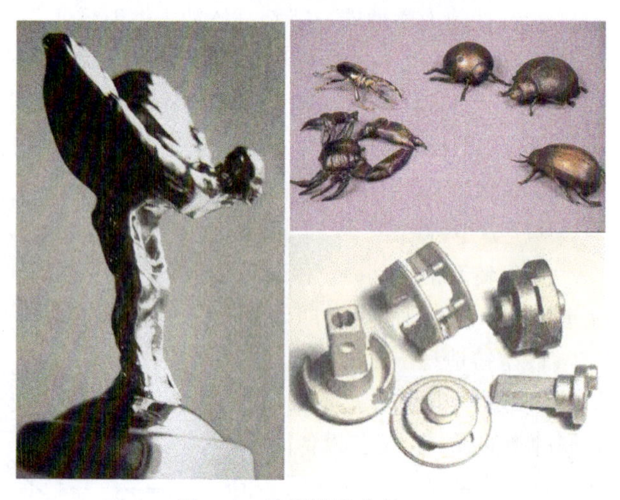

图 5-6 熔模铸造产品

(3) 金属型铸造

用金属材料制作铸型进行铸造的方法，又称永久型铸造或硬型铸造。铸型常用铸铁、铸钢等材料制成，可反复使用，直至损耗。金属型铸造所得铸件的表面光洁度和尺寸精度均优于砂型铸件，且铸件的组织结构致密，力学性能较高。适用于中小型有色金属（如铝、铜、镁及其合金等）铸件和铸铁铸件的生产。图 5-7 为金属型铸造产品。

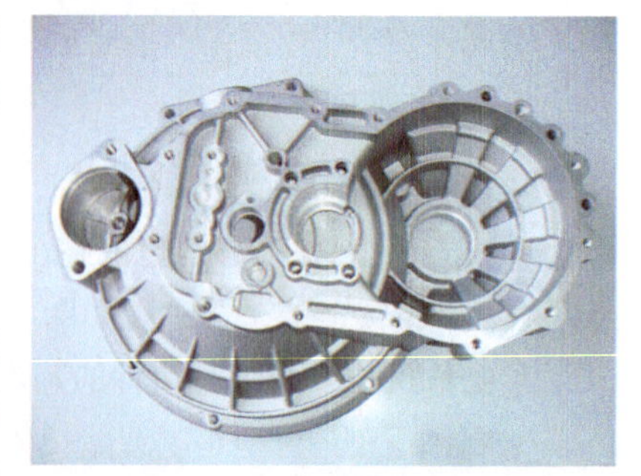

图 5-7 金属型铸造产品

三种铸型铸造方法的特征比较见表 5-2。

(4) 压力铸造

压力铸造简称压铸。在压铸机上，用压射活塞以较高的压力和速度将压室内的金属液压射到模腔中，并在压力作用下使金属液迅速凝固成铸件的铸造方法（图 5-8）。属于精密铸造方法。铸件尺寸精确，表面光洁，组织致密，生产效率高。适合生产小型、薄壁的复杂铸件，并能使铸件表面获得清晰的花纹、图案及文字等。主要用于锌、铝、镁、铜及其合金等铸件的生产。图 5-9 为压力铸造的铸件。

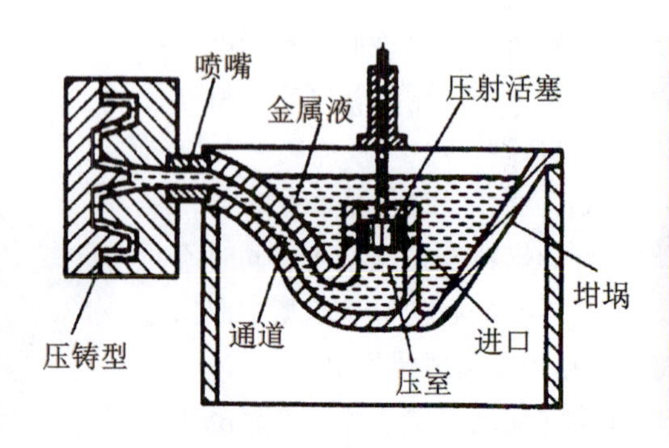

图 5-8 压力铸造方法

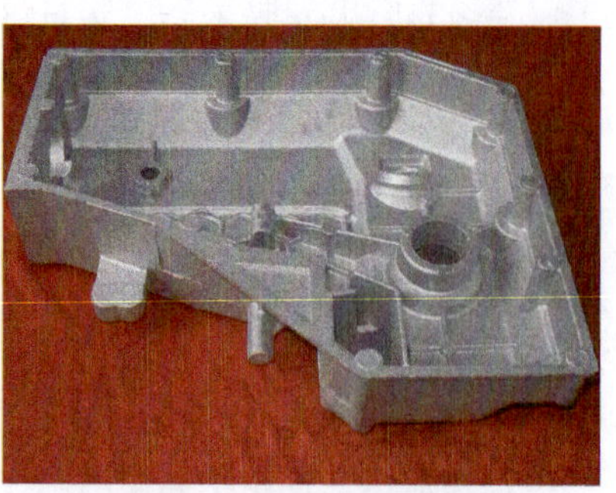

图 5-9 压力铸造的铸件

表 5-2　铸造方法的比较

比较项目	砂型铸造	熔模铸造	金属型铸造
使用的金属材料	各种铸造合金	以碳钢、合金为主	各种铸造合金，但以有色金属为主
使用铸件的大小	不受控制	一般小于 25 kg	中、小铸件、铸钢件可至数吨
使用铸件的最小壁厚	铝合金＞3；铸铁＞3～4；铸钢＞5	通常 0.7 孔 ϕ1.5～2	铝合金；铸铁＞3～4；铸钢＞5
铸件的表面粗糙度最大允许值	12.5～5.0	1.6～12.5	6.3～12.5
铸件尺寸公差	100±1.5	100±0.3	100±0.4
铸件的结晶组织	晶粒粗大	晶粒粗大	晶粒细
生产率（一般机械化程度）	低、中	中	中
小量生产时的适应性	最好	良	良
大量生产的适应性	良	良	良
模型或铸型制造成本	最低	较高	中等
铸件的切削加工量	最大	较小	较大
金属利用率	较差	较差	较好
切削加工费用	中等	较小	较小
设备费用	较高（机器造型）	较高	较低
应用举例	各类铸件	刀具、动力机械叶片、汽车、拖拉机零件、测量仪器、电信设备、计算机零件等	发动机零件、飞机、汽车、拖拉机零件、电器、农业机械零件、民用器皿

(5) 离心铸造

将液态金属浇入沿垂直轴或水平轴旋转的铸型中，在离心力作用下金属液附着于铸型内壁，经冷却凝固成为铸件的铸造方法（图 5-10）。离心铸造的铸件组织致密，力学性能好，可减少气孔、夹渣等缺陷。常用于制造各种金属的管形或空心圆筒形铸件，也可制造其他形状的铸件。图 5-11 为离心铸造的铸件。

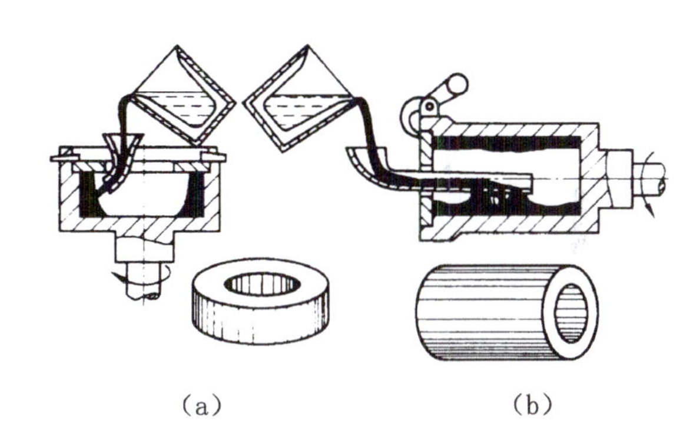

(a)　　(b)

图 5-10　离心铸造方法

(a) 立式离心铸造；(b) 卧式离心铸造

2. 金属塑性加工

金属塑性加工又称金属压力加工。压力技术的应用使金属突然之间可以像塑料一般任人揉捏而变成任何神奇的形状，迸发新的美感（图 5-12）。由于金属键没有方向性，金属表现出良好的塑性变形能力，即具有良好的延展性。

金属塑料加工是在外力作用下，金属坯料发生塑性变形，从而获得具有一定形状、尺寸和机械性能的毛坯或零件的加工方法。其特点是：①在成型的同时，能改善材料的组织结构和性能，用塑性成型工艺制造的金属零件，其晶粒组织较细，没有铸件那样的内部缺陷，其力学性能优于相同材料的铸件。所以，一些要求强度高、抗冲击、耐疲劳的重要零件，多采用塑性成型工艺来制造。②产品可直接制取或便于加工，无切削，金属损耗小。③适于专业化大规

图 5-11　离心铸造的铸件

模生产，但需专门的设备和工具，不宜于加工脆性材料或形状复杂的制品，特别是一些带复杂内腔的零件。

图 5-12　压力变形的金属管

金属塑性加工按加工方式分为锻造、轧制、挤压、拔制和冲压加工。随着生产技术的发展，综合性的金属塑性加工应用越来越广泛。

(1) 锻造

金属塑性加工方法之一。锻造是利用手锤、锻锤或压力设备上的模具对加热的金属坯料施力，使金属材料在不分离条件下产生塑性变形，以获得形状、尺寸和性能符合要求的零件。为了使金属材料在高塑性下成型，通常锻造是在热态下进行，因此锻造也称为热锻。锻造按成型是否用模具通常分为自由锻和模锻，按加工方法分为手工锻造和机械锻造。

自由锻是将金属坯料放在上、下砧铁之间，施以冲击压力和静压力，使其产生变形的加工方法，见图 5-13。

自由锻造适用于成型单件、小批量、形状简单的锻件。自由锻造的缺点是锻件精度不高，表面粗糙度高，而且生产率低，劳动强度大。

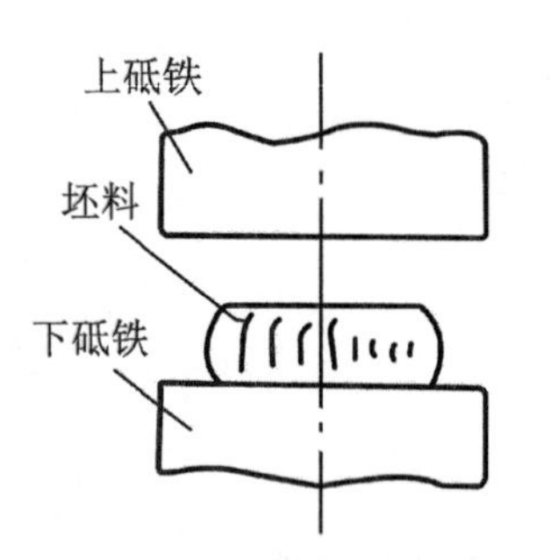

图 5-13　自由锻示意图

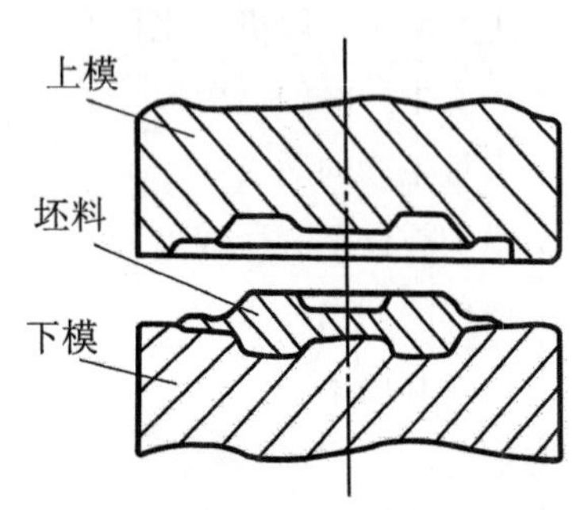

图 5-14　模锻示意图

模锻是将金属坯料放在具有一定形状的锻模模膛内，施以冲击压力或静压力而使金属坯料在锻模模膛内产生塑性变形而获得模锻件的加工方法，见图 5-14。

锻造过程中，坯料在模膛内受压力作用产生变形，能获得与模膛形状一致的锻件。通常一个锻件需经多次锻造而获得最终的锻件（图 5-15）。模锻的生产效率高，模锻件的强度高，耐疲劳，使用寿命也较长，尺寸较精确，表面光洁，可节约金属、减少材料和切削加工成本，适于批量生产，但其生产成本较高，模锻成型需采用专用的模锻设备，锻模要用昂贵的模具钢制造，模膛加工又困难，故模锻成型工艺的成本高。图 5-16 为模锻造产品。

在现代金属装饰工艺中，常用的锻造方法是手工锻造。手工锻造是一种古老的金属加工工艺，是以手工锻打的方式，在金属板上锻锤出各种凹凸不平的浮雕效果。图 5-17 为锻铜浮雕。

手工锻造工艺的主要工具有：铁锤、木锤、各种型号和形状的錾子、铁垫板、沙袋、固定胶、汽油喷灯等。

手工锻造有两种形式：一种是手工自由锻，一般用于小型金属工艺品的制作；另一种是手工模锻，一般用于大中型金属工艺品的制作。

手工自由锻是指在金属板上自由锻造成型，具体过程是（以紫铜浮雕为例）：

①首先将铜皮用汽油喷灯进行加温，烧至红色，这一过程称为“退火”，目的是使铜的分子结构重组，使之变软。

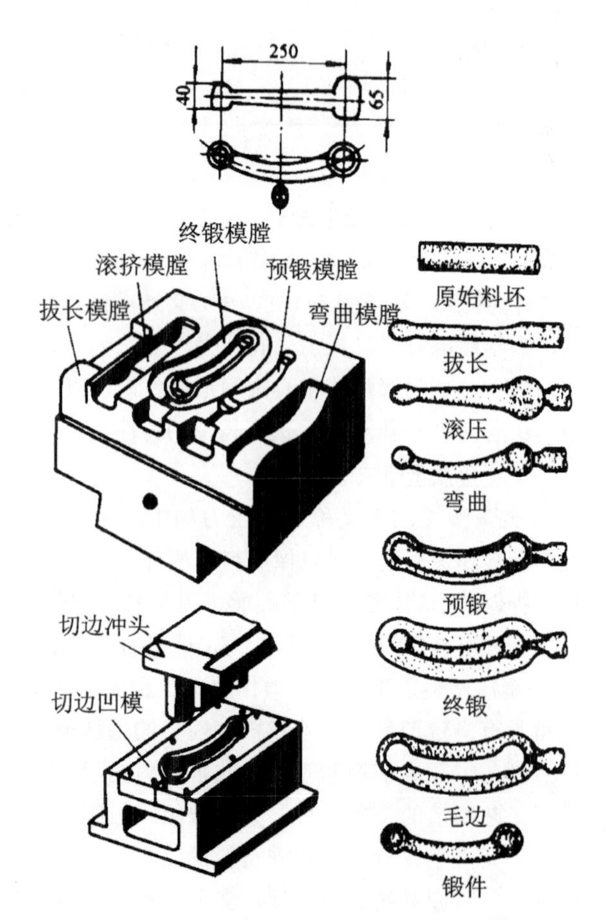

图 5-15　锻件

②将设计好的图案画在铜皮上，用錾子将轮廓錾出。

③根据预先的设计将铜皮放在沙袋上，用锤子和錾子锻出大的凹凸起伏。

④将铜皮用胶固定在一张平板上，用各种型号和形状的錾子錾出一些精细的造型，其间需要多次退火。

⑤将制作好的作品放在铁垫板上，找平，然后整理好边缘。

⑥将作品需要抛光的地方进行抛光，然后进行电镀、化学着色、防腐等后处理。

图 5-16 模锻造产品

手工模锻是指先做好母模再进行锻造成型，具体过程是（以紫铜浮雕为例）：

①首先按设计构思，制作好浮雕泥胚。

②将泥胚翻制成玻璃钢。

③将铜皮用汽油喷灯过火，烧至红色，进行退火。

④将浮雕按区域分成几个大块面。

⑤将锻好的块面焊接在一起，找平，然后抛光。

⑥将作品进行或电镀、或化学着色、或防腐等后处理。

图 5-17 锻铜浮雕

(2) 轧制

轧制是金属塑性加工工艺之一。它是利用两个旋转轧辊的压力使金属坯料通过一个特定空间产生塑性变形，以获得所要求的截面形状并同时改变其组织性能，图 5-18 所示的是轧制工艺示意图。通过轧制可将钢坯加工成不同截面形状的原材料，如圆钢、方钢、角钢、T 字钢、工字钢、槽钢、Z 字钢、钢轨等（图 5-19）。按轧制方式分为横轧、纵轧和斜轧；按轧制温度分为热轧和冷轧。热轧是将材料加热到再结晶温度以上进行轧制，热轧变形抗力小，变形量大，生产效率高，适合轧制较大断面尺寸、塑性较差或变形量较大的材料。冷轧则是在室温下对材料进行轧制。与热轧相比，冷轧产品尺寸精确，表面光洁，机械强度高。冷轧变形抗力大，变形量小，适于轧制塑性好、尺寸小的线材、薄板材等。图 5-20 所示为轧制钢板。

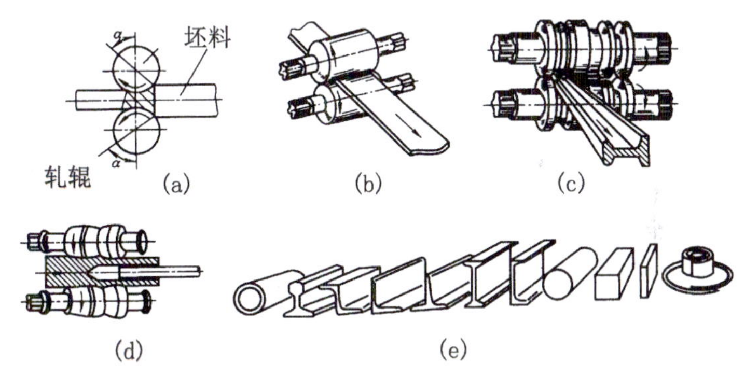

图 5-18 轧制工艺示意图

(a) 轧制原理；(b) 钢板轧制；(c) 型材轧制；(d) 无缝钢管穿孔轧制；(e) 轧制的钢材

(3) 挤压

挤压是一种生产率高的加工新工艺，将金属放入挤压筒内，用强大的压力使坯料从模孔中挤出，从而获得符合模孔截面的坯料或零件的加工方法。常用的挤压方法有：正挤压、反挤压、复合挤压、径向挤压，图 5-21 所示为挤压成型示意图。

挤压件尺寸精确，表面光洁，常具有薄壁、深孔、异形截面等复杂形状，一般不需切削加工，节约了大量金属材料和加工工时。此外，由于挤压过程的加工硬化作用，零件的强度、硬度、耐疲劳性能都有显著提高，有利于改

图 5-19 截面形状

图 5-20 轧制钢板

善金属的塑性。

适合于挤压加工的材料主要有低碳钢、有色金属及其合金。通过挤压可以得到多种截面形状的型材或零件，图 5-22 为挤压产品。

(4) 拔制

拔制是金属塑性加工方法之一。它是利用拉力使大截面的金属坯料强行穿过一定形状的模孔，以获得所需断面形状和尺寸的小截面毛坯或制品的工艺过程，图 5-23 所示为拔制工艺示意图。拉拔生产主要用来制造各种细线材、薄壁管及各种特殊几何形状的型材。拔制产品尺寸精确，表面光洁并具有一定机械性能。低碳钢及多数有色金属及合金都可拔制成型，多用来生产管材、棒材、线材和异型材等。低碳钢及多数有色金属及合金都可拔制成型。图 5-24 为各种截面的拔制型材。

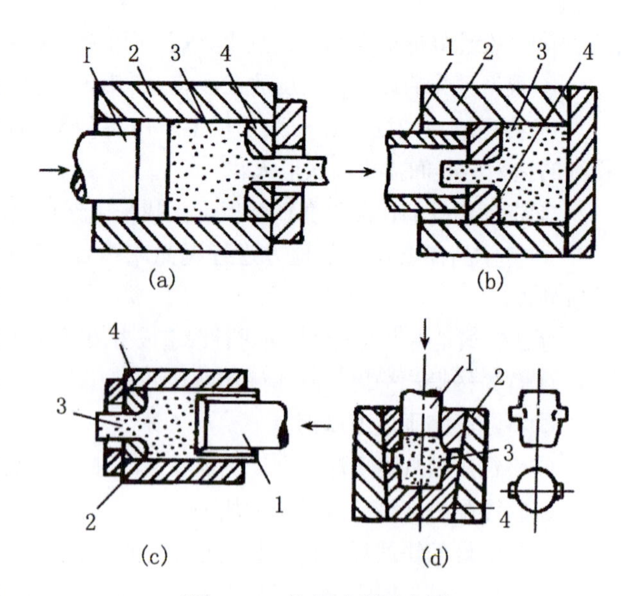

图 5-21　挤压成型示意图

1- 凸模；2- 挤压筒；3- 坯料；4- 挤压模

(a) 正挤压；(b) 反挤压；(c) 复合挤压；(d) 径向挤压

(5) 冲压

冲压是金属塑性加工方法之一，又称板料冲压。它是在压力作用下利用模具使金属板料分离或产生塑性变形，以获得所需工件的工艺方法，图 5-25 所示为冲压工艺示意图。按冲压加工温度分为热冲压和冷冲压，前者适合变形抗力高、塑性较差的板料加工；后者则在室温下进行，是薄板常用的冲压方法。冷冲压可以制出形状复杂、质量较小而刚度好的薄壁件，其表面品质好，尺寸精度满足一般互换性要求，而不必再经切削加工。由于冷变形后产生加工硬化的结果，冲压件的强度和刚度有所提高。但薄壁冲压件的刚度略低，对一些形状、位置精度要求较高的零件，冲压件的应用就受到限制。

图 5-22　挤压产品

按冲压的加工功能可分为冲裁加工和成型加工。冲裁加工（图 5-26）又称分离加工，包括冲孔、落料、修边、剪裁等，图 5-27 为冲裁加工产品；成型加工（图 5-28）是使材料发生塑性变形，包括弯曲、拉深、卷边等，如果两类工序在同一模具中完成，则称为复合加工，图 5-29 为复合加工的产品。图 5-30 为拉深成型加工产品。

冲压加工生产效率高，成品合格率与材料利用率均高，产品尺寸均匀一致，表面光洁，可实现机械化、自动化，适合大批量生产，成本低，广泛应用于航空、汽车、仪器仪表、电器等工业部门和生活日用品的生产。

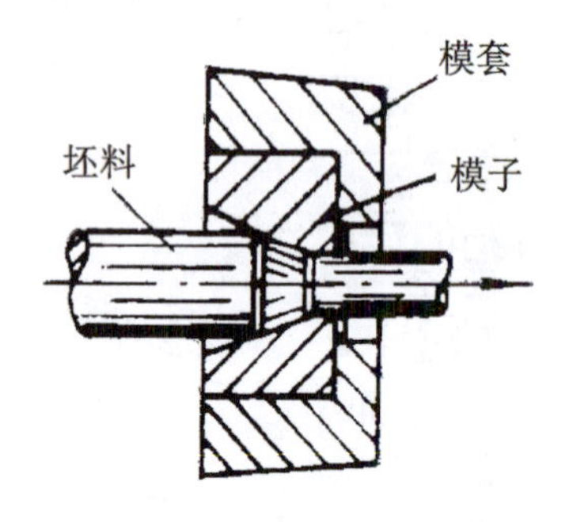

图 5-23　拔制工艺示意图

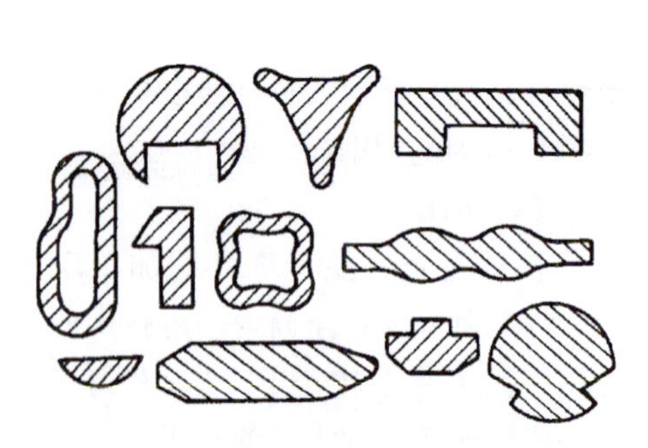
图 5-24　各种截面的拔制型材

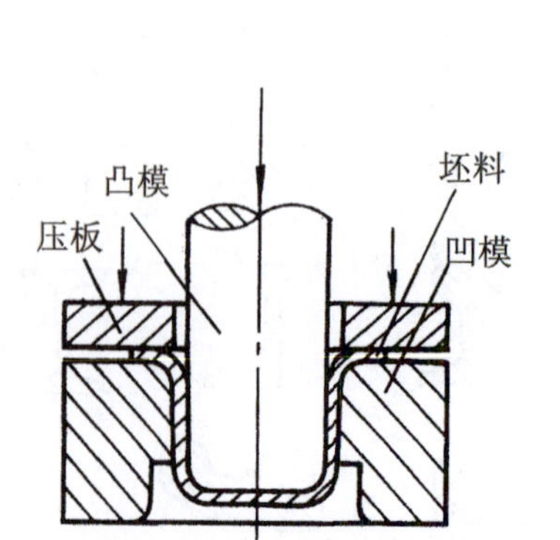

图 5-25　冲压成型示意图

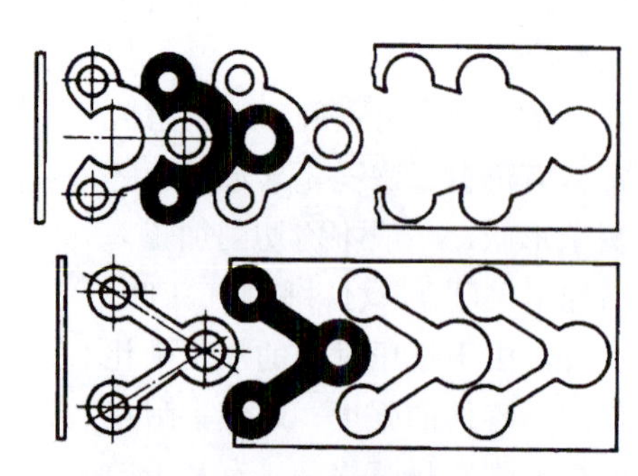
图 5-26　冲裁加工

图 5-27　冲裁加工产品

图 5-28　成型加工产品

图 5-29　复合加工产品

3．切削加工

切削加工又称为冷加工。利用切削刀具在切削机床上（或用手工）将金属工件的多余加工量切去，以达到规定的形状、尺寸和表面质量的工艺过程。按加工方式分为车削、铣削、刨削、磨削、钻削、镗削及钳工等，是最常见的金属加工方法。

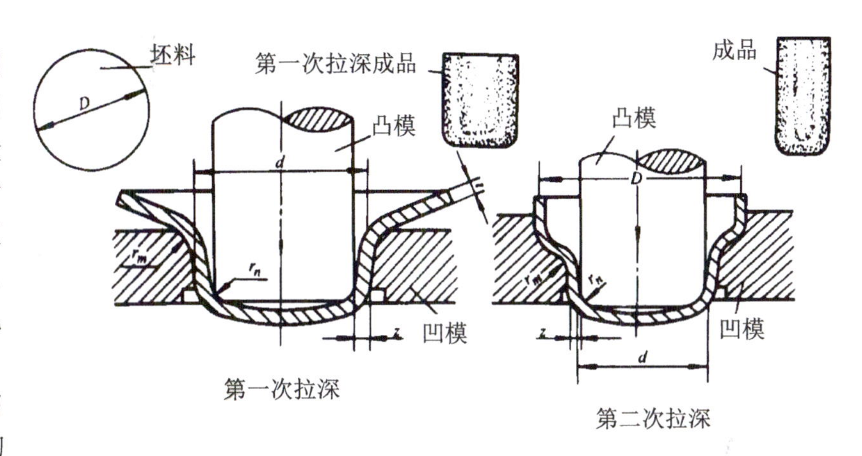

图 5-30　拉深成型加工

金属材料是否易于被刀具切削的性能，称为切削加工性。切削加工性能好的金属对使用的刀具磨损量小，切削用量大，加工表面也比较光洁。金属材料的切削加工性与金属材料的硬度、韧性、导热性等许多因素有关。硬度高的材料固然难以切削，但韧性高的材料切削加工性亦不好。铸铁、黄铜、铝合金等切削加工性良好，而纯铜、不锈钢的切削加工性则较差。

通过切削加工，能得到不同的肌理产生的特有质感效果。如车削棒料外圆形成光亮表面熠熠生辉；经端面铣削过的平面产生一定轨迹的螺旋形光环；用刨床刨削平面形成规整的条状肌理；铲刮平面可产生斜纹花、鱼鳞花、半月花等斑驳闪光。

图 5-31 和图 5-32 为铣削工序和车削工序示意图。

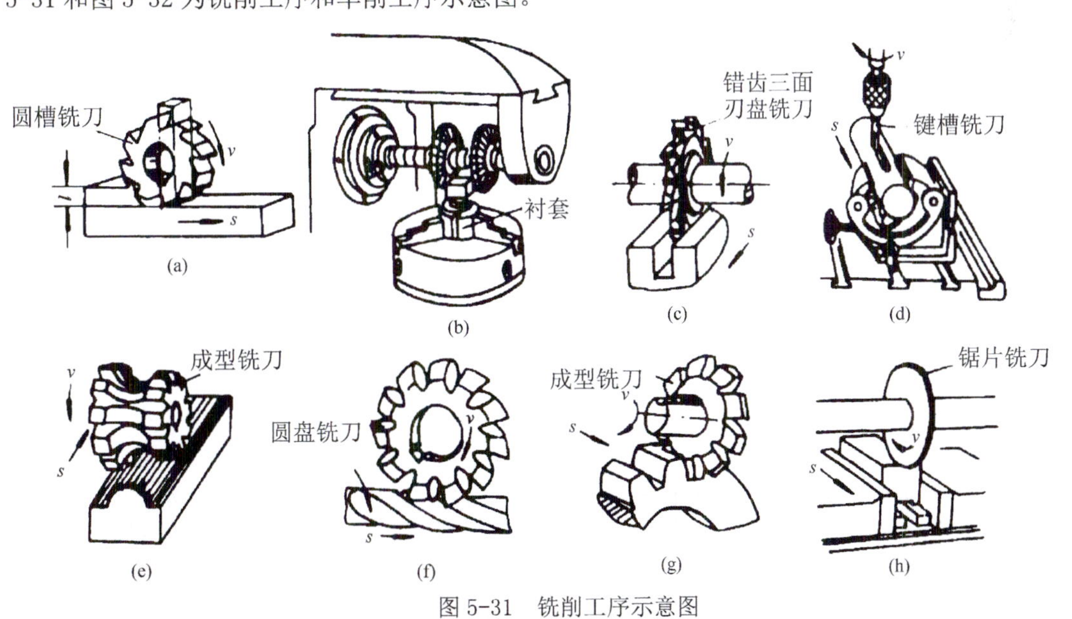

图 5-31　铣削工序示意图
(a) 铣平面；(b) 铣方头；(c) 铣直槽；(d) 铣键槽；
(e) 铣成型面；(f) 铣螺旋槽；(g) 铣齿轮；(h) 切断

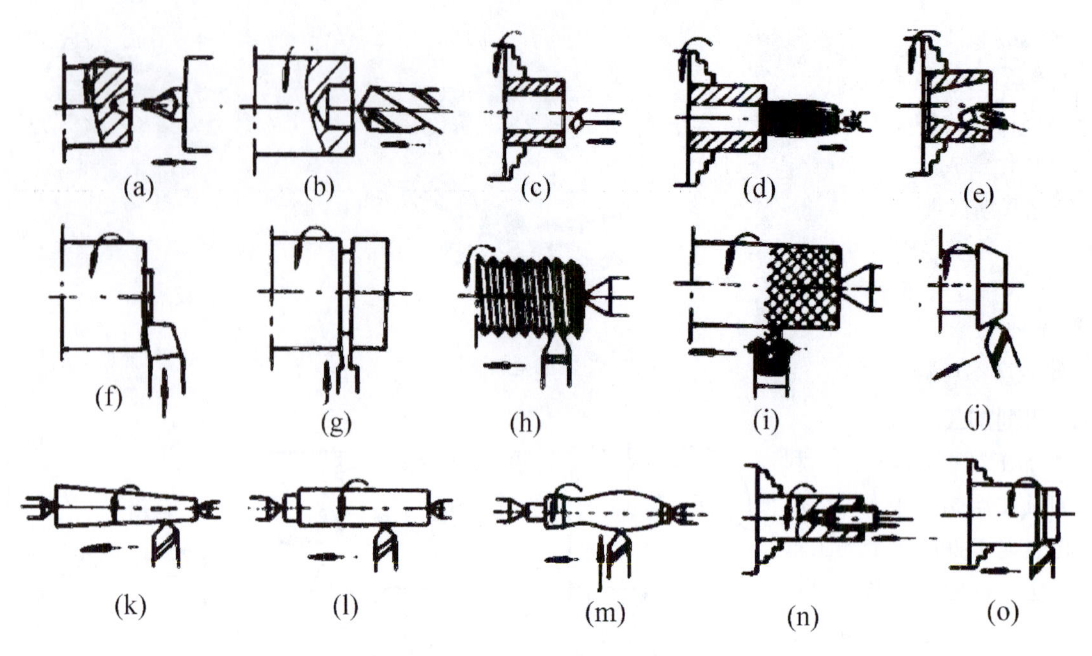

图 5-32 车削工序示意图

(a) 钻中心孔；(b) 钻孔；(c) 镗孔；(d) 铰孔；(e) 镗内锥孔；(f) 车端面；(g) 车槽；(h) 车螺纹；(i) 滚花；(j) 车短锥面；(k) 车长锥面；(l) 车圆柱面；(m) 车特型面；(n) 攻内螺纹；(o) 车外圆

4．焊接加工

焊接加工是充分利用金属材料在高温作用下易熔化的特性，使金属与金属发生相互连接的一种工艺，是金属加工的一种辅助手段，焊接是用来形成永久连接的工艺方法（图 5-33）。

图 5-33 焊接

焊接加工具有非常灵活的特点；它能以小拼大，焊件不仅强度与刚度好，且质量小；还可进行异种材料的焊接，材料利用率高；工序简单、工艺准备和生产周期短；一般不需重型与专用设备；产品的改型较方便。

常用的焊接方法有熔焊、压焊和钎焊，如图 5-34 所示。

金属焊接按其过程特点可分为三大类：熔焊、压焊和钎焊。

熔焊是指焊接过程中，将焊接接头加热至熔化状态，使它们在液态下相互熔合，从而冷却凝固在一起的焊接方法。

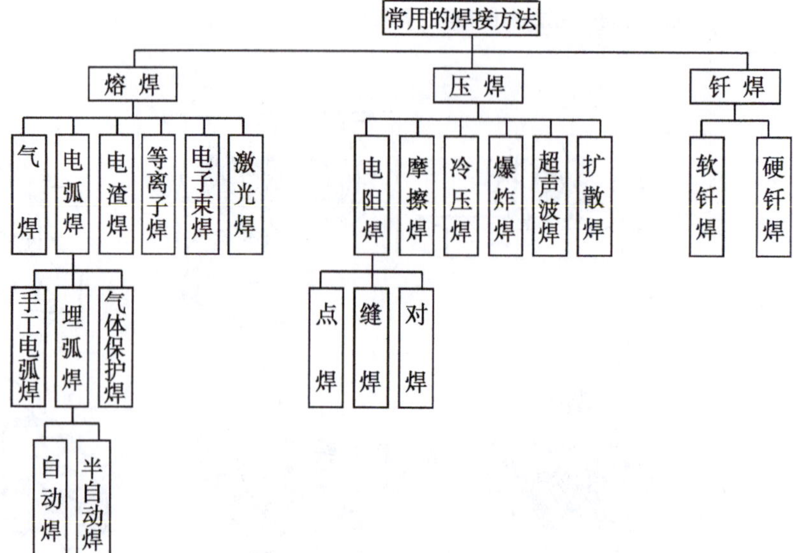

图 5-34 常用的焊接方法

压力焊是将焊件组合后，用一定的方式施加压力，并使焊接接头加热至熔化或热塑性状态，结合面处产生塑性变形（有的伴随有熔化结晶过程），而使金属连接成整体的方法。

钎焊是在被焊金属结合面的空隙之中放置熔点低于被焊金属的钎料，钎料与被焊件有良好的润湿性，焊接时加热熔融钎料（加热温度低于焊件熔点，高于钎料熔点），利用液态钎料润湿母材，填充焊接接头间隙并与母材相互扩散，凝固而将两部分金属连接成整体的焊接的方法。

金属的焊接性能是指金属能否适应焊接加工而形成完整的、具有一定使用性能的焊接接头（图 5-35）的特性。

图 5-35 焊接接头

金属焊接性的好坏取决于金属材料本身的化学成分和焊接方法：

①材料化学成分是影响材料焊接性的最基本因素。材料化学成分含量不同，其焊接性也不同。如碳钢的含碳量越高，焊接接头的淬硬倾向越大，就易于产生裂纹，表明碳钢的焊接性随着含碳量的增加而变差。通常，低碳钢有良好的焊接性，高碳钢、高合金钢、铸铁和铝合金的焊接性较差，中碳钢则介于两者之间。

②同一种金属材料，采用不同的焊接工艺方法，焊接性也不同。比如铝或铝合金的焊接，采用气焊工艺，焊接质量总是不理想，在氩弧焊问世以后，铝及铝合金的焊接便可较容易地获得优质接头。而等离子焊、电子束焊、激光焊等新工艺的出现，才使钨、钼、钽、铌、锆等难熔金属材料及其合金的焊接成为可能。

5. 粉末冶金

粉末冶金是以金属粉末或金属化合物粉末为原料，经混合、成型和烧结，获得所需形状和性能的材料或制品的工艺方法（图 5-36），其主要工序为：

①粉末原料的制取和准备；

②将粉末加工成所需形状的坯料；

③将坯料在低于主要组元熔点下的温度进行烧结，使之获得最终的性能。

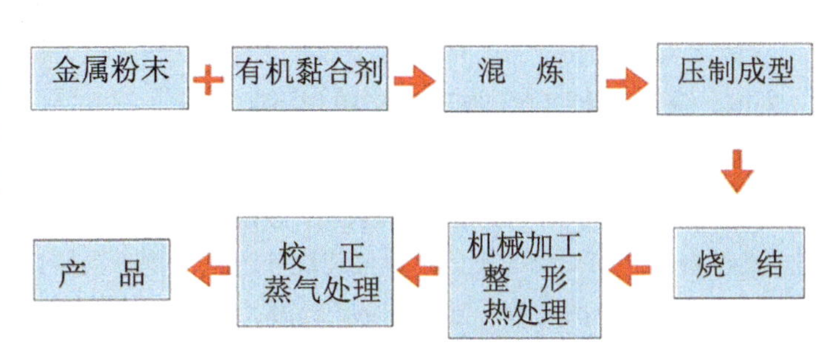

图 5-36 粉末冶金工艺方法

常用的金属粉末有铁、铜、镍、钴、钨、钼、铬和钛等粉末；合金粉末有镍青铜、铝合金、钛合金、高温合金、低合金钢和不锈钢等。

粉末冶金法能生产用传统的熔炼或加工方法所不能或难以制得的制品，特别适合生产特殊性能或高性能的特殊材料，如高熔点金属、高纯度金属、硬质合金、不互熔金属、多孔性金属等，是一种“节能、省材和高效生产”的新技术，是现代冶金工业的重要生产方法，图 5-37 为粉末冶金产品。

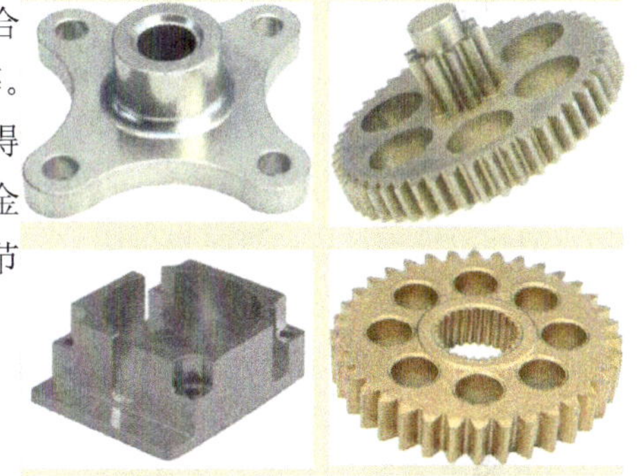

图 5-37 粉末冶金产品

5.2.2 金属材料的热处理

金属材料可通过一定的加热与冷却方法，改变金属内部或表面的组织结构，改善和提高材料的性能，以获得预期的性能，也可通过化学热处理、表面强化以及其他表面处理方法（如表面激光处理、气相沉积等）明显改变金属表层的性能。所采取的这些处理方法称为金属材料的热处理工艺方法。

根据热处理时加热冷却规范的基本特点及其对组织性能的影响，金属热处理可分为普通热处理、表面热处理和特殊热处理。

1. 普通热处理

普通热处理包括退火、正火、淬火和回火处理，如图 5-38 所示。

①退火是将金属加热到临界温度（A_{c3} 或 A_{c1}）以上，保温一段时间后，以较慢的速度冷却，使其组织结构接近均衡状态，从而消除或减少内应力，均化组织和成分，有利于加工作业。

②正火是将金属加热保温后，在室温空气中进行冷却，是一种特殊的退火处理。

③淬火是将金属加热至临界温度以上，保温后快速冷却至室温，

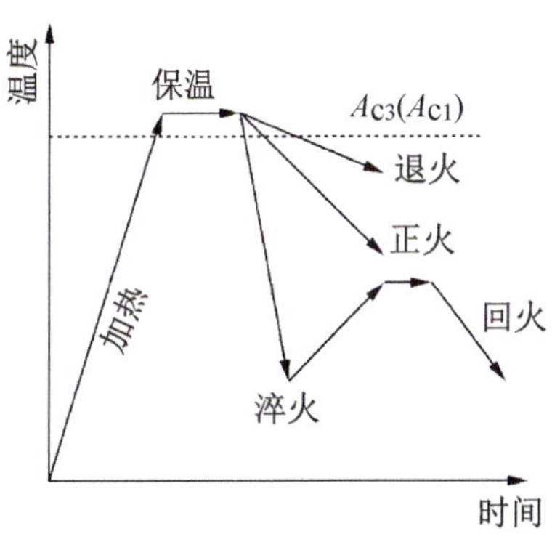

图 5-38 普通热处理过程示意图

以达到强化金属组织，提高金属的强度、硬度等机械性能。

④回火是将淬火后的金属重新加热，再进行保温冷却。其目的是为了消除淬火应力，以达到所要求的组织和性能。

2. 表面热处理

表面热处理包括表面淬火和化学热处理：

①表面淬火是通过快速加热金属表面层至所要求的温度，然后进行淬火，以提高金属表面的硬度和耐磨性；

②化学热处理是将金属工件置于一定活性介质中加热保温，使介质元素渗入工件表面，改变其表面的化学成分和组织结构，使表面达到预期要求的性能。常用的化学热处理包括渗碳、渗氮和氮碳共渗（又称氰化）。

3. 特殊热处理

特殊热处理是利用一些特殊工艺方法进行热处理，通常有形变热处理、磁场热处理等。

5.2.3 金属材料的表面处理技术

金属材料或制品的表面受到大气、水分、日光、盐雾霉菌和其他腐蚀性介质等的浸蚀作用，使金属材质产品锈蚀（图 5-39），从而引起金属材料或制品失光、变色、粉化或裂开，从而遭到损坏。金属材料表面处理及装饰的功效一方面是保护作用，另一方面是装饰作用。

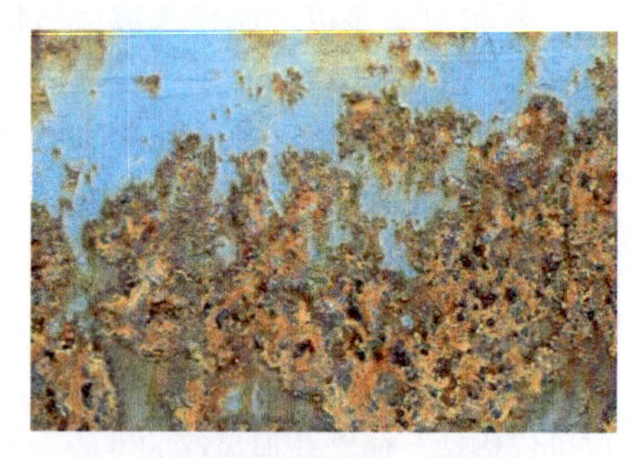
图 5-39　金属表面锈蚀

1. 金属材料的表面前处理

在对金属材料或制品进行表面处理之前，应有前处理或预处理工序，以使金属材料或制品的表面达到可以进行表面处理的状态。金属制品表面的前处理工艺和方法很多，其中主要包括有金属表面的机械处理、化学处理和电化学处理等。

机械处理是通过切削、研磨、喷砂等加工清理制品表面的锈蚀及氧化皮等，将表面加工成平滑或具有凹凸模样；化学处理的作用主要是清理制品表面的油污、锈蚀及氧化皮等；电化学处理则主要用以强化化学除油和浸蚀的过程，有时也可用于弱浸蚀时活化金属制品的表面状态。

2. 金属材料的表面装饰技术

金属材料表面装饰技术是保护和美化产品外观的手段，主要分为表面着色工艺和肌理工艺。

(1) 金属表面着色工艺

金属表面着色工艺是采用化学、电解、物理、机械、热处理等方法，使金属表面形成各种色泽的膜层、镀层或涂层。

①化学着色：将经过氧化处理的金属材料浸入有机或无机染料溶液中，染料渗入金属表面氧化膜的空隙中，发生化学或物理作用从而着色。

②电解着色：在特定的溶液中，通过电解处理方法，使金属表面发生反应而生成带色膜层。电解过程中金属阳离子渗入金属材料表面的氧化膜空隙中，并沉积在孔底，从而使氧化膜产生青铜色系、棕色系、灰色系以及红、青、蓝等色系。

③阳极氧化着色：在特定的溶液中，以化学或电解的方法对金属进行处理，生成能吸附染料的膜层，在染料作用下着色，或使金属与染料微粒共析形成复合带色镀层（图 5-40）。染色的特征是使用各种天然或合成染料来着色，金属表面呈现染料的色彩。染色的色彩艳丽，色域宽广，但目前应用范围较窄，只限于铝、锌、镉、镍等几种金属。

图 5-40　采用阳极氧化着色处理的产品

④镀覆着色：采用电镀、化学镀、真空蒸发沉积度和气相镀等方法，在金属表面沉积金属、金属氧化物或合金等，形成具有金属特性的均匀膜层。这是一种较典型的表面被覆处理工艺，能够保护和美化制品。图 5-41 为吉而诺水龙头，由设计师马西莫·伊奥萨·吉尼设计

的吉而诺水龙头，高雅的设计造型，表面装饰性的镀铬层，使得水龙头具有精致细腻如镜面一般的抛光效果。将造型和材料表面效果完美地结合在一起，水流出来的时候，水龙头表面能倒映出水的姿态。

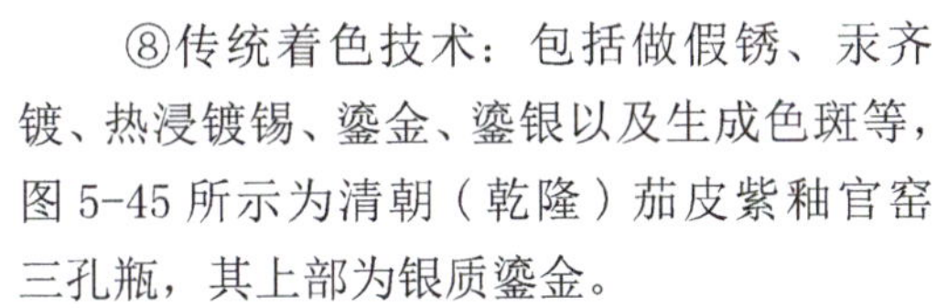

图 5-41　吉而诺水龙头

图 5-42 所示的是由意大利设计师富兰西斯科·菲利匹（Francesco Filippi）设计的剪子，是将猫和鱼的形象组合并由两片不锈钢绞合而成的剪刀。不锈钢表面镀钛，坚固耐用。

⑤涂覆着色：采用浸涂、刷涂、喷涂等方法，在金属表面涂覆有机涂层（图 5-43）。

⑥珐琅着色：将经过粉碎、研磨的珐琅釉料涂覆在金属制品表面，经干燥、高温烧制等制作过程后形成膜层，从而显示出某种固有的色泽（图 5-44）。

⑦热处理着色：将金属制件置于氧化气氛中进行加热处理，使其表面形成带色氧化膜。由于氧化膜具有色干扰特点，故随着加热时间的不同，氧化膜厚度不同，表面会呈现不同的颜色。

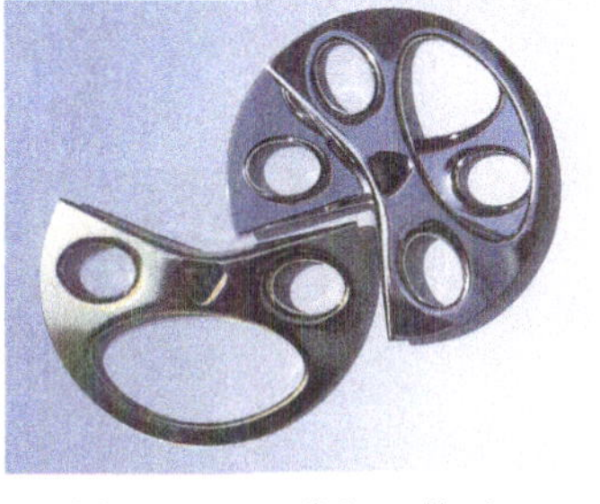

图 5-42　“猫鱼”剪子

图 5-43　涂覆着色处理

⑧传统着色技术：包括做假锈、汞齐镀、热浸镀锡、鎏金、鎏银以及生成色斑等，图 5-45 所示为清朝（乾隆）茄皮紫釉官窑三孔瓶，其上部为银质鎏金。

(2) 金属表面肌理工艺

金属表面肌理工艺是通过锻打、刻划、打磨、腐蚀等工艺在金属表面制作出肌理效果。

①表面锻打：使用不同形状的锤头在金属表面进行锻打，从而形成不同形状的点状肌理，层层叠叠，十分具有装饰性（图 5-46）。

图 5-44　珐琅着色

图 5-45　官窑三孔瓶

②表面抛光：利用柔性抛光工具和磨料颗粒或其他抛光介质对工件表面进行的修饰加工。抛光不能提高工件的尺寸精度或几何形状精度，而是可以得到光滑表面或镜面光泽的表面。

图 5-46　表面锻打处理

图 5-47　抛光雕刻

图 5-47 为位于芝加哥千禧公园，由 Anish Kapoor 设计的名为“云门”(Cloud Gate) 的巨大抛光雕塑，这款雕塑采用抛光不锈钢外表制成，因此无须任何的花纹修饰即可将周围的景色映入其中，不同时间、不同角度所看到的外观效果都不相同。通过这种独特的设计使得一个原本“单调”的外表拥有了非常丰富的内容，与周边的环境交相辉映，生动又协调，映射出一个诗意的城市。

图 5-48 为罗·阿拉德 (Ron Arad) 设计的桌台，采用镜面抛光工艺，使得普通的餐桌变得生动活泼。

③表面研磨拉丝：利用研磨材料通过研具与工件在一定压力下的相对运动对加工表面进行的精整加工，从而获得所需的表面肌理，图 5-49 所示为表面研磨拉丝的名片夹。

④表面镶嵌：在金属表面刻画出阴纹，嵌入金银丝或金银片等质地较软的金属材料，然后打磨平整，呈现纤巧华美的装饰效果，图 5-50 所示为清朝的铜嵌银丝高足鬲式炉。

⑤表面蚀刻：使用化学酸进行腐蚀而得到的一种斑驳、沧桑的装饰效果。具体方法如下：首先金属表面涂上一层沥青，接着将设计好的纹饰在沥青的表面刻画，将需腐蚀部分的金属露出。下面就可以进行腐蚀了，腐蚀可以视作品的大小，选择浸入化学酸溶液内腐蚀或喷刷溶液腐蚀。通常小型作品选择浸入式腐蚀。化学酸具有极强的腐蚀性，在进行腐蚀操作时一定要注意安全保护。

图 5-48 抛光桌台

图 5-49 表面研磨拉丝的名片夹

图 5-51 所示的餐具产品采用了表面蚀刻的工艺，使得餐具的表面具有斑驳、沧桑的肌理效果。丰富了设计的细节，使得勺子在满足人们使用的同时，也满足了大家的日益挑剔的视觉要求。

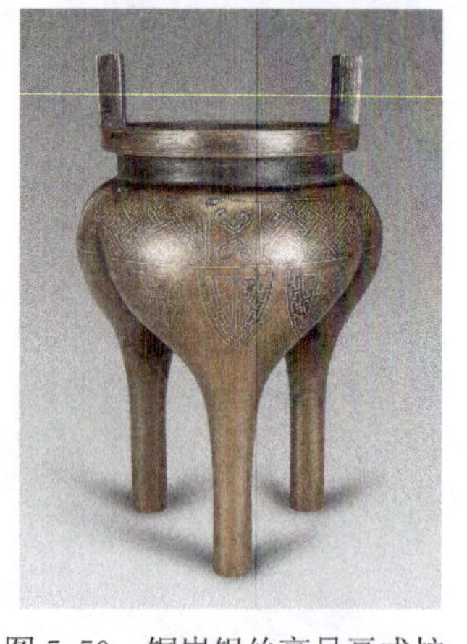

图 5-50 铜嵌银丝高足鬲式炉

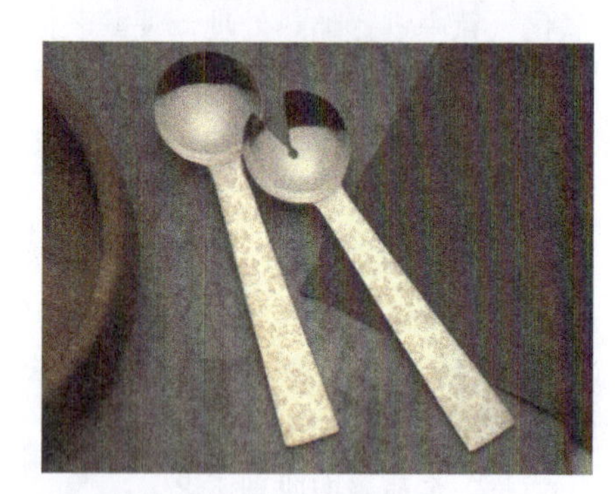

图 5-51 采用蚀刻处理的餐具

5.3 常用的金属材料

5.3.1 钢铁材料

工业上应用最广泛的金属材料是钢铁材料，其产量大约占金属材料总产量的 90% 以上。钢铁材料之间主要的区别是含碳量不同，根据含碳量多少，钢铁材料可分为三大类：

工业纯铁——含碳量不超过 0.02% 的铁碳合金，工业纯铁虽然塑性很好，但强度低，很少用它作结构材料和外观材料。

钢——含碳量为 0.02% ～ 2.11% 的铁碳合金，另含有少量磷、硫等杂质元素。

铸铁——含碳量为 2.11% ～ 4.0% 的铁碳合金。

1. 钢的分类

钢的种类繁多，可按多种方法进行分类：

按化学组成可分为碳素钢和合金钢。

按质量（含磷、硫杂质量）可分为普通钢、优质钢和高级优质钢。

按用途可分为结构钢、工具钢和特殊性能钢（如不锈钢、耐热钢、耐磨钢等）。

(1) 碳素钢

碳素钢又称碳钢，含碳量低于 2.11% 的铁碳合金。除铁、碳及限量以内的硅、锰、磷、硫、氧等杂质外，不含其他合金元素。碳作为钢中的主要元素，其含量对钢的组织结构和性能有决定性影响。通常含碳量增加，钢的强度、硬度增大，塑性、韧性和可焊性降低。

碳素钢按含碳量可分为：

低碳钢（含碳量 0.25% 以下）——低碳钢具有低强度、高塑性、高韧性及良好的加工性和焊接性，适合制造形状复杂和需焊接的零件和构件。

中碳钢（含碳量 0.25% ～ 0.6%）——中碳钢具有一定的强度、塑性和适中的韧性，经热处理而具有良好的综合力学性能，多用于制造要求强韧性的齿轮、轴承等机械零件。

高碳钢（含碳量 0.6% 以上）——高碳钢具有较高的强度和硬度，耐磨性好，塑性和韧性较低，主要用于制造工具、刃具、弹簧及耐磨零件等。

碳素钢是一种用量大、用途广的金属材料，多制成不同规格的板材、管材、型材、线材及铸件，广泛用于建筑、桥梁、车辆、化工等各领域。

(2) 合金钢

以碳素钢为基础适量加入一种或几种合金元素的钢，具有较高的综合机械性能和某些特殊的物理、化学性能。合金元素可改善钢的使用性能和工艺性能，常用的有硅、锰、铬、镍、钼、钨、钛、硼等。如铬可使钢的耐磨性、硬度和高温强度增加；镍可使钢材的热性、低温抗冲击性、耐蚀性增加、主要用作强韧钢、耐酸钢等；锰可增加高温的抗拉强度和硬度，与铬的合金钢可作强韧钢，与硅的合金钢可作弹簧钢，与硫的合金钢可作易切削钢；硅可使钢的耐热性、耐蚀性增加、增加低合金钢的强度、改善电磁性能，可用作强韧钢、弹簧钢以及电气用的硅钢板。

合金钢按合金元素的总含量可分为低合金钢（总含量 5% 以下）、中合金钢（总含量 5% ～ 10%）和高合金钢（总含量 10% 以上）；合金钢按合金元素种类分为铬钢、镍钢、锰钢、硅钢、铬镍钢、锰硅钢等；合金钢按用途分为合金结构钢、合金工具钢和特种合金钢（如不锈钢、耐热钢、耐磨钢等）。

2. 常用钢材的品种及用途

钢材是由钢坯或钢锭加工而成的产品。通常分为型钢、钢板、钢管、钢丝四大类。可采用轧制、挤压、拉拔、焊接、冷弯等工艺加工，广泛用于各工业部门。

(1) 型钢

具有一定几何形状截面，且长度和截面周长之比相当大的直条钢材。按生成方法可分为热轧型钢、弯曲型钢、挤压型钢、拔制型钢和焊接型钢等；按截面形状可分为圆钢、方钢、扁钢、六角钢、角钢、工字钢、槽钢和异形钢等。型钢的规格常以反映截面形状的主要轮廓尺寸来表示（图 5-52）。

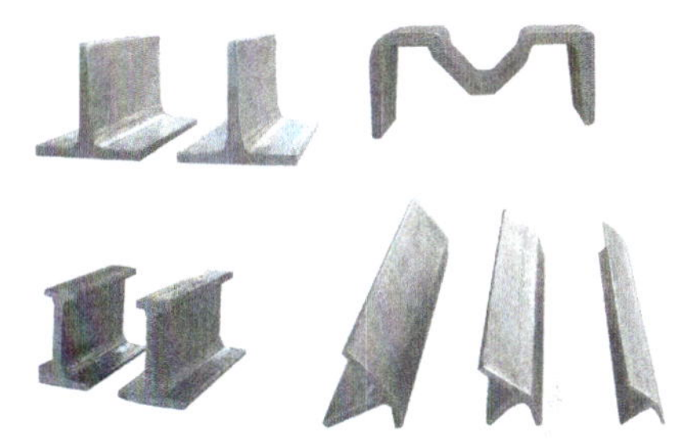

图 5-52　各种截面形状的截面形状型钢

(2) 钢板

钢板是用钢坯或钢锭轧制而成、宽厚比较大的矩形板材（图 5-53）。按生成方法可分为热轧钢板和冷轧钢板。按质量分为普通钢板、优质钢板和复合钢板。按表面处理方式分为镀层钢板和涂层钢板。按厚度分为薄钢板（厚度小于 4　mm）、厚钢板（厚度 4 ～ 60　mm）和特厚钢板（厚度大于 60　mm）。钢板可按要求剪裁、弯曲、冲压和焊接成各种构件和产品。

图 5-53　钢板

常见的钢板品种有：

①钢带：钢带又称带钢，为长度很长、大多成卷供应的钢板（图 5-54）。宽度在 600　mm 以下的称为窄带钢，超过 600　mm 的称为宽带钢。分为热轧带钢和冷轧带钢。前者在热轧机上轧制，厚度为 1 ～ 6　mm。主要作为冷轧用带钢以及焊缝钢管、冷弯和焊接型钢的原料。后者用热轧带钢再冷轧而成，厚度为 0.1 ～ 3　mm，具有表面光洁、平整，尺寸精度高，机械性能好等优点，大多加工成涂层带钢，供汽车、洗衣机、电冰箱外壳等冲压件用。冷轧带钢还广泛用于制造焊缝钢管、弹簧、锯条、刀片及各种冲压制品。

②覆层钢板：在具有良好深冲压性能的低碳钢板表面镀覆锡、锌、铝、铬等金属保护层或涂覆有机涂层、塑料等非金属保护层的制品。包括镀锌钢板、镀锡钢板、无锡钢板、镀铝钢板及有机涂层钢板等，具有良好的抗

图 5-54　钢带

蚀性和外观装饰性，在工业上使用广泛。

镀锌钢板：表面镀锌的低碳钢板。镀锌能有效地防止钢材腐蚀，延长使用寿命。镀锌方法分为热镀法和电镀法。镀锌薄钢板（厚度为 0.4 ～ 1.2 mm）又称镀锌铁皮，俗称白铁皮。镀锌钢板广泛用于建筑、车辆、家电、日用品等行业（图 5-55）。

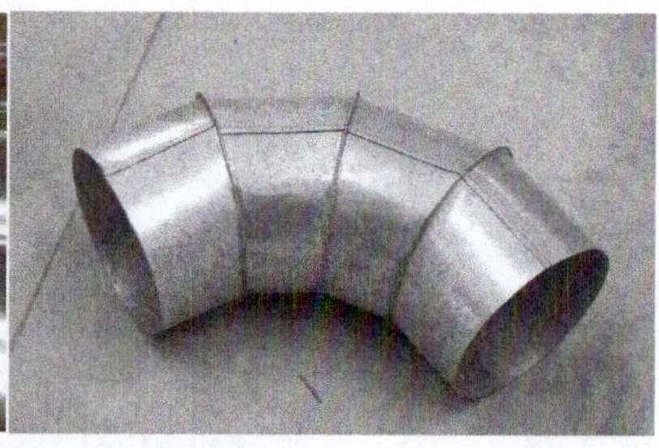

图 5-55 镀锌钢板及其产品

镀锡钢板：表面镀有纯锡层的低碳钢薄板，俗称马口铁。镀锡方法有热镀和电镀两种。镀锡钢板表面金属光泽强，具有良好的耐腐蚀性、焊接性，深冲压时有润滑性，并能进行彩色印刷。广泛用来制作罐头盒、食品容器及轻便耐蚀器皿等（图 5-56）。

图 5-56 镀锡钢板及其产品

无锡钢板：不镀锡却可替代镀锡钢板使用的薄钢板。一般采用电解铬酸法处理钢板表面：先在低碳钢板表面镀一层金属铬，然后再镀铬的水合氧化物。无锡钢板生产成本低，可代替镀锡钢板，用作啤酒、饮料等罐装包装材料。

图 5-57 镀铝钢板

镀铝钢板：表面镀有纯铝或含硅量为 5% ～ 10% 铝合金的覆层钢板（图 5-57），多用热镀法、电泳法和真空蒸镀法生产。具有良好的抗高温氧化性、热反射性和优异的耐大气腐蚀性（可抵抗二氧化硫、硫化氢和二氧化氮等气体的腐蚀），多用作汽车排气系统、耐热部件及建筑材料等。真空蒸镀铝钢板可作为罐体、瓶盖等包装材料，部分代替镀锡钢板。

有机涂层钢板：有机涂层钢板是在冷轧钢板、镀锌钢板或镀铝钢板表面涂覆有机涂料或薄膜，一般采用辊涂法或层压法生产制成的装饰性板材，表面可制成不同色彩和花纹图案，装饰性极强，故有彩色涂层钢板（彩钢板）之称（图 5-58）。彩色涂层钢板具有优异的装饰性，涂层附着力强，可长期保持新鲜色泽。既有钢板的强度，又有良好的耐腐蚀性、耐久性和耐擦洗性。板材加工性好，可以进行切段、弯曲、钻孔、卷边等。广泛用作建筑材料、汽车制造、电器工业和电冰箱、洗衣机等的原材料。

图 5-58 彩色涂层钢板

图 5-59 为设计师马克·戴伯设计的“调羹”书籍封面，使用的是一种新型涂层薄片钢材，钢片质量轻而且具有延展性，其表面的有机涂层令其具有防污功能，并可进行压花以及切削加工，因此具备了审美性和功能性。

图 5-59 “调羹”书籍封面

③花纹钢板：表面带有凹凸花纹的钢板（图 5-60）。花纹主要起防滑和装饰作用，可经热轧、冷轧或钻切加工制成。广泛用于造船、汽车、交通、建筑等行业。

④不锈钢板：不锈钢是指在大气、水、酸、碱和盐溶液或其他腐蚀介质中具有高耐蚀性的合金钢的总称。在钢的冶炼过程中加入铬（Cr）、

镍（Ni）等元素，形成以铬为主要辅助成分的合金钢，钢中的主要合金元素铬的含量通常达 12% 以上，大大提高了钢材的耐腐蚀性能，故称之为“不锈钢”。不锈钢之所以耐腐蚀，其主要原因是铬金属的化学性质比钢铁活泼，在空气中铬首先与环境中的氧产生化学反应，生成一层与钢基体牢固结合的致密的氧化膜，称之为钝化膜，使合金钢得到保护而不致锈蚀。不锈钢的耐腐蚀特性主要用来制造在各种腐蚀介质中工作的零件或构件。

图 5-60　花纹钢板

不锈钢外观精美，其表面自然金属光泽呈现出美感，不锈钢经不同的表面加工可形成不同的光泽度和反射性，其装饰性正是利用了不锈钢表面的这种金属质感的光泽度与反射性，因此广泛用于日用品工业、机电工业和建筑装饰材料。

不锈钢饰面板（图 5-61）是一种高档的设计材料，具有耐火、耐潮、耐腐蚀、不会变形和不破碎，施工方便等性能，有镜面抛光不锈钢饰面板与亚光不锈钢饰面板之分，镜面不锈钢饰面板光亮如镜，其反射率、变形率与高级镜面相似，并有与玻璃不同的金属质感，尽显高贵华丽之美：亚光不锈钢饰面板色泽灰白、高贵典雅，也极富装饰性。

图 5-61　不锈钢饰面板

图 5-62　“皱褶花瓶”

图 5-62 为由荷兰设计师马丁·布鲁尔（Martin Brühl）设计的“皱褶”花瓶，由一整片不锈钢制作而成，经冲压、敲打、弯曲而成。

(3) 钢管

钢管是中空的棒状钢材（图 5-63），截面多为圆形，也有方形、矩形和异形。按生成方法分为无缝钢管和焊缝钢管。无缝钢管采用热轧、冷轧、挤压、冷拔等方法生产，由于截面封闭无焊缝，具有较高的承载压力，适合作高强度钢管、特殊钢管和厚壁钢管。焊缝钢管用钢板或钢带卷曲成筒状焊接而成，表面质量好，尺寸精度高，生成效率高，成本低。按焊缝形状可分为直缝焊管和螺旋缝焊管。生产薄壁管和大直径管采用焊接方法比较方便。钢管广泛用来输送流体和制造机械结构件。

图 5-63　钢管

(4) 钢丝

用不同质量的热轧盘条冷拔拉制而成的线状钢材（图 5-64）。按截面形状可分为圆形、椭圆形、三角形和异形钢丝。按尺寸分为特细（小于 0.1 mm）、较细（0.1 ～ 0.5 mm）、细（0.5 ～ 1.5 mm）、中等（1.5 ～ 3 mm）、粗（3.0 ～ 6.0 mm）、较粗（6.0 ～ 8.0 mm）和特粗（大于 8.0 mm）的钢丝。按化学成分分为低碳、中碳、高碳钢丝和低合金、中合金、高合金钢丝；按表面状态分为抛光、磨光、酸洗、氧化处理和镀层钢丝等；按用途分为普通钢丝、结构钢丝、弹簧钢丝、不锈钢丝、电工钢丝、钢绳钢丝等。

图 5-64　线状钢材

3. 铸铁

铸铁是一种使用较早的重要工程材料，是含碳量在 2.11% ～ 4.0% 的一种铁碳合金，其熔点低，具有良好的铸造性能、切削性能及耐磨性和减振性，生产工艺简单，成本低廉可用来制造各种具有复杂结构和形状的零件，见图 5-65。

常用的铸铁材料有灰口铸铁、可锻铸铁和球墨铸铁。

由于铸铁材料具有良好的力学性能、铸造成型工艺性能和低廉的价格，因此广泛用来制作机械产品的底盘、机体、外壳、支架、台座、底架等复杂的成型结构零件。

图 5-65　铸铁零件

在用铸铁材料获得零件的毛坯后，经热处理、机械加工、表面涂镀等装饰处理之后，即可得到所需形状和尺寸的零件。利用铸铁材料弹性小、具有抗震等特点制成机械性能要求不高，而刚性要求大的底座和摇臂；利用铸铁材料铸造工艺性能好、生产工艺简单、易于切削加工等性能，制成内部结构复杂而又具有流畅、圆润外形的主轴箱体外壳。铸铁材料加工表面的银灰色有其刀具痕迹和不加工表面涂覆处理的色彩，以及电镀表面的光泽，相互辉映，构成了机械产品特有的色彩和肌理效果。

5.3.2 常用的有色金属材料

除钢铁以外的金属材料都叫做有色金属材料。有色金属的分类，各个国家并不完全统一。通常按有色金属的性能特征和化学成分来分类。

按有色金属的化学成分分为铝及铝合金、铜及铜合金、其他金属及合金。

按有色金属的性能特征分为五大类：轻有色金属、重有色金属、稀有金属、贵金属和半金属。

1. 铝及铝合金

铝及铝合金是工业用量最大的有色金属，是一种常用的现代材料（图 5-66）。

铝具有较优良的特性。纯铝密度小，约为 2.7 g/cm³，相当于铜的 1/3，属轻金属，熔点 660℃；铝的导电、导热性优良，仅次于铜，其导电率约为铜的 64%；铝在结晶后具有面心立方晶格，具有很高的塑性，可进行各种塑性加工；纯铝为银白色，在大气中铝与氧的亲和力很大，能形成一层致密的三氧化二铝氧化膜，隔绝空气防止进一步氧化，因此在大气中有良好的抗氧性，但氯离子和碱离子能破坏铝的氧化膜，不耐酸、碱、盐的腐蚀。

铝合金是以铝为基加入其他合金元素（铜、硅、镁、锌、锰、镍等）而组成的合金。铝合金质轻、强度高，比强度值接近或超过钢，具有优良的导电、导热性和抗蚀性，易加工，耐冲压，并且可阳极氧化成各种颜色。

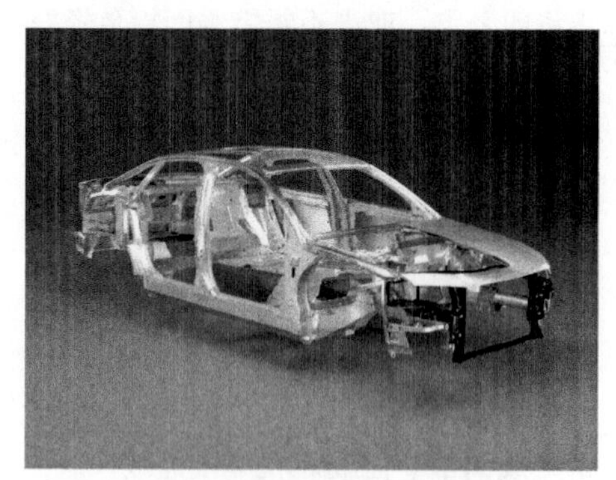

图 5-66　铝合金车体

(1) 铝合金的分类

铝合金通常分为变形铝合金和铸造铝合金。

变形铝合金又称可压力加工铝合金，塑性良好，可通过轧制、挤压、拔制、锻造等冷、热加工制成板、棒、管和型材等产品，是优良的轻型材料。变形铝合金按性能和使用特点，可分为防锈铝合金、硬铝合金、超硬铝合金和锻造铝合金。广泛用作工程结构材料、工业造型材料和建筑装潢材料等。图 5-67 为采用变形铝合金制作的拉环。

图 5-67　铝合金拉环

铸造铝合金按主要合金元素可分为铝－硅系、铝－铜系、铝－镁系和铝－锌系合金，具有良好的铸造性能和一定的力学性能，但塑性差，不能进行塑性加工。多采用砂型、金属型、熔模壳型的铸造方法，生产各种形状复杂、承载不大、重量较轻且有一定耐蚀、耐热要求的铸件。

(2) 常见铝合金品种

①铝合金型材：利用塑性加工将铝合金坯锭加工成不同断面形状及尺寸规格的铝材（图 5-68）。按断面形状分为角、槽、丁字、工字、Z 字等几大类别，而每一类别又有若干品种，如角型材分为直角、锐角、

钝角、带圆头、异形等。铝合金型材采用挤压法和轧制法生产，无论哪种复杂的断面形式及规格均可一次挤压成型。

铝合金型材具有质轻、高强、耐蚀、耐磨等特点，表面再经阳极氧化或喷涂处理而更具装饰性。广泛用作产品造型材料、展示材料、门窗框体材料、墙面和吊顶骨架支撑材料等。

铝合金门窗的装饰性、加工性能、耐腐蚀性等类似于塑钢门窗但优于钢木门窗，加之其密封性能好、节能环保等优点，故同塑钢门窗一起逐渐成为传统钢木门窗的换代产品。

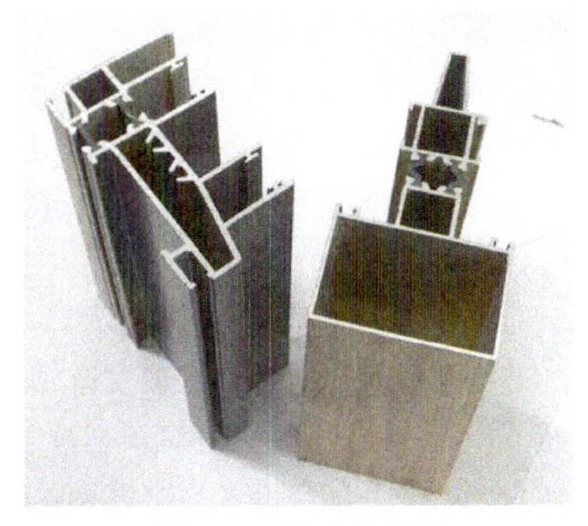

图 5-68　铝合金型材

②铝合金装饰板：铝合金板材经辊压、冷弯等工艺制成的具有一定形状的装饰板（图 5-69），表面经阳极氧化、喷漆、覆膜或精加工等处理可获得各种色彩或肌理。铝合金装饰板质轻，耐久性和耐蚀性好，不易磨损，造型优美，安装方便。铝及铝合金装饰板是现代流行的新型、高档的装饰材料，广泛用于内外墙、屋面室内天棚的装饰，以其特有的光泽质感丰富着现代城市环境艺术的语汇。

图 5-69　铝合金装饰板

铝板的种类繁多，常用的有铝塑复合板、单层彩色压型板、铝合金花纹板、铝质浅花纹板、冲孔吸音板等，广泛用作建筑物墙面、屋面装饰材料和展示材料。

压型板是由铝合金一次压制成具有一定厚度、形状，具有重量轻、外形美、耐腐蚀、经久耐用、易安装、施工快捷等特点，主要用于墙面和屋面装修。

铝合金花纹板是采用防锈铝合金等坯料用特别的花纹轧辊轧制而成的。花纹美观大方，筋高适中，不易磨损，防滑，防腐蚀，便于冲洗。花纹板板材平整，裁剪尺寸准确，便于安装，广泛用于现代建筑物墙面、车辆、船舶、飞机等工业防滑部位装饰。

③铝箔：铝箔是金属箔中用量最大、用途最广的一种包装材料，铝箔采用压延方法压制而成，它不但对氧气、光线和水蒸气具有高阻隔性，而且具有艳丽的金属光泽，可印制美丽的图案，可与塑料薄膜复合成复合薄膜，因此，铝箔广泛用于各种商品的包装。

铝箔的主要包装性能是防潮性、保香性、遮光性和反射性：

防潮性：铝箔的防潮性能极优良，厚铝箔的防潮性更为突出。在药品防潮方面，铝箔的应用特别引人注目，如药品的泡罩包装等。

保香性：铝箔具有卓越的保香性。食品和化妆品的香味是很重要的质量指标。香味通常是由极微量的挥发性物质产生的，人们通过铝箔包装材料来阻隔香味，除了可防止内装物的香味扩散以外，还可防止外部异味的渗入。

遮光性：铝箔是一种极好的遮光材料。采用铝箔包装材料，能阻隔光线对商品的直接照射，对提高商品的保存寿命起着重要的作用。

反射性：铝箔具有金属光泽，对紫外线、红外线等各种射线有强力的反射作用。

④铝塑复合膜：通常铝箔较少单独用于包装，因为铝箔很柔软，不适宜高速包装，往往要进行二次加工才能把铝箔的特性进一步发挥出来。对铝箔进行树脂涂布或把铝箔与其他塑料进行复合，能使铝箔的机械强度增加，并具有热封性能，从而适应现代包装机的高速自动包装，见图 5-70。

由于复合薄膜是由两种或两种以上的不同性质的材料复合在一起的多层薄膜，因此在材料的性能上可以相互取长补短。人们可以根

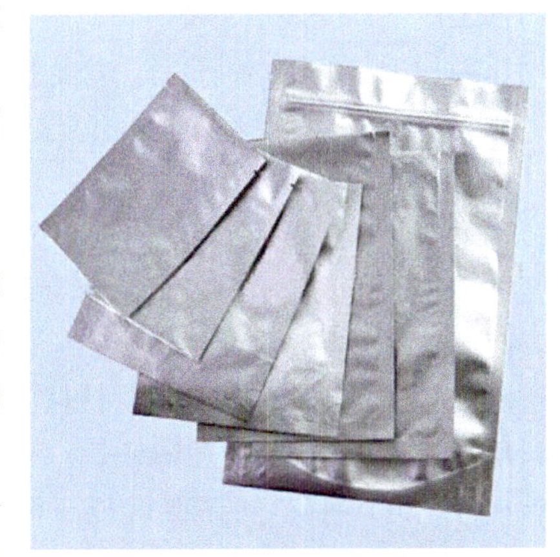

图 5-70　铝塑复合膜

据内容物的包装要求，选用不同的基材和不同的复合工艺，获得能满足各种包装性能要求的材料。铝塑复合膜具有优良的防潮性、阻气性、遮光性、卫生性、耐化学性、耐气候性、热封性和机械加工适应性等，是理想的包装材料。铝塑复合膜已广泛地用于食品、日化、药品和其他各类商品的包装。

常用的铝塑复合膜有AL/PE，用于包装巧克力等；OPP/PE/AL/PE，用于包装奶粉、茶叶、化妆品和药品等；PET/AL/CPP，为三层耐蒸煮材料，用于包装肉、禽类等软罐头；OPP/AL/PE，用于包装榨菜、奶粉和药品等。

⑤真空镀铝膜：真空镀铝膜是一种新颖的包装装潢材料，是将高纯度铝丝置于高真空装置中，将铝丝加热到熔融点以上，铝丝蒸发形成铝蒸气，蒸气分子连续沉积在被涂基材上而形成的一种复合膜。与铝箔相似，镀铝层具有美丽的金属光泽，有优良的阻气性和防潮性、光线的反射率高而透过率极低、遮光性良好，适合各类商品的包装。真空镀铝膜的基材可采用聚酯薄膜、双向拉伸聚丙烯薄膜、聚氯乙烯薄膜、聚乙烯薄膜和纸等。另外，镀铝前在薄膜基材上涂布一层透明的颜色，就可获得多种颜色的金属光泽，这些五彩缤纷的材料特别适用于礼品包装。

真空镀铝膜若与聚乙烯进行复合则具有更大的应用范围；如PET/镀铝/PE，在PET膜上印刷图案及商标，把印刷好的PET膜进行真空镀铝，然后与PE进行复合，即组成复合膜，这类材料具有高光泽的金属质感，阻气性和防潮性好，机械强度高，可采用热封，是一种良好的包装装潢材料，深受包装装潢界的欢迎，见图5-71。

图5-71　真空镀铝装饰材料

2. 铜及铜合金

铜及铜合金是历史上应用最早的有色金属，工业上常用的铜材有紫铜、黄铜、青铜、白铜等。

纯铜具有玫瑰色，表面氧化后呈紫色，故又称紫铜（图5-72）。纯铜的熔点为1083℃，密度8.9 g/cm^3，具有面心立方晶格，无同素异构转变。纯铜质地柔软有极好的延展性，具有良好的加工性和焊接性，易冷、热加工成型，可碾压成极薄的铜箔，拉制成极细的铜丝；纯铜的化学稳定性高，在大气、淡水中均有优良的抗蚀性，在非氧化性酸（如盐酸、氢氟酸等）溶液中也能耐蚀，但在海水和氧化性酸（如硝酸、浓硫酸等）中易被腐蚀发生氧化，在铜的表面生成铜绿，铜绿能增加建筑物和工艺美术品的历史感，还能起到减慢腐蚀速度的保护作用。铜绿可用人工方法仿制。纯铜的导电、导热性极好，仅次于银，抗磁性强，常用作电工导体和各种防磁器械等（图5-73）。

图5-72　紫铜带

铜合金是以铜为基加入一定量的其他合金元素（锌、锡、铝、硅、镍等）而组成的合金。按化学组成分为黄铜、青铜、白铜；按加工方法分为变形铜合金和铸造铜合金。变形铜合金具有良好的塑性，可利用压力加工成型，制成板、带、管、棒和线材；铸造铜合金塑性差，不能利用压力加工，但铸造性良好，广泛用于生产强度高、致密性好的铸件。铸造铜合金在工艺美术方面也有广泛应用，多用于铸造仿古铜器。

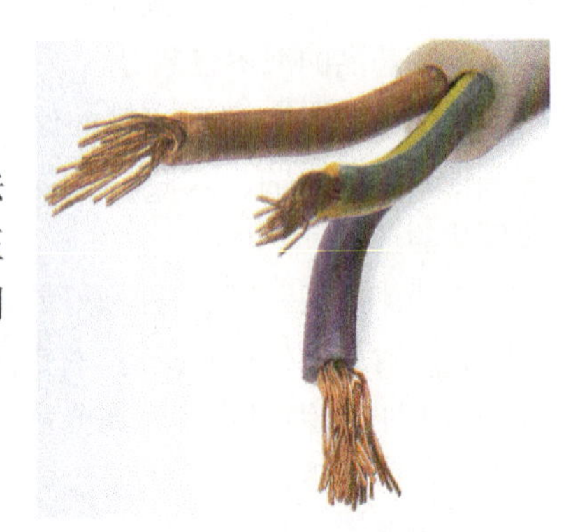

图5-73　铜电线

(1) 黄铜（Cu－Zn合金）

以锌为主要合金元素的铜合金。分为普通黄铜（仅含锌的二元合金）和特殊黄铜（含锌及其他合金元素的多元合金）。黄铜色泽美观，具有高贵的黄金般色泽，导电导热性强，耐腐蚀性能、机械性能和工艺性能良好，易于切削、抛光及焊接。可制成板材、带材、管材、棒材和型材，用作导热导电元件、耐蚀结构件、弹性元件、冷冲压件和深冲压件、日用五金及装饰材料等（图5-74）。黄铜不仅有优良的成型加工性能，适于冷热变形、易于切削加工、焊接性能好；也具有优异的铸造性能，非常适于铸造复杂和精致的铸造产品。

(2) 青铜

除黄铜、白铜以外的其他铜基合金统称为青铜，常用的合金元素有锡、铝、硅、锰、铬等。根据合金元素种类，青铜分为普通青铜和特殊青铜。

图 5-74　黄铜产品

普通青铜是以锡为主要合金元素，含锡量为 5% ～ 20%，又称锡青铜（Cu - Sn 合金），其色泽呈青灰色，具有很强的抗腐蚀性。根据成分中锡的含量，锡青铜又分为加工锡青铜和铸造锡青铜。加工锡青铜含锡量低于 6% ～ 7%，具有良好的力学性能和工艺性能，耐磨，可加工成各种规格的板、带、管、棒材；铸造锡青铜含锡量 10% ～ 14%，质地较为坚硬，铸造性好，可用于生产形状复杂、轮廓清晰的铸件（图 5-75）。

图 5-75　青铜铸件

特殊青铜泛指不含锡的青铜，如铝青铜、铍青铜、锰青铜等。大多数特殊青铜比普通青铜具有更高的机械性能、耐磨性和耐蚀性。

(3) 白铜 (Cu - Ni 合金)

以镍为主要合金元素的铜合金，色泽呈白色，质地较软，耐腐蚀性好。随合金中镍含量的增加，白铜的强度、硬度、弹性和耐蚀性等性能相应提高。仅由铜和镍组成的合金称为普通白铜，若再加入锌、铝、锰等合金元素，则称为特殊白铜，如锌白铜、铝白铜、锰白铜等。工业上白铜分为结构白铜和电工白铜。前者的机械性能好，易进行冷、热加工和焊接，能加工成板、棒、管、线等产品，广泛用作耐蚀构件及弹簧等。后者热电性能良好，多用作电阻元件、热电偶材料等。

5.3.3 其他合金金属

1. 钛和钛合金

纯钛为银白色高熔点轻金属，熔点 1675℃，密度 4.54 g/cm³，具有优良的耐蚀性和耐热性，抗氧化能力强，稳定性好，有一定的机械强度，比强度值高，塑性好，易成型加工。

图 5-76　钛合金镜架

钛合金是以钛为基加入适量的铬、锰、铁、铝、锡等元素而形成的多元合金。根据合金组织结构，可分为 α 钛合金、$\alpha+\beta$ 钛合金和 β 钛合金；按用途可分为耐热合金、耐蚀合金、高强合金、低温合金和特殊功能合金。钛合金的强度与优质钢相近，其比强度比任何合金都高。钛和钛合金的压力加工性能良好，多采用金属塑性加工方法制成不同规格的板、带、管、棒、线、箔和型材，易于焊接和切削加工，作为新型的结构材料，广泛用于航空、化工、机械等工业。钛和钛合金还可用作镀覆材料，具有优良的耐腐蚀性和良好的装饰性。钛和钛合金的典型用途有眼镜框、高尔夫球杆、网球拍、手提电脑、照相机等（图 5-76）。

由弗兰克·盖里 (Frank Gehry) 设计的西班牙哥根翰博物馆（图 5-77），被誉为“世界上最有意义、最美丽的博物馆”，集中了盖里后期的解构主义思想在公共建筑上的精华。博物馆的主体建筑造型极度不规则，内部的钢构件没有长度完全相同的两件。最不可思议的是盖里采用昂贵的金属钛作为中央大厅的外墙包裹材料，这种设计虽然脱离了传统建筑设计所要求的功能实用性，但却具有强烈的视觉冲击效果。

图 5-77　哥根翰博物馆

2. 镁和镁合金

镁（Mg）在地球上的储量仅次于铁、铝，占第三位，镁的熔点为650℃，密度为1.7 g/cm³，密度小是镁及其合金的主要特点。由于其密度低，镁及其合金具有很高的比强度，有优良的抗震性能，能比铝合金承受更大的冲击载荷，还具有优秀的切削加工性能和抛光性能。

镁合金是航空、航天、导弹、仪表、光学仪器、计算机、通信和汽车等领域的重要结构材料。采用镁合金能够减轻设备重量，提高效率，大量节约能源。手机、相机和笔记本计算机的外壳大量采用镁合金来制造。镁合金作为一种比强度高而且拥有优异性能的新兴合金材料正是数码单反相机所需要的，图 5-78 为尼康 COOLPIX8800 相机，采用了镁合金作为主内框架，在保证同样的抗震性能的情况下减轻了外壳框架的重量，为内部的电子元件争取到了更多的空间与配重。

3. 锡和锡合金

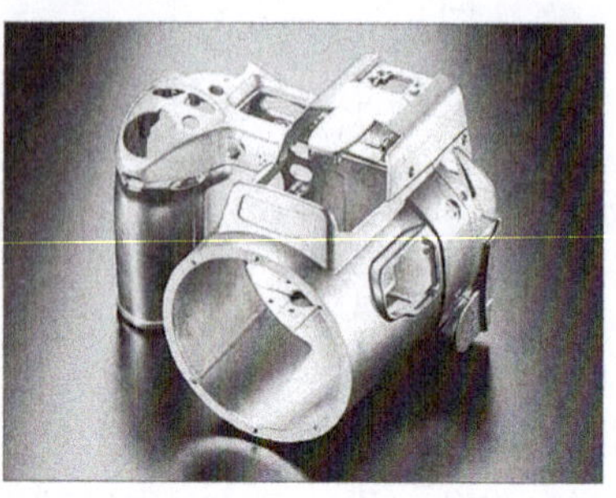

图 5-78　尼康 COOLPIX8800 相机

锡为低熔点金属，熔点为231.9℃，密度（20℃）为7.3 g/cm³。同质异晶转变，13.2℃以下为α锡，又称灰锡；13.2℃至熔点为β锡，又称白锡。锡耐大气腐蚀性好，化学性稳定，常用作镀层材料，如镀锡薄钢板。锡的强度和硬度低，但延展性好，易加工，可加工成箔、板、管、棒材等。锡也常作为其他合金中的合金元素。以锡为基加入其他合金元素（如锑、铅、铋、铜、砷、镍、锌等）所组成的合金，则称为锡合金。锡合金的熔点低，导热性好，耐蚀性和减磨性优良，易与铜、铜合金、铝合金焊接，锡合金轧成片材和箔材，可用来制作电容器、电器仪表零件以及装饰品和包装材料等。但强度较低，是良好的铸件材料（图 5-79）。

图 5-79　锡合金制品

5.4 金属材料在设计中的应用

在各个工程领域中，金属材料是所有材料中最主要和最基本的结构材料，也是现代产品设计得以实现的最重要的物质技术条件。在现代工业设计活动中，几乎没有不涉及金属材料的。由于金属及其合金在理学、物理学、化学和加工工艺等方面的一系列特殊的优异性能，使得它不仅可以保证产品使用功能的实现，而且可以赋予产品一定的美学价值，使产品呈现出现代风格的结构美、造型美和质地美。

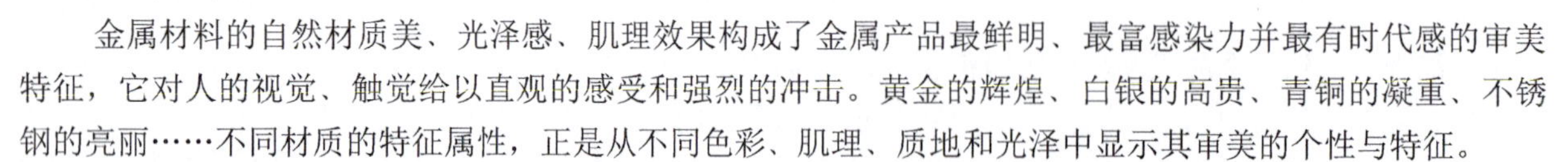

金属材料的自然材质美、光泽感、肌理效果构成了金属产品最鲜明、最富感染力并最有时代感的审美特征，它对人的视觉、触觉给以直观的感受和强烈的冲击。黄金的辉煌、白银的高贵、青铜的凝重、不锈钢的亮丽……不同材质的特征属性，正是从不同色彩、肌理、质地和光泽中显示其审美的个性与特征。

由于金属材料的质感特征，人们对金属自然质感的表达十分偏爱，金属的制品也很好地体现了其材料本身的自然质感，甚至通过一些表面处理和加工，放大和渲染了金属的自然质感。岁月的沧桑锈蚀在金属产品上浮起层层斑驳，然而金属材质以其天然的无可比拟的坚固性，永恒地保留下人类驾驭自然、改造自然的能力和创造造型美的才华。表 5-3 为金属材料的特征属性。

表 5-3　金属材料的特征属性

<table>
<tr><td rowspan="8">金属材料</td><td colspan="3">材料属性</td><td>材料感觉特性</td></tr>
<tr><td rowspan="3">粗糙度</td><td colspan="2">光滑</td><td rowspan="7">人造、坚硬、光滑、理性、拘谨、现代、科技、冷静、凉爽、笨重</td></tr>
<tr><td rowspan="2">纹理</td><td>规则纹理</td></tr>
<tr><td>自由纹理</td></tr>
<tr><td>透明度</td><td colspan="2">不透明</td></tr>
<tr><td rowspan="3"></td><td colspan="2">高光</td></tr>
<tr><td colspan="2">光亮</td></tr>
<tr><td colspan="2">亚光或无光</td></tr>
</table>

设计实例：

(1) 金属椅（图 5-80）

由设计师马里奥·博塔（Mario Botta）设计的金属椅，椅架采用钢管弯曲焊接而成，椅面和椅背则由钢板冲孔弯折而成。此款设计充分利用金属材料本身固有的刚性和柔性来达到稳固结实和柔韧舒适的双重目的。

图 5-80　金属椅

(2)“柔韧度良好”的扶手椅（图 5-81）

由设计师罗·阿拉德（Ron Arad）设计的扶手椅，椅子由四部分组成，造型简单明快。椅子采用 1 mm 厚的优质钢材制成，钢材经回火处理，具有良好的韧性，弹性优异，具有强烈的视觉效果，给人以华丽、精致和现代之感。椅子的各部分由电脑控制激光切割器切割而成，各部分卷折后由螺钉连接而成，而不需要焊接和黏结。为了使椅子发亮的表面在搬运和使用中不留划痕，其表面覆有一层塑料膜。

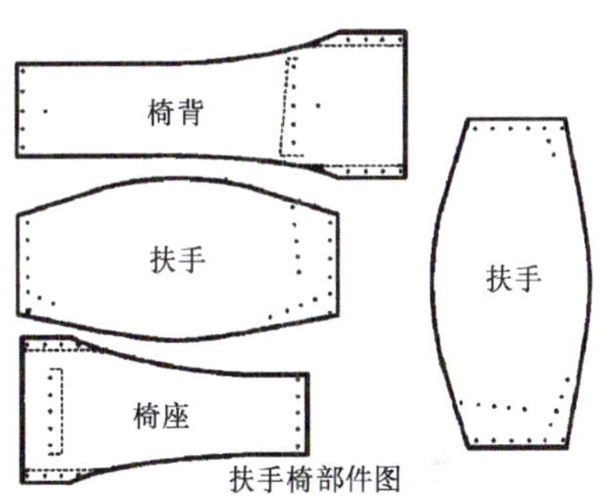

图 5-81　“柔韧度良好”的扶手椅

(3)“鹿特丹”桌（图 5-82）

由设计师亚历山大·格尔曼（Alexander Gelman）设计的桌，由九块折叠板组成，其顶部开敞且紧缩的空间可以消除传统桌面的必要性，通过折叠可有不同的形状，起搁物架的作用，折叠板采用白色镀锌铝板，折叠板的边缘钻有孔洞，由竖直铰链及不锈钢螺钉（圆头）将各部分边缘相连接。

(4)“明月椅”（图 5-83）

由日本设计师仓右四郎（Shiro Kuramate）设计的扶手椅，像一个闪着光的幻象。设计者通过采用能引起人们好奇心的网状材料和对部件比例的巧妙使用，在其诗境般的设计中向人们传达了精制的空间感和轻盈感，正如设计者所说：“我喜爱金属透明，它不是把空间世界拒绝在外，它看上去飘浮在空中”。椅子由九部分镀镍钢丝网焊接而成，各部分的边缘相交焊接点同时涂盖环氧树脂，底部四边采用钢条加固，以支撑椅子的框架。

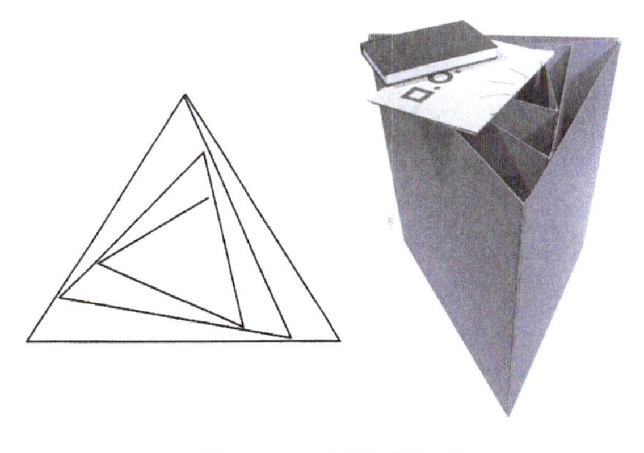

图 5-82　“鹿特丹”桌

(5)“孔洞”椅（图 5-84）

由设计师皮耶特罗·阿柔索（Pietro Arosio）设计的椅，采用整块铝板制成，椅子的前后腿与椅面为一个整体，铝合金板（厚 3mm）采用切割弯曲成型，椅面上的孔洞是为了外观漂亮和减轻自重。

(6)“钦奇塔” 茶几（图 5-85）

由西班牙设计师塞尔希·德维萨·伊·巴杰特（Sergi Devesa I Bajet）和奥斯卡·德维萨·伊·巴杰特（Oscar Devesa I Bajet）设计，此款茶几的设计原则基于非常简单的几何学，采用夸张的圆形薄锡板，在其周边作三等分，切开后向下弯曲制成茶几腿，茶几腿末端为锻造铝块。整个表面采用灰色或黑色环氧树脂漆处理。

(7) Tom-vac 座椅（图 5-86）

罗·阿拉德（Ron Arad）的 Tom-vac 座椅是其著名的作品之一，

图 5-83　明月椅

椅子的造型简洁，并具有流动的美感。Tom-vac 椅子是采用铝合金薄片加工制作而成。利用这种铝合金材质可以制作出坚硬而且重量很轻的产品造型，而通常情况下这种造型的产品只有通过塑料材质才能实现。阿拉德认为设计出崭新的造型是一个令人振奋的过程。

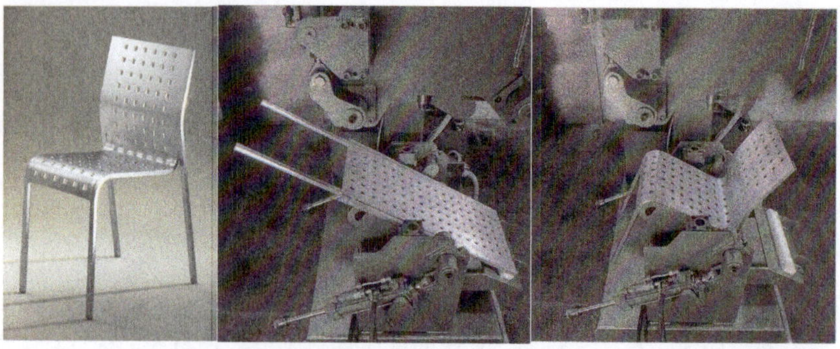

图 5-84 “孔洞”椅

(8) 铝制座椅（图 5-87）

由荷兰设计师帕特·荷恩·艾克（Piet Hein Eek）和诺伯·荣格科（Nob Ruijgrok）设计。椅子由 7 部分组成，采用 2 mm 厚的阳极氧化铝板，板材切割后经电脑打孔和压弯机弯曲成型，各部分采用固定螺栓（或铆钉）组装在一起。

图 5-85 “钦奇塔” 茶几

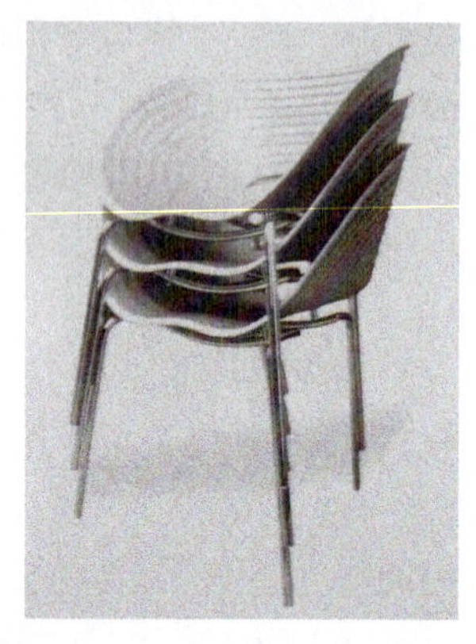

图 5-86 Tom-vac 座椅

(9) PH5 灯具（图 5-88）

PH5 灯具由丹麦设计师保罗·海宁森（Poul Henningsen）设计。如流畅飘逸的线条、错综而简洁的变化、柔和而丰富的光色使整个设计洋溢出浓郁的艺术气息。同时，其造型设计适合用经济的材料来满足必要的功能，从而使它有利于进行批量生产。灯具由多块遮光片组成，其制作过程是用薄铝板经冲压、钻孔、铆接、旋压等加工制成。在遮光片内侧表面喷涂白色涂料，而外侧则有规律地配以红色、蓝色和紫红色涂料。

(10) 法国文化部的新装（图 5-89）

法国文化部大楼用现代的新衣隐藏了它过时的外观。用不锈钢条焊接而成的“网”，既呈现出光亮的外表，又可隐约透露出陈旧的外墙，当然，也显现出一点神秘的感觉。

图 5-87 铝制座椅

(11) U 形夹剪（图 5-90）

U 形夹剪是将钢条和铁条锻接到一起以形成一个复合刀片。钢提供锋利的刃口，而铁提供坚韧的有弹性的刀背。U 形夹剪的制作过程是：刀口部分由低碳钢和高炭钢的组合冲压而成，刀口部分分别被焊接到一个

图 5-88 PH5 灯具

图 5-89 法国文化部的新装

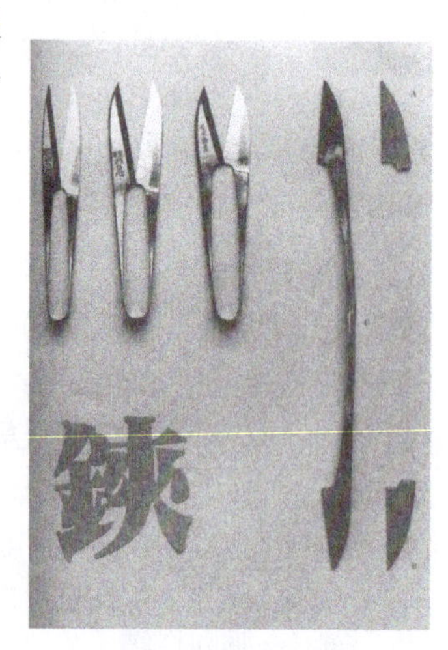

图 5-90 U 形夹剪

低碳钢条的两端，通过热压形成一个大致的C形，然后打磨和用苏打及磷酸盐处理黑化。最后打磨和抛光，弯曲成U形。

(12) 铸铁烛台（图5-91）

由日本设计师五十岚威畅设计的烛台，采用传统的砂型铸造工艺制成，表面经特殊工艺处理，铸件薄且精美，造型质朴、古拙、自然，与现代大量流行的工业化批量生产的产品形成了一个鲜明的对照，给人以返璞归真的亲切感受，尤其是设计师有意识地在一些产品边缘上设计出裂痕或起伏的波纹，更使之体现出一种自然真实的有机形态特征。这种具有古典韵味又富有现代感的产品本身也自然而然地给人以美的享受和憧憬。

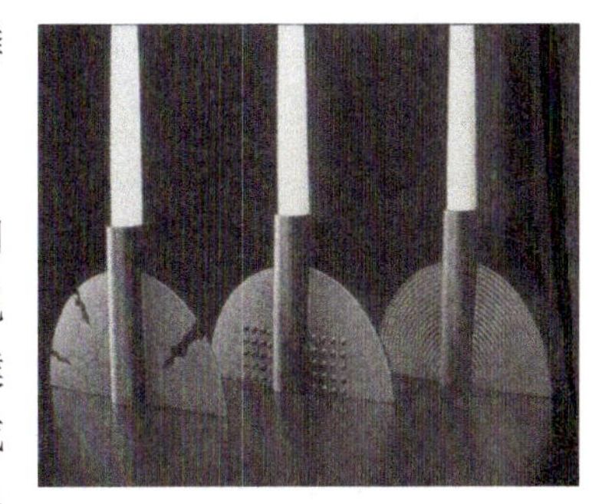
图5-91　铸铁烛台

(13) “帕拉高迪之光”灯具（图5-92）

由设计师英格·莫埃设计。在这一设计中，莫埃运用了镀金铝来营造一种由珍贵金属制成的悬浮的云朵效果，这片金色的云仿佛就飘荡在地板和天花板之间，宛如一条金丝带。这件作品充分利用了铝的轻盈和金的珍贵。在材料运用以及照明设计中的探索和试验将我们对于设计的认识提升到了另一个新的高度。

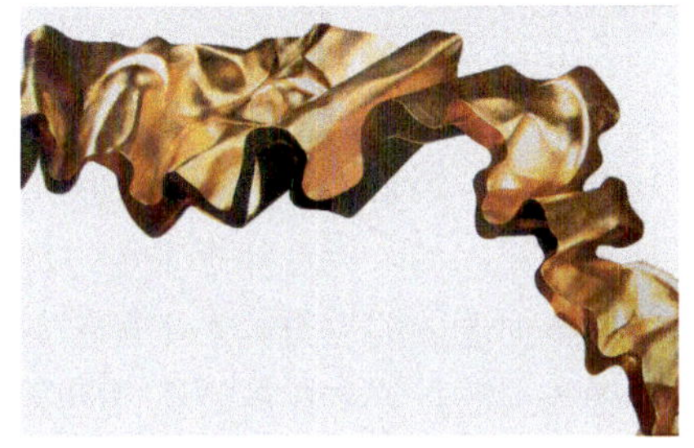
图5-92　“帕拉高迪之光”灯具

(14) 眼镜盒（图5-93）

该产品是林德伯格公司为其一款造型简洁独特的眼镜框专门设计的眼镜盒，采用了不锈钢材料生产。不锈钢材料通过研磨、喷砂和化学处理等工艺可达到亚光的效果。在这款设计中，研磨工艺的应用，使得眼镜盒的设计更加朴素、简洁。而利用钢材的优良弹性，实现了简便的开启功能。整个设计的理念在材料、造型和功能之间达到完美的和谐。

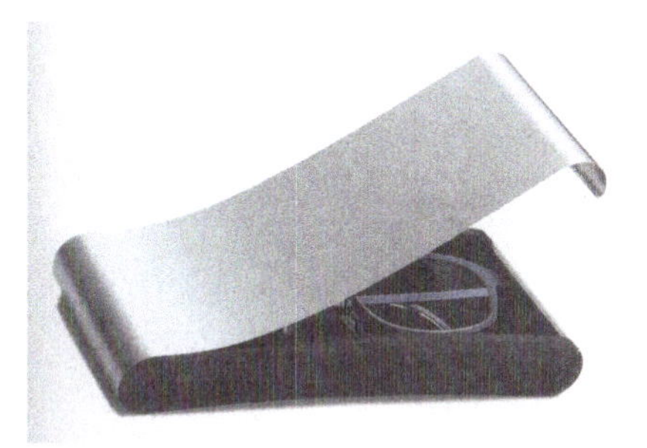
图5-93　眼镜盒

(15) 不锈钢容器（图5-94）

由设计师斯蒂芬·纽拜设计的带塞子抛光不锈钢容器，视觉效果柔和的枕头造型与其坚硬的钢质地形成了强烈的对比。抛光研磨工艺的应用使得这些枕头看起来并不如我们想象的那样坚硬，它外观柔和而灵活，简直就像我们平常见到的普通枕头。

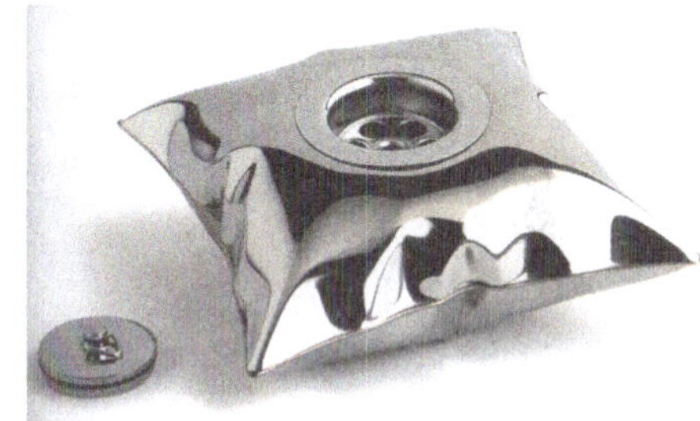
图5-94　不锈钢容器

(16) “ZEN”灯具（图5-95）

“ZEN”灯具由西班牙设计师塞尔希·德维萨·伊·巴杰特(Sergi Devesa I Bajet)设计，此款灯具显示了“一种温暖和神秘的效果”，两个对称灯体采用锌基合金材料经铸造成型而得，灯体采用圆销和销孔结合成一体，金属表面经抛光处理，灯具的电源开关安装在灯体内的夹件上。在灯具底部有一配重件，以防止灯具倾倒。

(17) 功能铝瓶（图5-96）

功能铝瓶由瑞士希格公司(SIGG Company)生产。简单的工艺，不简单的产品。以高品质享誉世界的瑞士SIGG（希格）水瓶历经数十年的改进，从边角料走向了时尚。结实耐用的SIGG铝质饮料瓶产品已经成为不着设计痕迹的典范作品。针对铝这种有延展性的金属，设计师采用了冲压这个冷加工工艺。铝瓶是将一块铝片冲压而成，因此它的整个造型只有一个冲压工艺，瓶体的稳定性非常好，同时铝这种材料也使之具有超轻的重量，便于携带。瓶的内壁喷涂一层抗氧化涂层，既保证饮料

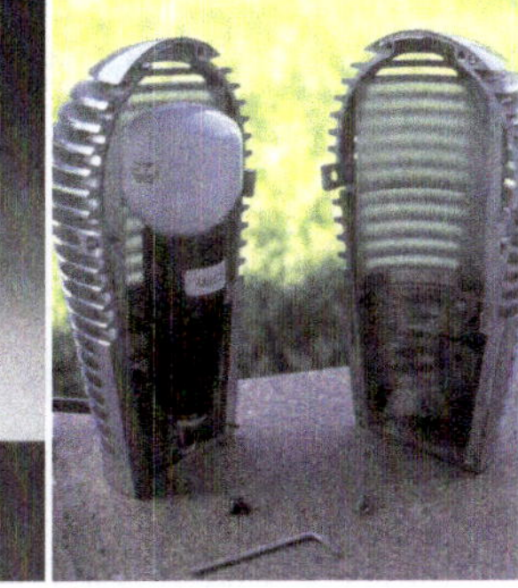
图5-95　“ZEN”灯具

存储的安全，又防止了饮料中的酸对瓶身的腐蚀。为了让瓶体外观漂亮而充满特色，对瓶身进行了独具个性的磨砂效果涂层，并采用丝网印刷工艺将来自全世界优秀平面设计师的图案印刷到瓶体上，使得这个功能瓶更加精制，具有较高档次。

图 5-96　功能铝瓶

(18) 环保食具（图 5-97）

这款环保食具酷似首饰，其强烈的流行感令人耳目一新。以薄薄的金属制成，将它垂直卷起，就可变成筷子或者吸管，水平卷起则像是手环或戒指，创意十足且方便携带。

(19) 水花果盘（图 5-98）

由吉斯·贝克设计。水花溅起的刹那一直都是摄影喜好的主题，因为具有张力、短暂而珍贵，每个水花都是独一无二的。设计师想表达的是，将珍贵而美丽的短暂时光，置入生活并增添美感。该款作品的造型和表面效果相互和谐辉映，营造出栩栩如生的水滴波纹效果。柔和的造型结合无懈可击的抛光表面，不锈钢独有的美在这里得以完美体现。

图 5-97　环保食具

图 5-98　水花果盘

(20) 果盘系列（图 5-99）

这是 Alexforma 的一系列果盘设计，它将钢材的张力和弹性发挥得淋漓尽致，生动又不失典雅。这一系列极具现代感的设计以不锈钢薄板材为原料，利用钢材良好的延展性和可塑性，采用冲压、切削、焊接等加工工艺，制作出张力十足且曲线优美、富于变换的果盘。产品表面保留了不锈钢本身的色彩与光泽，彰显出金属材料特有的美。每一条间隙都是一条优美的曲线，它们的存在极好地增加了产品的张力，同时也打破了钢材在人们意识中的钝拙、笨重的形象。再一方面，这样灵巧的外形，透水透气，对水果的保存十分有利，并且减少了水及其他残留成分对产品本身的腐蚀。

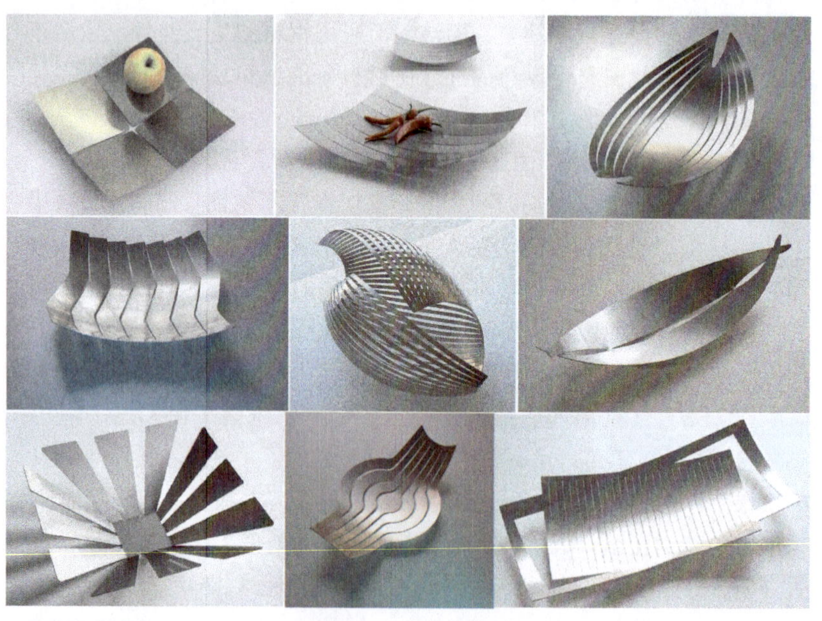
图 5-99　果盘系列

(21) 环球刀具（图 5-100）

环球刀具是采用钼钒金属手工打造而成。这种材料通常使用在手术刀上，它能在手握状态和切割东西时保持很好的平衡。通过一种叫退火的电化处理后，刀锋变得更加耐用。这个过程涉及一个把金属加热到一个很高的温度从而达到“奥氏体”的状态，然后再通过快速冷却来使它达到一个非常坚硬的“马氏体”的状态。对一把环球刀来说有 8 个生产步骤：

①将未加工的不锈钢金属板通过压力加工来做成一个刀锋的基本形状。

②对基本的刀锋外形做热加工。

③把手的两半进行压合并焊接到一起。

④刀锋和把手焊接到一起。

⑤把手使用黑色镀铬金属，然后在把手上面点出黑色的酒窝状。

⑥刀锋进行大致的自动化打磨和抛光。

⑦ Global 的图案蚀刻在刀锋上。

⑧把手进行抛光处理，刀锋进行最终的锐化。

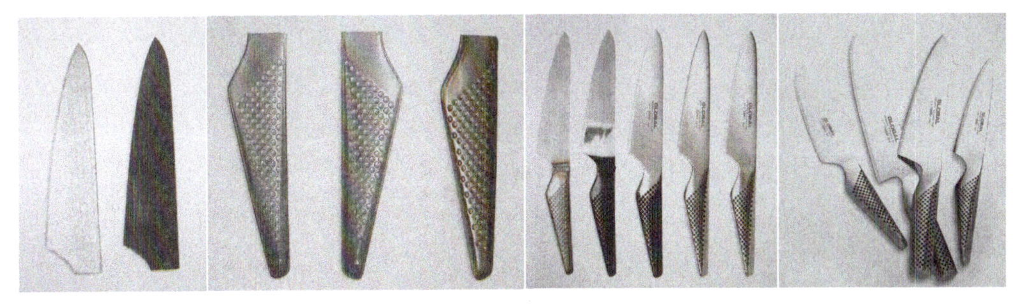

图 5-100　环球刀具

(22) 摩托罗拉 RazrV3 系列手机（图 5-101，图 5-102）

摩托罗拉 RazrV3 手机获得 IDEA2005 消费产品金奖，堪称是“颜色、材质和质地的奇迹”，突破了塑料和金属材料兼用的设计难题，充分体现出现代、时尚的设计语言，创下许多市场上的佳绩。RazrV3 系列手机搭配特殊金属材质、蚀刻键盘、时尚冷光效果，使 RazrV3 系列手机如同精致艺术品一般，完全颠覆手机设计的既定印象。RazrV3 系列手机外壳采用铝合金材质，利用铝合金材料高比强度、坚硬美观、轻巧耐用的特点，开创了至薄、时尚、金属质感的设计风潮。

图 5-101　摩托罗拉 RazrV3 手机（芥茉绿）

图 5-102　缤纷色彩的 RazrV3 手机

思考题

1. 金属材料的基本性能特征是什么？
2. 金属的铸造性能是指什么？其铸造方法有哪几种？分析比较各种成型方法的特点和应用。
3. 试述金属的锻造性能及其影响因素。
4. 金属塑性成型具有什么特点？包括哪些基本方法？试述板材冲压的特点、基本工序及应用。
5. 金属材料的机械加工包括哪些方法？它们各有什么工艺特点？
6. 简述热处理方法的分类。常用的热处理方法有哪些？
7. 什么是金属的焊接性能？试述常用金属的焊接特点。
8. 简述钢的组成和分类方法。
9. 不同碳含量的碳素钢有什么性能特点？
10. 简述常用的各种钢板的特点和应用。
11. 不锈钢的化学成分有何特点？不锈钢中通常加入的合金元素有哪些？它们在钢中的主要作用是什么？分析不锈钢材料所具有的特征。
12. 铝合金的性能特征是什么？铝材有哪些品种和用途？列举铝合金装饰板在设计中的应用实例。
13. 铜合金有哪些性能特点？如何分类？分析黄铜和锡青铜的特性和用途。
14. 钛合金的性能特点是什么？简述钛合金的应用。
15. 什么是金属的焊接性能？试述常用金属的焊接特点。
16. 搜集金属材料未来发展的相关资料，探讨金属材料在未来设计中的地位与应用前景。
17. 提高金属耐腐蚀性的方法有哪些？
18. 找 10 个金属产品或零件，分析其材料性质及其成型工艺。
19. 比较各种金属包装罐体的特性及应用。
20. 列举几个材料的发展史中具有代表性的金属制品，分析其造型、功能、材料及工艺。
21. 搜集金属材料未来发展的相关资料，探讨金属材料在未来设计中的地位与应用前景。

第六章

高分子材料及加工工艺

早在远古时期，人类就已经学会使用天然高分子材料，如木材、棉花、蚕丝、皮毛等。如今，高分子材料已成为人们生活和生产不可缺少的一部分，合成高分子材料的世界年产量已达到亿吨量级。高分子材料是以高分子聚合物为基料而制成的材料，是各种塑料、橡胶、纤维等有机非金属材料的总称。高分子材料与工业产品设计有密切关系，材料选用得当，可以获得高性价比的产品。虽然与金属、玻璃、陶瓷等材料相比，高分子材料是一类相对新兴的材料，但由于其自身特殊的性能以及加工、成本等方面的优势，使得高分子材料在现代产品中应用的比例越来越高。以塑料为例，因其具有易加工、质轻、比强度高、耐冲击性好、绝缘性好、可任意着色且着色坚固等特点，广泛应用于汽车、机械、电子电器、家用电器、医疗卫生、化工、能源、航天航空以及国防等各个领域。

6.1 高分子聚合物的基本知识

高分子聚合物又叫做高聚物，是由千万个原子彼此以共价键连接的大分子化合物。通常由碳、氢、氧、硫、氮等元素组成，其中主要是碳氢化合物及其衍生物。

1. 高分子聚合物的特点

高分子具有和低分子截然不同的结构特征。归纳比较如下：

(1) 具有可分割性

低分子物质的分子不能用一般的机械方法把它分开。如果把它分开，其性质就发生了变化，成为另外的物质。而高分子则不然，因为它的分子很大。当用外力把分子拉断或切开变成两个分子后，高分子化合物的性质一般没有明显的改变。高分子结构的这种特征称为可分割性。

(2) 具有弹性

所谓弹性是指材料形变的可恢复性。高分子化合物在外力作用下发生形变，当外力解除，这种形变就可以恢复到原状。弹性是高分子聚合物重要的特性之一。

(3) 具有可塑性

高分子聚合物受热达到一定温度后，先是经过一个较长的软化过程，而后才能变为黏流状态。这是由于高分子聚合物是由很长的大分子链所构成。当链的某一部分受热时，须经过一定的时间和温度间隔，整个大分子链才会变软，这时高分子聚合物具有可塑性。这一特点对聚合物的加工成型十分重要。

(4) 具有绝缘性

高分子聚合物对电、热、声具有良好的绝缘性能。从结构上看这是因为高分子聚合物大都是有机化合物，分子中的化学键都是共价键，不能电离，因此不能传递电子，又因为大分子链呈蜷曲状态，互相纠缠在一起，在受热、受声作用之后，分子不易振动起来，因而它对热、声也具有绝缘性。

2. 高分子聚合物的组成和结构

(1) 高分子聚合物的组成

高分子聚合物是由成千上万个小分子单体通过聚合反应而构成的。高分子聚合物虽然分子量很大，但化学组成比较简单，都是由简单的结构单元以重复的方式连接而成，例如，聚乙烯是由乙烯单体聚合而成，可以写作 $(-CH_2-CH_2-)_n$，它是由许多结构单元 $(-CH_2-CH_2-)$ 重复连接的，这种重复结构单元称为“链节”，重复的次数称为“聚合度”。聚合度和高分子的分子量有如下关系：

$$M=n\times m$$

式中，M——高分子的分子量；

n——高分子的聚合度；

m——链节的分子量。

(2) 高分子聚合物的结构

高分子聚合物的结构包括分子链结构和聚集态结构。

分子链结构通常分为线型结构、枝链型结构和网型结构。线型结构的高分子在拉长或低温下易呈直线形状，而在较高温度下或稀溶液中，则易成蜷曲形状，如图 6-1(a) 和图 6-1(b) 所示。这种长链形状分子的特点是可溶和可熔。它可以溶解在一定的溶剂中，而加热时又可以熔化。基于这一特点，线型分子易于加工，可以反复使用；枝链型结构的高分子好像一根“节上生枝”的树干一样，如图 6-1(c) 所示。它的性质和线型结构基本相同；网型结构的高分子是在长链大分子之间有若干支链把它们交联起来，构成一种网似的形状。如图 6-1(d) 所示。如果这种支链向空间伸展的话，便得到体型大分子结构。这种聚合物在任何状况下都不熔化，也不溶解。

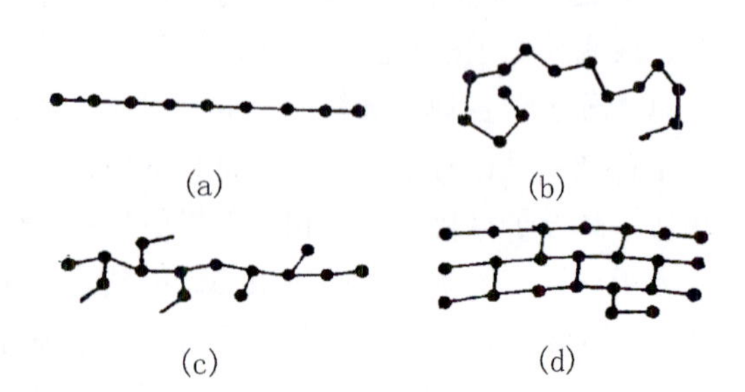

图 6-1　大分子的形状

(a)，(b) 线型结构；

(c) 枝链型结构；(d) 网型结构

聚集态结构根据分子的排列状态分为晶态聚合物和非晶态聚合物。

3. 高分子聚合物的分类

聚合物的种类非常繁多，品种更是数不胜数。可以按照不同的原则，或从不同角度把聚合物加以分类，见表 6-1。

表 6-1　聚合物常见的分类方法

分类	类别	举例与特性
按聚合物的来源	天然聚合物	如天然橡胶、纤维素、蛋白质等
	人造聚合物	经人工改性的天然聚合物，如硝酸纤维、醋酸纤维（人造丝）
	合成聚合物	由低分子物质合成的。如聚氯乙烯、聚酰胺
按聚合反应类型	加聚物	由加成聚合反应得到的，如聚烯烃
	缩聚物	由缩合聚合反应得到的，如酚醛树脂
按聚合物的性质	塑料	有固定形状、热稳定性与机械强度，如工程塑料
	橡胶	具有高弹性，可做弹性材料与密封材料
	纤维	单丝强度高，可做纺织材料
按聚合物的热行为	热塑性聚合物	线型结构加热后仍不变
	热固性聚合物	线型结构加热后变体型
按聚合物分子的结构	碳（均）链聚合物	一般为加聚物
	杂链聚合物	一般为缩聚物
	元素有机聚合物	一般为缩聚物

通常按高分子材料的综合特性来分类：

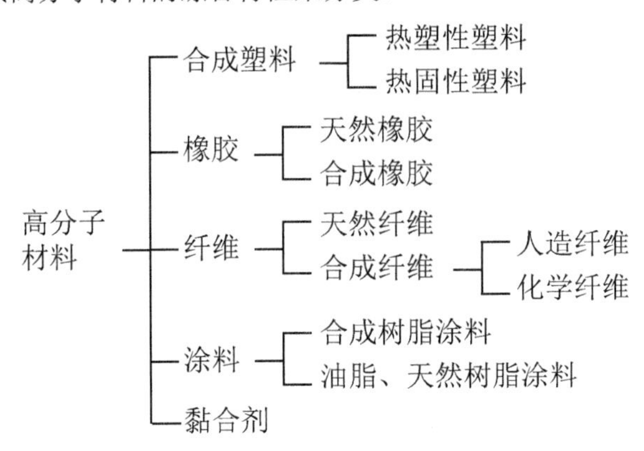

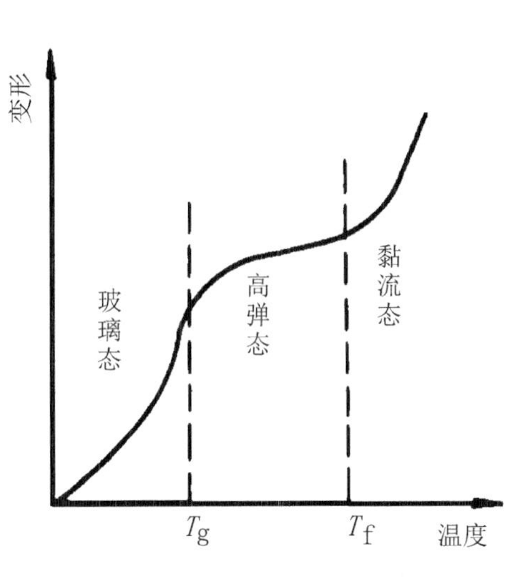

图 6-2　线型聚合物形变—温度图

4. 高分子聚合物的力学状态

随着温度的变化，聚合物可以呈现不同的力学状态。在应用上，材料的耐热性（变形或变质温度），耐寒性（变硬或易脆裂的温度）有着重要意义，而热性能取决于大分子的分子结构及聚集态结构。由于温度和聚合物形变的关系能比较全面地反映高分子运动的状态，因此通过形变—温度曲线和特征温度的讨论，可了解热性能与结构的关系。在线型聚合物中，由于链段热运动程度不同，一般可出现三种不同的力学状态：玻璃态、高弹态和黏流态，见图 6-2。

(1) 玻璃态

玻璃态相当于小分子物质的固态。在玻璃态时由于温度较低，大分子链和链段都不能产生运动。在外力的作用下，只能使大分子中的原子作轻微的振动，从而产生较小的可逆形变，如图 6-3 所示。

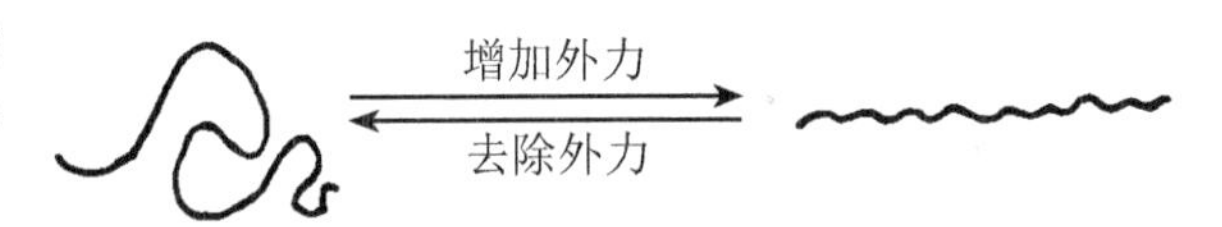

图 6-3　普弹形变时大分子链键角变化示意图

(2) 高弹态

随着温度继续增加，到达玻璃化温度时，聚合物进入高弹态。分子链段获得足够的能量而发生运动产生较大的形变——高弹形变，这种形变具有可逆性，如图 6-4 所示。在常温下处于高弹态的聚合物，可作为弹性材料使用。

增加外力

去除外力

图 6-4　高弹形变时大分子形状变化示意图

(3) 黏流态

当温度继续增加达到软化温度时，聚合物进入黏流态，整个大分子链开始运动，产生相对滑移，形成很大的形变，这种形变具有不可逆性，如图 6-5 所示。聚合物的黏流态不同于玻璃态和高弹态，它不是一种使用状态，而是工艺状态。

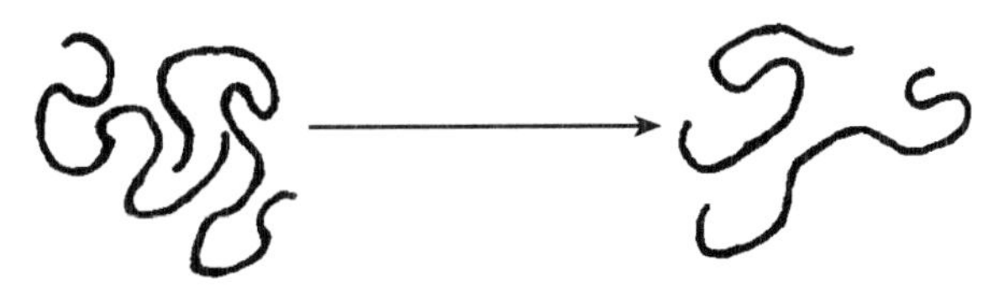

图 6-5　黏性形变时大分子链变化示意图

聚合物从玻璃态向高弹态转变时的温度（见图 6-2）称为玻璃化温度，用 T_g 表示。其转变过程称为玻璃化转变，是高分子材料使用的最高温度，如使用温度高于 T_g，则要产生较大的形变或断裂。聚合物的玻璃化温度很有实际意义。聚合物的玻璃化温度越高，它的耐热性也就越好。

聚合物从高弹态向黏流态转变时的温度称为黏流温度，用 T_f 表示。T_f 是聚合物大分子链开始滑动时的温度，T_f 主要和聚合物的分子量有关，而结构的影响较小。分子量越大 T_f 亦越高。T_f 的高低决定聚合物加工成型的难易。

若聚合物在常温下呈玻璃态，则可用来做塑料。若在常温下呈高弹态，则可作为弹性材料使用，如橡胶。

综上所述，聚合物在各状态的力学行为特征和分子机理如表 6-2 所示。

表 6-2　聚合物力学三态的分子机理和力学行为特征

状态	力学行为特征	分子机理
玻璃态	① 弹性模量大 ② 断裂伸长率小（＜ 1%） ③ 形变是可逆的 ④ 力学性能（如弹性模量）依赖于原子的性质	原子的平均位置发生位移
高弹态	① 弹性模量小 ② 断裂伸长率大，(100% ～ 1000%) ③ 形变是可逆的 ④ 力学性能依赖于链段的性质	链段发生位移
黏流态	① 弹性模量小 ② 形变率很大 ③ 形变是不可逆的 ④ 力学性能（如黏度）依赖于分子链的性质	大分子链整体发生位移

6.2 塑料的基本特性

塑料作为一种具有多种特性的使用材料，在世界各国获得迅速的发展，其主要原因是塑料的原料广，性能优良（质轻、具有电绝缘性、耐腐蚀性、绝热性等），加工成型方便，具有装饰性和现代质感，而且塑料的品种繁多，价格比较低廉，广泛应用于仪器、仪表、家用电器、交通运输、轻工、包装等各个领域（图 6-6）。据有关资料预测，到 2010 年世界塑料的产量将与钢铁产量相等，“以塑代钢”，“以塑代木”，使塑料迅速成为与钢铁、有色金属、无机非金属材料同步发展的基础材料。

图 6-6　塑料制品

1. 塑料的组成

塑料是以合成树脂为主要成分，适当加入填料、增加剂、稳定剂、润滑剂、色料等添加剂，在一定温度和压力下塑制成型的一类高分子材料。塑料各组分在塑料中所起的作用阐述如下：

(1) 合成树脂

人工合成的高分子聚合物，是塑料的基本原料，起着胶黏作用，能将其他组分胶结成一个整体，并决定塑料的类型（热塑性和热固性）和基本性能。因此塑料的名称也多用其原料树脂的名称来命名，如聚氯乙烯塑料、酚醛塑料等。

(2) 添加剂

添加剂的加入，可改善塑料的某些性能，以获得满足使用要求的塑料制品。

填料：塑料中的另一重要组成部分，主要的是在塑料配方中相对的呈惰性的粉状材料或纤维材料，通常填料的加入量为 40% ～ 70%。约占塑料制品总质量的 20% ～ 50%，它可以降低塑料的成本（因填料比树脂便宜），还能改善塑料的性能，提高塑料的机械性能、耐热性能和电性能。如玻璃纤维可提高塑料的机械性能；石棉可增加塑料的耐热性；云母可增加塑料的电绝缘性能；石墨、二硫化钼可提供塑料的耐磨性能等。对填料的要求是易被树脂润湿、与树脂有很好的黏附性、本身性质稳定、价格便宜、来源丰富等。填料的种类很多，按其形状可分为：粉状填料、纤维填料、片状填料。

增塑剂：改进塑料的可塑性、柔软性，降低其刚性和脆性，降低软化温度和熔融温度、减小熔体黏度、增加其流动性，使塑料易于加工成型，从而改善聚合物的加工性和制品的柔韧性，并使塑料易于加工成型。对增塑剂的要求是与树脂有较好的相溶性，挥发性小，不易从制品中跑出来，无毒、无味、无色，对光和热比较稳定。常用的增塑剂是液态或低熔点固体的有机化合物，其中主要有邻苯二甲酸酯类、癸二酸酯类和氧化石蜡等。增塑剂的用量一般不超过 20%。

稳定剂：防止塑料在加工和使用过程中，因受热、氧气和光线作用而变质、分解，以延长塑料的使用寿命。稳定剂在塑料成型过程中应不分解，应耐水、耐油、耐化学腐蚀，并易于树脂混溶。稳定剂包括热稳定剂和光稳定剂两类，热稳定剂是以改善聚合物热稳定性为目的的添加助剂，光稳定剂是指能够抑止或削弱光降解作用、提高材料耐光性的物质。

润滑剂：润滑剂是为防止塑料在成型过程中黏在模具上所加入的物质。提高塑料在加工成型中的流动性和脱模性。润滑剂还可以使塑料制品的表面光亮美观。常用的润滑剂有硬脂酸及其盐类，一般用量较少，常为 0.5% ～ 1.5%。

着色剂：使塑料具有一定的色彩，以满足使用要求。在塑料中可用有机染料或无机颜料着色，一般要求染料性质稳定、不易变色、着色力强、色泽鲜艳、耐温、耐光型号、捕鱼其他成分（如增塑剂、稳定剂等）起化学反应、与树脂有很好的相溶性。

固化剂：与树脂起化学作用，形成不溶不熔的交联网结构。为得到热固性塑料，则须加入固化剂。固化剂受热能释放出游离基来活化高分子链或含有反应性官能团，使分子链间发生化学反应，由线型结构转化为体型结构，形成不溶不熔的交联网结构。固化剂种类很多，采用哪一种固化剂，需要根据塑料品种及加工条件而定。

其他添加剂：有的塑料制品在使用中因摩擦产生静电，这种静电积蓄不散会影响制品的使用安全性，同时也易吸尘、沾污，并影响外观，对此类塑料须加入抗静电剂。其他如发泡剂、阻燃剂、荧光剂等，则根据塑料制品的需要而添加。

塑料的添加剂除上述几种外，还有发泡剂、抗静电剂、阻燃剂、防霉菌剂、防蚁剂等。根据塑料的品种和使用要求，可选择添加不同的添加剂。

2. 塑料的分类

塑料种类繁多，组成结构的不同，其性能和用途也各不相同，通常采用以下两种分类方法：

(1) 按热行为分：塑料按其热行为可分为热塑性塑料和热固性塑料。

①热塑性塑料：在特定温度范围内受热软化（或熔化），冷却后硬化，并且能多次反复，其性能也不发生显著变化的塑料。热塑性塑料在加热软化时，具有可塑性，可以采用多种方法加工成型，成型后的机械性能较好，但耐热性和刚性较差。常见的热塑性塑料有：聚乙烯、聚丙稀、聚氯乙烯、ABS、聚酰胺、聚碳酸酯、聚砜等。

②热固性塑料：在一定温度压力下或在固化剂、紫外光等条件作用下固化生成不溶、不熔性能的塑料。热固性塑料在固化后不再具有可塑性，刚度大，硬度高，尺寸稳定，具有较高的耐热性。温度过高时，则会被分解破坏。常见的热固性塑料有：酚醛塑料、环氧塑料、氨基树脂、有机硅塑料等。

表 6-3 为热塑性塑料和热固性塑料的性能特征对比。

(2) 按其应用分：塑料按其应用可分为通用塑料、工程塑料和特种塑料。

①通用塑料：通用塑料一般是指使用广泛，产量大，用途多，价格低廉的塑料（图 6-7），如聚乙烯、聚丙烯、聚氯乙烯、聚苯乙烯、酚醛树脂及氨基树脂等。

②工程塑料：工程塑料通常是指性能优良，能承受一定外力

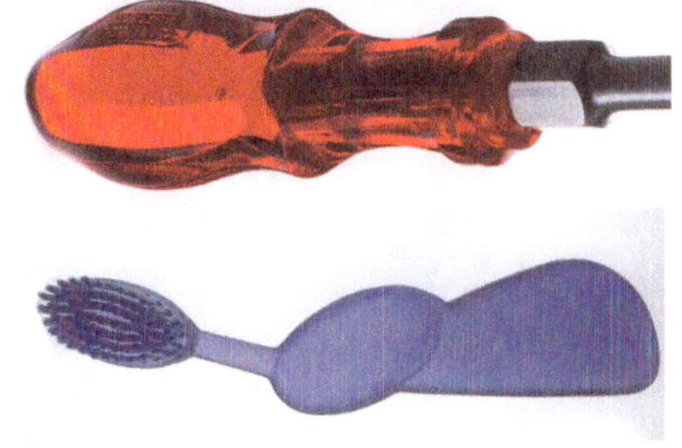

图 6-7　通用塑料产品

表 6-3 热塑性塑料和热固性塑料的性能特征对比

项目	热塑性塑料	热固性塑料
加工特性	受热软化、熔融制成一定形状的型坯，冷却后固化定型为制品	为成型前受热软化、熔融，制成一定形状的型坯，在加热或固化剂作用下，一次硬化定型
重复加工	再次受热，仍可软化、熔融，反复加工	受热不熔融，达到一定温度分解，不能反复加工
溶剂中情况	可以溶解	不可以溶解
化学结构	线型高分子	由线型分子变成体型分子
成型中的变化	物理变化	物理变化、化学变化
举例	PE，PP，PVC，ABS，PS 等	PF，UF，MF，ER，UP 等

作用和具有较高的机械强度，适用作工程材料或结构材料的塑料（图 6-8），如聚酰胺、聚碳酸脂、ABS、聚甲醛、聚砜等。

③特种塑料：特种塑料又称功能塑料，是指具有特殊功能，能满足特殊使用要求的塑料，如医用塑料、导电塑料等。

图 6-8 采用工程塑料制作的电脑

3. 塑料的一般特性

造型材料要求能自由成型或易加工，并能够充分发挥材料的特性，符合产品所要求的特性，作为人工合成开发的塑料恰好能满足这些要求。虽塑料制品的性能，根据其种类、成型条件及使用环境等变化较大，但与其他材料相比较，塑料具有良好的综合特性。

①塑料质轻，比强度高（比强度是指按单位重量计算的强度）。

一般塑料比重在 0.9～2.3 g/cm³ 之间，聚乙烯、聚丙烯的密度最小，约为 0.9 g/cm³，最重的聚四氟乙烯的密度不超过 2.3 g/cm³，而最轻的泡沫塑料只有 0.01 g/cm³。塑料比钢铁、铜轻得多，与铝、镁相当，有利于产品的轻量化。

塑料强度低，一般塑料的抗拉强度只有几十兆帕，比金属低得多；但是由于密度小，其比强度却很高，某些塑料的比强度比钢铁还高。因此某些工程塑料能够代替部分金属材料制造多种机器零部件；表 6-4 所列为几种金属与塑料的比强度。

②多数塑料有透明性，并富有光泽，能着鲜艳色彩。大多数塑料可制成透明或半透明制品，可以任意着色，且着色坚固，不易变色（图 6-9）。表 6-5 列出了几种塑料与玻璃的透光率。

图 6-9 各种色彩的塑料制品

③优异的绝缘性：大多数塑料在低频、低压下具

表 6-4 几种金属与塑料的比强度

材料名称	比抗张强度 / 10^3cm（抗张强度 / 密度）	材料名称	比抗张强度 / 10^3cm（抗张强度 / 密度）
钛	2095	玻璃纤维增强环氧树脂	4627
高级合金钢	2018	石棉酚醛塑料	2032
高级铝合金	1581	尼龙 66	640
低碳钢	527	增强尼龙	1340
铜	502	有机玻璃	415
铝	232	聚苯乙烯	394
铸铁	134	低密度聚乙烯	155

有良好的电绝缘性能，有的即使在高频、高压下也可以作电器绝缘材料或电容介质材料（图6-10）。塑料的导热率极小，只有金属的1/600～1/200，泡沫塑料的导热率与静态空气相当，被广泛用作绝热保温材料或建筑节能、冷藏等绝热装置材料（图6-11）。

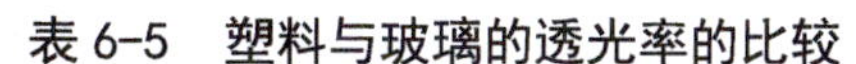

表6-5　塑料与玻璃的透光率的比较

板厚（3mm）	透光率/%	板厚（3mm）	透光率/%
聚甲基丙烯酸甲酯	93	聚酯树脂	65
聚苯乙烯树脂	90	脲醛树脂	65
硬质聚氯乙烯	80～88	玻璃	91

④耐磨、自润滑性能好：大多数塑料具有优良的减磨、耐磨和自润滑特性，可以在无润滑条件下有效工作。利用塑料的这个特性，许多工程塑料可用于制造耐磨零件（图6-12）。

⑤塑料有耐化学药品性：多数塑料都有良好的化学稳定性，对一般浓度的酸、碱、盐等化学药品具有良好的耐腐蚀性能，其中最突出的是聚四氟乙烯，连“王水”也不能腐蚀，是一种优良的防腐蚀材料。

图6-10　塑料电线和插头

⑥塑料成型加工方便，能大批量生产。

塑料通过加热、加压可塑制成各种形状的制品（图6-13），制品造型基本上不受形态的制约，可较好地表达设计师的设计构思，产品造型易实现简洁流畅和整体化。此外，塑料易于易进行切削、连接、表面处理等二次加工，精加工成本低。

塑料虽然具有以上优良性能，但也存在许多不足之处，与金属及其他工业材料相比较有以下缺点：

①塑料不耐高温，低温容易发脆。多数塑料虽不易燃烧，但在300℃以下发生变形，燃烧时放出有毒气体。由于耐热性较差，使塑料的用途受到限制。

②塑料制品易变形。温度变化时尺寸稳定性较差，成型收缩较大，即使在常温负荷下也容易变形。

图6-11　聚氨酯泡沫材料

③塑料有“老化”现象。塑料在长时间使用或储藏过程中，质量会逐渐下降。这是由于受周围环境如氧气、光、热、辐射、湿气、雨雪、工业腐蚀气体、溶剂和微生物等的作用后，塑料的色泽改变、化学构造受到破坏，机械性能下降，变得硬脆或软黏而无法使用，这称为塑料的“老化”，它是塑料制品性能中的一个严重缺陷。

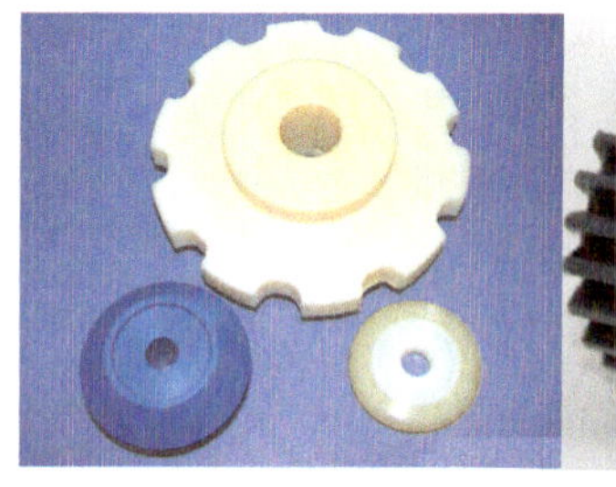

图6-12　塑料轴承

④塑料制品有摩擦带电现象，易吸附尘埃，特别是在干燥的冬季。

但是，随着塑料工业的发展和塑料材料研究的深入，塑料的缺点正被逐渐克服，性能优异的新型塑料和各种塑料复合材料正不断涌现。

6.3 塑料的工艺特性

塑料的工艺特性是指将塑料原料转变为塑料制品的工艺特性，包括塑料的成型工艺和加工工艺特性。通常把注射成型、挤出成型、吹塑成型、压制成型等工艺称为塑料的成型工艺（一次加工），而将塑料的机械加工、热成型、连接、表面处理等称为

图6-13　塑料成型加工制品

塑料的加工工艺（二次加工）。

塑料的成型加工工艺方法很多，根据加工时塑料所处状态的不同，塑料工艺的方法大体可分为三种：

①处于玻璃态的塑料，可以采用车、铣、钻、刨等机械加工方法和电镀、喷涂等表面处理方法；

②当塑料处于高弹态时，可以采用热压、弯曲、真空成型等加工方法；

③把塑料加热到黏流态，可以进行注射成型、挤出成型、吹塑成型等加工。

塑料工艺方法的选择取决于塑料的类型（热塑性或热固性）、特性、起始状态及制成品的结构、尺寸和形状等。

6.3.1 塑料的成型工艺

塑料的成型工艺是使塑料成为具有实用价值制品的重要环节。塑料成型是将不同形态（粉状、粒状、溶液或分散体）的塑料原料（图 6-14）按不同方式制成所需制品的工艺过程，是塑料制品生产的关键环节。塑料成型工艺有多种，一般可采用注射、挤出、吹塑、压制等方法成型。

图 6-14　粒状塑料原料

1. 注射成型

注射成型又称注塑成型，是热塑性塑料的主要成型方法之一，也适应部分热固性塑料的成型。其原理是利用注射机中螺杆或柱塞的运动，将料筒内已加热塑化的黏流态塑料用较高的压力和速度注入到预先合模的模腔内，冷却硬化后成为所需的制品。整个成型是一个循环的过程，每一个成型周期包括：定量加料－熔融塑化－施压注射－充模冷却－起模取件等步骤。注射成型原理如图 6-15 所示。在现代塑料的成型技术中，用注射成型法生产的制品，约占热塑性塑料制品的 20% ～ 30%。

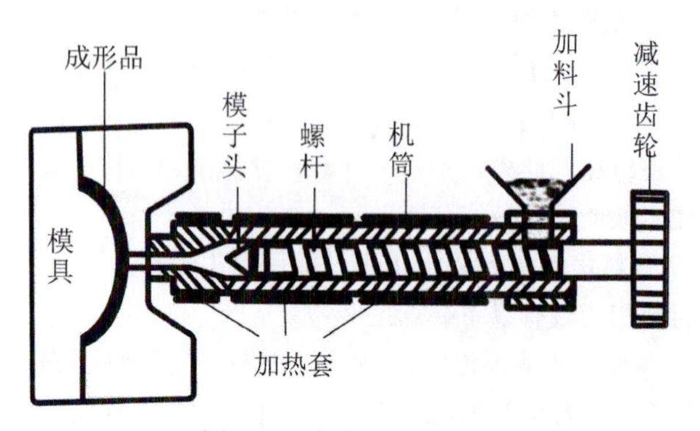

图 6-15　注射成型示意图

注射机是注射成型的主要设备（图 6-16），按外形特征可分为卧式注射机（图 6-17）、立式注射机（图 6-18）和角式注射机（图 6-19）。

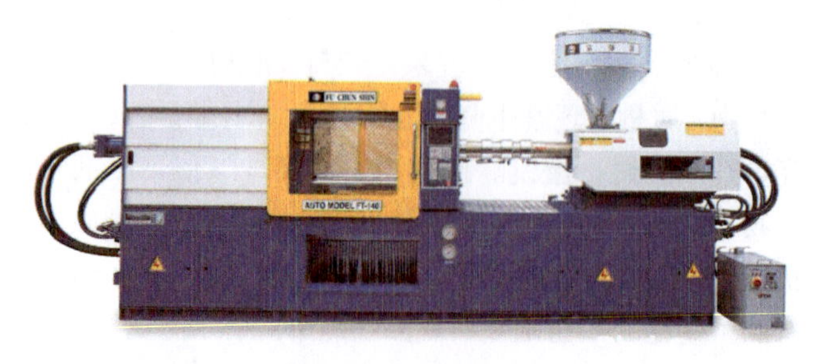

图 6-16　注射机

注射成型方法有以下优点：

①能一次成型外形复杂、尺寸精确、带有金属或非金属嵌件的制品（图 6-20）。可以极方便地利用一套模具，成批生产尺寸、形状、性能完全相同或不同的产品（图 6-21）。

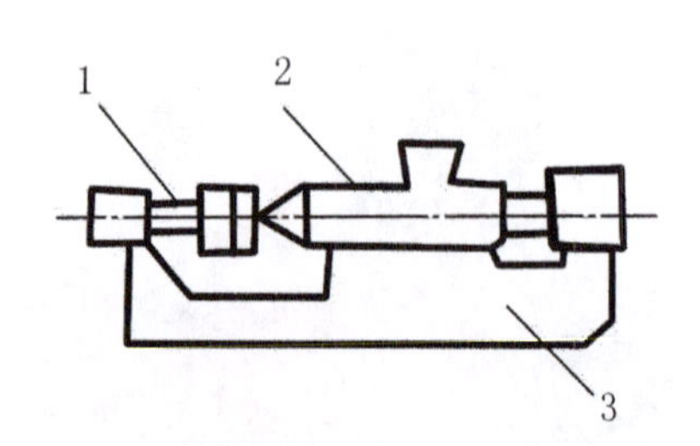

图 6-17　卧式注射成型机
1—合模装置；
2—注射装置；3—机身

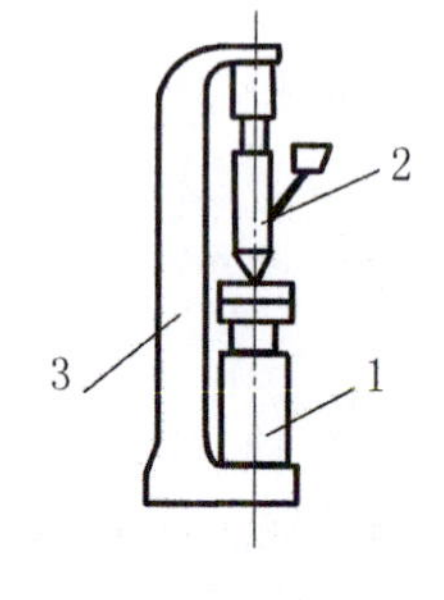

图 6-18　立式注射成型机
1—模装置；2—注射装置；3—机身

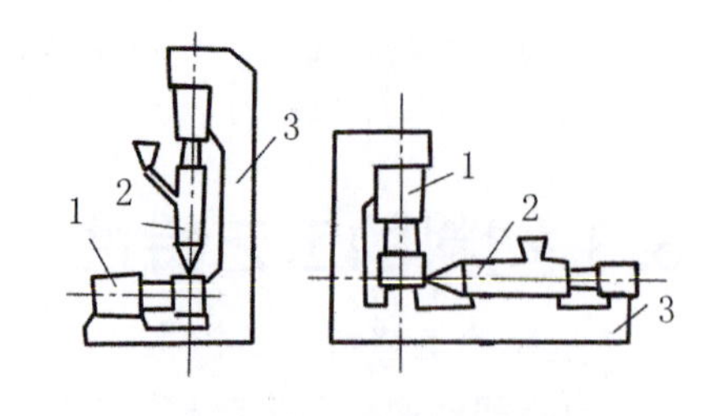

图 6-19　角式注射成型机
1—合模装置；
2—注射装置；3—机身

第六章　高分子材料及加工工艺

②注塑成型的成型周期短（几秒到几分钟），一般制件只需 30 ～ 60 秒可成型，比如水杯成型只需 1 ～ 2 秒，水桶成型只需 20 秒，即使一些大型产品的成型也只需 3 ～ 4 分钟。成型产品质量可由几克到几十千克。

③该方法适应性强，生产性能好，注塑成型的全过程可实现自动化控制或半自动化作业，具有较高的生产效率和技术经济指标，适于大批量生产，而且产品尺寸精度高、质量稳定，是所有成型方法中生产效率最高的成型方法。

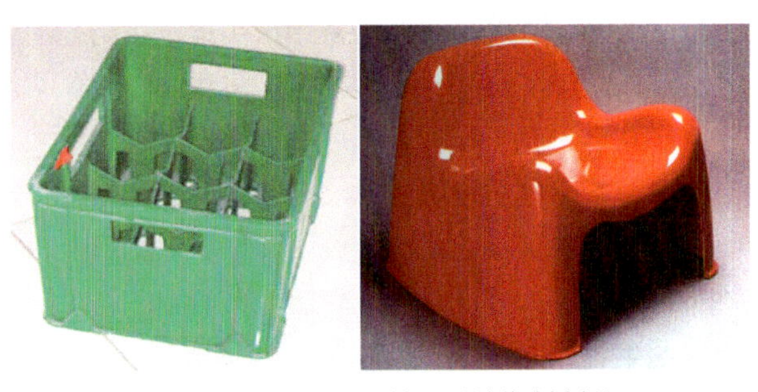

图 6-20　一次性注射成型的塑料制品

同时，注塑成型法除上述特点之外，还具有原材料损耗小、操作方便、成型的同时，产品可取得着色鲜艳的外表等长处。

注塑成型的不足之处是：用于注塑成型的模具价格是所有成型方法中最高的，所以小批量生产时，经济性差。一般注塑成型的最低生产批量为 5 万个左右。另外注塑成型虽能生产其他方法所无法生产的形状复杂的产品，但制造这些产品的模具往往难以制造。

图 6-21　塑料注塑模中零件分布

注塑成型使用量最多的是聚乙烯、聚丙烯、聚氯乙烯、聚苯乙烯及 ABS 树脂等热塑性塑料。最初的注塑工艺只能应用于热塑性塑料，现在热固性塑料也能进行注塑加工。

注塑成型是对产品设计影响最大的加工成型工艺，注塑技术的发展给设计师提供了几乎完全自由的设计空间。注塑产品覆盖了整个产品设计领域，消费产品、商务产品、通信产品、医用产品、体育设备等各领域都有塑料注塑产品（图 6-22）。

图 6-22　塑料注塑产品

2. 挤出成型

挤出成型又称挤塑成型，主要适合热塑性塑料成型，也适合一部分流动性较好的热固性塑料和增强塑料的成型。其原理是利用挤出机机筒内螺杆的旋转运动，使熔融塑料在压力作用下连续通过挤出模的型孔或口模，待冷却定型硬化后而得各种断面形状的制品，其成型原理如图 6-23 所示。一台挤出机（图 6-24）只须更换螺杆和机头，就能加工不同品种塑料和制造多种规格的产品。

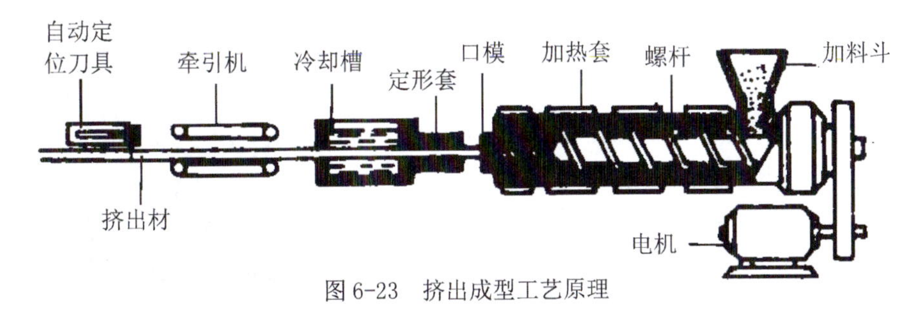

图 6-23　挤出成型工艺原理

挤出模口模的截面形状决定了挤出制品的截面形状，但是，挤出后的制品由于冷却、受力等各种因素的影响，制品的截面形状和模头的挤出截面形状并不是完全相同的。例如，制品是正方形型材（图 6-25(a)）；那么，口模形状肯定不是正方形的孔（图 6-25(b)）；如果将口模的孔设计成正方形（图 6-25(d)），则挤出的制品就是方鼓形（图 6-25(c)）。

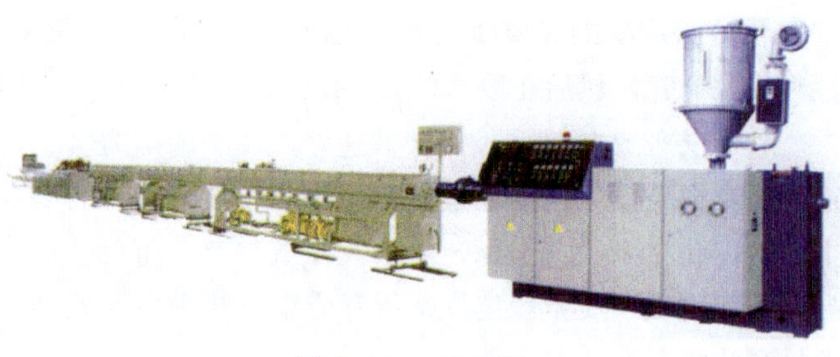

图 6-24　挤出机

挤出成型是塑料加工工业中应用最早、用途最广、适用性最强的成型方法。与注射成型相似，几乎所有工程塑料都可采用挤出法进行成型。与其他成型方法相比，挤出成型具有突出的优点：①设备成本低，占地面积小，生产环境清洁，劳动条件好；②生产效率高；③操作简单，工艺过程容易控制，便于实现连续自动化生产；④产品质量均匀、致密；⑤可以一机多用，进行综合性生产。

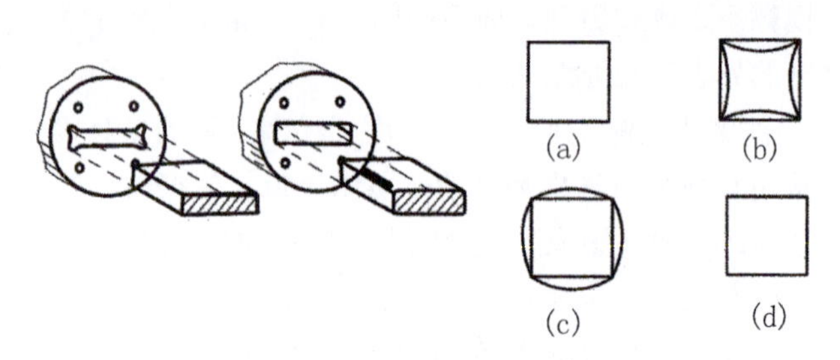

图 6-25　挤出模截面示意图

(a) 制品形状；(b) 口模形状；(c) 制品形状；(d) 口模形状

挤出成型加工的塑料制品主要是连续的型材产品（图 6-26），如薄膜、管、板、片、棒、单丝、扁带、复合材料、中空容器、电线电缆包覆层及异型材料等。除此之外，挤出成型也可用于生产日用产品、车辆零件。在建筑材料方面的挤出产品有栅栏用材、雨搭、瓦楞板等室外用品，也有水管、地板、窗框、门板、窗帘盒等室内用品。日用品方面的挤出产品有浴室挂帘，浴盆盖等产品。

图 6-26　挤出成型的管材

目前挤出成型制品约占热塑性制品生产的 40% ～ 50%。可用于挤出成型的树脂除有用量最大的聚氯乙烯之外，还有 ABS 树脂、聚乙烯、聚碳酸酯、发泡聚苯乙烯等，也可将树脂与金属、木材或不同的树脂进行复合挤出成型。此外，挤出成型机还可用于工程塑料的塑化造粒、着色和共混等。所以挤出成型是一种生产效率高、用途广泛、适应性强的成型方法。

3. 压制成型

压制成型主要用于热固性塑料制品的生产，有模压法和层压法两种。压制成型的特点是：①制品尺寸范围宽，可压制较大的制品；②设备简单，工艺条件容易控制；③制件无浇口痕迹，容易修整、表面平整、光洁；④制品收缩率小、变形小、各项性能较均匀；⑤生产的产品大多是形状比较简单的产品。不能成型结构和外形过于复杂、加强筋密集、金属嵌件多、壁厚相差较大的塑料制件；⑥对模具材料要求高；⑦成型周期长，生产效率低，较难实现自动化生产。

压制成型根据物料的形状和成型加工工艺特征，分为有模压成型和层压成型两种。

(1) 模压成型

模压成型又称压塑成型。其原理是将定量的塑料原料置于金属模具内，闭合模具，利用模压机（图 6-27）加热加压，使塑性原料塑化流动并充满模腔，同时发生化学反应而固化成型，形成于模腔形状一致的制品。图 6-28 为模压成型示意图。模压成型制品质地致密，尺寸精确，外观平整光洁，无浇口痕迹，但生产效率较低。模压成型是热固性塑料和增强塑料成型的主要方法，部分热塑性塑料的成型也可采用此法，如聚四氟乙烯塑料先模压成型再烧结成制品。可用于模压成型的树脂主要有密胺树脂、尿素树脂、环氧树脂、苯酚树脂及不饱和聚酯等热固性塑料。可以生产儿童餐具、厨房用具等日用品及开关、插座等电器零件。

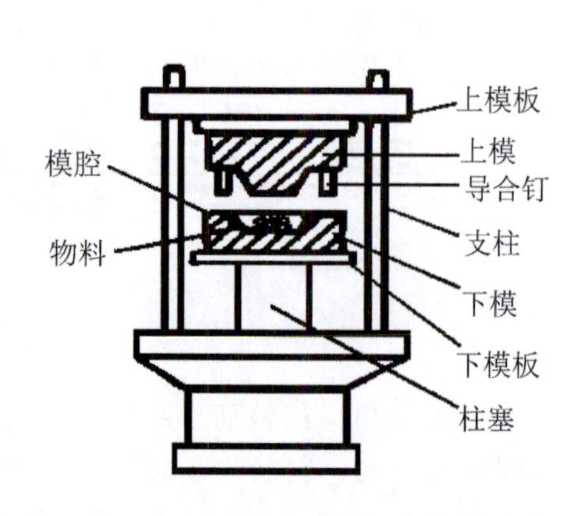

图 6-27　模压机及模具示意图

图 6-29 是 2005 年推出的双色马克杯，是采用不同颜色的同种塑料进行两次模压成型而得，即先模压塑黑色的外壳，然后在黑色外壳中放入彩色的树脂进行二次模压，从而形成了内外双色的效果。

(2) 层压成型

将浸渍过树脂的片状材料叠合至所需厚度后放入层压机中，在一定的温度和压力下使之黏合固化成层状制品，如图 6-30 所示。分为连续式层压成型和间歇式层压成型。层压成型制品质地密实，表面平整光洁，生产效率高。多用于生产增强塑料板材、管材、棒材和胶合板等层压材料。

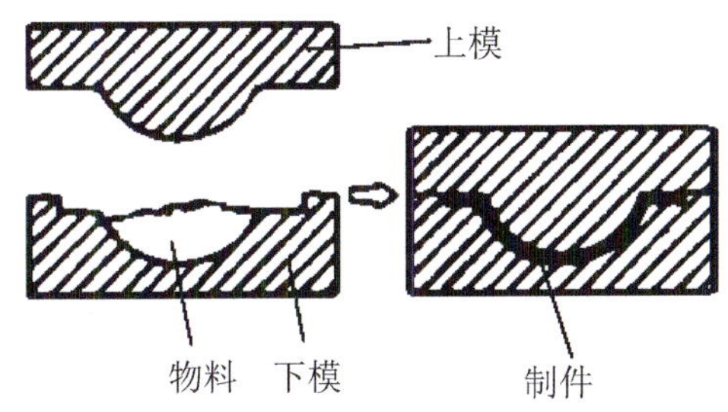

图 6-28　模压成型示意图

4. 吹塑成型

用挤出、注射等方法制出管状型坯，然后将压缩空气通入处于热塑状态的型坯内腔中，使其膨胀成为所需形状的塑料制品。用于吹塑成型的树脂中，聚乙烯占的量最大，除此之外还有聚氯乙烯、聚碳酸酯、聚苯烯、尼龙等材料。吹塑成型所生产的产品，包括塑料薄膜、中空塑料制品（瓶、桶、罐、油箱、玩具等）。

图 6-29　马克杯

吹塑成型分为薄膜吹塑成型和中空吹塑成型。

(1) 薄膜吹塑成型

薄膜吹塑成型是将熔融塑料从挤出机机头口模的环行间隙中呈圆筒形薄管挤出，同时从机头中心孔向薄管内腔吹入压缩空气，将薄管吹胀成直径更大的管状薄膜（俗称泡管），冷却后卷取。图 6-31 为薄膜吹塑生产流程示意图。薄膜吹塑成型主要用于生产塑料薄膜（图 6-32）。

(2) 中空吹塑成型

中空吹塑成型是生产中空塑料制品的方法。由于中空吹塑成型能够生产薄壁的中空产品，所以产品的材料成本较低，因而大量用于调味品、洗涤剂等包装用品的生产（图 6-33）。

中空吹塑成型通常有以下几种工艺：

①挤出吹塑：用挤出机挤出管状型坯，趁热将其夹在模具模腔内并封底，向管坯内腔通入压缩空气吹胀成型。图 6-34 为挤出吹塑机械及成型过程。挤出吹塑的特点是制品形状适应广，特别

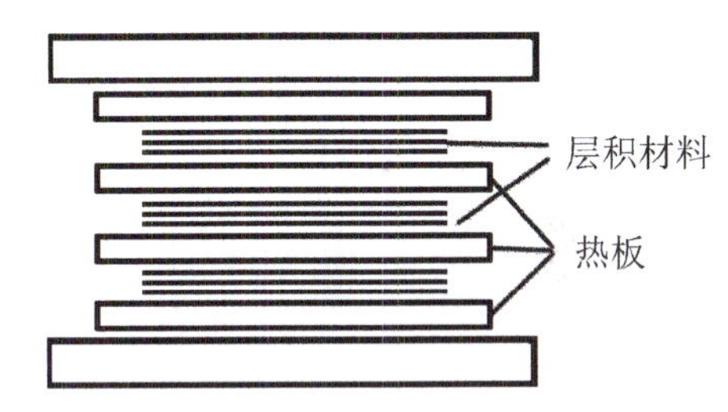

图 6-30　层压成型示意图

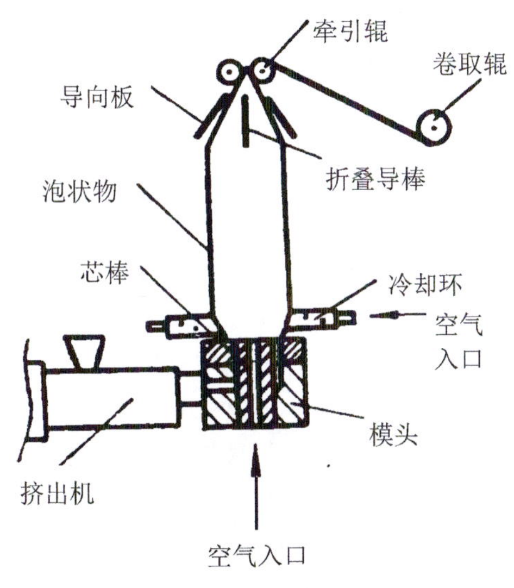

图 6-31　薄膜吹塑生产流程图

图 6-32　塑料薄膜

适于制造大型制件，制件底部强度不高，有边角料。

②注射吹塑：分为冷型坯吹塑和热型坯吹塑。前者是将注射制成的试管状有底型坯冷却后移入吹塑模内，将型坯再加热并通入压缩空气吹胀成型；后者则是将注射制成的试管状有底型坯立即趁热移入吹塑模内进行吹胀成型。注射吹塑的基本过程如图6-35所示。注射吹塑的特点是制件外观好，重量稳定，尺寸精确，无边角料。

③拉伸吹塑：将挤出或注射制成的型坯加热到适当的温度，进行纵向拉伸，同时或稍后用压缩空气吹胀进行横向拉伸。拉伸吹塑成型具有壁薄省料且强韧的优点，拉伸后制品的透明度、强度、抗渗透性明显提高。根据制坯方式，分为注射拉伸吹塑工艺（图6-36）和挤出拉伸吹塑工艺。前者主要用于PET瓶（图6-37）的生产，后者

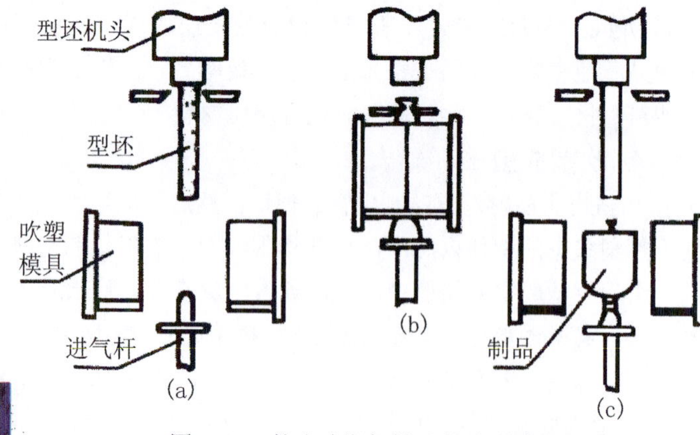

图6-34　挤出吹塑机械及其成型过程
(a) 挤出型坯；(b) 吹胀成型；(c) 脱模

图6-33　中空吹塑成型制品

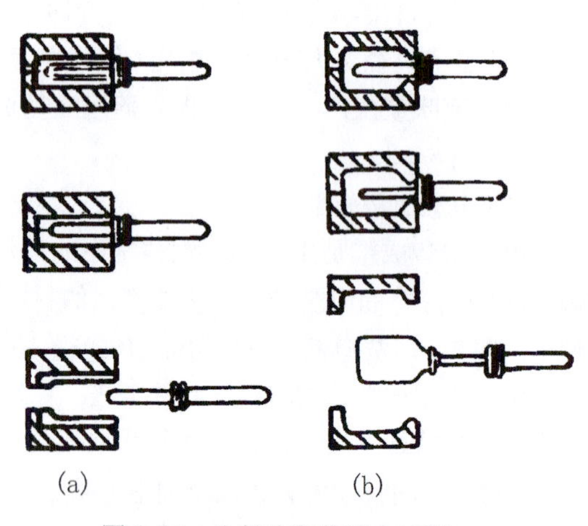

图6-35　注射吹塑的基本过程
(a) 型坯注射成型；(b) 型坯吹塑与脱模

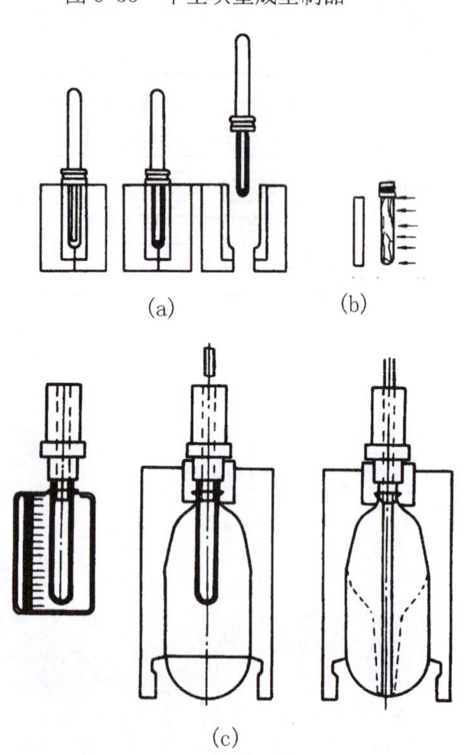

图6-36　注射拉伸吹塑工艺过程
(a) 型坯注射成型；
(b) 型坯再加热调温；(c) 型坯拉伸一吹塑

图6-37　PET瓶

多用于生产聚丙烯、聚氯乙烯中空制品。

注射拉伸吹塑工艺又可分为一步加工法和二步加工法。一步加工法又称热型坯法，是将成型型坯和拉伸吹塑一步完成，是指拉伸吹塑工艺过程中制备型坯、拉伸、吹塑三道主要工序是在一台机器中连续依次完成的。两步加工法又称冷型坯法，是先成型型坯，再将型坯再加热后进行拉伸吹塑，指生产过程分两步进行，第一步制备型坯，型坯经冷却后成为一种待加工的半成品。第二步将冷型坯进行再加热，使其达到要求的拉伸取向温度范围，然后进行拉伸和吹塑。

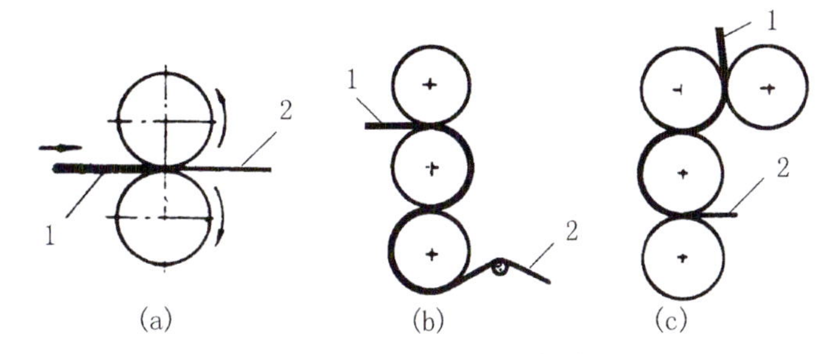

图 6-38　压延成型示意图
1—原料；2—薄料
(a) 两辊组合；(b) 三辊组合；(c) 四辊组合

近年来还发展了多层吹塑成型，多层吹塑成型用于制造 2 ～ 5 层的多层容器，采用多层多品种塑料组成容器壁，以解决内部介质的阻透问题。

5. 压延成型

压延成型是利用一对或数对相对旋转的加热辊筒，将热塑性塑料塑化并延展成一定厚度和宽度的薄型材料，如图 6-38 所示。压延成型产品质量好，生产能力大，多用于生产塑料薄膜、薄板、片材及人造革、壁纸、地板革等。

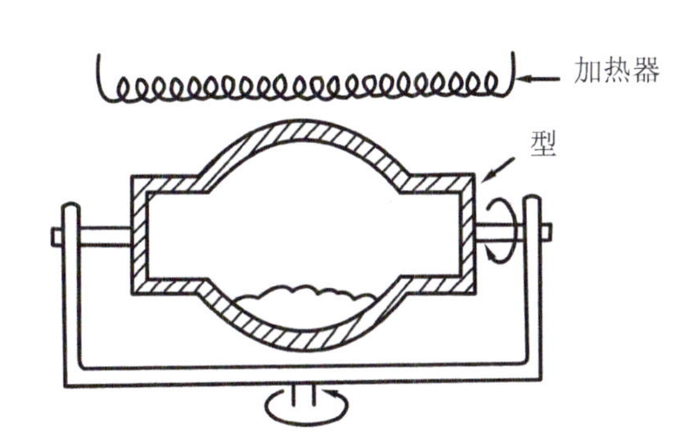

图 6-39　滚塑成型示意图

6. 滚塑成型

滚塑成型又称旋转成型，把粉状或糊状塑料置于模具中，加热并沿两垂直轴旋转模具，使模内物料熔融并均匀散布到模腔表面，经冷却脱模而得制品，如图 6-39 所示。滚塑成型所用模具及设备成本低，可同时生产多个制件，但生产效率较低。多用于生产各种形状的中空塑料制件，如大型容器、汽车零部件、玩具等。图 6-40 为采用滚塑成型生产的椅子。

图 6-40　滚塑成型制品（PE 管椅）

7. 搪塑成型

搪塑成型是将配置好的塑料糊注入预热的阴模中，使整个模具内壁均为该糊所湿润附着，待接触模壁的部分糊料胶凝时，倒出多余的未胶凝糊料，将模具加热使其中的糊料层完成胶凝，经冷却脱模而得制件，如图 6-41 所示。多用于生产中空软质塑料制品。

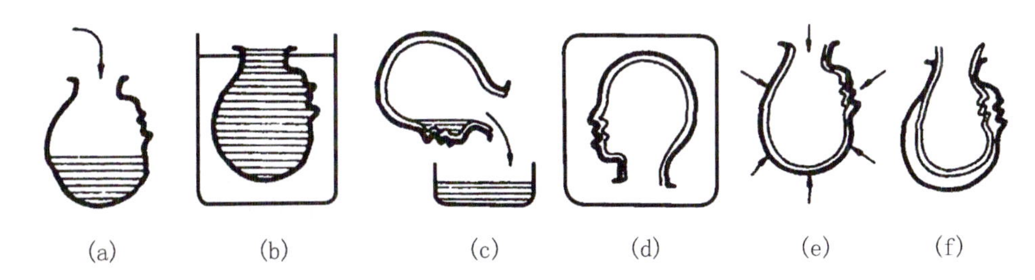

图 6-41　搪塑成型示意图
(a) 注入溶胶；(b) 加热；(c) 剩余溶胶倒出；(d) 加热至完全胶体化；(e) 冷却；(f) 取出

8. 铸塑成型

铸塑成型又称浇铸成型。将加有固化剂和其他助剂的液态树脂混合物料倒入成型模具中，在常温或加热条件下使其逐渐固化而成为具有一定形状的制品，如图 6-42 所示。铸塑成型工艺简单，成本低，可以生产大型制件，适用于流动性大而又有收缩性的塑料，如有机玻璃、尼龙、聚氨酯等热塑性塑料和酚醛树脂、不饱和聚酯、环氧树脂等热固性塑料成型采用。

9. 蘸涂成型

蘸涂成型是将蘸涂用的预热阳模浸入配置好的塑料糊料或粉料内，一段时间后慢慢提起阳模，阳模表面便均匀地附上一层塑料，经过热处理和冷却，从阳模上可剥下中空的成型制件。用粉末物料蘸涂时，先将粉末物料变为沸腾状态，再将加热的阳模浸入，此法称为硫化床蘸涂法。多用来制作防护手套、把手、玩具、柔性管等。图 6-43 为制作胶皮手套的陶瓷阳模。

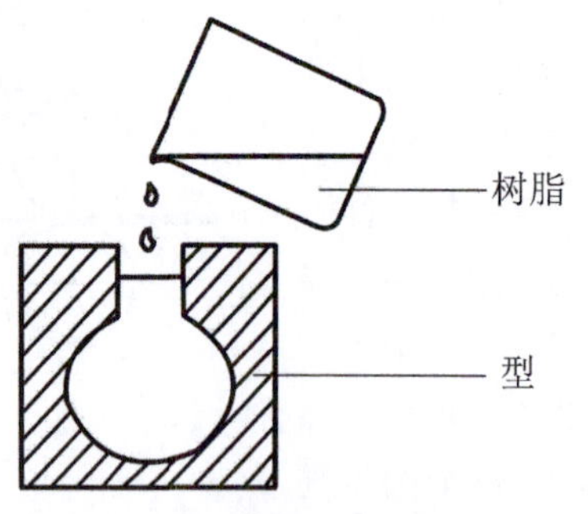

图 6-42　铸塑成型示意图

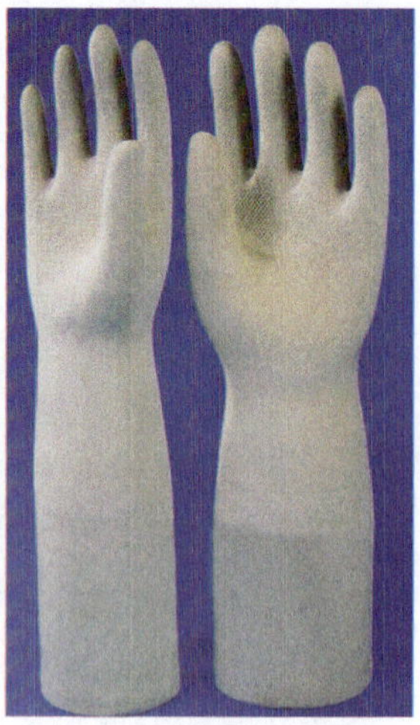

图 6-43　陶瓷手套阳模

10. 流延成型

流延成型是生产薄膜的方法之一。将流动性好的塑料糊料均匀地流布在运行的载体（如金属滚筒或传送带）上，随即用适当方法将其固化、干燥，然后从载体上剥取薄膜。此法模具成本低，产品表面光洁，适合小批量产品的生产。

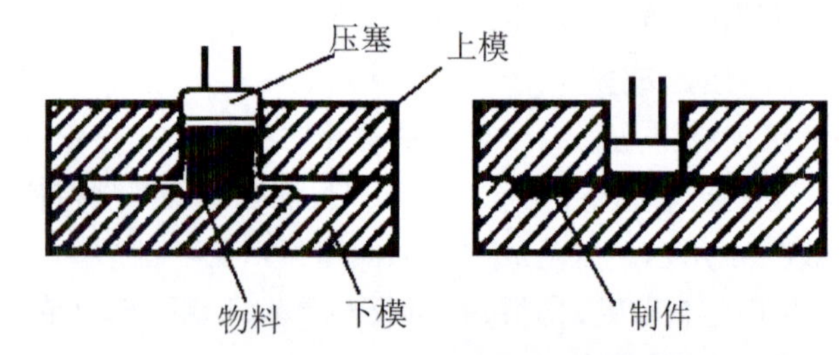

图 6-44　传递模塑成型示意图

11. 传递模塑成型

传递模塑成型又称传递压铸成型，热固性塑料的成型方法之一。将热固性塑料原料在加料腔中加热熔化。然后加压注入成型模腔中使其固化成型，如图 6-44 所示。传递模塑成型与模压成型相似，但又具有注射成型的特点，如制品尺寸精确，生产周期短，所用模具结构复杂（设有浇口和流道），适合生产形状复杂和带嵌件的制品。多用于酚醛塑料、氨基塑料、环氧塑料等热固性塑料成型。

12. 反应注塑成型

反应注塑成型简称 RIM，即有化学反应的注射成型法。将能发生化学反应的两种或两种以上液态单体或预聚体按一定比例混合后，立即注射到模具型腔中，快速反应而固化成型，冷却脱模而得制品。反应注塑成型要求原料应具有较高活性，能快速反应固化。主要用于聚氨酯塑料成型。

图 6-45　二次成型的塑料制品

6.3.2 塑料的二次加工

塑料的二次加工又称塑料的二次成型，是采用机械加工、热成型、连接、表面处理等工艺将一次成型的塑料板材、管材、棒材、片材及模制件等制成所需的制品。图 6-45 为采用二次成型而得的有机玻璃塑料制品。

1. 塑料机械加工

塑料机械加工包括锯、切、车、铣、磨、刨、钻、喷砂、抛光、螺纹加工等。

图 6-46 所示的塑料装饰品，是在透明丙烯酸塑料块上钻出一个个孔洞，孔洞进行染色，然后表面抛光而得。

塑料的机械加工与金属材料的切削加工大致相同，仍可沿用金属材料加工的一套切削工具和设备。但加工时应注意到：

图 6-46　塑料装饰品

①塑料的导热性很差，加工中散热不良，一旦温度过高易造成软化发黏，以至分解烧焦；②制件的回弹性大，易变形，加工表面较粗糙，尺寸误差大；③加工有方向性的层状塑料制件时易开裂、分层、起毛或崩落。

2. 塑料热成型

塑料热成型方法是塑料二次成型的主要方法，是热塑性塑料最简单的成型方法，其原理是将塑料板材（或管材、棒材）加热软化进行成型的方法（图 6-47）。

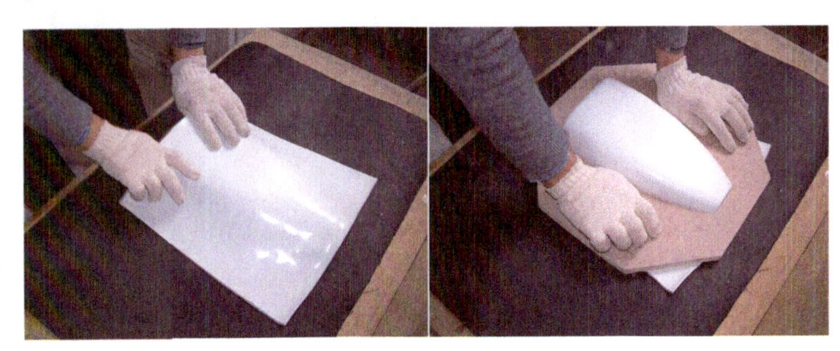
图 6-47　塑料热成型

热成型方法能生产从小到大的薄壁产品，设备费用、生产成本比其他成型方法低，所需模具简单，既适用于大批量生产，也适用于少量生产。大批量生产时使用铝合金制造的模具；少量生产时使用石膏或树脂制造的模具，或采用电铸成型的模具。但是这种成型方法不适宜成型形状复杂的产品以及尺寸精度要求高的产品，还有因这种成型方法是拉伸片材而成型，所以产品的壁厚难以控制。

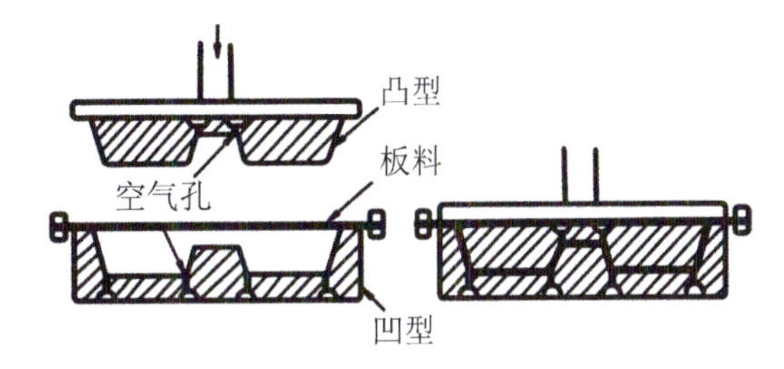

图 6-48　模压热成型示意图

可用于热成型的材料有 ABS、有机玻璃、聚氯乙烯、聚苯乙烯、聚碳酸酯、发泡聚苯乙烯等片材。热成型方法适用范围广，多用于热塑性塑料、热塑性复合材料的成型。其产品广泛用于包装领域。除包装领域外，冰箱内胆、机器外壳、照明灯罩、广告牌、旅行箱等产品也可采用热成型方法生产。

塑料热成型的主要成型方法有模压热成型和真空成型。

模压成型是将塑料板材加热软化后利用模具压制成型而得制品，如图 6-48 所示。

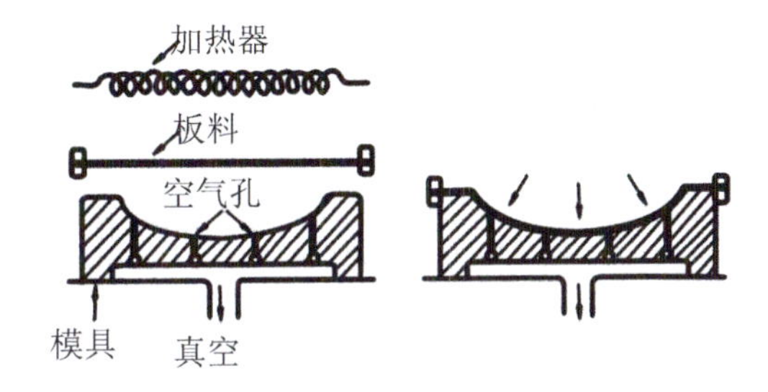

图 6-49　真空成型示意图

真空成型又称真空抽吸成型，是将加热的热塑性塑料薄片或薄板置于带有小孔的模具上，四周固定密封后抽取真空，片材被吸附在模具的模壁上而成型，脱模后即得制品，如图 6-49 所示。真空成型的方法较多，主要分为两大类：贴合在阳模上的阳模真空成型（图 6-50）和贴合在阴模上的阴模真空成型（图 6-51）。真空成型的成型速度快，模具简单，操作容易，多用来生产电器外壳、装饰材料、包装材料和日用品等（图 6-52）。

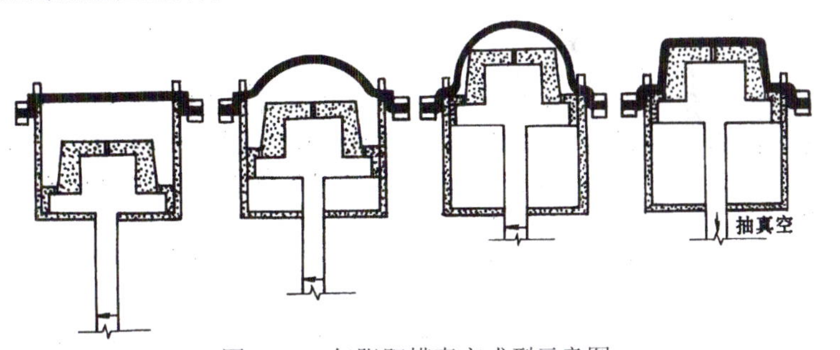

图 6-50　气胀阳模真空成型示意图

3. 塑料连接

在产品设计中通常采用连接方式将各塑料零部件进行连接或将塑料零部件与其他材质零部件进行连接，使其成为一个完整的制品。塑料常用的连接方法除一般使用的机械连接方法外，主要有热熔粘接、溶剂粘接和胶黏剂粘接等方法。

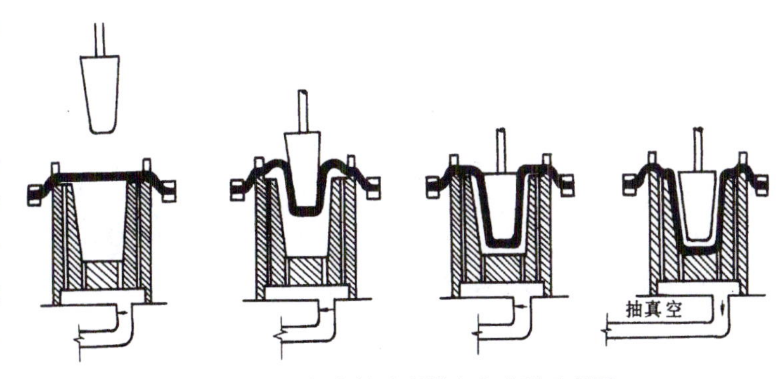

图 6-51　柱塞辅助阴模真空成型示意图

(1) 塑料焊接

又称热熔粘接，是热塑性塑料连接的基本方法。利用热作用，使塑料连接处发生熔融，并在一定压力下粘接在一起。常采用的焊接方法有：热风焊接、热对挤焊接、高频焊接、超声波焊接、感应焊接、摩擦焊接等。图 6-53 为采用热熔连接的塑料制品。

图 6-52 真空成型制品

图 6-53 热熔连接的塑料制品

(2) 塑料溶剂粘接

利用有机溶剂（如丙酮、三氯甲烷、二氯甲烷、二甲苯、四氢呋喃等）(图 6-54) 将需粘接的塑料表面溶解或溶胀，通过加压粘接在一起，形成牢固的接头（图 6-55)。

一般可溶于溶剂的塑料都可采用溶剂粘接。ABS、聚氯乙烯、有机玻璃、聚苯乙烯、纤维素塑料等热塑性塑料多采用溶剂粘接。塑料溶剂粘接方法不适用于不同品种塑料的粘接。热固性塑料由于不溶解，也难用此法粘接。常用塑料及其常用粘接溶剂见表 6-6。

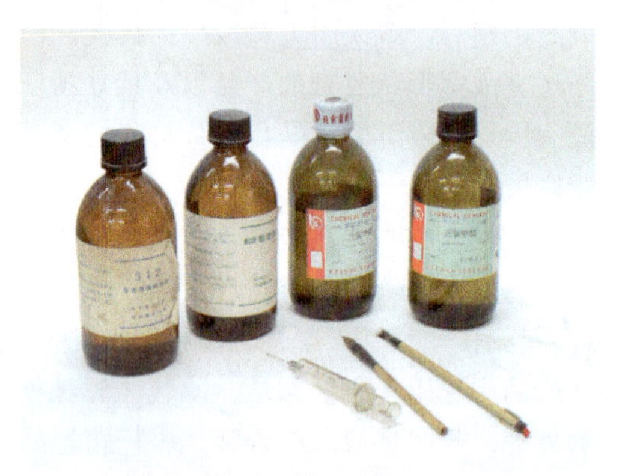

图 6-54 塑料粘接溶剂

(3) 塑料胶接

利用胶黏性强的胶黏剂，能方便地实现不同塑料或塑料与其他材料间的连接。这是一种很有发展前途的连接方法。

4. 塑料表面处理

塑料表面处理是将塑料的表面赋予新的装饰特征。塑料表面处理包括镀饰、涂饰、印刷、烫印、压花、彩饰等。

(1) 涂饰

塑料零件涂饰的目的，主要是防止塑料制品老化、提高制品耐化学药品与耐溶剂的能力以及装饰着色，获得不同表面肌理等。

图 6-55 塑料粘接

(2) 镀饰

塑料零件表面镀覆金属，是塑料二次加工的重要工艺之一。它能改善塑料零件的表面性能，达到防护、装饰和美化的目的(图6-56)。例如，使塑料零件具有导电性，提高制品的表面硬度和耐磨性，提高防老化、防潮、防溶剂侵蚀的性能，并使制品具有金属光泽。因此，塑料金属化或塑料镀覆金属，是当前扩大塑料制品应用范围的重要加工方法之一。塑料镀饰技术的应用使产品一眼之下无法分辨出其本身材料是塑料，这也使塑料的应用愈来愈广。

(3) 烫印

利用刻有图案或文字的热模，在一定的压力下，将烫印材料上的彩色锡箔转移到塑料制品表面上，从而获得精美的图案和文字。

表 6-6 常用塑料及常用粘接溶剂

塑料	溶　剂
ABS	三氯甲烷、四氢呋喃、甲乙酮
有机玻璃	三氯甲烷、二氯甲烷
聚氯乙烯	四氢呋喃、环已酮
聚苯乙烯	三氯甲烷、二氯甲烷、甲苯
聚碳酸酯	三氯甲烷、二氯甲烷
纤维素塑料	三氯甲烷、丙酮、甲乙酮
聚酰胺	苯酚水溶液、氯代钙乙醇溶液
聚苯醚	三氯甲烷、二氯甲烷、二氯乙烷
聚砜	三氯甲烷、二氯甲烷、二氯乙烷

6.4 常用的塑料材料

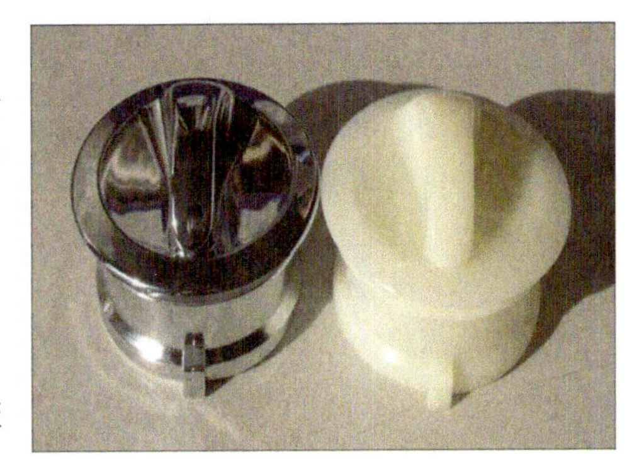

图 6-56 塑料制品的镀饰

随着塑料工业的飞速发展，塑料的品种越来越多。这里对设计中常用的塑料进行简要介绍。表 6-7 列举了设计中常用的塑料及树脂的缩写代号。

6.4.1 通用塑料

(1) 聚乙烯塑料 (PE)——热塑性塑料

聚乙烯是结构最简单的热塑性塑料。是乙烯单体通过加聚反应生成了聚乙烯树脂。在所有塑料品种中，聚乙烯是产量最多、使用最多的普通塑料。聚乙烯塑料外观呈乳白色，有似蜡的手感，无毒、无味、密度小，具有良好的化学稳定性、耐寒性和电绝

表 6-7 常用的塑料及树脂的缩写代号

缩写代号	塑料或树脂全称	
	中文名	英文名
ABS	丙烯腈 - 丁二烯 - 苯乙烯共聚物	Acrylonitrile - Butadiene - Styrene Copolymer
A/S	丙烯腈 - 苯乙烯共聚物	Acrylonitrile - Styrene Copolymer
CN	硝基纤维素	Cellulose Nitrate
EP	环氧树脂	Epoxy Resin
GPS	通用聚苯乙烯	General Polystyrene
GRP	玻璃纤维增强塑料	Glass Fibre Reinforced Plastics
HDPE	高密度聚乙烯	High Density Polyethylene
HIPS	高抗冲聚苯乙烯	High Impact Polystyrene
LDPE	低密度聚乙烯	Low Density Polyethylene
MDPE	中密度聚乙烯	Middle Density Polyethylene
MF	三聚氰胺甲醛树脂	Melamine - Formaldehyde Resin
PA	聚酰胺	Polyamide
PAN	聚丙烯腈	Polyacrylonitrile
PBTP	聚对苯二甲酸丁二（醇）酯	Poly(butylene terephthalate)
PC	聚碳酸酯	Polycarbonate
PE	聚乙烯	Polyethylene
PETP	聚对苯二甲酸乙二（醇）酯	Poly(ethylene terephthalate)
PF	酚醛树脂	Phenol - Formaldehyde Resin
PI	聚酰亚胺	Polyimide
PMMA	聚甲基丙烯酸甲酯	Poly(methyl methacrylate)
POM	聚甲醛	Polyformaldehyde
PP	聚丙烯	Polypropylene
PPO	聚苯醚	Poly(phenylene oxide)
PS	聚苯乙烯	Polystyrene
PSF	聚砜	Polysulfone
PTFE	聚四氟乙烯	Polytetrafluoroethylene
PU	聚氨酯	Polyurethane
PVC	聚氯乙烯	Poly(vinyl chloride)
RP	增强塑料	Reinforced Plastics
SI	聚硅氧烷	Silicone
UF	脲甲醛树脂	Urea - Formaldehyde Resin
UP	不饱和聚酯	Unsaturated Polyester

缘性，易加工成型，但耐热性、耐老化性较差，其表面不易粘接和印刷。根据聚合条件的不同，可得高、中、低三种密度的聚乙烯。高密度聚乙烯又称低压聚乙烯（密度为0.94～0.97 g/cm^3），分子量较大，结晶率高，质地坚硬，耐磨耐热性好，机械强度较高，主要用于生产硬质产品，如型材、各种中空制品和注射制品等。低密度聚乙烯又称高压聚乙烯（密度为0.91～0.93 g/cm^3），分子量较小，结晶率低，质地柔软，弹性和透明度好，软化点稍低，主要用作各种薄膜和软纸包装材料。聚乙烯塑料可用吹塑、挤出、注射等成型方法生产薄膜、型材、各种中空制品和注射制品等（图6-57），广泛用于农业、电子、机械、包装、日用杂品等方面。

图6-57　聚乙烯塑料制品

图6-58　聚丙烯塑料酒吧椅

(2) 聚丙烯塑料 (PP)——热塑性塑料

聚丙烯塑料外观呈乳白色半透明，有极好的着色性能，无毒、无味，质轻（是非泡沫塑料中密度最小的，约为0.9 g/cm^3），化学稳定性和电绝缘性好，成型尺寸稳定，热膨胀性小，机械强度、刚性、透明性和耐热性均比聚乙烯高。但耐低温性能较差，易老化。

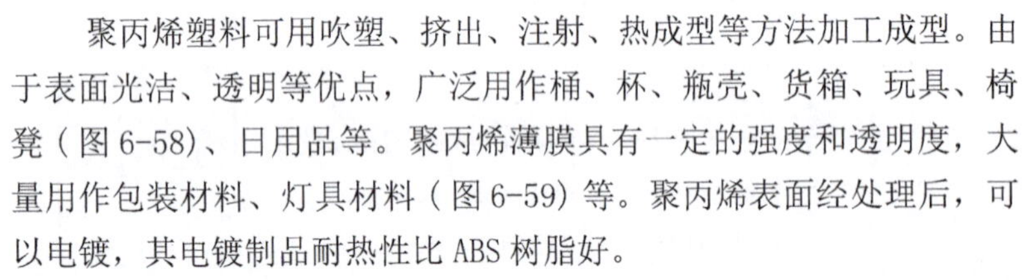

聚丙烯塑料可用吹塑、挤出、注射、热成型等方法加工成型。由于表面光洁、透明等优点，广泛用作桶、杯、瓶壳、货箱、玩具、椅凳（图6-58）、日用品等。聚丙烯薄膜具有一定的强度和透明度，大量用作包装材料、灯具材料（图6-59）等。聚丙烯表面经处理后，可以电镀，其电镀制品耐热性比ABS树脂好。

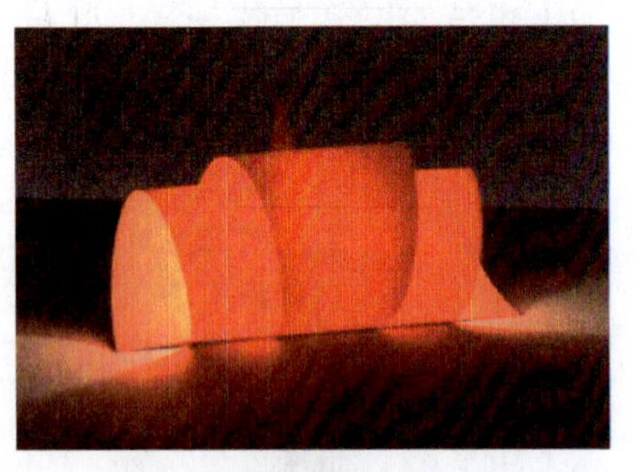
图6-59　聚丙烯塑料灯具

与其他塑料相比，聚丙烯塑料的耐弯曲疲劳性优良，反复弯折几十万次到几百万次不断裂，这就是指聚丙烯具有其他塑料无法比拟的特性是“合叶”的效果、常被用于文具、洗发水瓶盖的整体弹性铰链，避免了较为烦琐的结构和加工工艺。图6-60为“C”光盘盒，其设计可谓是上乘之作，设计师Lakoski认识到聚丙烯塑料材料特有的活叶性能，即在恰当的结构下弯折数万次不发生断裂的优异抗弯疲劳性能，创造出底盖一体的完美结构，摆脱了传统盒结构。它的大小和重量使得它非常适合光碟的运输和存储，它是如此的薄，只有传统CD盒厚度的一半。它结构简单到极致，由单独一片聚丙烯塑料构成，却为光碟提供完美保护。

图6-60　“C”光碟盒

(3) 聚苯乙烯 (PS)——热塑性塑料

聚苯乙烯塑料质轻，密度为1.04～1.09 g/cm^3，表面硬度高，有良好的透明性，有光泽，易着色，具有优良的电绝缘性、耐化学腐蚀性、抗反射线性和低吸湿性。制品尺寸稳定，具有一定的机械强度，但质脆易裂，抗冲击性差，耐热性差。可通过改性处理，改善和提高性能，如高抗聚苯乙烯（HIPS）、ABS、AS等。聚苯乙烯塑料的加工性好，可用注射、挤出、吹塑等方法加工成型。主要用来制造餐具、包装容器、日用器皿、玩具、家用电器外壳、汽车灯罩及各种模型材料、装饰材料等。聚苯乙烯经发泡处理后可制成泡沫塑料，具有优越的抗冲击性能，可以用于制作包装用品，而且具有优越的绝热性能，可以用于制作建筑用的绝热材料及快餐方便面容器等制品。图6-61为聚苯乙烯塑料制品。

图6-61　聚苯乙烯塑料制品

(4) 聚氯乙烯塑料 (PVC)——热塑性塑料

聚氯乙烯塑料的生产量仅次于聚乙烯塑料，在各领域中得到广泛应用。聚氯乙烯具有良好的电绝缘性和耐化学腐蚀性，但热稳定性差，分解时放出氯化氢，因此成型时需要加入稳定剂。聚氯乙烯塑料的性能与其聚合度、添加剂的组成及含量、加工成型方法等有密切关系。见表 6-8。

表 6-8　聚氯乙烯的加工方法及其制品的用途

加工方法	制品形态	主要用途
压延加工	薄膜、薄板、人造革	衣物类、杂货、包装材料、家具用
挤压成型	管、棒、电线、板、薄膜	杂货、绳、电线、硬质管、软质管、纤维
注射成型	硬质品、软质品	机械、电器部件、管接头、阀门、杂物
层压加工	聚氯乙烯复合钢板、装饰薄板	杂货、容器、车辆、工业材料
涂饰、浸渍加工	人造革、加工纸的轧光、金属涂饰	车辆、家具、包装纸
涂凝模塑成型 浸渍模塑成型	软质吹塑成型品	玩具、工业用材料、家庭用品
吹塑成型	软、硬质吹塑制品	玩具、瓶
压印成型	薄膜、管	包装用
真空成型	薄壁成型品	大型容器、表面形态复杂的制品
海绵状加工		渔业用浮子、隔热材料、袋子、杂货

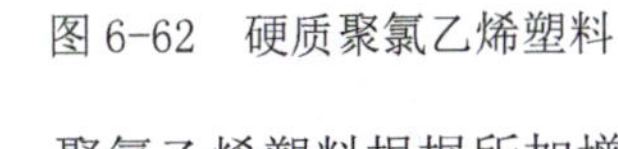

图 6-62　硬质聚氯乙烯塑料

图 6-63　软质聚氯乙烯塑料

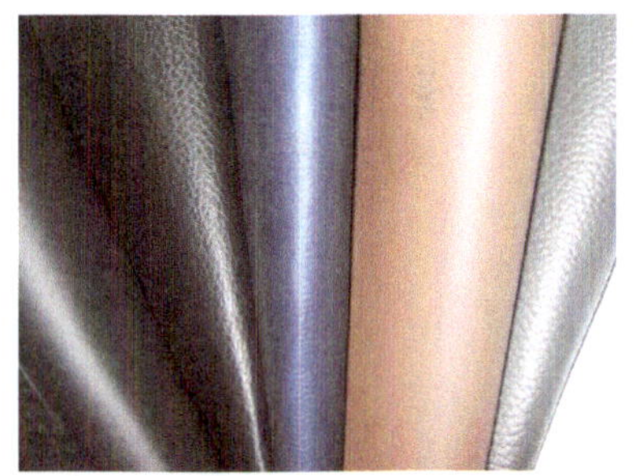

图 6-64　聚氯乙烯人造革

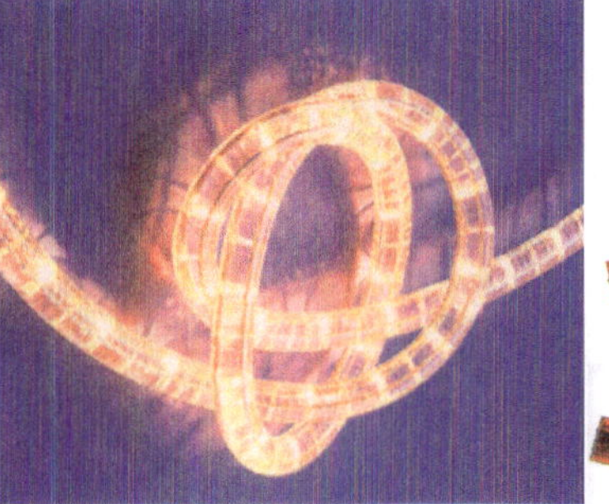

图 6-65　聚氯乙烯塑料绳灯

聚氯乙烯塑料根据所加增塑剂的多少，分为硬质聚氯乙烯塑料和软质聚氯乙烯塑料两大类。硬质聚氯乙烯塑料机械强度高，经久耐用，用于生产结构件、壳体、玩具、板材、管材等（图 6-62）。软质聚氯乙烯塑料质地柔软，用于生产薄膜、人造革、壁纸、软管和电线套管等（图 6-63、图 6-64）。图 6-65 为聚氯乙烯塑料绳灯，将微发光二极管密封在聚氯乙烯塑料管套中，由于聚氯乙烯塑料管具有弹性和柔韧性，可任意卷曲，制成各种造型，用于装饰点缀。

(5) 聚甲基丙烯酸甲酯塑料 (PMMA)——热塑性塑料

聚甲基丙烯酸甲酯塑料俗称有机玻璃。聚甲基丙烯酸甲酯塑料主要分浇注制品和挤塑制品，形态有板材、棒材和管材等（图 6-66）。其种类繁多，有彩色、珠光、镜面和无色透明等品种。有机玻璃质轻（重量约为无机玻璃的一半），不易破碎，透明度高（透光率可达 92%以上），易着色，具有一定的强度，耐水性、耐候性及电绝缘性好。但表面硬度低，易划伤而失去光泽，有机玻璃耐热性低，具有良好的热塑性，可通过热成型加工成各种形状，还可采用切削、钻孔、研磨抛光等机械加工和采用粘接、涂装、印刷、热压印花、烫金等二次加工制成各种制品。广泛用作广告标牌、绘图尺、照明灯具（图6-67）、光学仪器、安全防护罩、日用器具及汽车、飞机等交通工具的侧窗玻璃等。

图6-66 有机玻璃板材、棒材

图6-68是一款由聚甲基丙烯酸甲酯塑料做成的台灯。它是将先雕刻成一定形状的多个薄片拼接起来形成立体的台灯。内置有14W荧光灯，透过透明PMMA材料引导灯光的散射，形成梦幻般的奇妙效果。看上去非常酷。

图6-69为“金色幻影”桌，整个桌子，包括桌面和桌子的承重支撑部分的材料均采用透明有机玻璃材料，以手工方式将3mm或4mm的有机玻璃弯曲折叠出桌布的自然曲线。每张桌子都是独一无二的创意设计，透明流畅如幻影一般，视觉效果独特。

(6) 酚醛塑料 (PF)——热固性塑料

酚醛塑料是塑料中最古老的品种，至今仍广泛应用。由酚醛树脂加入填料、固化剂、润滑剂等添加剂，分散混合成压塑粉，经热压加工而得酚醛塑料，俗称电木。酚醛塑料强度高，刚性大，坚硬耐磨，制品尺寸稳定，易成型，成型时收缩小，不易出现裂纹；电绝缘性、耐热性及耐化学药品性好，而且成本低廉。酚醛塑料是电器工业上不可缺少的材料，如用作电子管插座、开关、灯头及电话机等（图6-70、图6-71）。酚醛塑料还可以用作铸塑材料，制造各种日用品与装饰品。酚醛泡沫塑料可作隔热、隔声材料和抗震包装材料。

图6-67 有机玻璃板灯具

图6-68 有机玻璃台灯

图6-69 “金色幻影”桌

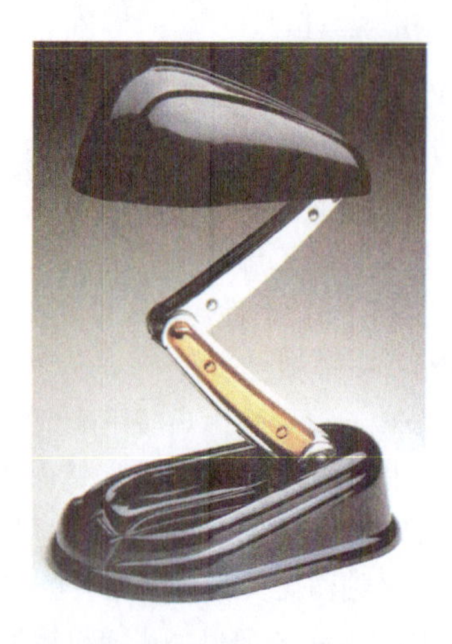

图6-70 酚醛塑料台灯

图6-71 酚醛塑料收音机

6.4.2 工程塑料

(1) ABS 塑料——热塑性塑料

ABS 塑料是丙烯腈 (A) - 丁二烯 (B) - 苯乙烯 (S) 的三元共聚物，它综合了 3 种组分的性能，如丙烯腈的刚性、耐热性、耐化学腐蚀性和耐候性，丁二烯的抗冲击性、耐低温性，苯乙烯的表面高光泽性、尺寸稳定性、易着色性和易加工性，上述三组分的特性使 ABS 塑料成为一种“质坚、性韧、刚性大”的综合性能良好的热塑性塑料。调整 ABS 三组分的比例，其性能也随之发生变化，以适应各种应用的要求，如耐热 ABS、高抗 ABS（图 6-72）、高光泽 ABS 等。ABS 塑料强度高、轻便、表面硬度大、非常光滑、易清洁处理、尺寸稳定、抗蠕变性好、ABS 塑料的成型加工性好，可采用注射、挤出、热成型等方法成型，可进行锯、钻、锉、磨等机械加工，可用三氯甲烷等有机溶剂粘接，还可进行涂饰、电镀等表面处理。电镀制件可作铭牌装饰件。ABS 塑料在工业中应用极为广泛，ABS 注射制品常用来制作壳体、箱体、零部件、玩具（图 6-73）等。挤出制品多为板材、棒材、管材等，可进行热压、复合加工及制作模型（图 6-74）。ABS 塑料还是理想的木材代用品和建筑材料等，其应用领域仍在不断扩大。图 6-75 为采用 ABS 塑料制成的垃圾桶。

图 6-72　ABS 安全帽

图 6-73　LEGO 玩具积木

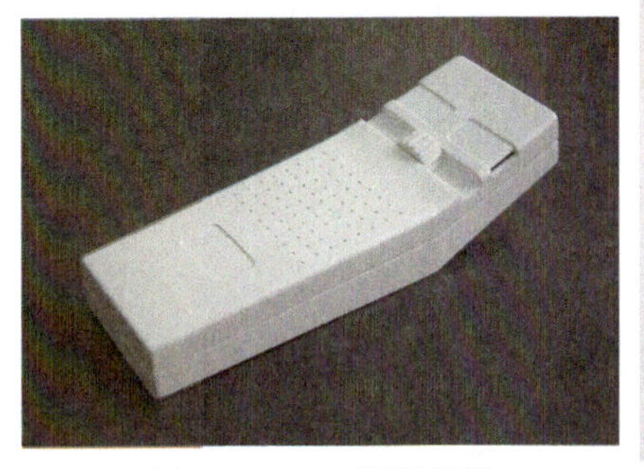

图 6-74　ABS 塑料模型

图 6-75　ABS 垃圾桶

(2) 聚酰胺塑料 (PA)——热塑性塑料

聚酰胺塑料，俗称尼龙，是最早发现的能承受载荷的热塑性工程塑料。通常为白色至浅黄色半透明固体，易着色，具有优良的机械强度，抗拉，坚韧，抗冲击性、耐溶剂性、电绝缘性良好，聚酰胺塑料的耐磨性和润滑性优异，其最大的特点是摩擦系数小，是一种优良的自润滑材料。但吸湿性较大，影响性能和尺寸稳定性。聚酰胺品种较多，常见的有尼龙 6、尼龙 66、尼龙 610、尼龙 1010 等。聚酰胺塑料加工性能好，可采用注射、挤出、浇铸、模压等方法成型，多用于制作各种机械和电器零件，如轴承、滚轮、齿轮、叶片、密封圈、电缆接头等（图 6-76），还用于制作包装用薄膜、管材、软管、可撕搭扣等制品（图 6-77），还可以加工成纤维，制作假发，其丝织品称锦纶。采用反应注射成型的聚酰胺（又称 RIM 尼龙）可用于制作大型汽车壳件。

图 6-76　聚酰胺塑料轴承和轮子

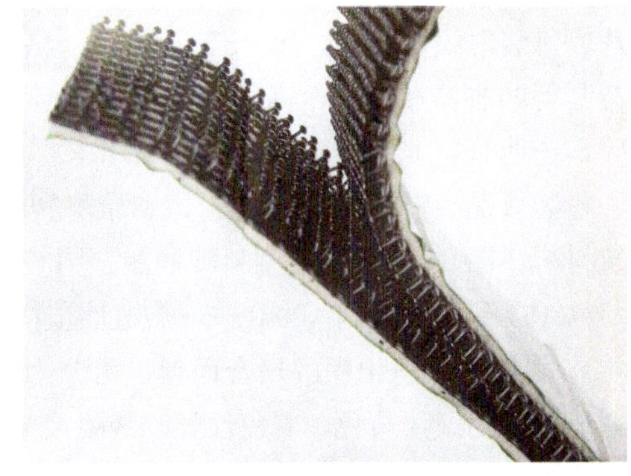

图 6-77　聚酰胺塑料可撕搭扣

(3) 聚碳酸酯塑料 (PC)——热塑性塑料

聚碳酸酯是一种用途广泛的热塑性工程塑料。聚碳酸酯塑料具有高透明率，表面光泽好，具有优良的机械性能，其中抗冲击性和抗蠕变性尤为突出，耐热性、耐寒性和耐候性好，使用温度范围广，电性能良好，具有自熄性和高透光性，易于成型加工，是综合性能优良的工程塑料，被称为透明金属。由于聚碳酸酯的吸水率小，具有好的尺寸稳定性，适合制作尺寸精度高、外形复杂的模制品（图 6-78）。聚碳酸酯用途广泛，可用作各种机械结构材料、包装材料、各种开关、电器、电视机面板、照相机体、电动工具外壳等，也可用作薄膜（图 6-79）、建筑采光板（图 6-80、图 6-81）等。聚碳酸酯塑料的缺点是耐疲劳性能较差，容易生脆导致破裂；在加热及成型变形的作用下，会发生应力开裂；耐碱性差，在高温下易引起分解。

图 6-78　聚碳酸酯塑料外壳手机

图 6-79　采用聚碳酸酯薄膜制作的钱币

图 6-80　聚碳酸酯阳光板

(4) 饱和聚酯塑料——热塑性塑料

饱和聚酯塑料是分子主链中含有酯键的线型饱和聚酯，主要品种为聚对苯二甲酸乙二酯 (PET) 和聚对苯二甲酸丁二酯 (PBT)。其中 PET 塑料较为常用，具有良好的机械性能、耐磨性、抗蠕变形、电绝缘性和阻隔性，吸水透气性差。PET 塑料薄膜透明性好，强度高，耐化学腐蚀性和电绝缘性良好，经双向定向拉伸后，拉伸强度可达钢材的 1/3 ～ 1/2，为最强韧的热塑性薄膜。多用于制作磁带、胶片、包装薄膜及片材。用 PET 拉伸吹塑制得的容器瓶质轻，高强，不易破碎，透明且富光泽，透气性差，多用于包装食品、药品和饮料等。饱和聚酯塑料易成型加工，易着色，多用于制作汽车零部件、体育用品及建筑材料。图 6-82 为 PET 塑料啤酒瓶，图 6-83 为 PET 塑料打火机。

图 6-81　聚碳酸酯建筑采光顶棚

图 6-82　PET 塑料啤酒瓶

(5) 聚甲醛塑料 (POM)——热塑性塑料

聚甲醛塑料由甲醛聚合而得，可分为均聚和共聚，是一种高结晶、高密度的工程塑料。聚甲醛塑料外观呈乳白色或淡黄色，着色性好，其耐疲劳性在热塑性塑料中为最好，具有优异的力学性能，摩擦系数小，耐磨性好，耐蠕变性、耐化学腐蚀性和电绝缘性良好，但其热稳定性差，高温下易分解。多采用注射、挤出、吹塑及二次加工等方法制成各种塑料制件，聚甲醛塑料综合性能较好，可代替有色金属及合金，制作机械零件，适用于汽车工业、机械制造业、电器仪表、化工业及轻工业等各领域。图 6-84 为采用聚甲醛塑料制作的滚轮。

图 6-83　PET 塑料打火机

(6) 聚苯醚塑料 (PPO)——热塑性塑料

聚苯醚塑料具有较高的耐热性，热变形温度可达 190℃。拉伸强度和抗蠕变性较高，有足够的冲击韧性和良好的介电性，耐磨性好。耐水性和耐水蒸气性优异，尺寸稳定，热稳定性好。聚苯醚塑料用于制作耐高温的电器绝缘材料、机械零件（齿轮、轴承）、热水管道及零件、医疗手术器具等。

(7) 聚砜塑料 (PSF)——热塑性塑料

聚砜塑料具有突出的耐热性和热稳定性，可在 150℃下长期使用，具有自熄性。硬度高，抗蠕变性仅次于聚碳酸酯塑料，耐磨性及电绝缘性良好，具有电镀性。化学性质稳定，耐酸、碱及脂肪烃溶剂。吸水性小，尺寸稳定性好，但耐紫外线性较差。制成耐热、耐腐蚀、高强度的透明或不透明的零件、电绝缘制品以及管材、板材、型材、薄膜等，在电子工业、仪表工业、机械制造业等许多部门得到广泛应用。

图 6-84　聚甲醛塑料制品

(8) 氟塑料——热热塑性塑料

分子中含有氟原子的塑料的总称。具有优异的耐化学药品性、耐高低温性和电绝缘性，还具有不燃、不黏及摩擦系数低等特点，是优良的耐高温材料和绝缘材料。主要品种有聚四氟乙烯、聚三氟氯乙烯等。聚四氟乙烯 (PTFE) 是以四氟乙烯聚合而得的粉末状固体，不能热塑成型，多采用冷压烧结法制成板材、管材、棒材、薄膜及零部件等塑料制品。聚四氟乙烯塑料制品色泽洁白，有蜡状感，其化学稳定性优越，不溶于浓酸、浓碱、强氧化剂及有机溶剂，有“塑料王”之称。聚四氟乙烯塑料的摩擦系数特别低，有自润滑性，不粘性好，耐老化，耐高低温，介电性能优异，不受温度、湿度及工作频率影响。多用来制作对性能要求较高的耐腐蚀物件，如管道、容器、阀门（图 6-85）等。聚四氟乙烯塑料还可制成涂料，用作保护涂层（图 6-86）。

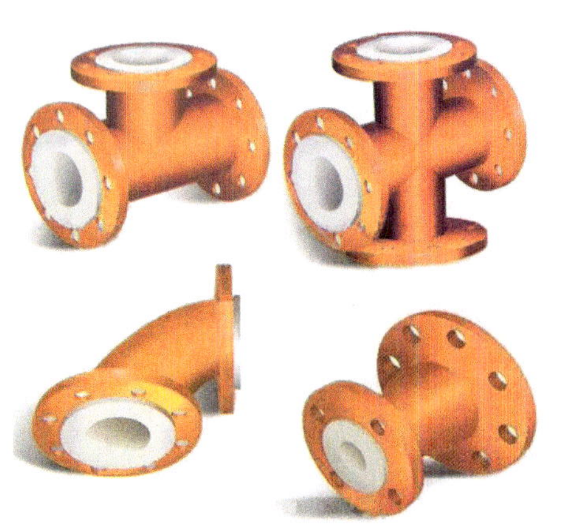

图 6-85　氟塑料衬里直流阀

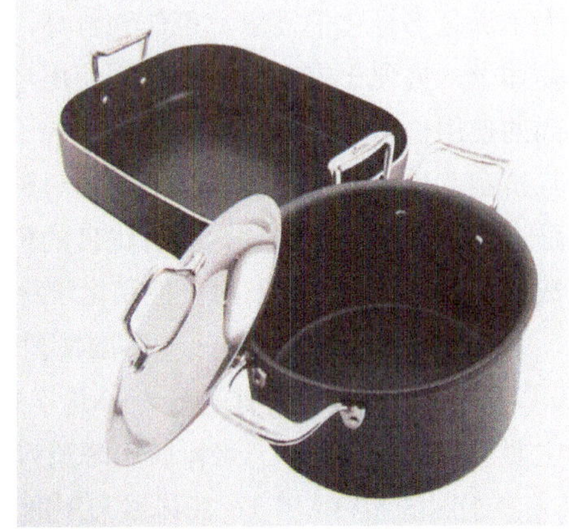

图 6-86　聚四氟乙烯涂层不粘锅

(9) 聚氨酯弹性体 (PU)

聚氨酯弹性体是一类新兴的高分子材料，性能介于塑料和橡胶之间，既有橡胶的高弹性，又有塑料的热塑加工性。聚氨酯弹性体具有较好的耐磨性和耐老化性，耐化学腐蚀性和耐油性良好，抗裂强度大，富有弹性和强韧性。可用于制作汽车轮胎、汽车零件、胶辊（图 6-87）、制鞋材料（图 6-88）、建筑材料等。图 6-89 为

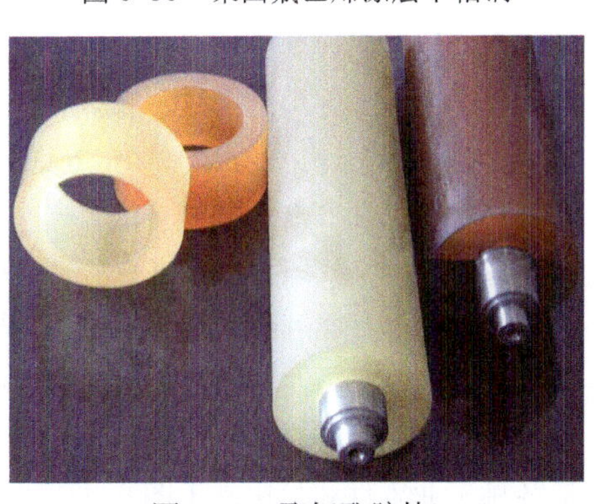

图 6-87　聚氨酯胶棒

采用聚氨酯弹性体制作的自行车车座。

图 6-88　聚氨酯鞋垫

(10) 环氧塑料 (ER)——热固性塑料

环氧塑料是以环氧树脂为主要成分，加入固化剂，在室温或加热条件下浇铸或模塑而得。环氧树脂具有优异的黏结性，有“万能胶”之称。环氧树脂耐化学稳定性和电绝缘性优良，有良好的加工性能，在塑料工业中用途广泛，它在工业、电器、机械、土木、建筑等工业各部门可用作胶黏剂、涂料、灌封材料、层压品及浇注品材料等。环氧塑料制品多为环氧增强塑料和环氧泡沫塑料。环氧增强塑料的机械强度高，能承受冲击和振动，多制作轻质结构件，而环氧泡沫塑料，则多用作绝热材料、防震包装材料和吸音材料等。

(11) 有机硅塑料 (SI)——热固性塑料

有机硅塑料是由有机硅树脂与添加剂配置而成，是一种介于无机玻璃与有机化合物之间的性能特殊的高分子材料。具有优异的耐热性、耐寒性、耐水性、耐化学药品性和电绝缘性，其缺点是机械强度低、成本高、不耐强酸和有机溶剂。有机硅塑料主要用来制作层压板、耐热垫片、薄膜、电绝缘零件等。

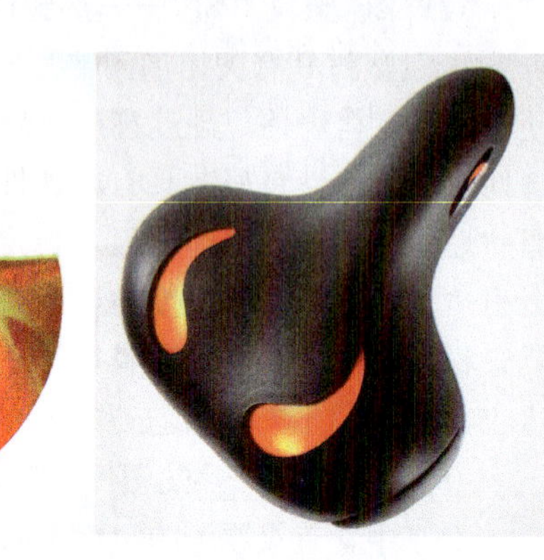

图 6-89　自行车车座

图 6-90 为 Jerry 硅树脂灯，设计师 Luca Nichetto & Carlo Tinti 于 2005 年为意大利设计公司 Casamania 设计的灯具， Jerry 硅树脂灯是一种多功能灯，采用色彩鲜明、富弹性易清理的创新硅胶塑料材质制成，它的设计是为了满足多样化的需求，可作为台灯，也可悬挂或钩吊在其他物体上，方便于室内和室外不同使用环境的需求，从而提供时尚的使用价值，硅树脂是一种新型的不易损坏的材料，富弹性且抗刮，色彩鲜明、易清理的新塑料材质，有着柔软的触感，敲击或掉落时不会损坏，具有优良的机械性能、低应变性、持久性、耐高低温性以及耐候性和化学稳定性。

图 6-90　硅树脂灯

(12) 氨基塑料 (AF)——热固性塑料

氨基塑料是由含有氨基 ($-NH_2$) 的化合物与甲醛缩聚而得。主要包括脲醛塑料和三聚氰胺甲醛塑料。

①脲醛塑料 (UF)：由尿素与甲醛缩聚而得的脲醛树脂与填料等添加剂混合后，经热压成型而得。脲醛塑料色浅，易着色，可着任何鲜艳色彩，其质地坚硬，表面光泽如玉，有“电玉”之称。脲醛塑料有较好的电绝缘性和耐热性，不易划伤，不怕烫，但耐候性、耐水性较差，多用于制作电话机壳体、电气零件、照明设备及日用品 (图 6-91) 等。

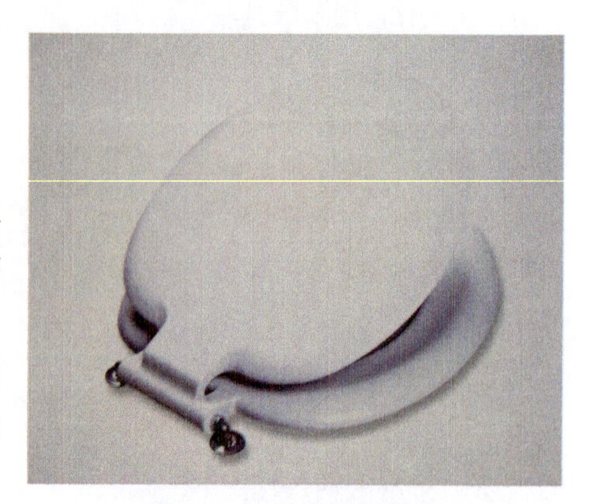

图 6-91　脲醛塑料制品

②三聚氰胺甲醛塑料 (MF)：三聚氰胺甲醛塑料又称密胺塑料。由三聚氰胺和甲醛缩聚而得，无毒、无味、易着色、硬度高、光泽好，具有优良的电绝缘性和抗电弧性，机械强度高，耐热性和耐水性比脲醛塑料高。三聚氰胺甲醛塑料制品的外观酷似陶瓷，有“仿瓷塑料”之称，表面光洁，颜色丰富，易于清洁且不易碎裂，多用于制造各种耐热、耐水的食具 (图 6-92)，也可多用于制造各种工业零件和日用品 (图 6-93)。

图 6-92　密胺塑料餐具

图 6-93　密胺塑料制品

(13) 不饱和聚酯塑料 (UP)——热固性塑料

不饱和聚酯塑料是由分子链上含有不饱和乙烯基双键结构（—CH＝CH—）的不饱和聚酯树脂制成。不饱和聚酯塑料机械强度高，具有优异的耐冲击强度，电绝缘性和耐化学腐蚀性好，有良好的耐热、隔热、隔音特性。不饱和聚酯塑料制品主要为模压塑料、浇注塑料和增强塑料，其中不饱和聚酯玻璃纤维增强塑料具有很好的抗张强度和耐冲击性，它密度小，只有钢的 1/4，而机械强度可达到钢的 1/2。使用中不易变形，可用来制造飞机部件、汽车外壳、透明瓦楞板、屋顶、天窗以及电器仪表外壳等。

表 6-9 为常用塑料的性能指标。

表 6-9　常用塑料的性能

名称＼性能	密度 / $(g \cdot cm^{-3})$	热变形温度 / ℃	拉伸强度 / MPa	冲击强度（缺口） / $(kJ \cdot m^{-2})$	介电强度 / $(kV \cdot mm^{-1})$
LDPE	0.91 ～ 0.93	38 ～ 50	12 ～ 16	≥ 40	18 ～ 28
HDPE	0.94 ～ 0.97	66 ～ 82	22 ～ 45	10 ～ 40	18 ～ 28
PP	0.90 ～ 0.91	56 ～ 67	30 ～ 40	2.2 ～ 6.4	24 ～ 30
硬 PVC	1.4 ～ 1.6	30 ～ 76	35 ～ 55	2.2 ～ 10.8	10 ～ 35
PS	1.04 ～ 1.09	68 ～ 94	≥ 58.8	12 ～ 16	20 ～ 28
PMMA（浇注）	1.17 ～ 1.2	60 ～ 102	50 ～ 77	14 ～ 24	18 ～ 22
ABS（耐热型）	1.06 ～ 1.08	96 ～ 110	53 ～ 56	16 ～ 32	14 ～ 20
PA66	1.14 ～ 1.15	66 ～ 86	83	3.9	15 ～ 19
PC	1.2	130 ～ 135	56 ～ 70	45	18 ～ 22
POM（均聚）	1.43	124	70	7.6	20
PET	1.33 ～ 1.38	85	75	4	30
PPO	1.07	190	70 ～ 80	7.6	16 ～ 20
PSF	1.24	175	70 ～ 75	14	14

6.4.3 泡沫塑料

泡沫塑料又称微孔塑料。以树脂为基料，加入发泡剂等助剂制成的内部具有无数微小气孔的塑料。采用机械法、物理法、化学法进行发泡，可用注射、挤出、模压、浇铸等方法成型。具有质轻（密度一般在 0.01 ～ 0.5 g/cm³）、隔热、隔音、防震、耐潮等特点。按内部气孔相连情况，可分为开孔型和闭孔型。前者气孔相互连通，无漂浮性；后者气孔相互隔离，有漂浮性。按机械性能，可分为硬质和软质两类。硬质泡沫塑料可用做隔热保温材料、隔音防震材料等；软质泡沫塑料可用作衬垫、座垫、拖鞋、泡沫人造革等。常见的泡沫塑料有聚氨酯泡沫塑料、聚苯乙烯泡沫塑料、聚乙烯泡沫塑料、聚氯乙烯泡沫塑料、酚醛泡沫塑料及脲醛泡沫塑料等。

(1) 聚苯乙烯泡沫塑料 (EPS)

聚苯乙烯泡沫塑料俗称保利龙，是一种可成型、量轻、低成本、闭孔型的发泡塑料（图 6-94）。聚苯乙烯泡沫塑料有良好的抗冲击减震性、隔热性能和电绝缘性，可用作隔热、隔声材料或防震包装材料。聚苯乙烯泡沫塑料对大多数有机溶剂的抗腐蚀性较弱，但对酸性、碱性及脂肪类的化合物具有较好的抗腐蚀性。

聚苯乙烯泡沫塑料的表面具有特殊的质感特征，利用其质感特征设计制作的产品具有意想不到的效果。图 6-95 为新锐设计师 Max Lamb 利用包装用的废弃聚苯乙烯发泡塑料制成的沙发，令看起来不起眼的材质变成舒适柔软的家具，在 Trash Luxe 展中颇受注目。图 6-96 为采用聚苯乙烯泡沫颗粒制作的吊灯。

图 6-94 聚苯乙烯泡沫塑料

图 6-95 聚苯乙烯泡沫塑料沙发

图 6-96 聚苯乙烯泡沫塑料吊灯

(2) 聚氨酯泡沫塑料 (EPU)

聚氨酯泡沫塑料被公认为具有高度隔热和绝缘性。聚氨酯泡沫塑料分为软质和硬质两大类。

硬质聚氨酯泡沫塑料为闭孔型泡沫塑料（图 6-97)，具有较高的机械强度和耐热性，多用作隔热保温、隔音、防震材料、模型材料（图 6-98)，用于汽车、建筑和家居产品上；采用反应注射成型的聚氨酯泡沫塑料，具有木材可刨、可锯、可钉的特点，称为聚氨酯合成木材，用作结构材料。图 6-99 为意大利设计师基阿尼·奥斯格纳克设计制作的波浪躺椅，躺椅采用整块聚氨酯泡沫塑料切割加工出基本外形，经手工修整后以涂漆处理，以达到波浪的视觉效果。

图 6-97 硬质聚氨酯泡沫塑料块材

软质聚氨酯泡沫塑料俗称“海绵”，为开孔型，其回弹性好，抗冲击性高，可作缓冲材料、吸音防震材料及过滤材料等，主要用于软垫、床垫和日用品上（图 6-100)。

(3) 聚乙烯泡沫塑料 (EPE)

聚乙烯泡沫塑料是一种低密度、半刚性、闭孔型、耐候性稳定的泡沫塑料，比聚苯乙烯泡沫塑料易于压缩。聚乙烯泡沫塑料与聚苯乙烯泡沫塑料的成型过程极为相似，其发泡颗粒不含发泡剂，并能在室温

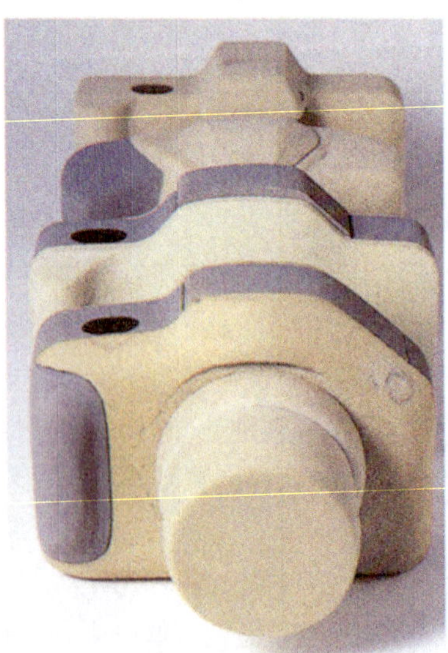

图 6-98 聚氨酯泡沫塑料模型

图 6-99 聚氨酯泡沫塑料波浪躺椅

储藏较长时间。聚乙烯泡沫塑料可根据要求获得特定的厚度与密度，成形形状则有板状、圆棒状、片状等。图 6-101 为聚乙烯泡沫塑料水果包装套。

(4) 聚丙烯泡沫塑料 (EPP)

聚丙烯泡沫塑料为聚丙烯塑料颗粒的成型品，其颗粒具有热塑性，并为闭孔型构造。根据成型品的体密度、特性及其需求，作为特定的用途。由于量轻、缓冲性佳、能量吸收的复原性好、尺寸稳定性高及化学抵抗性优，适用于汽车工业的零组件，作为吸收缓冲的产品，如前后挡板的芯材、头枕、遮阳板及其他用途。也可应用于精密度较高的产品包装，例如：电子设备、个人电脑、医疗科技产品等，及供运输使用的回收箱及单位化包装的垫板。图 6-102 和图 6-103 为聚丙烯泡沫塑料制品。

图 6-100　软质聚氨酯泡沫塑料

(5) 乙烯聚合物泡沫塑料 (EPC)

乙烯聚合物泡沫塑料是以各约 50% 的聚乙烯与聚苯乙烯树脂相互混合后发泡而得的泡沫塑料。其混合比例可依实际需要加以调整。由于乙烯聚合物泡沫塑料结合聚乙烯与聚苯乙烯两种树脂的特性，在选择弹性材料方面有了更宽广的空间。乙烯聚合物泡沫塑料属于低密度、半刚性、闭孔型的泡沫塑料。其成型的过程与所使用的设备和 EPS 相似。

图 6-101　聚乙烯泡沫塑料水果包装套

乙烯聚合物泡沫塑料的性能介于聚乙烯泡沫塑料与聚苯乙烯泡沫塑料之间，其韧度超过聚乙烯泡沫塑料与聚苯乙烯泡沫塑料。乙烯聚合物泡沫塑料的抗拉与抗冲击性，比其他弹性泡沫材料优。由于乙烯聚合物泡沫塑料具有较聚苯乙烯泡沫塑料更优的复原性，因此具有良好的多次冲击性能，但与聚乙烯泡沫塑料比较时则稍差。

乙烯聚合物泡沫塑料应用于回收使用的物料搬运箱，或包装上要求不磨损及对溶剂抵抗力要求尤具功效。由于乙烯聚合物泡沫塑料的延伸具有较优的韧度，压缩与弯曲时不会造成材料疲乏。

图 6-102　聚丙烯泡沫塑料块材

图 6-103　聚丙烯泡沫塑料头盔内衬

6.5 塑料产品的结构设计

塑料产品的结构设计是塑料产品设计时很重要的工程技术问题，塑料产品的结构是设计师设计塑料产品过程中最能体现塑料技术风格的重点所在，其中细节结构的处理最能体现塑料产品的技术含量。

随着塑料产品设计和加工工艺的不断发展，在进行产品设计时，设计师和工程师总结了塑料制件设计的基本原理和方法，有效地避免或减少了产品成型和功能形态上所发生的一些问题。

塑料产品的质量，不仅与模具结构和成型工艺参数有很大的关系，而且还取决于塑料产品本身的结构设计是否符合工艺要求。所以，在塑料产品的结构设计中必须遵循以下基本原则。

①在满足使用要求和性能（如力学强度、电性能、耐化学腐蚀性、尺寸稳定性、耐热性、吸水性等）的前提下，力求塑料产品结构简单、壁厚均匀、连接可靠、安装和使用方便。

②应尽量使结构合理，便于模具制造和成型工艺的事实，用最简单的工序和设备来完成产品的成型加工。

③产品要求外形美观，既满足外观又要结构合理。

④高效率、低消耗，尽量减少产品成型前后的辅助工作量，并避免成型后的二次机械加工。

6.5.1 塑料产品的结构要素

1. 壁厚

制件壁厚是塑料产品最重要的结构要素，是设计塑料产品时必须考虑的问题之一。塑料制件应有一定的壁厚，这不仅是为了产品在使用中满足使用要求，如具有确定的结构、足够的强度、刚度、重量、电气性能、尺寸稳定以及装配等各项要求，而且也是为了塑料在成型时有良好的流动状态（如壁不能太过薄）以及良好的填充和冷却效果（如壁不能太厚）。有时产品在使用中需要的强度虽然很小，但是为了使制件顺利地从模具中顶出以及部件的装配，仍需具有适当的壁厚。此外，为了满足嵌件固定及防止制品翘曲变形，也须有合理的壁厚。

制件的壁厚对塑料产品的质量影响很大。改变一个制件的壁厚，将对制件重量、在模塑中可得到的流动长度、制件的生产周期、制件的刚性、公差、制件质量（如表面光洁度、翘曲和空隙）等性能有显著影响。

壁厚过小成型时流动阻力大，大型复杂制品就难以充满型腔。壁厚过大，不但造成原料的浪费，而且对热固塑料的成型来说增加了压塑的时间，造成固化不完全；对热塑性塑料增加了冷却时间，另外也影响了产品质量，如易产生气泡、缩孔、翘曲等缺陷。

塑料制件的壁厚设计原则是：

①同一个塑料零件的壁厚应尽可能一致，应尽量使制件各部分壁厚均匀，避免有的部位太厚或太薄，否则会因冷却或固化速度不同产生内应力，成型后因收缩不均匀会使制品变形或产生缩孔、凹陷、烧伤以及填充不足等缺陷，从而影响制件的外观。为了使壁厚均匀，在可能的情况下常常是将厚的部分挖孔，使壁厚尽量一致（图 6-104）。

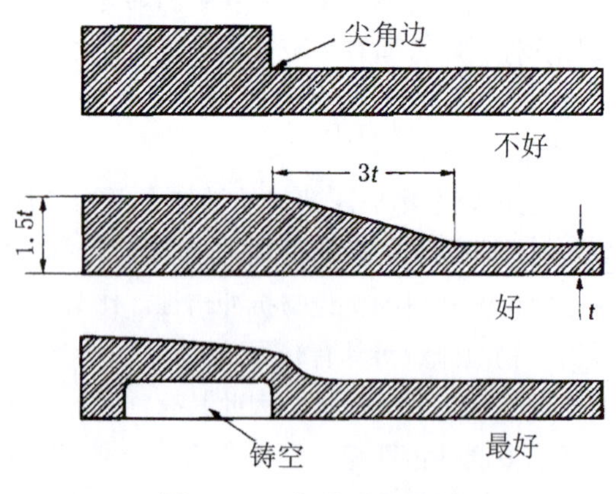

图 6-104 塑料制件壁厚

图 6-105 为各种壁厚结构，左图为壁厚不均匀的设计，应该改为右图壁厚均匀的设计。

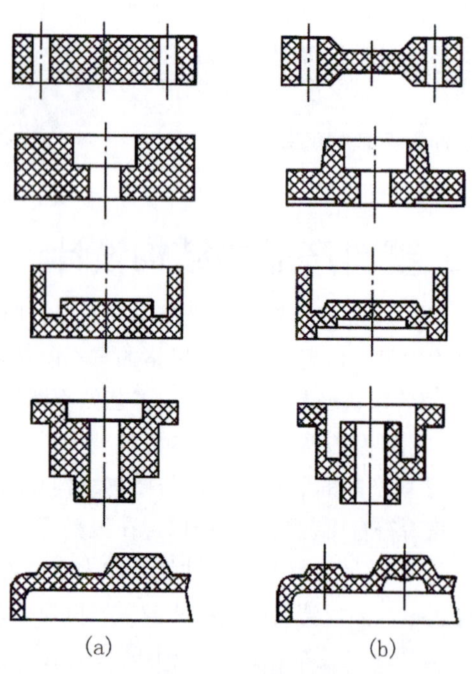

图 6-105 壁厚结构
(a) 不合理；(b) 合理

②在满足制品结构和使用要求的条件下，尽可能采用较小壁厚。塑料制件规定有最小壁厚值。它随塑料品种牌号和制品大小不同而异。表 6-10 为热固性塑料制品壁厚推荐值，表 6-11 为热塑性塑料制品的最小壁厚及常用壁厚推荐值。产品设计中塑料制品的壁厚一般为：电子工程类壳体 2.5 ～ 3 mm，日常生活用品壳体 1.5 ～ 2 mm，而薄壁类产品壳体通常为 0.5 ～ 0.8 mm。大型制品的壁厚为 3.2 ～ 9.5 mm。对于椅子等承重的塑料制品，壁厚可以适当增加，但是不能一味靠增加壁厚来增加强度，增加壁厚的同时更多考虑可以通过成型时加入增强纤维或设计加强筋结构等方式来增加其力学性能。

③具有足够的强度和刚度，脱模时能经受脱模机构的冲击与震动；装配时能承受紧固力。保证储存、搬运过程中强度所需的壁厚。在制品的连接紧固处、嵌件埋入处、塑料容体在孔窗的回合（熔接痕）处，要具有足够壁厚。若结构要求不同厚度时，不同壁厚比例不应超过 1 ∶ 3，且不同壁厚应采用适当的修饰半径，使壁厚由薄至厚缓慢过渡。

制件的壁厚设计是比较困难的工作，虽然可凭借经验与必要的计算，大致上予以确定，但是最终往往是根据试模产品的强度检测来决定的。在进行制件的壁厚设计时，若现有资料不足，可到市场上选购与要进行设计的产品相类似的商品，通过对所购商品的分析、试验、确定近似的尺寸。确定产品的壁厚时，不仅要考虑强度，还要充分考虑刚性，产品质量、尺寸稳定性、绝缘、隔热、产品的大小、推出方式、装配所需强度、成型方法、成型材料、产品成本等有关因素。

图 6-106 为采用不同塑料材料生产的塑料制件，其壁厚结构因材料强度不同而异，强度越大则壁厚越小。

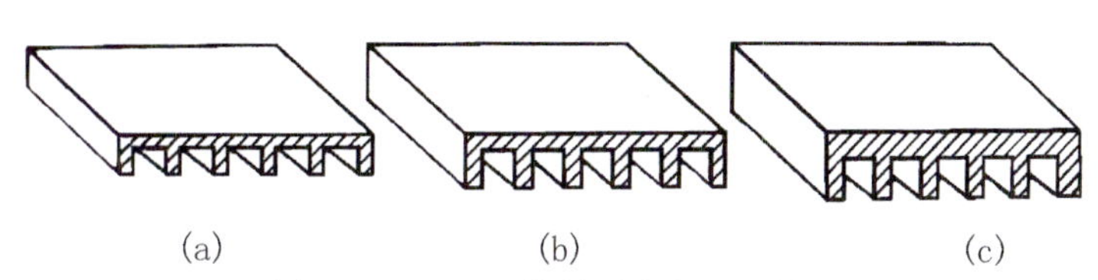

图 6-106　不同的材料生产的制件
(a) 尼龙 66；(b)PP；(c)HDPE

表 6-10　热固性塑料制品壁厚推荐值

mm

塑料名称	制品高度		
	50 以下	50 ～ 100	100 以上
粉状填料的酚醛塑料	0.7 ～ 2.0	2.0 ～ 3.0	5.0 ～ 6.5
纤维状填料的酚醛塑料	1.5 ～ 2.0	2.5 ～ 3.5	6.0 ～ 8.0
氨基塑料	1.0	1.3 ～ 2.0	3.0 ～ 4.0
聚酯玻纤填料的塑料	1.0 ～ 2.0	2.4 ～ 3.2	＞ 4.8
聚酯无机物填料的塑料	1.0 ～ 2.0	3.2 ～ 4.8	＞ 4.8

表 6-11　热塑性塑料制品的最小壁厚及常用壁厚推荐值

mm

塑料名称	最小壁厚	推荐壁厚		
		小型制品	中型制品	大型制品
尼龙	0.45	0.76	1.5	2.4 ～ 3.2
聚乙烯	0.6	1.25	1.6	2.4 ～ 3.2
聚苯乙烯	0.75	1.25	1.6	3.2 ～ 5.4
高抗冲聚苯乙烯	0.75	1.25	1.6	3.2 ～ 5.4
聚氯乙烯（硬）	1.15	1.6	1.8	3.2 ～ 5.8
聚氯乙烯（软）	0.85	1.25	1.5	2.4 ～ 3.2
有机玻璃	0.8	1.5	2.2	4.0 ～ 6.5
聚丙烯	0.85	1.45	1.75	2.4 ～ 3.2
聚碳酸酯	0.95	1.8	2.3	3.0 ～ 4.5
聚苯醚	1.2	1.75	2.5	3.5 ～ 6.4
聚甲醛	0.8	1.4	1.6	3.2 ～ 5.4
聚砜	0.95	1.8	2.3	3.0 ～ 4.5

2. 脱模斜度

由于塑料制件的成型是通过模具实现的，制件冷却后产生收缩，会紧紧包住模具型芯或型腔中凸出的部分，为了使制件易于从模具内脱出，所以在设计时首先要考虑制件能容易脱模，为此必须要考虑制件的脱模斜度。即平行于脱模方向的制件的内外壁具有一定的斜度，此斜度称为脱模斜度（图 6-107）。在塑料制件的内表面和外表面，沿脱模方向均应设计足够的脱模斜度，否则会在生产过程中发现脱模阻力过大，发生脱模困难，或顶出时制件破裂、变形和擦伤，制件废品率增加、质量下降。

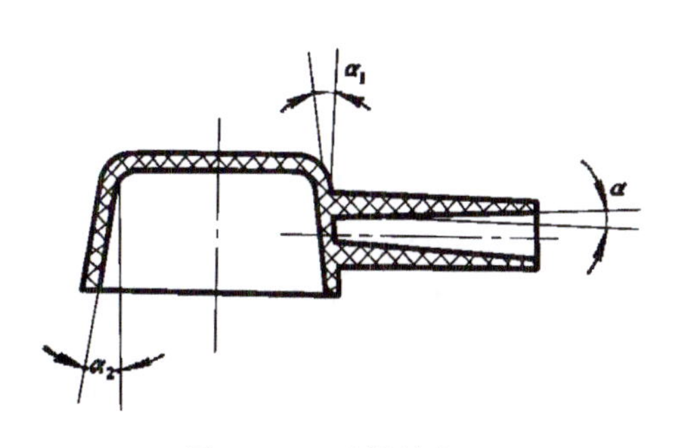

图 6-107　脱模斜度

脱模斜度必须在图纸上明确的标出，若因产品外观上的要求，不准有脱模斜度时，应在模具结构上采用瓣合模结构的分式开模，这样虽然模具价格高一些，但能达到产品的要求。

脱模斜度没有比较精确的计算公式，目前仍依靠经验数据。脱模斜度与塑料的品种、制件的性质及模具的结构等有关，一般情况下脱模斜度可取 0.5°～1.5°，最小为 15′～20′。只有塑件高度不大时才允许不设斜度。脱模斜度的经验数据见表 6-12。

表 6-12　材料与脱模斜度

塑料名称	脱模斜度
聚乙烯、聚丙烯、软聚氯乙烯	30′～1°
ABS、尼龙、聚甲醛、氯化聚醚、聚苯醚	40′～1° 30′
硬聚氯乙烯、聚碳酸酯、聚砜、聚苯乙烯、有机玻璃	50′～2°
热固性塑料	20′～2°

脱模斜度的选取原则：

①在满足制件尺寸公差要求的前提下一般应尽可能采用较大的脱模斜度，使制件容易脱模。

②所用塑料材料收缩率越大，使用的脱模斜度也越大。热塑性塑料的收缩率一般比热固性塑料大，故脱模斜度也相应大一些。

③制件壁厚较厚时，其成型时制品的收缩量大，应选用的脱模斜度较大。

④当在制件高度很小时可允许不设计脱模斜度。

⑤制件的形状越复杂，成型后脱模越困难，选用的脱模斜度也越大。

⑥增强塑料宜选较大脱模斜度，含有自润滑剂的塑料可用较小脱模斜度。

图 6-108 为带斜度的塑料垃圾桶，桶身在设计时就充分考虑了脱模斜度问题，成型比较容易，而且成本低。

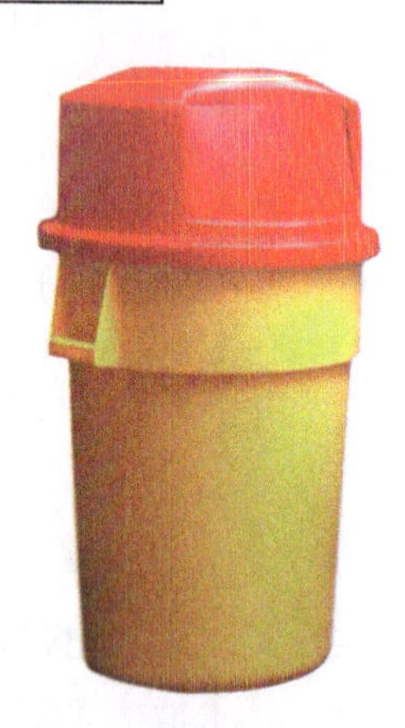

图 6-108　塑料垃圾桶

3. 圆角

在塑料制件的设计中，圆角的设计还可以使塑料制件外观圆润流畅，表面过渡自然。为了避免应力集中，提高塑料制件的强度，改善熔料的流动性，便于充填和脱模，消除壁转折产生凹陷等缺陷，在制件的各内外表面连接处均采用圆弧过渡。在制件结构无特殊要求时，各连接处均应设置成半径为壁厚 1/3 以上的圆角，最小不能小于 0.5～1 mm。

一般圆角的布置是指在制件的棱边、棱角、加强筋、支撑座、底面、平面等处所设计的圆角。人们都知道四角的布置，对于塑料产品有相当重要的效果，正确的圆角尺寸选择是设计产品的一项重要内容（图 6-109）。

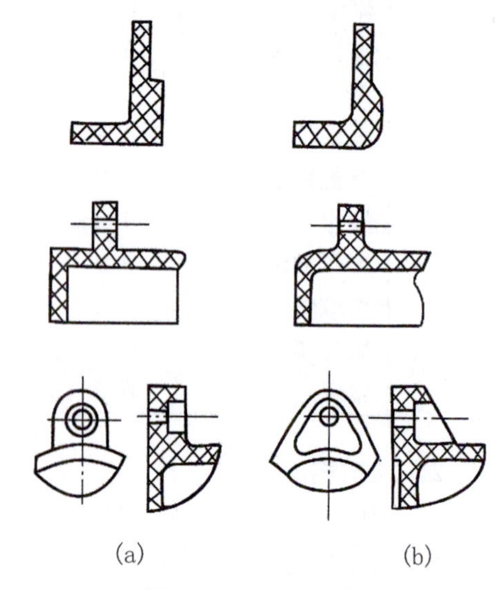

图 6-109　圆角结构
(a) 不合理；(b) 合理

①圆角与强度：众所周知，鸡蛋的壳体可承受较大的压力，这是由于鸡蛋的壳体是由曲面构成，可以分散应力的缘故。同样，在塑料制件的各个部位，设计各种尺寸的圆角也可以增强产品的强度。尤其是在制件内侧棱边处若做成圆角过渡，则可提高约 3 倍左右的耐抗冲击力。

②圆角与成型性：在制件的拐角部位设计圆角，可提高制件的成型性。圆角有利于树脂在模具内的流动，可减少成型时的压力损失。一般说圆角越大越好。对于真空成型及吹塑成型的产品，设计较大的圆角，可以防止制件拐角部位的薄壁化，并且有利于提高成型效率及制件的强度。

图 6-110 为圆角与成型性，左图为无圆角时的乱流，右图为顺畅流动。

③圆角与变形：在制件的内、外侧拐角处设计圆角，可以缓和制件的内部应力，防止制件向内外弯曲变形。因此有必要在设计模具时，估测塑料制件的变形状况，在加工模具时作出相应消除变形的形状。对于大型的平面制件，为了要取得平整的表面，可在加工模具时，将平面形状做成稍有凸脱的球面。图 6-111 为塑料制件的内缩现象。

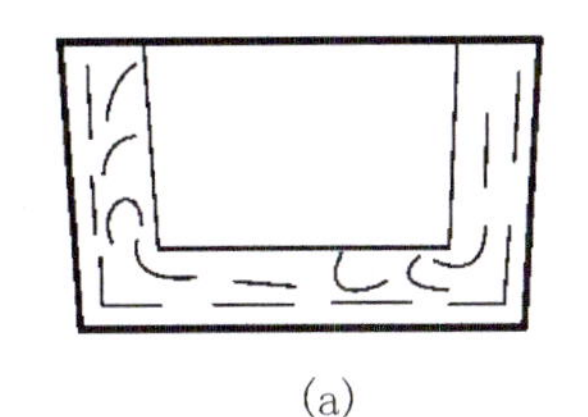

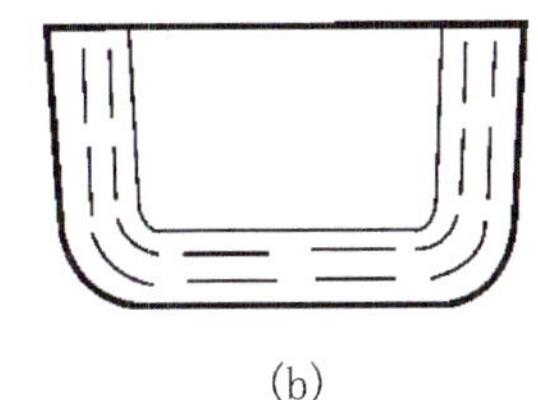

(a)　　(b)

图 6-110　圆角与成型性

(a) 无圆角；(b) 有圆角

④圆角与模具：制件设计成圆角，增加了制件的美观，使模具型腔对应部位亦呈圆角，这样增加了模具的坚固性，制件的外圆对应着型腔的内圆角，它使模具在淬火或使用时不致因应力集中而开裂。制件上的圆角对于模具的机械加工和热处理，提高模具的强度，延长模具使用寿命也是必要的。

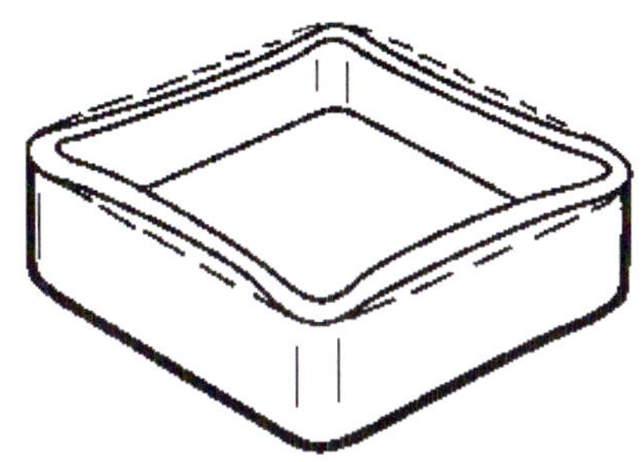

图 6-111　制件的内缩现象

4. 加强筋

加强筋能够有效地增加制件的刚性与强度，增加制件强度和避免制品变形翘曲，同时可达到不增加壁厚就能改善其强度和刚度的作用，适当的利用加强筋不仅能够节省材料、减轻质量及减短成型周期，更能消除厚横切面所容易带来的成型缺陷，比如易产生缩孔或凹痕。防止变形的结构设计除了采用加强筋外，薄壳状的产品还可做成球面或拱曲面，这样可以有效地增加刚性和减少变形。

用增加壁厚的办法来提高塑料制件的强度，常常是不合理的，易产生缩孔或凹痕，此时可采用加强筋以增加塑件强度，大型平面上纵横布置的加强筋能增加塑件的刚性，起辅助浇道作用，降低塑料的充模阻力。如加强筋的设计不当，则其与制件主体连接部位就会成为薄弱环节。

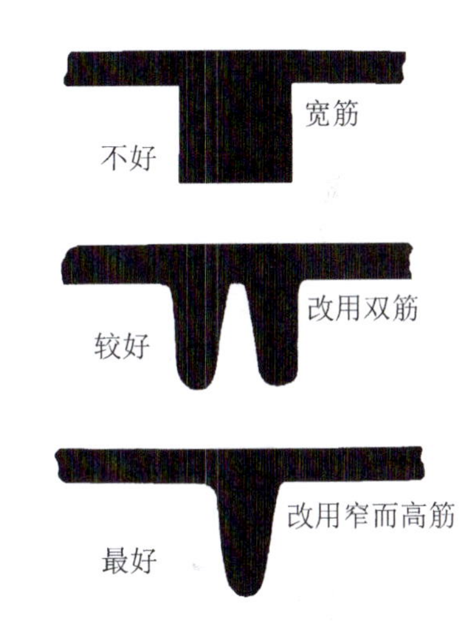

图 6-112　加强筋结构

加强筋的设计原则：

①筋厚不应大于壁厚，筋的形状采用圆弧过渡，避免外力作用是产生应力集中而破坏结构，但圆角半径不应太大（图 6-112）。

②加强筋不应设置在大面积制品中央部位。当设置较多加强筋时，分布排列应相互错开，应避免或减少塑料局部集中，避免收缩不均而破裂（图 6-113）。

③加强筋的布置方向除与受力方向一致外，最好还与熔料充填方向一致。还应与模压方向或模具成型零件的运动方向一致，以便成型后脱模容易。

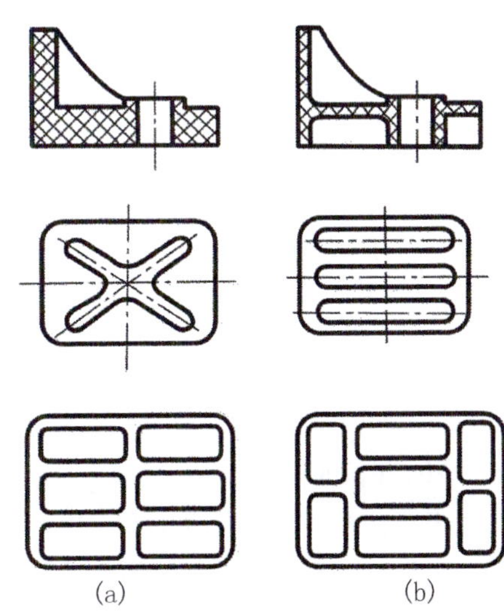

(a)　　(b)

图 6-113　加强筋的设计

(a) 不合理；(b) 合理

5. 支撑面

当制件需要一个表面来支撑时，以制件的整个底面做支撑面是不合理的，因为制件稍许翘曲或变形就会使底面不平。一般不能以制件的整个底面作为支撑面，因为，生产中不能保证整个底平面绝对平直。因此，应采用凸边、凸出的底脚等结构来做塑料制件的支撑面，如三点支撑、边框支撑等。当底面结构设计成凹凸形，并在凹面增设加强筋时，加强筋端面一般低于支承面 0.5 mm左右（图 6-114）。

6. 孔

由于外形及功能的要求，制件上常常要设置各种各样的孔。制件上的孔除了要满足使用要求外，要注意使孔的形状、位置，

以便于制件成型。

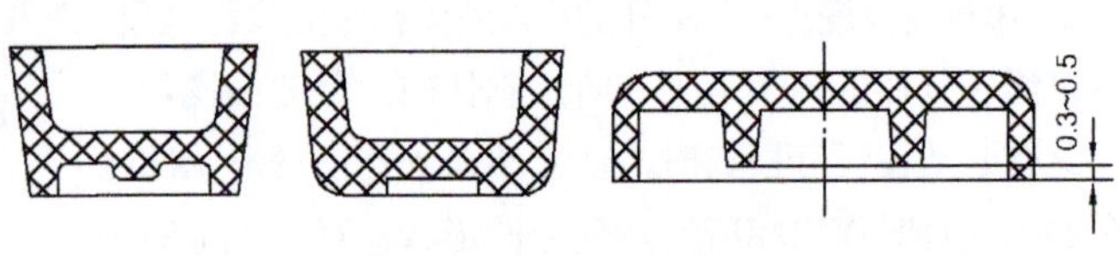

图 6-114　支撑面结构

①孔的形状：按孔形不同，孔分为圆孔和非圆孔；按孔深不同，分为通孔和盲孔；按孔的复杂程度不同，分为一般孔和复杂孔；按有无螺纹，分为光孔和螺纹孔（图 6-115）。

②空的位置：尽可能把孔设置在制件强度较大、不易削弱制件强度的地方，避开把孔设置在制件的薄弱环节，避免减弱制件的机械强度。为保证制件的使用强度，孔之间和孔与边壁之间均应留有足够距离，孔与边缘之间的距离应大于孔径，应使孔间、孔与边壁间、孔的端部至制件表面要有足够的厚度，必要时可在孔的四周采用凸台来加强孔的周围以提高孔的使用强度。

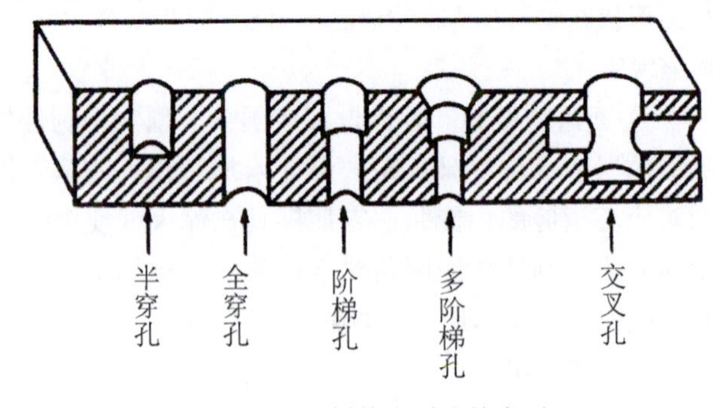

图 6-115　制件成型孔的类型

表 6-13 为孔径与孔间距、孔边距的关系。

表 6-13　孔径 d 与孔间距、孔边距 b 的关系

mm

孔径 d	＜1.5	1.5～3	3～6	6～10	10～18	18～30
孔间距、孔边距 b	1～1.5	1.5～2	2～3	3～4	4～5	5～7

7. 嵌件

为了增加塑料制件局部的强度、硬度、耐磨性、导磁导电性，或者为了减少塑料原材料的使用以及满足其他多种要求，塑料制件采用各种形状、各种材料的嵌件。但是采用嵌件一般会增加塑料的成本，使模具结构复杂，而且在模具中安装嵌件会降低塑料制件的生产效率，难以实现自动化。图 6-116 为嵌件结构。

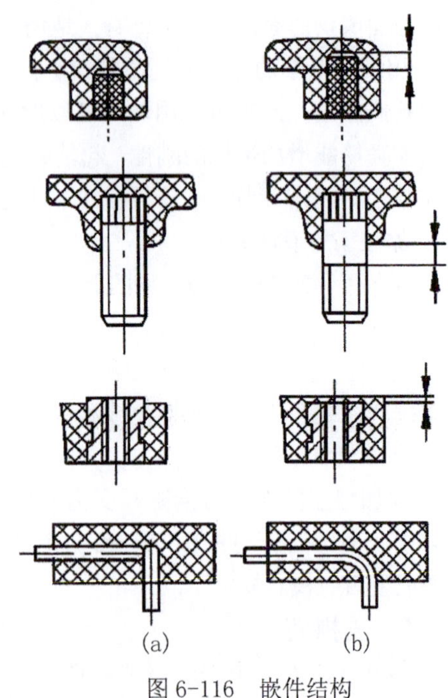

图 6-116　嵌件结构
(a) 不合理；(b) 合理

8. 分模线

凹模与凸模的接合线称为分模线（PL）。分模线是模具痕迹的一种，常见于注塑、吹塑等制品，例如各种包装容器制品的外围部位都有较为明显的分模线痕迹，设计分模线时除了应尽可能将其设计在不显眼的位置（图 6-117），还应设计在容易清除飞边的部位，而且为了提高模具闭合时的配合精度，分模线的形状应该尽量简单。

9. 凸台

凸台是塑料制件上用来增强孔的使用强度或为连接紧固件提供坐落部位。通常凸台是承受应力和应变的部位，因此凸台的设计应注意以下几点：

①尽可能将凸台设计在塑件的转角处。

②凸台可以用角撑或用加强筋与侧壁相连的方法来增加强度，图 6-118 所示为凸台结构。

10. 雕刻

考虑到塑料制品外形美观，以及为了适应某些特殊要求。常常在成型塑料制件的过程中直接在制件上成型出花纹、文字、符号等标记。为了达到这些目的就需要在模具上进行雕刻。雕刻是

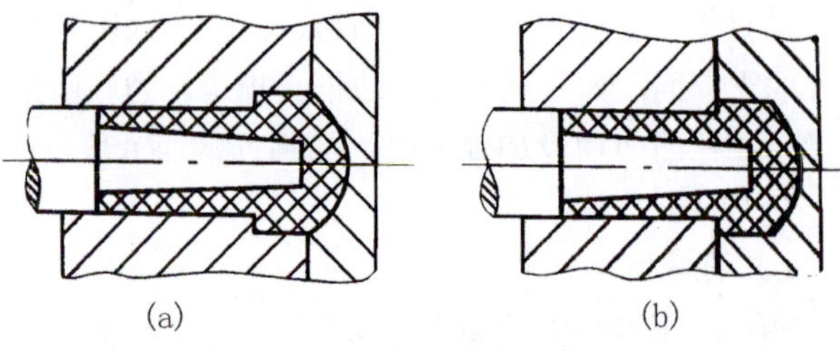

图 6-117　分模线位置
(a) 不合理；(b) 合理

在金属模具上进行的，最终反映到塑料制件上，这种雕刻一般采用切削、腐蚀、冷挤等手段。

雕刻工艺处理根据不同的产品会有不同的具体措施。相对于丝网印刷、热烫印等塑料表面产品标志处理的效果，通过模具雕刻直接注塑成型显得技术含量更高、更为优雅。

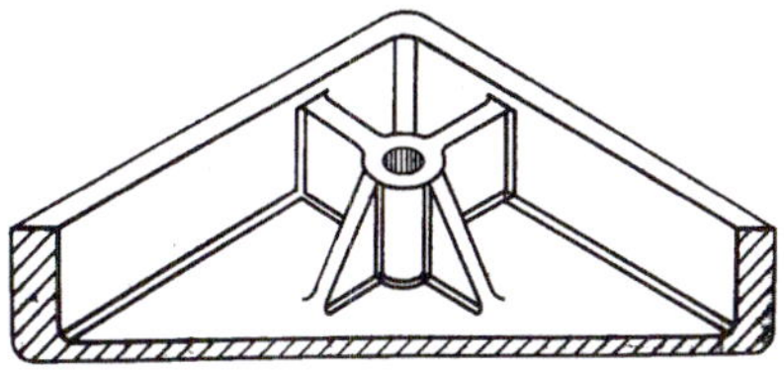

图 6-118　凸台结构

(1) 花纹

在制件上设计花纹可以增大接触面积，如在手柄、旋钮等表面设计花纹可增大摩擦力，防止使用中的滑动，图 6-119 所示为旋钮花纹；还可以遮掩成型过程中在制件表面形成的缺陷，改善制件的表面外观状况，增加装配时的结合牢固性，有时采用流线形或圆柱形表面还能有效防止制品变形。制件表面的花纹截面形状有圆形、三角形及梯形，圆形截面的花纹被普遍采用。

花纹设置不能影响塑料制件的脱模，其条纹方向应与脱模方向一致，条纹高度不超过其宽度，花纹不要太细，条纹间距尽可能大些，以便于模具制造及制件脱模。花纹可均布于制品表面，也可以分组集中布置。当制件表面的花纹为网状花纹时，条纹交角一般为 60°～90°，交角太小会在制件表面上形成凸脱的尖角，影响制件及模具的使用强度。

(2) 文字、标记及符号

图 6-119　旋钮花纹

在塑料制件的成型过程中直接在制件上成型出文字、符号等标记。为了便于用机械加工的方法加工模具，制模方便，制件上的文字、标记及符号常为凸形的。若制件上将文字、标记及符号设计为凹形的，会使模具制造困难，需采用复杂加工工艺。

通常文字、标记及符号的线条高度不应超过其宽度，否则就会影响其使用强度。文字、标记及符号的脱模斜度应大于 10°。

图 6-120 是采用聚碳酸酯塑料成型的苹果主机，其中标志部分就是通过雕刻在模具上直接注塑成型的，若其采用贴膜或热烫印等处理标志，那么带给消费者的就是不同于这种技术感的另一种感觉。

图 6-120　苹果主机

6.5.2 塑料结构设计的应用

塑料产品结构的设计是进行产品设计时要考虑的技术问题，它不仅可以更好地满足产品的使用功能，美化产品的外观，满足人使用塑料产品时多方面的需求，最优化地实现产品的生产。

1. 塑料产品的强度设计

制件的强度设计对于有效利用材料是非常重要的，确切地说，在制件设计时，不增加制件整体的厚度，通过对制件某些部位进行圆角、加强筋等处理，可以用较少的材料得到所需的强度及刚度。所以进行任何的制件设计时，强度设计是必不可少的工作。薄壁的真空成型制品及大型的注塑成型制品的强度设计尤为重要。

图 6-121　容器边缘的加强设计

图 6-121 是容器边缘的加强设计，图 6-122 为塑料制件底部及侧壁的增强设计，在不同部位上考虑强度。这些方法对外观造型有很大的影响，所以要在考虑整体造型的基础上，慎重地进行强度设计。

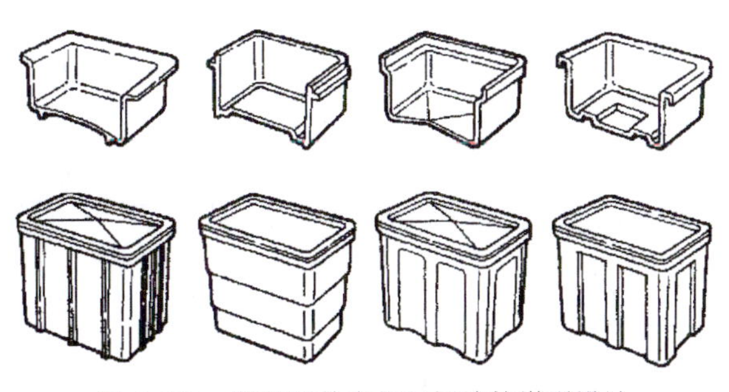
图 6-122　塑料制件底部及侧壁的增强设计

图 6-123 为塑料瓶体的加强设计，利用饱和聚

酯吹塑成型的饮料瓶体表面会有一些凹凸的花纹、凹槽或装饰性图案，这不仅反映企业的形象理念，更重要的是增加薄壁瓶体的强度。瓶体的加强设计，主要体现在瓶体侧壁的加强筋结构设计。

瓶体侧壁横向设计加强筋，可增加瓶体径向强度，可提高瓶体的环向强度和刚性，但会降低瓶体垂直方向的强度（图 6-123(a)）；而纵向加强筋的设计，大大加强了瓶体的强度和刚性。有利于提高瓶体垂直载荷强度（图 6-123(b)）。

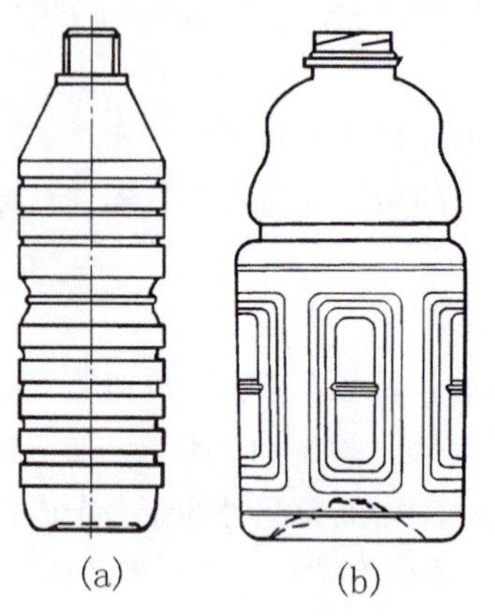

图 6-123　瓶体的强度设计
(a) 横向加强筋；(b) 纵向加强筋

图 6-124　塑料椅凳的加强筋设计

图 6-124 是利用塑料注塑成型的椅子和凳子的加强筋设计，椅子的加强筋不仅满足了产品的强度，还具有审美价值。

图 6-125 为沃克斯 99 迷你订书机，由斯威莱办公用品公司设计生产。该设计设想在不增加生产成本的前提下，用一种更新、更好的设计取代那些大批量生产的低价订书机。这把订书机是由 ABS 塑料注塑成型的，其设计的亮点集中在肋型结构的加强筋上。巧妙地应用加强筋结构原理，这种肋型结构不仅是设计外观上的一个闪光点，而且可以给订书器提供所需的强度。从而使这款塑料订书机达到金属订书机的表现，可以经受持久高频率的使用，同时该产品结实、可靠。另外这款订书器的组装和拆装不需要任何辅助工具，容易分离并且可以回收利用。

图 6-125　沃克斯 99 迷你钉书机

2. 塑料制件叠堆设计的应用

根据需要，有时制品应具有能叠堆的性能。所谓叠堆是指制品在存放时为了减少占用空间的位置而能叠加堆放。需要叠堆存放的制品若为筒状，在制品设计时应该具有一定的脱模斜度。叠堆存放时制品占用空间小，从而可减少包装体积，降低包装费用及运输费用；还可防止运输过程中制品发生破损及用少量的面积陈列较多的制品。设计需叠堆的制品时，还应该要考虑到叠堆的制品是否容易分离。

叠堆设计适应批量生产的产品，很早时期在碗、盘等陶瓷日用器皿上就体现了这一结构处理原则。主要常用于各种盆、杯子、桶、盒等容器以及椅子、凳子之类的家具的整套、成系列的设计。在塑料制品领域，相同产品之间的堆叠设计，对产品的堆放、储存、运输、外出携带以及降低产品的综合成本和方便使用具有现实意义。

设计堆叠的制品时，其侧面必须具有一定的斜度，同时堆叠制品的边缘设计既要注意到使堆叠的制品容易分离取出，又要考虑到堆叠有一定的支撑力，避免被堆叠的容器过度受理而导致破裂。

图 6-126 是垃圾桶的叠置设计，如以高度为 300 mm，容积为 15 L 聚乙烯桶为例，因该产品具有叠置性能，所以 10 只桶叠置后高度仅为 600 mm，这样与不能叠置时相比，可节约 20% ～ 30% 的包装、运输费。其中 (a) 和 (b) 是可以叠堆的容器和不能叠堆的

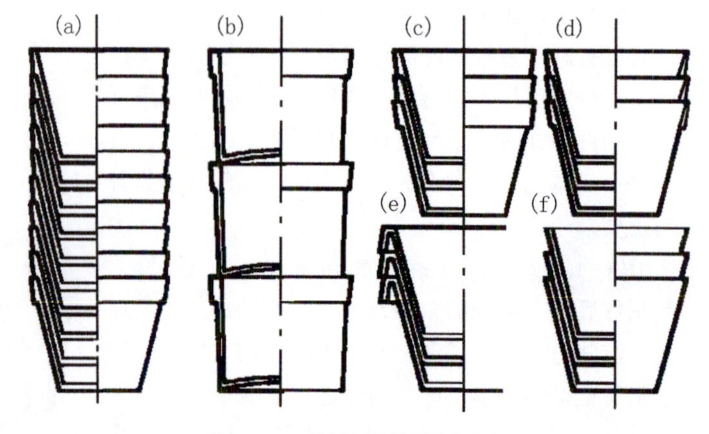

图 6-126　垃圾桶的叠置设计

容器的比较，虽为同样高度但其数量为 10 ∶ 3，如果加上包装甚至达到 5 ∶ 1；(c)、(d) 和 (e) 容器设计有边缘，为合理的设计，都比较容易分离；而 (f) 为不合理的设计，不仅不容易分离，而且当上面加力时则容易破裂。而且要取出容器比较困难。

图 6-127 是两款通过模具一次性直接成型的椅子的叠堆设计。

图 6-127　椅子的叠置

3. 握柄和提钮的设计

拿取或使用产品时，有持握、提拎、托、搬等各种使用方式，这些使用方式是进行产品握柄和提钮的设计时应该考虑的因素，各种握柄和提钮为满足不同体积造型的产品和不同的使用环境提供了便利。

(1) 握柄的设计

容量为500 mL以上的瓶子或杯子可根据需要设计握柄，便于拎取和倾倒。握柄位置多数设计在瓶体的一侧，也可设计在瓶体的顶部或颈部，握柄的形状和直径要方便握取。

塑料制品握柄的设计如图 6-128 所示，其中 (a) ～ (i) 所示的是各种注塑制品握柄部位的断面图形，按顺序排列图形的断面大致呈越来越复杂的趋势。设计时选用何种形式要根据制品的性质、要求的强度及预算的模具费用等情况而定。

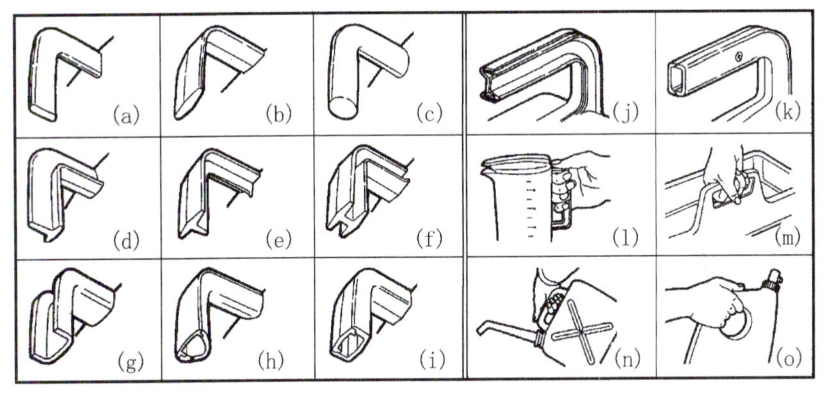

图 6-128　握柄的设计

通常采用 (a) 与 (f) 所示的形状，特别是 (f) 所示的形状，易持握而且强度也好。其中 (c) 所示的形式是为了防止壁厚的部位塌陷所采取的形式，适宜于低发泡塑料成型。(h) 与 (i) 两种形式，在握把设计上作了有意识的处理，采取了可以组合另外成型、组成不同颜色的握柄部位，虽然模具造价及成本相对于前面 7 种形式高一些，但其通过不同颜色的调配，外观效果突出。(j) 是真空成型的苹果箱的握柄，由于是薄壁制品，应考虑采用增强强度的断面设计。(k) 是注塑成型的卷尺盒体的握柄，两部分是用螺钉固定的。(l) 所示为手持注塑成型量杯。对于这种小型制品，降低成本很重要，所以可采取 (a) ～ (g) 的各种形状，这里采用的是 (f) 所示的形状。(m) 所示为注塑成型的工具箱的握柄，断面形状与 (g) 所示形状相反。这两种较小型的握柄，其断面尺寸通常设置为 25 mm ×20 mm，插入手指的开口部分尺寸为 30 mm ×90 mm。(n) 是煤油筒，(o) 是较大型的洗涤剂容器，这两种制品都是吹塑成型的制品。由于成型技术的提高，握柄的位置可以设在制品的任何部位，但必须考虑在容器内液体流出时容易平衡来确定握把的位置与形状。容易持握的握柄直径根据大多数成年人手部的大小设定在 30 ～ 45 mm之间。

(2) 提钮的设计

在日常生活中，如水壶、奶油盒、水桶等在盖子上设有提钮的制品非常多，在设计时往往会无意识地作简单的处理，而造成功能性缺陷。如提钮过低抓不住、容易滑手、不稳定等。所以在设计前应考虑人机因素，在考虑外观的同时亦要考虑功能性。

图 6-129 列举了市场上的一些塑料制品的提钮设计，并指出了其功能性的缺陷。如图所示，其中 (a)、(b)、(c) 容易捏住但若不用瓣合则不能成型，在表面上会出现模痕；(b) 中所示是指尖触到盖为较好；(c) 中小的圆锥形提钮虽然符合脱模限度容易成型，但难以捏住、容易滑脱。(c) 设计上的缺陷在 (e) 和 (f) 上就有所改良，不仅圆锥设计得较大，而且在圆锥上有横纹，不易滑脱。图中 (d)、(e)、(f) 在小型产

品中，提钮的最小尺寸为高 12 cm，直径为 10 cm的大型产品，提钮的直径为 30 mm以上，高为 20 ～ 25 mm。(f) 是最初奶油盒的提钮设计，奶油盒的提钮必须高 12 mm以上，厚为 10 mm以上。(g)、(h)、(i) 考虑到产品叠堆的需要做成凹入式的提钮设计，深度必须 15 mm以上，糖缸等容器的直径若超过 10 cm则难以拿住，密闭容器和盖最好如 (h) 和 (i) 所示有凸出的部分以方便打开。

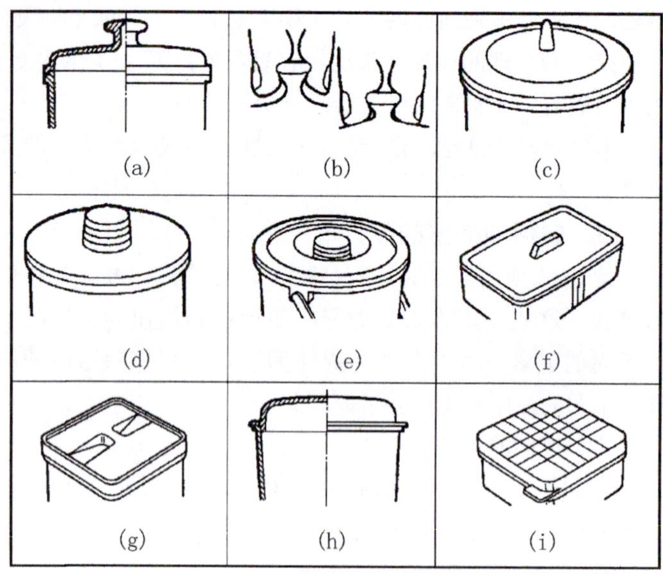

图 6-129　提钮设计

4. 塑料的连接结构设计

(1) 塑料铰链连接

塑料铰链连接是指连接的两个部件绕着装配轴线转动的一种连接方法，主要适用于经常开启和闭合的塑料产品。塑料铰链连接可以是采用另一构件将两个要连接的塑料零部件进行连接（构件连接）；也可以采用注塑或压铸、吹塑等成型方法将两个连接部件设计成一体（柔性连接）。

①构件连接结构设计：构件连接是在两个塑料连接件上设计连接孔，利用各种连接构件（销钉、螺钉、螺栓、拉片、弹簧片等）将两个塑料件进行连接。这类连接方法又称为三片集成铰链连接。常见的链接结构如图 6-130 所示：塑料件的孔可直接成型而得，也可成型后钻出，图中 (a) 为轴连接；(b) 为销连接；(c) 为拉片连接；(d) 为曲线形弹簧片连接。

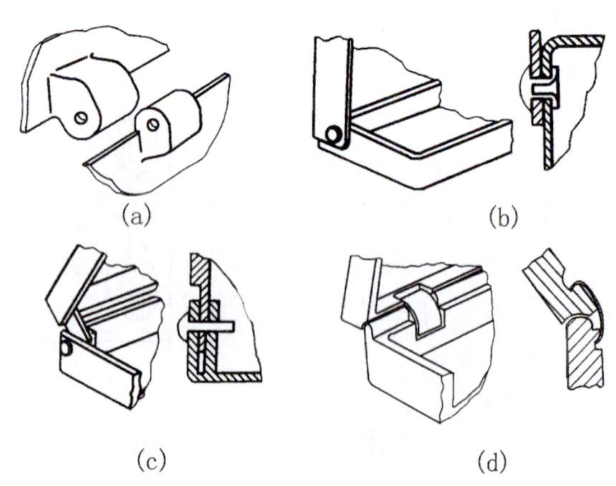

图 6-130　构件连接结构
(a) 轴连接；(b) 销连接；
(c) 拉片连接；(d) 弹簧片连接

②柔性连接结构设计：柔性连接是将两个连接部件设计成一体，采用注塑或压铸、吹塑等成型方法一次模塑而成。它是利用了塑料材料可以承受数千次甚至上百万次的折弯而不破裂这样一个特性，制作成连成一体的塑料合叶（图 6-131）。

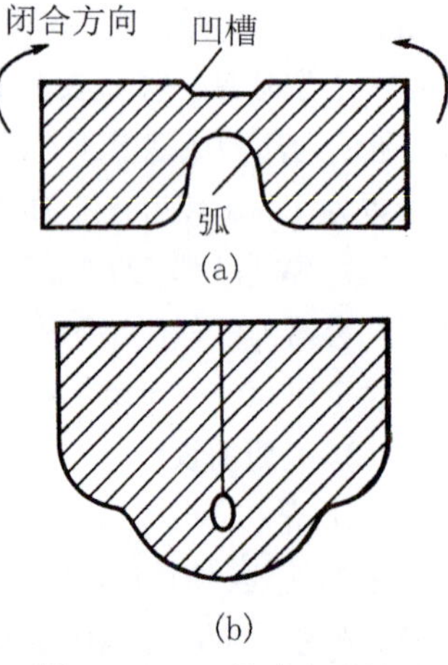

图 6-131　一体式合叶设计
(a) 弯曲前；(b) 弯曲 180° 后

塑料铰链适用的材料有聚乙烯、聚丙烯、聚氯乙烯、热塑性弹性体以及像聚酰胺、聚甲醛一类的工程塑料。其中最适合作为柔性连接的塑料是聚丙烯。聚丙烯塑料具有优良的耐疲劳性，由于在成型中作为“合叶”的薄壁部位的分子链呈束状细纤维规则排列，使“合叶”具有耐折的特性，有效利用这种特性可以制作开启方便的瓶盖结构。这种整体成型的聚丙烯“合叶”与金属合页相比，在加工、制造成本、耐久性等方面均优越，但聚丙烯“合叶”应避免在纵向位置的状态下使用，图 6-132 为聚丙烯制成的合叶式瓶盖及“合叶”部分的剖面。

在产品设计时还应考虑，将合叶周围的各个拐角及棱边部分做成圆角，不能有锐角。合叶的厚度根据产品规格而定，一般小型容器为 0.2 mm左右、大型产品为 0.4 mm左右，若合页厚度超过上述值，则会发生合叶部分发硬，盖关不严或折断等现象。

(2) 搭扣连接结构设计

搭扣连接，又称卡扣连接。形式、种类较多，其结构和连接形式可能各不相同，但连接基于的基本原理是一致的，即连接件的一方有一个凸出部分，称为凸缘；而连接件的另一方有一个凹槽。装配时，装配力迫使凸缘这一方部件产生瞬间时屈挠变形，才能向连接件的另一方推进，待凸缘卡入凹槽，连接的两部件锁定，连接也即完成，图 6-133 所示为搭扣连接原理。搭扣连接的原理是利用塑料在室温下短时间内所具有的较大的弹性变形特征，因此材料选择是重要的一环。通常其中的一个零件相对较硬，而另一个零件较为柔软，有较好的弹性和疲劳强度。

卡扣连接结构可以设计成容易开启、较难开启和不能开启等类型，图 6-134 为可开启和不能开启的卡扣结构。

卡扣链接结构的应用范围不断扩大，其应用领域从各种圆珠笔和签字笔到电脑、打印机等办公设备。设计师和工程师们为我们建立了一个广阔的创新的卡扣连接设计领域。图 6-135 为各种卡扣链接结构：（a）为储存容器的圆形卡扣连接结构；（b）为瓶盖与瓶口的卡扣连接结构；（c）为卡扣锁结构；（d）为钩眼连接结构，两个构件可以方便连接和打开；（e）为遥控器电池盒面板与盒体连接的 U 形悬臂搭配连接结构。

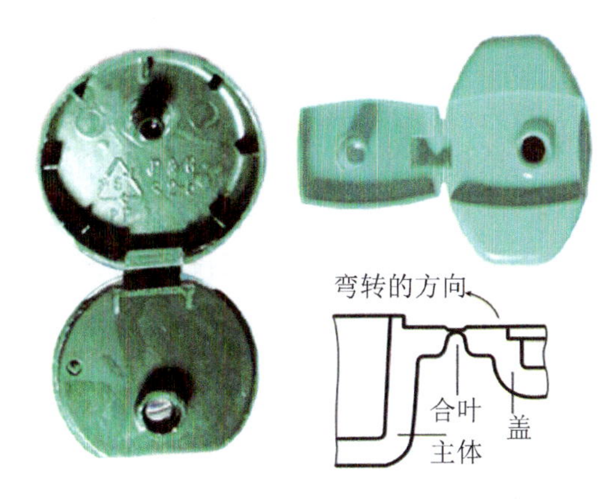

图 6-132　聚丙烯塑料合叶式瓶盖

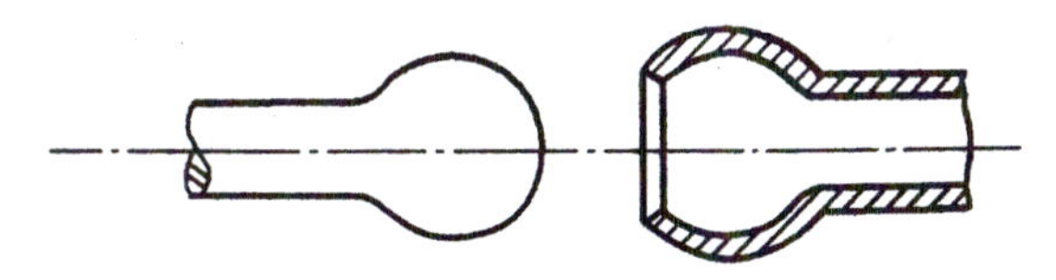
图 6-133　搭扣连接原理

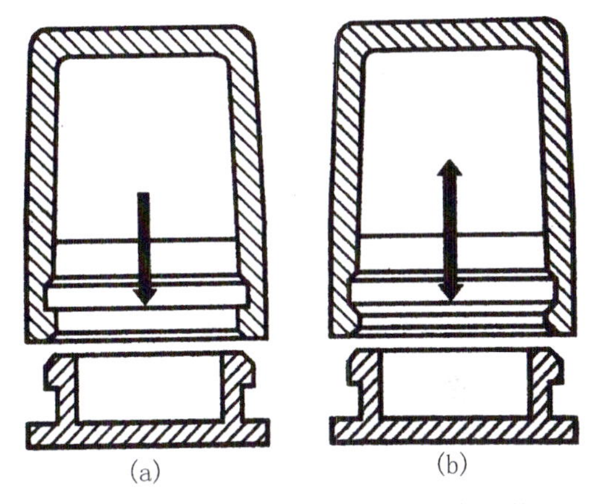

图 6-134　可开启和不能开启的卡扣结构
(a) 不可拆卸；(b) 可拆卸

6.6 塑料在设计中的应用

塑料制品是从 19 世纪开始出现的，第一种塑料赛璐珞（即硝化纤维塑料）于 1865 年问世。像其他新材料一样，它引起了设计师们小小的困惑。在他们的头脑中，这些材料属于模仿和替代已有产品的范畴。而塑料制品真正的繁荣是在 20 世纪 50 年代。到了 60 年代，塑料达到了一个繁荣鼎盛的时期，塑料制品变成了一个时代符号——可连续生产且便宜，不论社会那个阶层都可以享受得起。

现代工业产品的造型设计中越来越多地采用塑料材料，其主要原因是塑料可使产品的造型取得良好的艺术效果和经济效果。塑料制品可以通过一道工序，获得所需任何复杂形状的产品，而且很少再需要进行进一步的加工和表面处理，使产品的造型设计不受或少受造型形式和加工技术的限制，能充分实现设计师对产品内外结构和造型的巧妙构思。塑料材质具有优美舒适的质感，外观可变性大，可制成透明、半透明和不透明，具有适当的弹性和柔度，给人以柔和、亲切、安全的触觉质感，可以注塑出各种形式的花纹皮纹，容易整体着色，色彩艳丽，并通过镀饰、涂饰、印刷等装饰手段，加工出近似金属、木材、皮革、陶瓷等各种材料所具有的质感，达到以假乱真的各种不同材质的外观效果。利用塑料

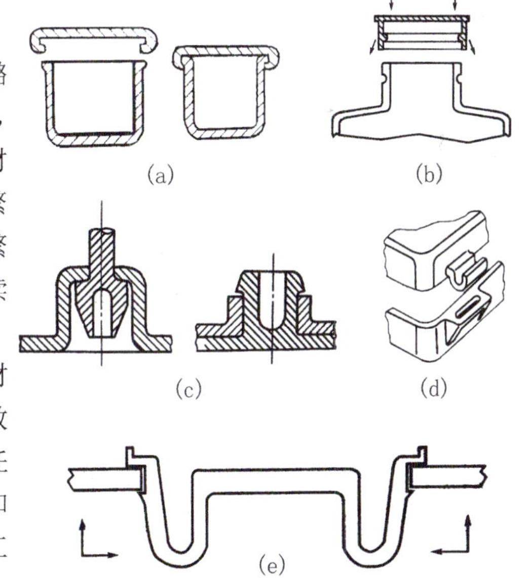

图 6-135　卡扣链接结构
(a) 圆形卡扣结构；(b) 瓶盖与瓶口的卡扣结构；(c) 卡扣锁结构；(d) 钩眼结构；(e)U 形悬臂搭配结构

的色彩效果、肌理效果以及表面加工的随意性，可大大提高产品外观造型的整体感和艺术质量。

随着人们对塑料越来越熟悉，塑料成本低廉，成型方便、形式多样，以及表面肌理、色彩变化丰富的特点被人们充分利用，塑料自身的特点被真正地发掘出来。塑料已不再是附着在物体上的被动的角色，而是表现色彩和情感的最佳媒介，已经变成工程师以及设计师参与设计目标的生动工具。因此在产品造型设计中，设计师必须熟悉各种材料的性能特点和成型特性，从而设计生产出造型和使用性能优良的塑料制品。通过对现有技术的改进，塑料制品几乎可以做成任何形状，在设计中有了无限广阔的空间，产生了一大批采用塑料设计的优秀的作品。

设计实例：

(1) 生态”垃圾桶 (图 6-136)

由意大利设计师劳尔·巴别利 (Raul Barbieli) 设计。此款垃圾桶的设计目的是制作一个清洁、小巧、有个性的、具有亲和力的产品。此款设计最引人注意的是垃圾桶的口沿，可脱卸的外沿能将薄膜垃圾袋紧紧卡住。口沿上的小垃圾桶可用来进行垃圾分类。产品采用不透明的 ABS 塑料或半透明的聚丙烯塑料经注射成型而得。产品内壁光滑易于清理，外壁具有一定的肌理效果。

生态桶

外沿

废料桶

图 6-136 “生态”垃圾桶

(2) “4300” 桌 (图 6-137)

由意大利设计师安娜·卡斯特丽·法瑞里 (Anna Castelli Ferrieri) 设计。此款桌子由 9 个部分组成 (桌面、四个桌腿、四个锥形桌腿插头)，采用了先进的制作工艺。桌面采用热压成型的增强塑料，表面涂以防划痕涂料，桌腿采用增强的聚丙烯塑料。锥形插头部件采用 ABS 塑料。产品各部分的装配为紧配合，由用户用力拼装即可，不需任何螺钉。

图 6-137 “4300” 桌

(3) OZ 冰箱 (图 6-138)

由设计师 Roberto Pezzetta 为家电制造商伊莱克斯设计的 OZ 冰箱。该冰箱采用了聚氨酯泡沫塑料制作的箱体，改变了以往冰箱的金属壳体。OZ 冰箱利用泡沫塑料的隔热性能，注塑成型，在成型过程中固化成致密光洁的表面，不需要再次进行表面处理。因为材料较为单一，OZ 冰箱的壳体可以 100% 回收，符合欧洲环保最高标准；而且 OZ 冰箱在造型上大胆突破了传统的方方正正的壁橱设计，具有柔和、体贴的曲线形外壳箱体，体态简洁完美造型美观。OZ 冰箱在布尔诺赢得 1997 年的设计声望奖，并于 1999 年获得荷兰工业设计的一项巨奖。OZ 冰箱是泡沫塑料应用于产品设计的典范。

图 6-138 OZ 冰箱

(4) “Boalum” 软管灯 (图 6-139)

利维奥·卡斯蒂廖尼 (Livio Castiglioni) 和詹弗兰科·夫拉蒂尼 (Gianfranco Frattini) 共同设计的 “Boalum” 管状灯。由工业用半透明 PVC 塑料制成的这盏蛇形灯，内部有金属框架支撑，便于固定 5 瓦的小型灯泡。“Boalum” 灯的 “波普” 特性不仅表

现在用材上，可随意摆布的造型也使它浸透着“波普”气息——使用者可以根据需要，或是垂直悬挂，或是水平摆放，甚至还可以自己动手，将其塑造成雕塑形体，也过过雕塑瘾。理论上讲，灯的长度可以在购买时量身定做，每个单位长度是两米。一般来说，照明设计的功能性目标无非有二：一是遮挡灯泡，二是减少光的照度。而“Boalum”灯似乎都一一做到了，既起到一定的照明作用，也烘托了环境气氛，这多少与中国古代灯笼的设计理念相仿。

(5) “TOHOT”盐和胡椒摇罐（图 6-140）

由法国设计师琼·玛丽·马萨德（Jean Marie Massand）设计。设计者通过此设计将盐和胡椒这两个常用的调味品连接在一起。摇罐的罐体采用半透明的聚丙烯塑料注射而成，内嵌的不锈钢和磁铁，将两个罐体连成一体。

图 6-139 软管灯

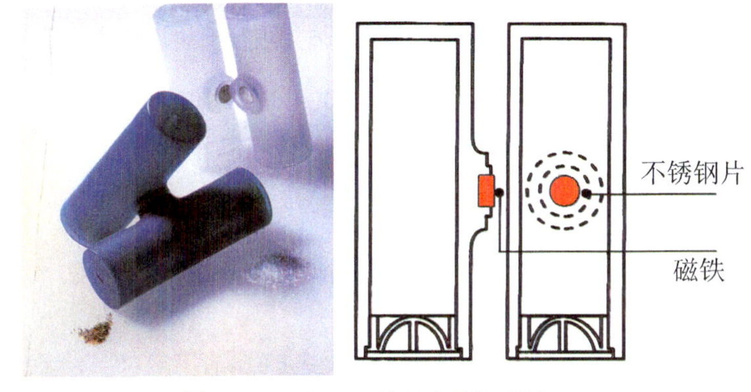

图 6-140 “TOHOT”盐和胡椒摇罐

(6) “SKUD 医生”苍蝇拍（图 6-141）

由法国设计师菲利普·斯塔克（Philippe Stack）设计。这件看似平常的东西最吸引人的地方是拍子上大小不一的网点，竟然组成了“Fornasseti”的面孔。这个苍蝇拍比例修长，但非常结实，在拍子的柄部进行了加厚设计，保证了一定的强度。拍子的底部采用三足结构，使拍子自身可以稳稳地立住。拍子采用注射成型，拍子上的大小网点在注射模中一次成型。

图 6-141 “SKUD 医生”苍蝇拍

(7) “Dune”衣物挂钩（图 6-142）

由意大利设计师保罗·尤连（Polo Ulian）和吉塞普·尤连（Giuseppe Ulian）设计。设计者利用废旧塑料瓶进行再设计。将塑料矿泉水瓶压扁，充分利用塑料瓶现有的特征——瓶口螺纹，使之与底座相连，并用瓶盖固定。挂钩基座可采用热压成型的塑料板或冲压成型的钢板，挂钩可独立安装也可多个组合成一组。

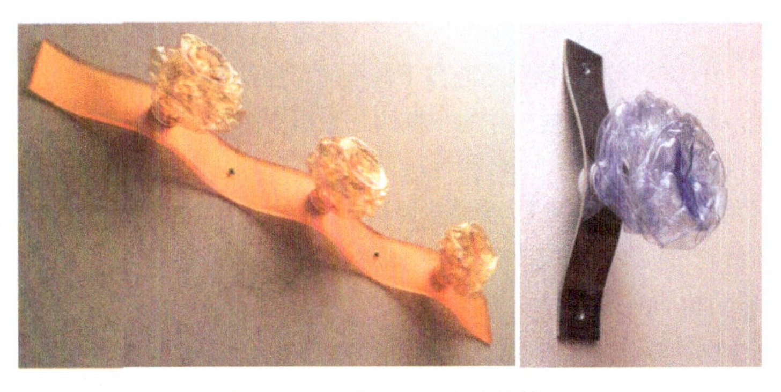

图 6-142 “Dune”衣物挂钩

(8) “翼”式台灯（图 6-143）

由意大利设计师里卡多·拉克（Riccardo Raco）设计。灯具材料采用一种称为“Opalflex”的有专利塑料材料制作。Opalflex 是一种玻璃质塑料板材，具有乳白玻璃的一些外观特点，具有不变黄和特殊可弯曲性及延展性，易成型，具有良好的光漫射特殊性。灯具用一片 Opalflex 材料经切割后绕 2.5 圈成为展开的翼形灯罩。用三只铜螺钉将灯罩锁定在插线盒的基座上。

图 6-143 “翼”式台灯

(9)“灯站”灯具（图 6-144）

由巴西设计师Luciana Martins 和 Gerson de kliveira设计。灯具由多个照明块体串接组合而成，每个照明块体采用经切割弯成 U 字形的乙烯塑料板（4mm 厚），在 U 字形塑料板的一侧打孔，使电线能够穿过，同时起到通风冷却作用，灯泡底座用螺钉固定在塑料板的一侧。两个 U 字形部件以阴阳槽方式进行插接，可随时开启。

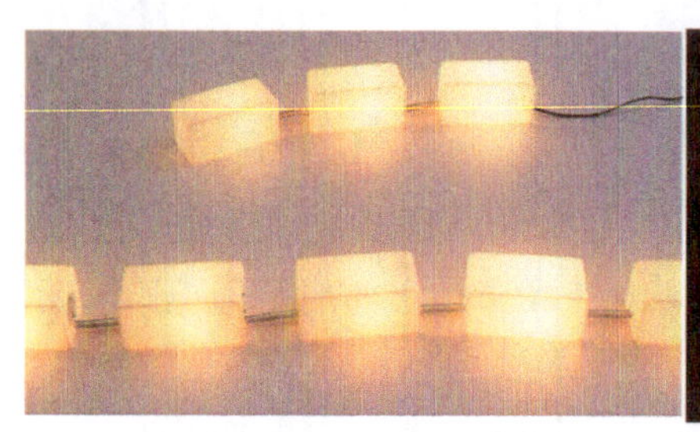

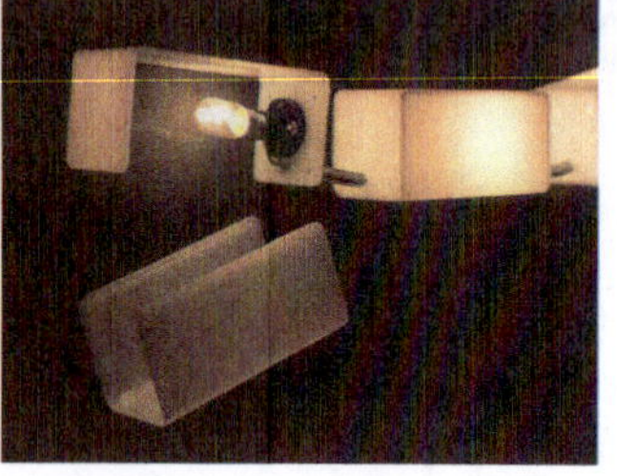

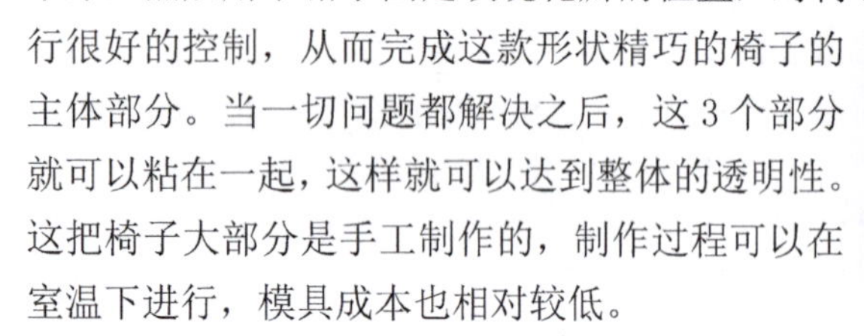

图 6-144 “灯站”灯具

图 6-145 “布兰尼小姐”椅

(10)“布兰尼小姐”椅（图 6-145）

由日本设计师仓右四郎 (Shiro Kuramate) 设计，其灵感源于电影《欲望号街车》中布兰尼迪布瓦的服装。该设计利用丙烯酸树脂浇铸成型的特点，在制作过程中加入的玫瑰花瓣实现了设计师的设计构想。椅子由 3 个部分组成——座位、靠背和扶手。每部分的制作过程是：在一个装满液态丙烯酸树脂的模子中放入玫瑰花，放置时须将花瓣上的气泡拍吸干净，然后用小钳子固定玫瑰花瓣的位置，对椅子的设计和美学质量进行很好的控制，从而完成这款形状精巧的椅子的主体部分。当一切问题都解决之后，这 3 个部分就可以粘在一起，这样就可以达到整体的透明性。这把椅子大部分是手工制作的，制作过程可以在室温下进行，模具成本也相对较低。

(11)“LOTO”落地灯和台灯（图 6-146）

由意大利设计师古利艾尔莫·伯奇西设计的“LOTO”灯，其特别之处在于灯罩的可变结构。灯罩是由两种不同尺寸的长椭圆形聚碳酸酯塑料片与上下两个塑料套环相连接而成，灯罩的形态可随着塑料套环在灯杆中的上下移动而改变。这种可变的结构是传统灯罩结构与富有想象力的灯罩结构的有机结合。

图 6-146 落地灯和台灯

(12) FLASK 携带型酒壶（图 6-147）

壶体采用双层结构，外层可当酒杯，壶身内层采用聚酯塑料 (PET) 制造，经得起冰冻或沸腾，提供长时间的储酒能力，不会产生塑胶味或怪味；

外层套筒采用耐用的蓝色聚碳酸酯塑料（PC）制造，提供隔离保护瓶身的功能，适合随身放于口袋、手提包或背包。

图 6-147　FLASK 携带型酒壶

(13) 软键盘（图 6-148）

键盘可以像橡皮一样被弯曲或缠绕，具有柔软、易弯曲的特点。这种可弯曲的面板由聚氨酯泡沫制成，这种材料于 1941 年首次投放市场。它是一种很理想的可应用材料，因为它对油和溶剂有良好的抵抗性，同时，它也能用模具进行铸造。键盘由镭射蚀刻而成，省却不同的语言版本的模具修改成本。带有一组柔软的（而不是坚硬的）印制电路板的键盘能保持韧性。

图 6-148　软键盘

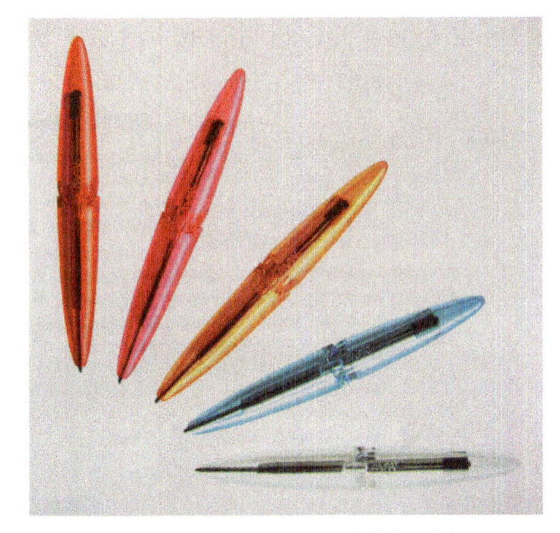
图 6-149　透明的 i 磁性钢珠笔

(14) 透明的 i 磁性钢珠笔（图 6-149）

以聚碳酸酯为材质的 usus 的 i 系列钢珠笔是最新的产品。透明的笔盖，清晰呈现笔的新结构：两个如水晶般清透的套管，套住四对接合整支笔的微型磁铁，让整个笔匣如飘浮在空中般轻盈，聚碳酸酯透明度高，因此呈现出其他笔所没有的透明美感与澄澈！书写时，旋转笔管即可轻易旋出笔尖。

(15) 红床与黑床（图 6-150）

由英国设计师麦特・辛德尔设计，将床的枕头和床垫作为一个整体，采用整块聚酯泡沫塑料进行横向和纵向切割，得到所要求的形态和纹路。该设计充分应用了聚酯泡沫塑料的特性，设计制作这款结构复杂、形态不同寻常的床。

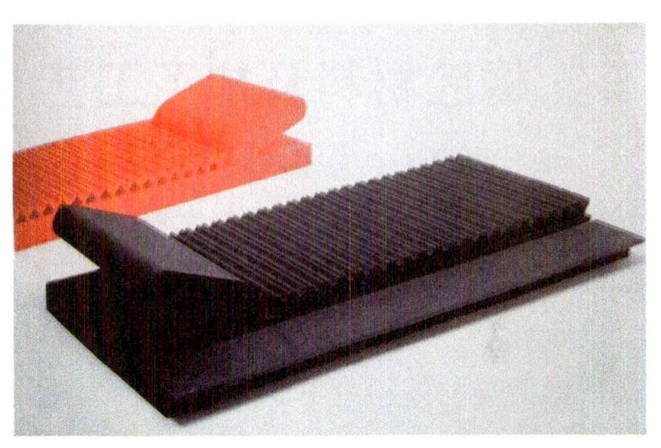
图 6-150　红床与黑床

(16) Dandelion 灯（图 6-151）

由马泰奥・巴奇卡卢波（Matteo Bazzicalupo）和拉法埃拉・曼加罗迪（Raffaella Mangiarotti）设计。设计灵感来源于蒲公英。灯体由许多晶莹透明的聚碳酸酯小喇叭组成，由于材料的折光率好，可以使耗电量很低的二极管光源成倍扩散。

(17) CABOCHE 吊灯（图 6-152）

由帕特西亚・尤其拉（Patricia Urqiola）和艾丽安娜・格罗特（Eliana Gerotto）设计。吊灯由 189 个 PMMA 反光球组成，从而将传统的枝行吊灯用赋有现代感的形式表现出来。

(18) IMac 电脑产品（图 6-153）

由苹果计算机引发的透明风潮，从代表着简约、唯美的 IMac 电脑产品开始，透明产品风靡世界，设计领域掀起一股革命浪潮，透明就是世上最 Cool 的颜色，各种生活时尚用品，无论你想得到的还是

图 6-151　Dandelion 灯

想不到的都纷纷披上透明外衣。

图 6-152　CABOCHE 吊灯

苹果电脑独具匠心地运用塑料的透明性，将色彩光泽设计触角伸向人的心灵深处，选用活泼亲切的透明和半透明的糖果色的色彩设计，通过富有隐喻色彩和审美情调的设计，在设计中赋予更多的意义，其美感映射出社会的潮流，让使用者心领神会而备感亲切。

以苹果公司 1998 年推出的 IMac 为例，这款电脑证明了人性化设计的成功魅力。该产品把对材料的创造性使用和内部设计的挑战优雅地配合在一起。为了创造材质的美感，必须让塑料在高压注射模具中均匀流动而不会形成流动的纹路，得到无瑕疵、清晰而且质量稳定的透明壳体。同时内部元件的装配要能适应外部的视觉美感。透过透明的或半透明的机身，可隐约看到内部的电路结构。

IMac 电脑产品的色彩和透明设计大胆地突破了普通电脑机箱颜色较单一的局面。使消费者的心理为之一振，并豁然开朗起来——原来电脑等高科技产品也可以是晶莹透明、五彩斑斓的。

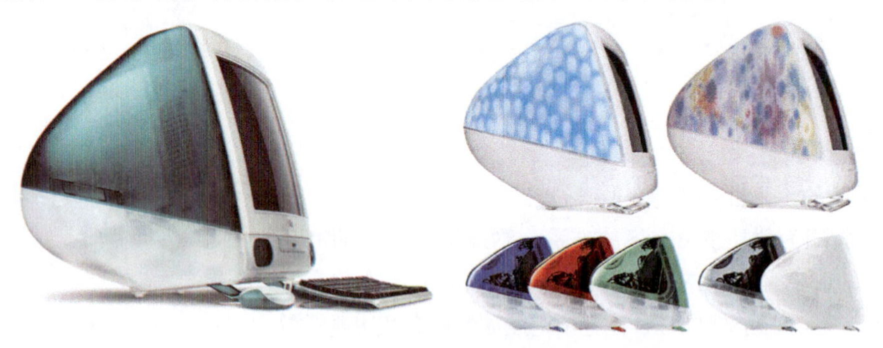
图 6-153　IMac 电脑产品

6.7 橡胶材料及加工工艺

橡胶也属于高分子材料，具有高分子材料的共性，如黏弹性、绝缘性、环境老化性以及对流体的渗透性低等。橡胶具有宝贵的高弹性，用途十分广泛，应用领域包括人们的日常生活、医疗卫生、文体生活、工农业生产、交通运输、电子通信和航空航天等，是国民经济与科技领域中不可缺少的高分子材料之一。图 6-154 为橡胶制品。

6-154　橡胶制品

6.7.1 橡胶的特性及分类

1. 橡胶基本特性

橡胶材料是指在较大变形之后能够迅速有力恢复到原状的材料。常温下的高弹性是橡胶材料的独有特征，因此橡胶也被称为弹性体。橡胶的高弹性表现为，在外力作用下具有较大的弹性变形，最高可达 1000%，除去外力后变形很快恢复。此外，橡胶比较柔软，硬度低，还具有良好的疲劳强度、电绝缘性、耐化学腐蚀性、环境老化性、耐磨性以及密封性等，使它成为国民经济中不可缺少和难以替代的重要材料。

2. 分类

橡胶的分类很多，按橡胶的来源和用途可以分为天然橡胶和合成橡胶；按外观形态分为块状生胶、乳胶、液体橡胶和粉末橡胶；按橡胶加工制品的成型方法和过程可分硫化橡胶和未硫化橡胶。此外，还可以按照橡胶的化学结构、形态和交联方式进行分类。

通常按以下方法分类：

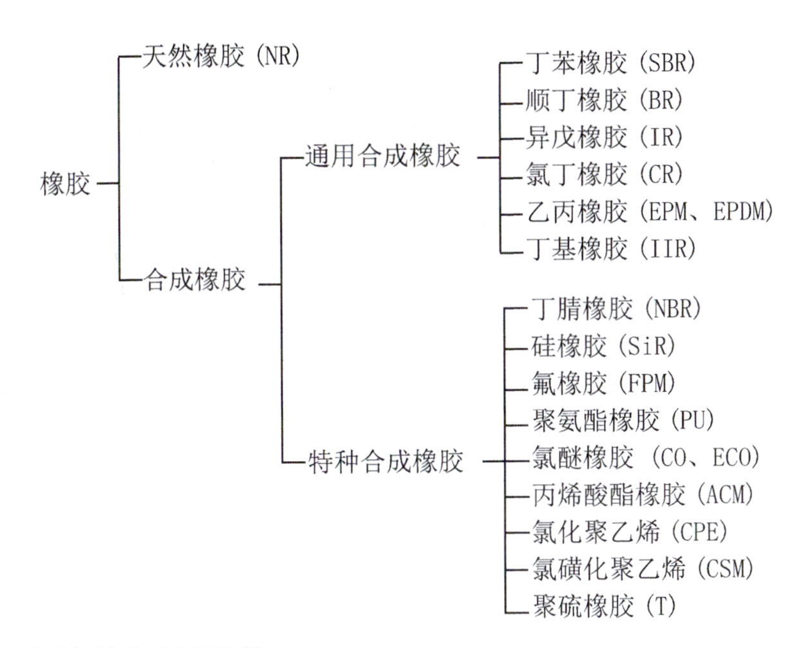

6.7.2 橡胶的加工工艺

橡胶制品的制备工艺过程复杂，一般包括塑炼、混炼、压延、压出、成型、硫化等加工工艺。

(1) 塑炼

塑炼是使生胶由弹性状态转变为具有可塑性状态的工艺过程。生胶具有很高的黏弹性，不便于加工成型。经塑炼后，分子质量降低，黏度下降，可获得适宜的可塑性和流动性，有利于后面工序的正常进行，如混炼时配合剂易于均匀分散，压延时胶料易于渗入纤维织物等。塑炼过程实质上就是依靠机械力、热或氧的作用，使橡胶的大分子断裂，大分子链由长变短的过程。

(2) 混炼

将各种配合剂混入生胶中制成质量均匀的混炼胶的过程称为混炼。混炼是橡胶加工工艺中最基本的最重要的工序之一，混炼胶的质量对半成品的工艺加工性能和橡胶制品的质量具有决定性的作用。

(3) 压延和压出

混炼胶通过压延和压出等工艺可以制成一定形状的半成品。

压延工艺是利用压延机辊筒之间的挤压力作用，使物料发生塑性流动变形，最终制成具有一定断面尺寸规格和规定段面几何形状的片状材料或薄膜状材料；或者将聚合物材料覆盖并附着于纺织物表面，制成具有一定断面厚度和断面几何形状要求的复合材料，如胶布。

压出工艺是胶料在压出机（或螺杆挤出机）机筒和螺杆间的挤压作用下，连续地通过一定形状的口型，制成各种复杂断面形状的半成品的工艺过程。用压出工艺可以制造轮胎胎面胶条、内胎胎筒、胶管、各种形状的门窗密封胶条等。

(4) 成型

成型工艺是把构成制品的各部件，通过粘贴、压合等方法组合成具有一定形状的整体的过程。

(5) 硫化

硫化是胶料在一定的压力和温度下，橡胶大分子由线性结构变为网状结构的交联过程。在这个过程中，橡胶经过一系列复杂的化学变化，由塑性的混炼胶变为高弹性的或硬质的交联橡胶，从而获得更完善的物理力学性能和化学性能，提高和拓宽了橡胶材料的使用价值和应用范围。

6.7.3 常用橡胶材料

1. 天然橡胶

天然橡胶（Natural Rubber, NR）是从自然界的植物中采集（图 6-155）出来的一种弹性体材料，这些植物包括巴西橡胶（也称三叶橡胶树）、银菊、橡胶草、杜仲草等。巴西橡胶树含胶量多，质最好，产量最高，

图 6-155　天然橡胶的采集

采集最容易，目前世界天然橡胶总产量的 98% 以上来自巴西橡胶树。

天然橡胶具有很好的弹性，在通用橡胶中仅次于顺丁橡胶。天然橡胶具有较高的力学强度、良好的耐屈挠疲劳性能，并具有良好的气密性、防水性、电绝缘性和隔热性。

天然橡胶的加工性能好，表现为容易进行塑炼、混炼、压延、压出等。但应防止过炼，降低力学性能。

天然橡胶的缺点是耐油性、耐臭氧老化性和耐热氧老化性差。

天然橡胶是很好的通用橡胶材料，具有最好的综合力学性能和加工工艺性能，可以单用制成各种橡胶制品，也可与其他橡胶并用，以改进其他橡胶的性能如成型黏着性、拉伸强度等。它广泛应用于轮胎、胶管、胶带及各种工业橡胶制品。所以，天然橡胶是用途最广的橡胶品种。

2．合成橡胶材料

合成橡胶是各种单体经聚合反应合成的高分子材料。

(1) 丁苯橡胶 (SBR)

图 6-156　丁苯橡胶制品

丁苯橡胶是丁二烯和苯乙烯的共聚物，是最早工业化的合成橡胶。

丁苯橡胶的分子结构不规整，属于不能结晶的非极性橡胶，因此，丁苯橡胶的生胶强度低，必须加入增强剂增强后，才具有实际使用价值。

丁苯橡胶的耐热性、耐老化性、耐磨性均优于天然橡胶。但弹性、耐寒性较差，滞后损失大、生热高，耐屈挠龟裂性、耐撕裂性和黏着性能均较天然橡胶差。

通过调整配方（如与天然胶并用）和工艺条件，可改善或克服丁苯橡胶的力学性能和加工性能的不足。丁苯橡胶主要应用于轮胎业，也应用于胶管、胶带、胶鞋以及其他橡胶制品（图 6-156)。

(2) 顺丁橡胶 (BR)

顺丁橡胶即聚丁二烯橡胶是通用橡胶中弹性和耐寒性最好的一种，具有优异的弹性和耐低温性能；耐磨性能优异，顺丁橡胶的耐磨耗性能优于天然橡胶和丁苯橡胶，特别适合要求耐磨性的橡胶制品，如轮胎、减振垫片、鞋底、鞋后跟等；吸水性低。顺丁橡胶的吸水性低于天然橡胶和丁苯橡胶，可应用于绝缘电线等要求耐水的橡胶制品；拉伸强度与撕裂强度低，均低于天然橡胶和丁苯橡胶，因而在轮胎胎面中掺用量较高时，不耐刺扎和切割；抗湿滑性能差，在车速高、路面平滑或湿路面上使用时，易造成轮胎打滑，降低行使安全性。

顺丁橡胶一般很少单用，通过与其他通用橡胶并用，改善顺丁橡胶在拉伸强度、抗湿滑性、黏合性能及加工性能方面所存在的不足。

(3) 丁基橡胶 (HR、CHR)

由聚异丁烯和橡胶基质合成，配料中可以使用氯元素。

图 6-157　丁基橡胶瓶盖

丁基橡胶最独特的性能是气密性非常好，特备适合制作气密性产品，如内胎、球胆、瓶塞等（图 6-157)。

丁基橡胶具有很好的耐热性、耐气候老化性、耐臭氧老化性、化学稳定性和绝缘性，水渗透率极低，耐水性能优异，弯曲强度、剪切强度和耐磨能力都接近天然橡胶，但通用橡胶的强韧性和耐用性。丁基橡胶适合应用于高耐热、电绝缘制品。

(4) 乙丙橡胶

乙丙橡胶是乙烯和丙烯的聚合物 (EPR) 和乙烯丙烯和二烯

烃的化合物（EPDM）的总称。

乙丙橡胶具有优异的热稳定性和耐老化性能，是现有通用橡胶中最好的。耐化学腐蚀性能好，乙丙橡胶对各种极性的化学药品和酸、碱有较强的抗耐性，长时间接触后其性能变化不大；具有较好的弹性和低温性能，在通用橡胶中弹性仅次于天然橡胶和顺丁橡胶；电绝缘性能优良，尤其是耐电晕性能好；耐水性、耐热水和水蒸气性能优异。

图 6-158　自动门橡胶配件

乙丙橡胶主要用于制造除轮胎外的汽车部件，其中用途最大的是车窗密封条、散热器软管、水系统软管等。图 6-158 为采用乙丙橡胶制作的自动门专用橡胶配件。

（5）氯丁橡胶（CR）

氯丁橡胶是所有合成橡胶中相对密度最大的，为 1.23 ～ 1.25 g/cm³。由于氯丁橡胶的结晶性和氯原子的存在，使它具有良好的力学性能和极性橡胶的特点。氯丁橡胶属于自增强橡胶，生胶具有较高的强度，硫化胶具有优异的耐燃性能和黏合性能，耐热氧化、耐臭氧老化和耐气候老化性能好，仅次于乙丙橡胶和丁基橡胶，耐油性仅次于丁腈橡胶。氯丁橡胶的低温性能和电绝缘性能较差。

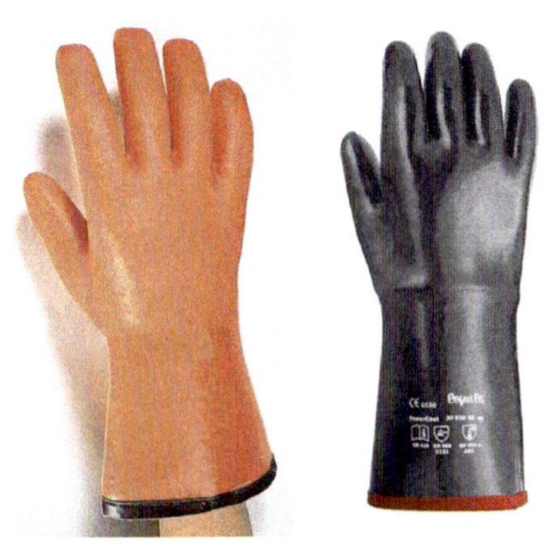

图 6-159　氯丁橡胶防化手套

氯丁橡胶主要应用在软管、电线电缆的外皮、阻燃制品、耐油制品、耐气候制品、胶黏剂等领域，图 6-159 所示为氯丁橡胶防化手套。

（6）丁腈橡胶（NBR）

丁腈橡胶是丁二烯和丙烯腈的聚合物，属于非结晶性的极性不饱和橡胶，具有优异的耐非极性油和非极性溶剂的性能，耐油性仅次于聚硫橡胶、氟橡胶和丙烯酸酯橡胶。

丁腈橡胶需加入增强性填料增强后才具有适用的力学性能和较好的耐磨性。

图 6-160　丁腈橡胶密封圈

丁腈橡胶广泛用于耐油制品，如接触油类的胶管、胶辊、密封垫圈（图 6-160）、储槽衬里、飞机油箱衬里以及大型油囊等以及抗静电制品。

丁腈橡胶具有较好的相容性，常与其他橡胶进行并用。

（7）硅橡胶

硅橡胶是橡胶材料中的高端产品，由硅氧烷与其他有机硅单体共聚的聚合物。硅橡胶属于一种半无机的饱和、杂链、非极性弹性体，它在质地和手感上与有机橡胶相似，却拥有完全不同的结果。通用性硅橡胶具有优异的耐高、低温性能，在所有的橡胶中具有最宽广的工作温度范围（100 ℃ ～ 350℃）；优异的耐热氧老化、耐气候老化及耐臭氧老化性能；极好的疏水性，使之具有优良的电绝缘性能、耐电晕性和耐电弧性；低的表面张力和表面能，使其具有特殊的表面性能和生理惰性以及高透气性，适于作生物医学材料和保鲜材料。

图 6-161　硅橡胶手机套

由于液态硅橡胶的流动性好，强度高，更适宜制作模具和浇注仿古艺术品。图 6-161 为采用硅橡胶制作的手机套。

6.7.4 橡胶材料在设计中的应用

(1)Eye 数码相机（图 6-162）

这是一个关于橡胶数码相机的研究项目，这款为日本奥林巴斯光学公司提出的弹性数码相机概念研究，是洛夫格罗夫就动力弹性橡胶材料及其在实用人体工程学中的使用研究的成果。这一研究成果将这种橡胶材料用于消费类产品，并设计制造出生物有机形态的结构，从而激发了新的产品设计观念，即非贵重、非机械、柔软和感性，比传统的产品具有更大的可复原性。这一相机的使用方式符合人体需求，就像身体的外延，更接近独立和自由。

图 6-162　数码相机

(2) 硅橡胶罐子（图 6-163）

这组蓝色的罐子是用硅橡胶做的。这种硅橡胶的弹性不大，恢复原状需要施加外力，而且可以随意折叠，让它形成我们想要的样子，甚至可以把它里外颠倒。硅橡胶也能让这种随意的形态保持下去，因此我们可以每天都有一个新的罐子。

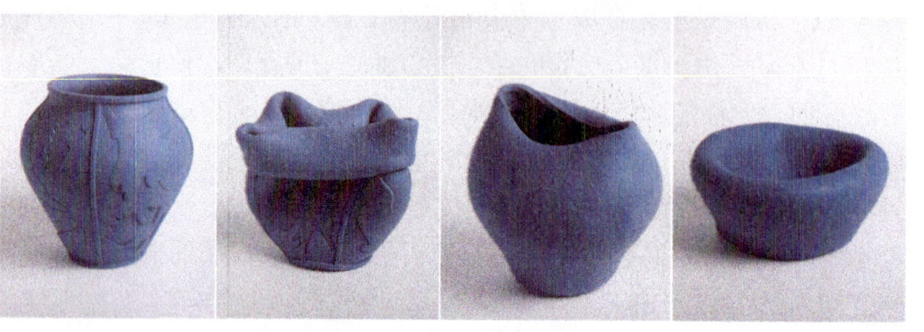

图 6-163　硅橡胶罐子

(3) “线龟”缠线器（图 6-164）

由 Flex Development B·V· Dutch 设计。该产品的设计是“独特而简单的革新”，在日内瓦国际发明展览会上获得金奖。产品由两个相同的部分组成，通过中心轴铆在一起，采用热塑性橡胶材料(SBR)注射成型。这个产品具有各种鲜艳的颜色，可以将分散在工作台面及电器设备后面垂下来的电线收拾整齐。使用时将两个小碗向外掰开，将电线缠绕到中轴上，直到每一端留下所需长度，然后将小碗向里翻折，包住缠绕的电线，每个小碗的边缘上都有一个唇口，可让电线伸出来。

图 6-164　缠线器

(4) “Mollle”台灯（图 6-165）

法国设计师克利斯托菲·皮利特 (Christophe Pillet) 设计的这款台灯极富创造性，灯体可以像手腕那样灵活弯曲，灯体采用高密度橡胶材料，外观柔和，触感舒适。灯罩的透光镜采用白色聚碳酸酯塑料热塑成型，为防止灯体倾倒，基底安装了较重的铸件。

(5) “令人惊异”的花瓶（图 6-166）

由荷兰设计师约翰·巴克曼思 (Johan Bakermans) 设计。该产品由两部分组成，瓶身和底座采用同一种热塑性材料(SEBS)，采用注射成型法成型。该产品的特性在于①花瓶口柔

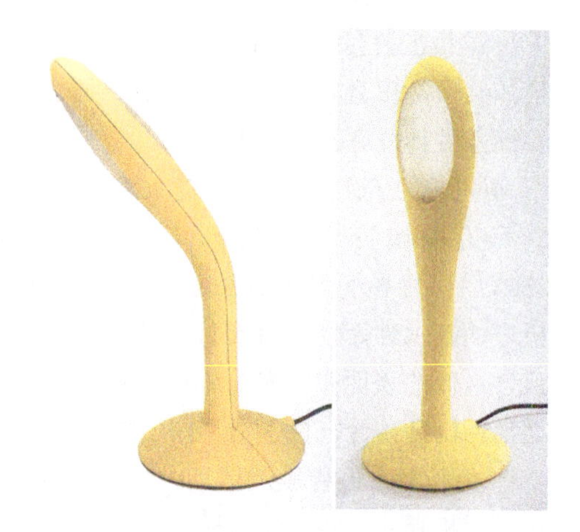

图 6-165　台灯

软，可翻卷成各种形状；②以往的花瓶瓶身不能变化，只能通过调整花束来适应花瓶，而该花瓶可通过调整瓶身形状来适应花束，适应了各种花束的需求；③瓶身和底座两个部件都可叠放，便于包装和运输。

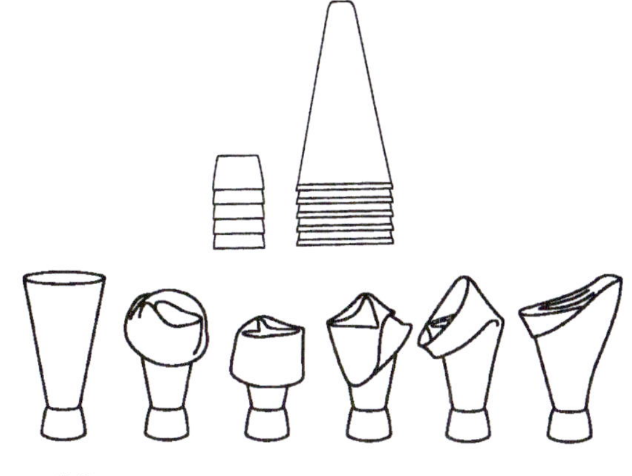

图 6-166　花瓶

(6) 弹性瓶盖（图 6-167）

由西屹设计企业有限公司设计。由于材质柔软没有尖锐部分，不会因为操作上不小心而造成伤害。此瓶盖采用软硅橡胶制作，材质的柔软性和造型的圆滑，可用搓揉的方式清洗，可重复使用和便于使用，且材料可回收，对环境不造成污染。

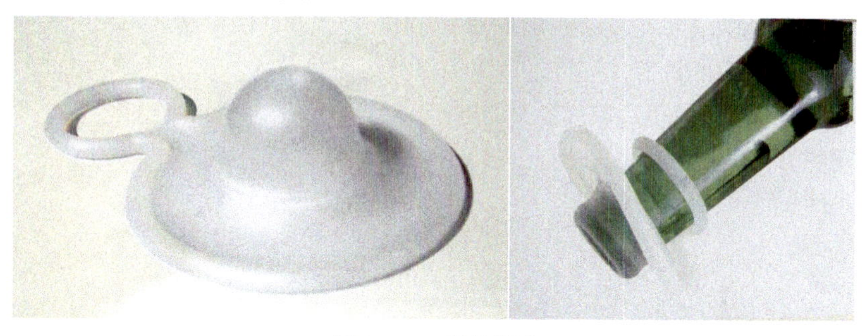

图 6-167　弹性瓶盖

(7) 保鲜软盖（图 6-168）

盒盖以双层、防穿透的软硅胶制成，使用的时候能将多余的空气挤压排出，让食物更保新鲜。这种材质可以在 160℃高温至 -25℃低温中使用，加以盒盖表面的气孔设计，因此无论是蒸、微波或冷冻都能使用。

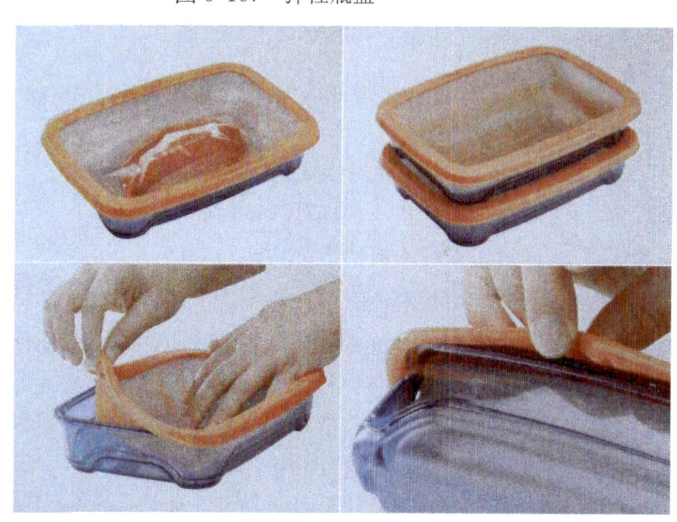

图 6-168　保鲜软盖

(8) 下落壁灯（图 6-169）

由法国设计师马克·萨德勒设计，壁灯的灯罩采用柔软而有弹性的硅橡胶以注塑方式成型，通过表面有圆形小突点的灯罩散发出柔和的光线，基座采用透明聚碳酸酯材料制作，使光线投射到壁灯四周的墙上。

(9)OXO GoodGrips 削皮刀（图 6-170）

由 Smart Design 设计公司开发设计，该产品综合了美学、人机工程学、材料选择、加工工艺等方面的成功属性，给人以精致、现代的感觉，削皮刀的椭圆形手柄和手柄上的鳍片设计，使手指和拇指能够舒服的抓握，而且便于控制，鳍片的弧形和椭圆形的手柄相呼应，同时使手柄显得更轻巧，手

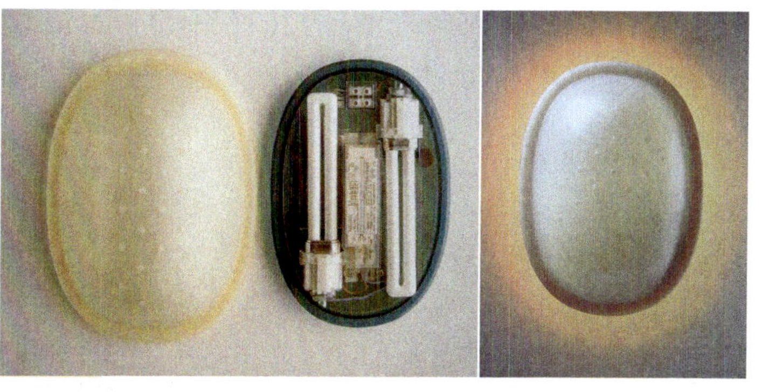

图 6-169　下落壁灯

柄材料采用具有较小表面摩擦力的合成弹性氯丁橡胶，这种材料具有良好的弹性，便于手的紧紧抓握，同时又具有足够的硬度保持形状，便以清洗。由于OXO产品的成功，氯丁橡胶这种材料也被广泛地应用到家庭生活用品中，成为合适的厨房用具材料。削皮器型芯的延伸部分形成了刀片外的保护板，顶端尖的部分可以用来剔除土豆的芽眼。遮护挡板同时还用来作为整个结构中唯一金属构件即刀片的托架。刀片使用了比以往所有削皮器都更锋利而且寿命更长的优质金属。削皮器尾部的大直径埋头孔，一方面可以方便挂放，同时也使得手柄不会显得过于笨重，从而增加了它的美感。和鳍片一起，埋头孔让削皮器有了一种现代的造型，而且帮助公司吸引了比预期更多的用户。

图6-170 削皮刀

(10) 防水收音机（图6-171）

防水收音机是设计师Marc Berthier最受欢迎的作品之一。硅橡胶材质的机身，可将水汽隔绝在外，而且可保护机体不易损坏，可转动的天线取代多余的旋钮。欧美各大杂志争相报道，更被MOMA、蓬皮杜中心列为永久收藏。

图6-171 防水收音机

思考题

1. 简述高分子材料的分类、性能特点及应用。
2. 比较高分子材料与金属材料在性能、加工、应用等方面的区别和联系。
3. 试述常用工程塑料的性能特点与应用。
4. 在常用的塑料中，哪些是热塑性塑料，哪些是热固性塑料？
5. 塑料制品的生产过程是什么？塑料制品成型加工的主要方法有哪些？简述塑料成型加工特点，归纳各类塑料成型方法的优缺点。
6. 塑料注射成型方法是塑料主要的成型方法，它对塑料产品的设计有重大的影响，通过5个实际产品进行分析。
7. 分析塑料制品在设计中的特点以及塑料成型与工业设计的关系。
8. 塑料制品在设计结构上要注意哪些因素？
9. 通过拆装塑料小电器，分析各塑料零部件之间的连接特点。
10. 选用塑料、有机玻璃塑料、PS泡沫塑料进行材料塑制练习。要求塑制形态简洁美观，结构合理，加工合理、制作精细，体验材料的性能特征。
11. 搜集优秀塑料制品，并对其进行材料、工艺的可行性分析，学习并借鉴优秀案例尝试对身边制品进行创新设计。
12. 分析现代产品设计中塑料材料广泛应用的原因及应用趋势。
13. 许多塑料都具有透明性，结合实际产品分析透明塑料给产品质感上带来的特殊视觉效果。
14. 简述常用橡胶的性能特点及应用，橡胶材料的最大特点是什么？

第七章

木材及加工工艺

木材是一种优良的造型材料，自古以来，它一直是最广泛、最常用的传统材料，其自然、朴素的特性令人产生亲切感，被认为是最富于人性特征的材料。

木材作为一种天然材料，在自然界中蓄积量大、分布广、取材方便，具有优良的特性。在新材料层出不穷的今天，在设计应用中仍占有十分重要的地位（图 7-1）。

7.1 木材的基本特征

7.1.1 木材的组织构造

木材来自树木，树木由根、干、枝、叶等部分组成，我们所说的木材主要来自树木的树干部分，是由树木砍伐后经初步加工而得的，是由纤维素、半纤维素和木质素等组成。

图 7-1　木材制品

1. 树干的组成

树干是木材的主要部分，由树皮、木质部和髓心三部分组成，图 7-2 所示为树干的构造。

树皮：树皮是树干最外面的一层组织，是形成细胞向外分生的结果。在树干的横断面上，树皮要比木材的颜色深，呈圆筒状，一般树木具有较厚的树皮。树皮是树干的保护层。各种树木的树皮厚薄、颜色、外部形态都不同。因此，树皮是识别原木树种的特征之一。

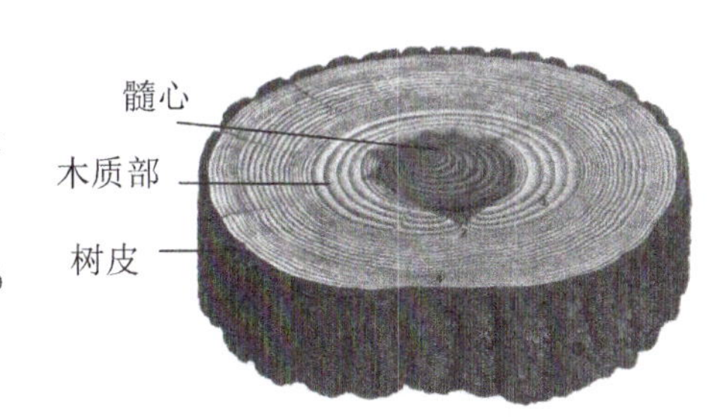

图 7-2　树干的构造

木质部：木质部是木材的主要部分，它占木材体积的 70% ～ 93%，我们所用的木材就是树干的木质部。

髓心：髓心位于树干的中心或近于中心，从树木的横断面看，大部分髓心为圆形。

2. 木材的三个切面

由于木材的构造在不同的方向上表现出不同的特征，通常从木材的三个切面（图 7-3）来观察木材的主要特征及内在联系。

横切面：与树干主轴成垂直的切面为横切面。在这个切面上清楚地反映出木材的一些基本特征，它是识别木材特征最重要的一个切面。

径切面：通过髓心与树干纵长方向平行所锯成的切面。由于这个切面收缩小，不易翘曲，沿此切面所锯板材，适用于地板、木尺、乐器的共鸣板等。

弦切面：不通过髓心与树干纵长方向平行所锯成的切面称弦切面。木板材大部分都为弦切板。适用于家具制造等。

径切面和弦切面统称为纵切面。

树木由于生长的条件和环境不同而存在差异和变异性，各树种的内部结构不相同。但每一树种都有一定的构造特征，根据这些构造和特征及其共同规律来识别木材，研究材性、用途等都极为重要。

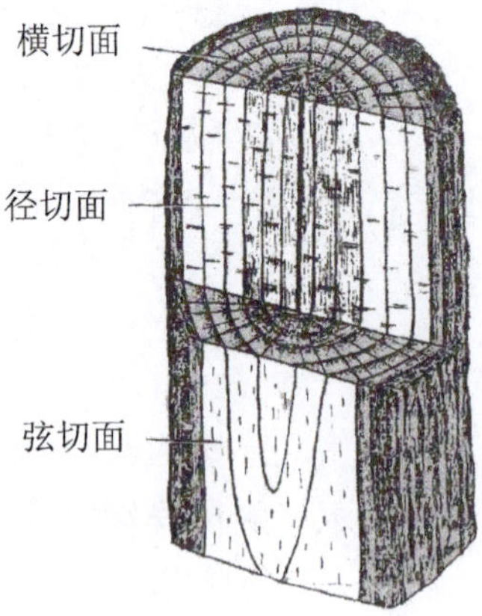

横切面
径切面
弦切面

图 7-3　木材的三切面

7.1.2 木材的基本性能

木材是在一定自然条件下生长起来的，它的构造特点决定了木材的性能特征，表现如下：

1. 木材的密度

木材由疏松多孔的纤维素和木质素构成，因树种的不同，密度也不同，一般为 0.3 ~ 0.8 g/cm³。

木材的密度直接受含水率变化的影响。所以，木材的密度可分为生材密度（伐倒新鲜材的木材密度）、全干材密度（经人工干燥时含水率为零的木材密度）、气干材密度（木材经自然干燥，是含水率为 15% 的木材密度）和基础密度（全干材重量除以饱和水分时木材的体积）。

通常以基础密度为一般材性依据，其余均采用气干材密度。

2. 木材的纹理和色泽

木材具有天然的色泽和美丽的花纹，不同树种的木材或同种木材的不同材区，都具有不同的天然悦目的色泽。如红松的心材呈淡玫瑰色，边材成黄白色；杉木的心材成红褐色，边材呈淡黄色等。又因年轮和木纹方向的不同而形成各种粗、细、直、曲形状的纹理，经旋切、刨切等多种方法还能截取或胶拼成种类繁多的花纹，图 7-4 所示为木材的纹理和色泽。

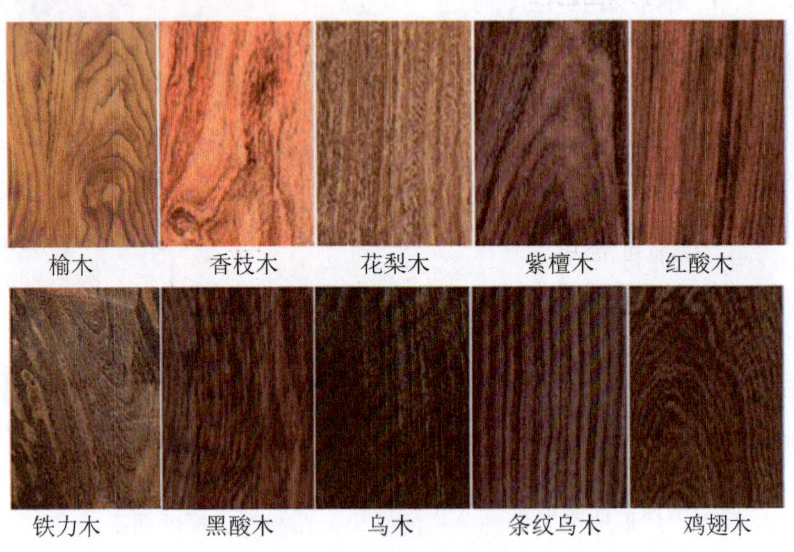

图 7-4　木材的纹理和色泽

3. 木材与水有关的性质

木材是一种具有吸湿性的多孔性物质，对水分有较大的亲和力，不管是处于水中还是处于大气中的木材，都或多或少地含有一定水分。

(1) 含水率

木材中水分的重量与干燥木材重量的比率称为木材的含水率，含水率对木材性质影响最大。木材中的含水率随树种、树木生长条件、砍伐时间、木材取自树干的部位、木材保存和干燥方式等不同而不同。

当木材的含水率与周围空气相对湿度达成平衡时，称为木材的平衡含水率。木材平衡含水率随着适用环境的温度、湿度而变化。木材在使用过程中，为避免发生含水率的大幅度变化，而引起干缩、开裂，宜在加工之前，将木材干燥至较低的含水率。

(2) 调湿特性

木材由许多长管状细胞组成。在一定温度和相对湿度下，对空气中的湿气具有吸收和放出的平衡调节作用，即具有调湿特性。干燥的木材能从周围的空气中吸水分的性质，称为吸湿性；反之，就是潮湿的木材能在干燥的空气中失去水分。

(3) 湿胀干缩性

木材在干燥过程中，发生尺寸或体积收缩；反之，干燥的木材吸湿，将发生尺寸或体积膨胀。

由于木材构造的不均匀性，在不同方向的干缩值不同。木材的纵向干缩湿胀很小，一般可略而不计；横向干缩湿胀远大于纵向；弦向干缩和湿胀远大于径向。

湿胀干缩对木材使用有很大影响，易引起构件尺寸和形状的变异以及强度的变化，从而导致木结构的收缩或凸胀，发生开裂、扭曲、翘曲等弊病。

4. 木材的传导性

(1) 木材的导热性

由于木材是多孔性物质，在孔隙中充满导热系数较小的空气和水分，它们对热的传导能力较低，所以木材是热的不良导体。木材的着火点低，容易燃烧。

(2) 木材的导电性

全干木材是良好的电绝缘体，随着含水率增大，其绝缘性能降低。

(3) 木材的传声性

因为木材中有许多孔隙，成为空气的跑道，空气可以传播声音，故木材也就具有了传声性质。同时，木材还有共振作用，这是因为木材中的管状细胞，好似一个个共鸣箱，许多木质乐器的制作就是利用了木材的这一特性。

5. 木材的工艺性

(1) 具有良好的加工性

木材易锯、易刨、易切、易打孔、易组合加工成型，且加工比金属方便。木材的加工性可用抗劈性和握钉力来表示。抗劈性：木材抵抗眼纹理方向劈开的性质称抗劈性。抗劈裂的能力易受木材异向性、节子、纹理等因素的影响。握钉力：是木材对钉子的握着能力。木材对钉子的握着能力与木材纹理方向、含水率、密度有关。

(2) 具有可塑性

木材蒸煮后可以进行切片，在热压作用下可以弯曲成型，木材可以用胶、钉、榫眼等方法比较容易和牢固地接合。

(3) 易涂饰

由于木材的管状细胞吸湿受潮，故对涂料的附着力强，易于着色和涂饰。

6. 木材的力学性质

木材的力学性质是指木材抵抗外力作用的能力。木材力学性质包括各类强度、弹性、硬度和耐磨性等。

(1) 木材的强度

木材抗拉伸、压缩、剪切、扭转、弯曲等外力作用的能力称为木材的强度。木材的强度与木材的结构有关，具有各向异性的特征。木材虽没有钢材那么高的强度，但在人类生活领域仍不失为一种强度尚好的承重性材料，是制造轮船、车辆、房屋和家具的优良材料。

(2) 木材的弹性

由于木材具有一定的弹性，能减弱对外力的冲击作用，它是做坑木、枕木和冲击工具的把柄的好材料。

(3) 木材的硬度

硬度是木材抵抗其他物体压入的能力。按硬度的大小可将木材分为：软质木材（如红松、樟子松、云杉、冷杉、椴木等）；较硬质材（如落叶松、柏木、水曲柳和栎木等）；硬质材（如黄檀、麻栎、青冈等）。

(4) 木材的耐磨性

木材抵抗磨损的能力称为耐磨性。木材的耐磨性是生产木质零件、轴承以及地板等制品选材的重要依据。

木材是具有各向异性的材料，木材的各向异性，不但表现在物理性方面，对木材的各项力学性能，同

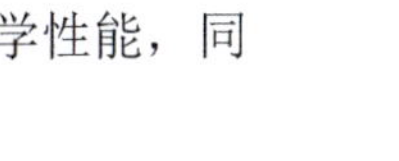

样具有明显的方向性。木材特性会因不同树种、不同产地、不同砍伐季节、不同树木部位、不同加工方式而不同。因此在木材使用中，为了体现木材天然、美丽的材质，在决定木材加工之前，便要充分考虑加工后的木材要如何应用。如果使用了不恰当的木材或是加工方式，不仅无法展现木材的特色，有些还会因木材的引用错误导致重大伤害。

7.2 木材的工艺特性

将木材原材料通过木工手工工具或木工机械设备加工成构件，并将其组装成制品，再经过表面处理、涂饰，最后形成一件完整的木制品的技术过程。

7.2.1 木材的加工成型

1. 木材加工的工艺流程

每个构件加工前，都要根据被加工构件的形状、尺寸、所用材料、加工精度、表面粗糙度等方面的技术要求和加工批量大小，合理选择各种加工方法、加工机床、刀具、夹具等，拟订出加工该构件的每道工序和整个工艺过程。

木制品构件的形状、规格多种多样，其加工工艺过程一般为以下顺序：

(1) 配料

配料就是按照木制品的质量要求，将各种不同树种、不同规格的木材，锯割成符合制品规格的毛料，即基本构件。

(2) 基准面的加工

为了构件获得正确的形状、尺寸和粗糙度的表面，并保证后续工序定位准确，必须对毛料进行基准面的加工，作为后续工序加工的尺寸基准。

(3) 相对面的加工

基准面完成后，以基准面为基准加工出其他几个表面。

(4) 划线

划线是保证产品质量的关键工序，它决定了构件上榫头、榫眼及圆孔等的位置和尺寸，直接影响到配合的精度和结合的强度。

(5) 榫头、榫眼及型面的加工

榫结合是木制品结构中最常用的结合方式，因此，开榫、打眼工序是构件加工的主要工序，其加工质量直接影响产品的强度和使用质量。

(6) 表面修整

构件的表面修整加工应根据表面的质量要求来决定。外露的构件表面要精确修整，内部用料可不作修整。

2. 木材加工的基本方法

(1) 木材的锯割

木材的锯割是木材成型加工中用得最多的一种操作。按设计要求将尺寸较大的原木、板材或方材等，沿纵向、横向或按任一曲线进行开锯、分解、开榫、锯肩、截断、下料时，都要运用锯割加工（图 7-5）。

图 7-5　锯切

(2) 木材的刨削

刨削也是木材加工的主要工艺方法之一。木材经锯割后的表面一般较粗糙且不平整，因此必须进行刨削加工（图 7-6）。木材经刨削加工后，可以获得尺寸和形状准确、表面平整光洁的构件。图 7-7 为各种刨削工具。

(3) 木材的凿削

木制品构件间结合的基本形式是框架榫孔结构。因此，榫孔的凿削是木制品成型加工的基本操作之一。图 7-8 为木材的凿削，图 7-9 为凿削工具。

图 7-6　刨削

图 7-7　刨削工具

(4) 木材的铣削

木制品中的各种曲线零件，制作工艺比较复杂，木工铣削机床是一种万能设备，既可用来截口、起线、开榫、开槽等直线成型表面加工和平面加工，又可用于曲线外形加工，是木材制品成型加工中不可缺少的设备之一。

(5) 木材的弯曲成型

弯曲成型是用实木软化弯曲或层积木材弯曲成型制作曲木部件的方法，弯曲成型加工方法很多，有实木弯曲、胶合弯曲、碎料模压成型等加工方法。

图 7-8　木材的凿削

图 7-9　凿削工具

实木弯曲，是将方材软化处理后，在弯曲力矩作用下弯曲成要求的曲线形状的过程。图 7-10 为设计师马克·纽逊为“小说之家”展览馆设计的椅子，利用蒸汽弯曲的方法制成。每一块山榉木都根据其半径的需要而单独加工，形成线条柔和的形状，并且具有弹性和承重力。

胶合弯曲，是指将一叠涂了胶的薄板加压弯曲，压力一直保持到胶层固化，制得弯曲部件的方法 (图 7-11)。

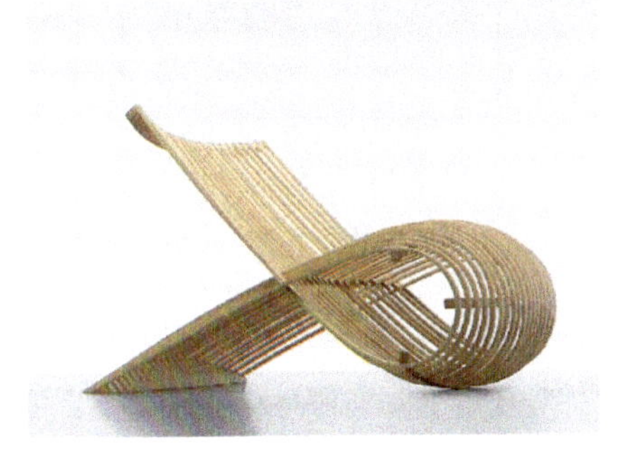

图 7-10　采用实木条弯曲制作的椅子

图 7-11　采用胶合板材弯曲制作的椅子

3. 木制品的装配

按照木制品结构装配图以及有关的技术要求，将若干构件结合成部件，再将若干部件结合或若干部件和构件结合成木制品的过程，称为装配。木制品的构件间的结合方式，常见的有榫结合、胶结合、螺钉结合、圆钉结合、金属或硬质塑料联结件结合，以及混合结合等。采取不同的结合方式对制品的美观和强度、加工过程和成本，均有很大的影响，需要在产品造型设计时根据质量技术要求确定。下面简要介绍几种常用结合方式。

(1) 榫结合

榫结合是木制品中应用广泛的传统结合方式，图 7-12 所示为木材的榫结构。它主要依靠榫头四壁与榫孔相吻合，装配时，注意清理榫孔内的残存木渣，榫头和榫孔四壁涂胶层要薄而均匀，装榫头时用力不宜过猛，以防挤裂榫眼，必要时可加木楔，达到配合紧实。

榫结合的优点是：传力明确、构造简单，结构外露，便于检查。根据结合部位的尺寸、位置以及构件在结构中的作用不同，榫头有各种形式，如图 7-13

图 7-12　木材的榫结构

所示。各种榫根据木制品结构的需要有明榫和暗榫之分。榫孔的形状和大小，根据榫头而定。

一件家具，往往由若干构件组合而成。构件与构件的结合处，都要通过各种形式的榫接，将各个构件巧妙地结合起来，组成一件完整的家具。榫接被视为奇迹般的形体框架结构和接合方法，创造出实用与美观、科学与艺术相结合的中国特色家具，反映了中华民族在人类造物史上做出的巨大努力和贡献。

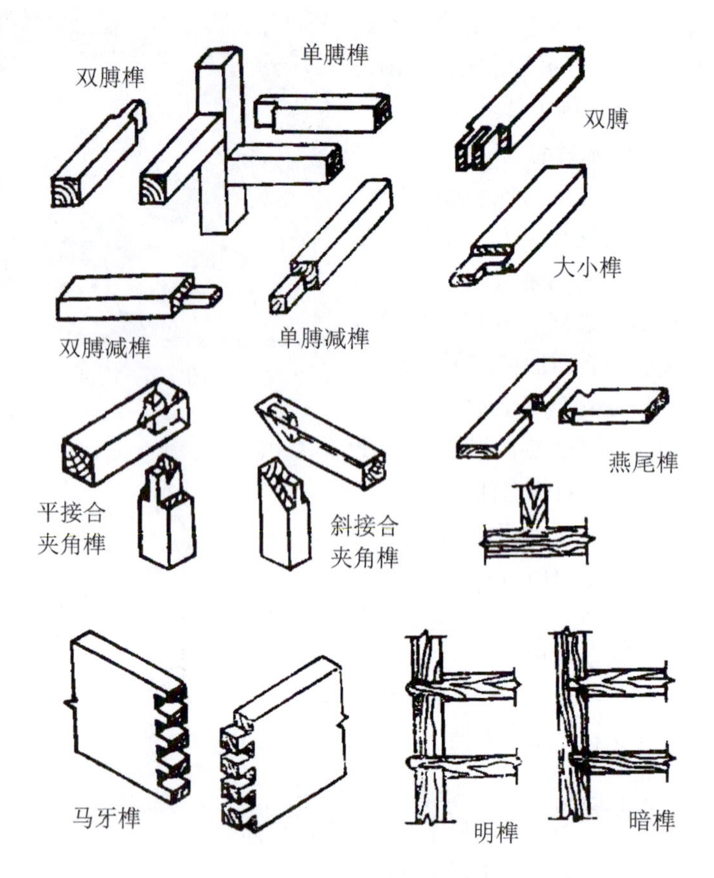

图 7-13　榫结合的各种形式

(2) 胶结合

胶结合是木制品常用的一种结合方式，主要用于实木板的拼接及榫头和榫孔的胶合。其特点是制作简便、结构牢固、外形美观。

装配使用胶黏剂时，要根据操作条件、被黏木材的种类、所要求的黏结性能、制品的使用条件等合理选择胶黏剂。操作过程中，要掌握涂胶量、晾置和陈放、压紧、操作温度、粘接层厚度等要素。

目前木制品行业中常用的胶黏剂种类繁多，最常用的是聚醋酸乙烯酯乳胶液，俗称乳白胶。它的优点是使用方便，具有良好和安全的操作性能，不易燃，无腐蚀性，对人体无刺激作用；在常温下固化快，无须加热，并可得到较好的干状胶合强度，固化后的胶层无色透明，不污染木材表面。但成本较高，耐水性、耐热性差，易吸湿，在长时间静载荷作用下胶层会出现蠕变，只适用于室内木制品。

(3) 钉结合

钉结合的结合强度取决于木材的硬度和钉的长度，并与木材的纹理有关。木材越硬，钉直径越大，长度越长，沿横纹结合，则强度越大，否则强度越小。操作时要合理确定钉的有效长度，并防止构件劈裂。

(4) 板材拼接方式

木制品上较宽幅面的板材，一般都采用实木板拼接而成。采用实木板拼接时，为减少拼接后的翘曲变形，应尽可能选用材质相近的板料，用胶黏剂或既用胶黏剂又用榫、槽、钉等结构，拼接成具有一定强度的较宽幅面板材。拼接的结合方式有多种，如图7-14所示。设计时可根据制品的结构要求、受力形式、胶黏剂种类，以及加工工艺条件等选择。

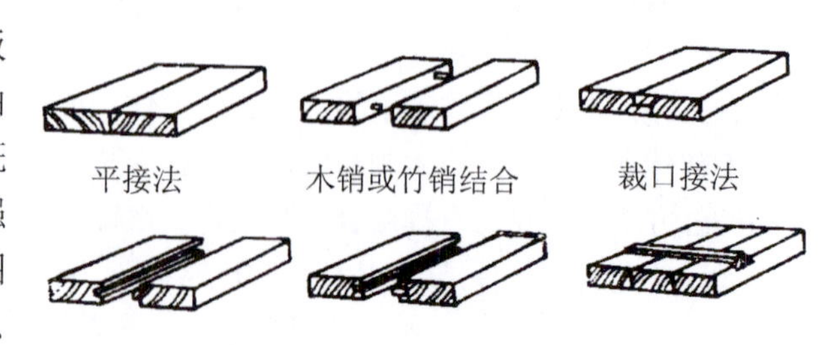

图 7-14　板材拼接的形式

7.2.2 木材制品的表面装饰技术

木材制品加工完成后，不加任何装饰处理的木材表面，虽然自然、真实地反映木材的本来面目，但为了提高制品的表面质量和防腐能力，延长木制品的使用期限，增强制品的外观美感效果，一般需要进行表面装饰。木制品的表面装饰技术主要包括表面涂饰和表面覆贴。

1. 木制品的表面涂饰

木制品表面涂饰的目的主要是装饰作用和保护作用，见表7-1。木制品的表面涂饰通常包括表面前处理、涂料涂饰、涂层干燥与漆膜修整等一系列工序。

表 7-1　木材涂饰的作用

	作　用	内　　　容
装饰性	增加天然木质的美感	未经油漆涂覆的木材表面粗糙不平，涂饰后可使木器表面形成一层光滑并带有光泽的涂层，增加木纹的清晰度和色调的鲜明性
	掩盖缺陷	由于木材自身的缺陷和加工痕迹，常出现变色、节疤、虫眼、钉眼，胶合板中亦常有开裂、小缝隙、压痕、透胶和毛刺沟痕。通过涂饰能掩盖缺陷，使木材外观达到所需的装饰效果
	改变木质感	通过涂饰手段，将普通木材仿制成贵重的木材，提高木材的等级，也可根据需要，仿制成大理石、象牙、红木等质感，提高木器的外观效果
保护性	提高硬度	除少数木材，如红木、乌木等比较坚硬、耐磨外，一般木材的耐磨性较差，涂饰后会大大加强木材表面硬度
	防水防潮	木材易受空气湿度影响而湿胀干缩，使制品开裂变形，经涂饰后的木制品防水防潮性能有很大的提高
	防霉防污	木材表面含有多种霉菌的养料，容易受霉菌侵蚀。涂饰后的制品一般防霉等级能达到二级左右，并能大大改善木材表面的抗污和抗蚀性能
	保色	木材各有自己的美丽的颜色，如椴木为黄白色；桑木为鹅黄色；核桃木为栗壳色。但时间一长，会失去原有色泽，变得暗淡无色。经涂饰的木材制品能长久地保持木材本色

(1) 涂饰前的表面处理

由于木材表面不可避免地存在各种缺陷，如表面的干燥度、纹孔、毛刺、虫眼、节疤、色斑、松蜡及其分泌物松节油等，不预先进行表面处理，将会严重影响涂饰质量，降低装饰效果。因此，必须针对不同的缺陷采取不同方法进行涂饰前的表面处理。

①干燥：木材具有多孔性，有干缩湿胀的特点，易造成涂层起泡、开裂和回黏等现象，因此新木材需要干燥到含水率在 8% ～ 12% 时才能进行涂饰。木材的干燥方法有自然晾干和低温烘干两种。

②去毛刺：木制品表面虽经刨光或磨光，但总有些没有完全脱离的木制纤维残留表面，影响表面着色的均匀性，因此涂层被覆前一定要去除毛刺。去除毛刺的方法有：水胀法、虫胶法和火燎法。

③脱色：不少木材含有天然色素，有时需要保留，可起到天然装饰作用。但有时需涂成浅淡的颜色，或者涂成与原来材料颜色无关的任意色彩时，就需要对木制品表面进行脱色处理。

脱色的方法很多。用漂白剂对木材漂白较为经济并见效快。一般情况下，常在颜色较深的局部表面进行漂白处理，使涂层被覆前木材表面颜色取得一致。常用的漂白剂有：双氧水、次氯酸钠和过氧化钠等。

④消除木材内含杂物：大多数针叶树木材中含有松脂。松脂及其分泌物松节油会影响涂层的附着力和颜色的均匀性。在气温较高的情况下，松脂会从木材中溢出，造成涂层发黏。木材内含的单宁与着色的染料反应，使涂层颜色深浅不一。因此在木材涂覆的前处理中，应将木材内含杂物除去。

(2) 底层涂饰

底层涂饰的目的是改善木制品表面的平整度，提高透明涂饰及模拟木纹和色彩的显示程度，获得纹理优美、颜色均匀的木质表面。底层涂饰是多道工序的总称，包括刮腻子、刷水色、刷透明漆等。各工序的名称及作用见表 7-2。

表 7-2　底层涂饰的工序及其作用

工　序	作　　用	应 用 范 围
渗水老粉	对木材管孔有一定的填补作用，能对管孔着色并显示木纹	常用于水曲柳、柳桉等粗管孔木材的透明涂饰
刮腻子	对木材表面的缺陷及管孔有填平作用，有一定的着色作用	适用于洞、孔的填补
刷颜色透明漆	着色作用，封闭底层，防止面涂层渗入	对中间层着色封角
刷水色	着色作用	对底层着色
虫胶拼色	对底色不匀处进行修补	用于基本完成的底层上

(3) 面层涂饰

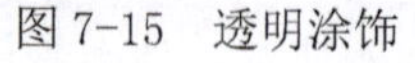

图 7-15　透明涂饰

图 7-16　不透明涂饰

底层完成后便可进行面层的涂饰。面层涂饰按其能否显现木材纹理的装饰性能以及色彩设计的需要，可采用清漆或色漆，即进行透明涂饰和不透明涂饰。

透明涂饰用透明涂料（如各种清漆）涂饰木材表面，主要用于木纹漂亮、底材平整的木制品。采用透明装饰，不仅可保留木材的天然纹理和颜色，而且还可通过某些特定的工序使其纹理更加明显、木质感更强、颜色更加鲜明悦目（图 7-15）。透明装饰工艺过程大体上可分为三个阶段，即：木材表面处理（表面准备）、涂饰涂料（包括涂层干燥）和漆膜修整。表面准备包括表面清净、去树脂、脱色、填腻子和嵌补几个工序。涂饰涂料包括填孔、染色、涂底漆和涂面漆；漆膜修整包括磨光和抛光。木本色透明涂饰是一种追求自然美的表现，是现代产品设计中强调的材质真实性原则。

图 7-17　瑞典木头玩具

不透明装饰是用含有颜料的不透明涂料，如磁漆、调和漆等涂饰木材表面。装饰后，涂层完全遮盖了木材的纹理和颜色，它多用于纹理和颜色较差的木制品（图 7-16）。不透明装饰工艺大体上也可划分为三个阶段，即表面处理阶段，包括表面清净、去树脂两个工序；涂饰涂料阶段，包括涂底漆、上腻子、磨光、涂色漆四个工序；漆膜装饰阶段，即对制品进行抛光或罩光。

图 7-17 为瑞典的 PLAYSAM 生产的原木各式玩具，不仅满足了小孩子的好奇心，也充分展现了北欧设计的质感和美感，其造型形象相对抽象，表面采用精致的涂饰处理，如最经典的玩具车，并没有完整的汽车元素，也没有金属的机械感，但其圆润的线条和质感几乎让人怀疑那是否是原木。

部分不透明涂饰用的面漆和部分透明涂饰用的面漆见表 7-3 和表 7-4。

(4) 涂层常见缺陷及其消除方法

在木材的表面涂饰过程中，由于对某些因素考虑不当，常会导致涂层缺陷，影响涂饰质量，降低涂饰效果。

图 7-18　木材表面覆贴

2．木制品表面覆贴

木材表面覆贴是将面饰材料通过胶黏剂，粘贴在木制品表面而成一体的一种装饰方法（图 7-18）。

表面覆贴工艺中的后成型加工技术是近年来开发的板材边部处理

表 7-3　部分不透明涂饰用的面漆

涂料名称	主要成分	特性	用途
酯胶磁漆	短油度漆料、顺丁烯二酸酐树脂	干燥较快，漆膜光亮，颜色比较鲜艳；但质脆，耐候性差	室内木制品涂饰用
醇酸磁漆	中油度醇酸树脂	漆膜平整光滑、坚韧、机械强度好，光泽度好，保光保色、耐候性均优于各色酚醛磁漆。在常温下干燥快，耐水性次于酚醛清漆	可用于普通级木制品涂饰
硝基底漆	低黏度硝化棉、顺丁烯二酸酐树脂	打磨性良好，附着力强	用于木制品涂硝基漆前打底
酚醛磁漆	长油度松香改性酚醛树脂漆料	常温干燥，附着力好、光泽高、色泽鲜艳，但耐候性比醇酸磁漆差	用于普通级木制品涂饰

表 7-4　部分透明涂饰用的面漆

涂料名称	主要成分	特性	用途
凡力水	干性油	漆膜光亮耐水性较好、有一定耐候性	室内外普通级木制品的涂饰
虫胶清漆又名泡力水	虫胶、酒精	快干、装饰性、附着力较好；但耐热性、耐水性差	广泛用于木制品着色、打底，也用于表面上光
油性大漆	生漆	漆膜耐水、耐温、耐光性能好，干燥时间在 6 小时以内	用于红木器具等涂饰
聚合大漆	生漆氧化聚合物	干燥迅速，遮盖力、附着力好，漆膜坚硬、耐磨、光亮	木制品、化学实验台等涂饰用
醇酸清漆又名三宝清漆	干性油改性的中油度醇酸树脂	漆膜有良好的附着力、韧性及保光性。耐水性略次于酚醛清漆，能自然干燥	用于室内普通级木制品涂饰及醇酸磁漆罩光
硝基木器清漆又名蜡克	硝化棉、醇酸树脂、改性松香	漆膜平整光亮，坚韧耐磨，干燥迅速，但耐候性较差	用于高级家具、电视机等涂饰或调腻子
酸固化氨基醇酸木器清漆	氨基树脂、醇酸树脂	干燥较快，漆膜坚硬，耐热、耐水、耐酸碱性均好。平滑丰满、光泽好。固体分含量高（可达 55% ～ 60%）	用于普、中级木制品的涂饰
聚氨酸清漆	异氰酸酯树脂，分两组分，使用时按规定比例混合调匀，属羟基固化型	漆膜坚硬、附着力强，光泽好，耐水耐油。可以自干或烘干	用于木制品透明涂饰
聚酯清漆	不饱和聚酯，分装成四个组分	色浅，透明漆膜丰满光亮、硬度高，物化性能良好，属无溶剂涂料，每次涂层厚度大	用于中、高级木制品
丙烯酸木器漆	甲基丙烯酸不饱和聚酯、甲基丙烯酸酯改性醇酸树脂	可常温固化，漆膜丰满，光泽高，经抛光打蜡后漆膜平滑如镜，经久不变，耐寒耐热漆膜坚硬，附着力强。固体分含量高（40% ～ 45%），施工简便	用于中、高档木制品的涂饰

的新技术（图 7-19）。其工艺方法是：以木制人造板（刨花板、中密度纤维、厚胶合板等）为基材，将基材按设计要求加工成所需的形状，覆贴底面的平衡板，然后用一整张装饰贴面材料对板面和端面进行覆贴封边。后成型加工技术改变了传统的封边或包边方式和生产工艺，可制作圆弧形甚至复杂曲线型的板式家具，使板式家具的外观线条变得柔和、平滑和流畅，一改传统家具直角边的造型，增加外观装饰效果，从而满足了消费者的使用要求和审美要求。

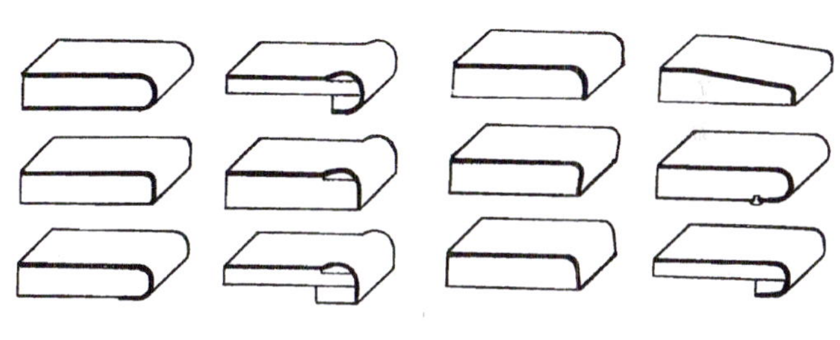

图 7-19　后成型加工的边部造型

图 7-20 为伊莎贝拉凳，采用稻草压缩制成，然后覆贴羊毛毡层，明亮柔软的皮毛加上鲜亮的颜色对比，清新活泼。颜色有灰色、绿色和黄色。

图 7-20　伊莎贝拉凳

7.3 常用木材

木材是一种珍贵的自然资源。现代设计用

木材，除了要表现原始质朴、粗犷的环境风格外很少选用原木，而是采用各种现代木材加工制品，既节约木材，又能充分表现木材的色泽、纹理，因此必须合理充分地加以利用。

木材产品种类繁多，通常可按树种和材种进行分类。

(1) 按树种分类

树种是根据树木的生理特征（花、果、叶）进行分类，它是树木学上的分类。随着树种的不同，木材的构造、纹理、花纹、光泽、颜色、气味各不相同。按树种木材可分为针叶树材（图 7-21）和阔叶树材（图 7-22）两大类。

图 7-21 针叶树林

针叶树树干通直高大，表观密度小，质软，纹理直，易加工。针叶树木材胀缩变形较小，强度较高，常含有较多的树脂，较耐腐朽。针叶树木材是主要的建筑用材，广泛用作各种构件、装修和装饰部件。常用松、云杉、冷杉、杉、柏等树种。

阔叶树树干通直部分一般较短，大部分树种的表观密度大，质硬。这种木材较难加工，胀缩大，易翘曲、开裂，建筑上常用作尺寸较小的零部件。有的硬木经加工后，出现美丽的纹理，适用于室内装修，制作家具和胶合板等。常用的树种有栎、柞、水曲柳、榆、桦、椴木等。

图 7-22 阔叶树林

(2) 按材种分类

材种则是根据不同机械加工程度、加工方法，不同形状和尺寸以及不同用途而进行的分类。按材种木材可分为原木、锯材和人造板材三种。

7.3.1 原木

原木是指树木采伐产品（图 7-23），原木又分为直接使用的原木和加工使用的原木两种。

直接使用的原木通常刨去树皮，展现了木材自然的特质，甚至采用暴露木材的自然生长疤结及其榫卯接口等构造做法，来展现其亲切的、质朴或粗犷的自然风格。图 7-24 为原木横截面片材制作的灯饰。

图 7-23 原木

图 7-24 原木横截面片材制作的灯饰

加工使用的原木是将经过去枝去皮后的树干按一定规格尺寸锯割的木材，又称为锯材（图 7-25）。锯材按其宽度和厚度的比例关系又可分为板材、方材和薄木等。

板材——横断面宽度为厚度的 3 倍及 3 倍以上者。

方材——横断面不足宽度不足厚度的 3 倍者。

薄木——厚度小于 1 ㎜的薄木片。厚度在 0.05 ～ 0.2 ㎜的称为微薄木。

7.3.2 人造板材

木材比强度大，又易于加工，纹理美观，具有一定的弹性和隔声、隔热性能，是一种良好的工程材料。但木材具有各向异性、不同方向性，在强度、收缩性能等方面均有很大的差异，而且树木生长中的各种缺陷（如节疤、涡纹等）而引起质量不均匀，为了克服木材的上述缺陷，充分合理地利用木材，制造了各种人造板产品。

图 7-25 木材加工制品

人造板材利用原木、刨花、木屑、废材及其他植物纤维为原料，加入胶黏剂和其他添加剂而制成的板材。人造板材幅面大，质地均匀，表面平整光滑，变形小，美观耐用，易于加工。人造板材种类很多，常见的有胶合板、刨花板、纤维板、细木工板及各种轻质板等，广泛用于家具、建筑、车船等方面。

1. 胶合板

胶合板是用旋切或刨切的单板，按相邻层纤维方向互相垂直的方式纵横交错排列，涂胶热压而成的板状材料（图 7-26）。其结构特点是组成胶合板的单板为奇数层，以中心层为对称，相邻单板的纹理方向互相垂直（图 7-27），可克服木材各向异性的缺陷。胶合板不易开裂和翘曲，幅面大而平整，板面纹理美观，不易干裂、翘曲，装饰性好。常见的有三合板、五合板及其装饰板，广泛用于大面积的部件，多用作隔墙、天花板及家具材料等。

图 7-26　胶合板材

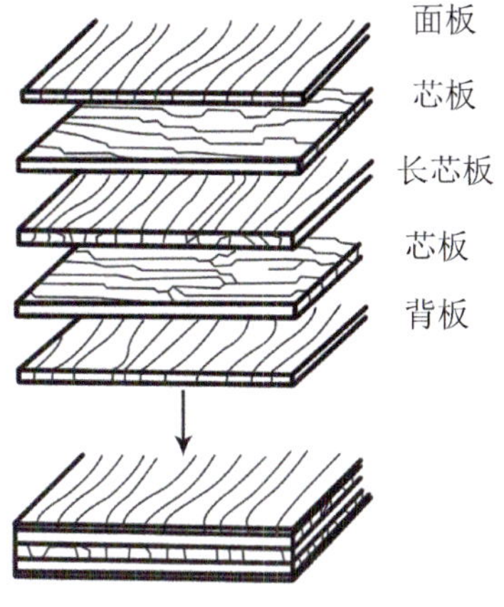

图 7-27　胶合板的结构

2. 刨花板

刨花板是以木质刨花或碎木屑为主要原料，加胶热压而成的人造板材（图 7-28）。幅面大，表面平整，隔热隔声性能好，纵横面强度一致，便于加工，可进行贴面等表面装饰，但不耐潮，容重大。刨花板可按原料种类、制造方法，表面处理等进行多种分类。刨花板是制造板式家具的主要材料，还用作吸声、保温、隔热材料。

图 7-28　刨花板

3. 纤维板

纤维板是以木料加工的废料或植物纤维作原料，经原料处理、成型、热压等工序而制成的板材（图 7-29）。纤维板的材质构造均匀、各向强度一致，不易胀缩开裂，具有隔热、吸音和较好的加工性能。按原料分为木质纤维板和非木质纤维板；按板面状态分为单面光纤维板和双面光纤维板；按密度分为硬质纤维板（$>0.8\ g/cm^3$）、中密度纤维板（$0.5\sim0.8\ g/cm^3$）和软质纤维板（$<0.5\ g/cm^3$）。硬质纤维板坚韧密实，多用作家具、车船、包装箱和室内装饰材料；中密度纤维板多用作家具、器材材料；软质纤维板质轻多孔，多作隔热、吸音材料。

图 7-29　纤维板

4. 细木工板

细木工板又称大芯板，一种拼合结构的木质板材。板芯由一定规格的小木条排列胶合而成，在板芯表面胶合一层或两层单板（图 7-30、图 7-31）。按板芯结构可分为实心细木工板和空心细木工板。细木工板具有坚固耐用，板面平整、结构稳及不易变形等特点，是良好的结构材料，广泛用作家具材料、展板材料及建筑壁板等。

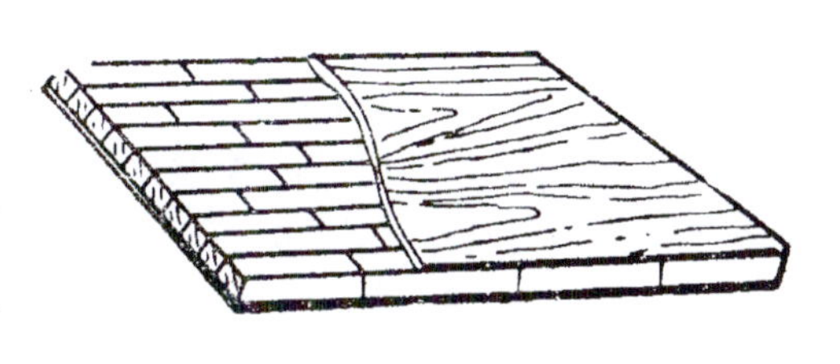

图 7-30　细木工板结构

图 7-31　细木工板材

7.3.3 新颖木材

近年来，国内外研制出许多新颖奇特的木材。

(1) 特硬木材

加拿大最近推出比钢铁还要硬的覆盖木材。这种木材是把木材纤维经特殊处理，使纤维互相交结，再把合成树脂覆盖在木材表面，经微波处理而成。这种新型木材不弯曲、不开裂、不缩胀，可用作屋顶栋梁、门、窗、车厢板等。

(2) 有色木材

日本研制出一种有色木材。先将红色和青色的盐基染料装进软管直接注入杉木树干靠近根基的地方，4个月后即可采伐使用。这种木材从上到下浑然一色，而且永不褪色，加工成家具后，表面不需要再涂饰美化。

(3) 陶瓷木材

日本制成一种陶瓷人造木材。以经高温高压加工而成的高纯度二氧化硅和石灰石为主要原料，加入塑料和玻璃纤维等制成的。这种木材具有不易燃烧、不变形、不易腐烂、重量轻和容易加工等优点，是一种优异的建筑材料。

(4) 染色材料

美国研究出有趣的浸染技术，在几分钟的时间里，让木材从装有锡水的槽中通过，既能使木材呈现出金黄、咖啡、乌黑等颜色，又可烫出美丽的花纹，不仅色彩自然而且防腐耐用。

(5) 防火木材

保加利亚研制成一种奇特的溶液，木材被它浸过后，就不会燃烧了。这种经过溶液处理的木材，主要用来制造船舶上许多不能用钢铁制作的零部件，为船舶安全带来了可靠保障。

(6) 铁化木材

原苏联利用铁化工艺法，将质地松软的木材在真空中用油页岩处理，然后再像烧砖一样焙烧，木材就变得如同金属般硬，同时具有防火抗腐的功能。此技术为充分利用松软木材创造了条件。

(7) 模压木材

我国采用模压木制品技术做木器，其最大特点是不需上等木材，可使用农场最新采伐的橡胶木、防护林等小径木和枝杈材等低质木材，加上胶黏剂和化学添加剂，衬上胶塑浸渍装饰纸，通过专门的模具，在高温高压下一次加热成型。运用这种最新技术生产的各种家具，不怕风吹、日晒、雨淋、不开裂、不变形。

(8) 浇铸木材

日本研制出一种液体化学木材。它是由木屑、环氧树脂、聚氨酯浇铸成型的。可根据需要，固定成型，不需要做精细加工，具有天然木材一样的木纹和光泽，而且成本比天然木材低。

(9) 脱色木材

木材种类繁多，木质颜色相差甚大，即使用同一种木材也常有“墨水线”及斑纹，不利于制作高技术的全浅色或原色木制品。将过氧化氢、氨水和水配成木材脱色剂，用毛刷涂在有斑纹或墨水线的木质上。可消除斑纹或墨水线，制成脱色木材。

(10) 工艺品用人造木材

以往版画和雕刻用基材，都是使用特定的优质木材。不仅来源有限，而且由于木材存在着难以克服的缺点，如材质有方向性，纵向和横向的硬度明显不同，且会因湿度变化而引起翘曲和裂纹，因而影响作品的质量。

工艺品用人造木材不存在上述缺点。它是将低密度聚乙烯或高密度聚乙烯、填充剂碳酸钙或高岭土和硬度调整剂滑石粉，按配比混合均匀，然后加入发泡剂、发泡助剂、交联剂及颜料等，搅拌混合均匀，混炼后注入加压成型机的金属模中，加压加热后，掀开金属模，即得成品——具有微细气泡的工艺品用人造木材。这种材料可以代替木材用作版画板、室内外装饰和建筑物装饰材料，及做雕刻工艺品的工材等。

7.4 木材在设计中的应用

千百年来，人们一直离不开木材，人和木材之间有着一种与生俱来的亲近感。近代材料在品种、花色、质量方面虽然有了很大的发展和进步，但都不能代替木材在设计方面的特殊功效。木材作为设计材料具有其他材料所无可比拟的天然特性。它轻盈、强度高、弹性好、易加工，尤其难得的是有美丽动人的纹理和不需人工渲染的天然色泽(图 7-32)。它能给人以淳朴古雅，舒适温暖、柔和亲切的感觉。这种天生丽质，使它无论装饰在什么部位，都显示出一种高贵典雅而又朴实无华的自然美。

7.4.1 设计中木材的选用

图 7-32　木材的自然材质特征

为达到产品造型设计的要求，保证产品的质量，科学、合理地选用木材是至关重要的。根据产品的造型设计要求和不同的部件，在木材的选用上应按木材的特性考虑如下技术条件：

①有一定的强度及韧性，刚度和硬度，重量适中，材质结构应细致。

②有美丽的自然纹理，材质感悦目。

③干缩、湿胀性和翘曲变形性小。

④易加工、切削性能良好。

⑤胶合、着色及涂饰性能好。

⑥弯曲性能好。

⑦有抗气候和虫害性。

7.4.2 木材的感觉特性

1．视感

(1) 木纹

图 7-33　树木生长的记录——年轮

木材是与人类最亲近、最富有人情味的材料。除因木材是天然生成的生物体外，变幻的木材纹理赋予了木材生活的气息。木材纹理由年轮构成，它是树木与大自然对话的感受记录，宽窄不一的年轮记载了自然环境、气候变化及树木的生长，图 7-33 所示为树木生长的记录——年轮。

木纹的形状与木材的锯切方向有关，横切面为近似同心圆形状，径切面为平行条状，弦切面为抛物线状，规律中带着自然和写意，图 7-34 所示为木材的三切面。

木材的纹理是由细胞的构造形成的，木材构造不同，木纹形状也不同。根据方向的不同，有直纹理、斜纹理、扭纹理和乱纹理等，图 7-35 所示为木材的纹理形状。针叶树由于纹理细，材质软，木纹精细，具有丝绸般光泽和绢画般的静态美，以素装为宜；阔叶树由于组织复杂，木纹富于变化，材质较硬，材面较粗具有油画般的动态美，经刨削、磨光加工、表面涂装后花纹美丽、光可鉴人、装饰效果更好。针叶材质适于与纸、塑料等软性材料组合；阔叶材质适于与石材、金属等硬性材料组合，这样能更好发挥木材的材质特性。

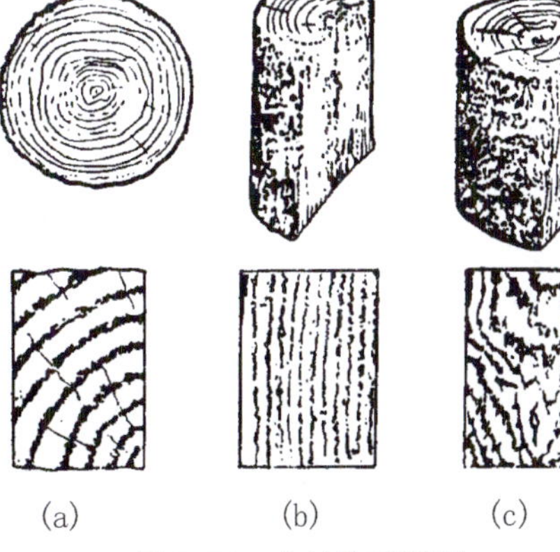

(a)　(b)　(c)

图 7-34　木材的三切面

(a) 横切面；(b) 径切面；(c) 弦切面

木材本身所具有的一些不规则的缺陷，如节子、树榴等(图 7-36)，增添了表面纹理的偶然性，也增加了木材材质的情趣感。

(2) 色彩

色彩是决定木材印象最重要的因素，也是设计中最生动、最活跃的因素。木材有较广泛的色相，以暖色为基调，给人一

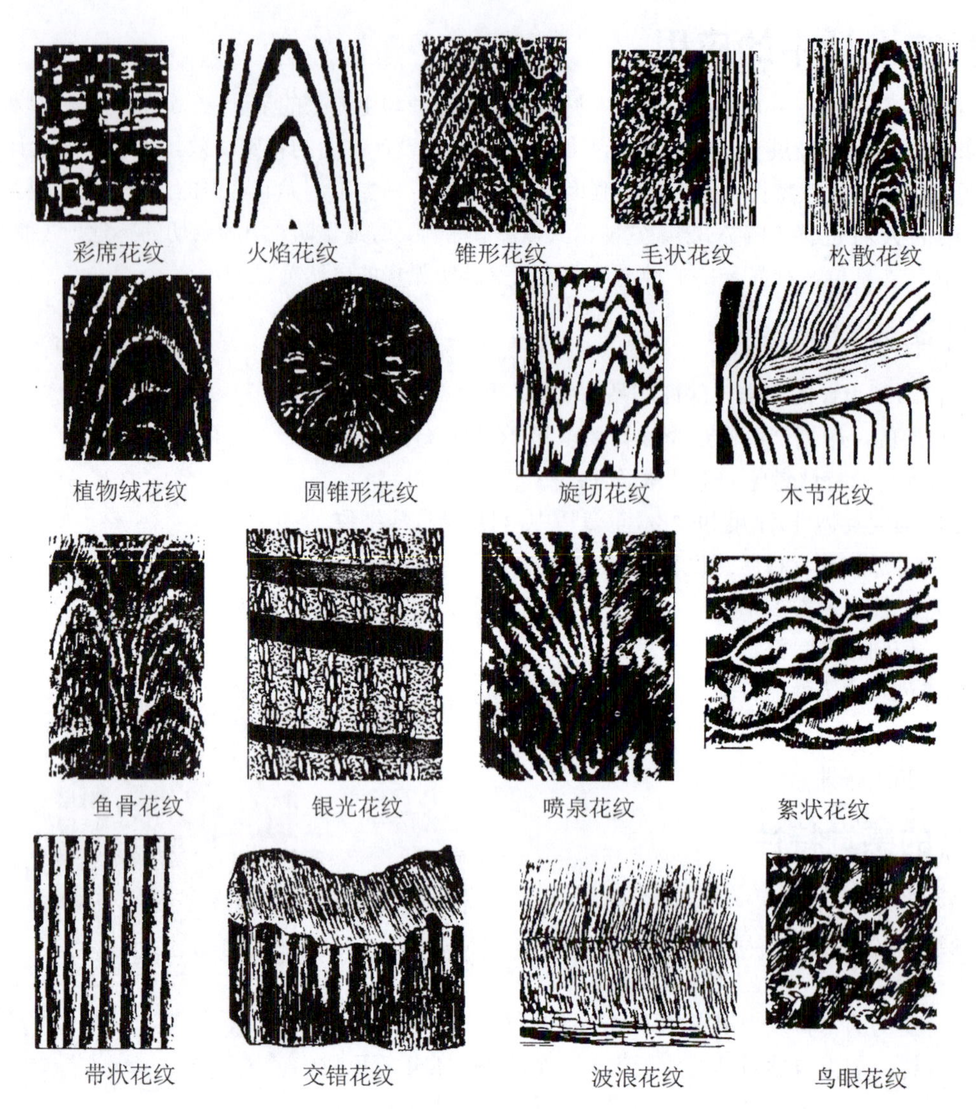

图 7-35　木材的纹理形状

种温暖感（图 7-37）。

不同的树种，不同的材色，给人的印象和心理感觉也不同，如紫檀（红木）类色相中红色较重，能给人华丽和现代的印象，而明度较低，又有深沉感。因此有必要结合用途和场合选择木材。需要明亮氛围的可选用云杉、白蜡树、刺楸、白柳桉等明亮淡色彩。需要宁静高雅氛围的可选用柚木、紫檀、核桃木、樱桃木等明度低深色的薄木装饰合板。

图 7-36　木节

图 7-37　木材的纹理和色彩

木材的颜色分布范围是：色相主要分布在 2.5Y ～ 9.0R（浅橙黄～灰褐色），以 5YR ～ 10YR（橙黄色）居多；纯度主要位于 3 ～6，明度主要集中在 5 ～8，见表 7-5。另外，木材的明度和纯度也会产生不同的感觉。明度越高，明快、华丽、整洁、高雅的感觉越强；明度低则有深沉、厚重、沉静、素雅、豪华的感觉。纯度高的木材有华丽、刺激豪华的感觉，纯度低的则有素雅、厚重、沉静的感觉。

表 7-5 木材的色调（Munsell 色系）

树　　种	Munsell 色系
明亮淡色材 ——云杉、冷杉、椴木、棱柱木	H：8.5YR ～ 1.0Y V：6.8 ～ 8.0　　C：3.5 ～ 5.0
褐色～黄褐色的针叶材——日本落叶松、红桧、花旗松、西伯利亚落叶松、红松	H：6.5YR ～ 8.5Y， V：6.0 ～ 7.0　　C：5.0 ～ 6.0
褐色的阔叶材——栎木、栗木、水曲柳、白柳桉	H：7.0YR ～ 1.0Y V：5.7 ～ 6.6　　C：3.5 ～ 5.0
红褐色～深红褐色材——山樟	H：3.5YR ～ 6.0Y V：3.8 ～ 5.5　　C：3.9 ～ 4.7
深暗褐色材——乌木、铁刀木、紫檀	H：7.5YR ～ 8.0Y V：2.0 ～ 4.0　　C：1.2 ～ 3.6
注：H：色相，V：明度，C：纯度	

2. 触感

冷暖感：木材除材色为暖色，从视感上给人温暖感外，与其他材料相比其触感也是温暖感较强的材料。这与木材的多孔性有关，木材内的空隙虽不完全封闭，但也不自由相通，所以木材是良好的隔热保温材料。

干湿感：温度与湿度是构成材料舒适与否的主要条件，对人们心理活动的影响极为明显。木材是吸湿材料，吸湿后尺寸不稳定是其缺点，但由于木材吸湿、放湿作用对环境湿度变化有着缓冲作用，因此木材是具有优良调湿功能的材料。

在使用木材中，为了着意体现木材天然、美丽的材质，特别是那些高级木材，除了在选材时多加注意，在表面处理上也有所讲究，如对经过加工的木材表面不加任何涂饰，自然、真实地反映木材的本来面目。而那种显孔和半显孔的木本色涂饰也是一种追求自然美的表现，也是现代产品设计中强调的材质真实性原则。

树木对保护地球环境起着重要的作用，并且需较长的生长周期，已成为越来越贵重的资源。所以在木材的使用方面，设计师将会面临下几个重要的课题：

①如何珍惜利用这一贵重资源；

②如何积极发挥木材的特性；

③如何改良木材的缺点；

④如何为木材增添新的特点；

⑤如何改良木材的加工成型技术；

⑥如何提高使用者的意识，加深对这一贵重资源的理解。

木制品与塑料制品的一些特性比较见表 7-6。

表 7-6 木制品与塑料制品特性比较

	木制品	塑料制品
原料来源	树木	石油、天然气
原料获取程度	需长时间生长而得（难）	由化学反应合成而得（易）
原料数量	数量有限	大量
原料特性	天然材料 复合组织构造体 各向异性 具有调湿特性	合成材料 均匀单一结构体 各向同性 无调湿特性
成型特性	多步工序成型 简单加工工具及木工机械 成型时间较长（以时计） 多为手工操作	可一次成型 专业塑料成型机械设备 成型时间较短（以秒计） 机械化成型
成型数量	单件	一次可同时生产多件
制品	表面以木本色、木纹为主 同品种表面外观各异 成本高	表面可呈各种色彩和肌理效果 同品种外观一致 成本低
使用特性	使用寿命长；耐用、不易破损 易变形；易虫蛀、易受霉菌侵蚀	使用期有限、易老化 易破损 稳定 不虫蛀、卫生洁净
感觉特性	自然、亲切、温暖、传统、感性	人造、轻巧、现代、理性
废弃	可燃烧、填埋 资源循环	产生有毒气体、不腐烂 环境污染

7.4.3 设计实例

(1) 红蓝椅（图 7-38）

由荷兰设计师里特维德（Gerrit T.Rirtveld）设计。红蓝椅由有机制木条和胶合板构成，13 根木条互相垂直，形成椅子的空间结构，各结构间用螺丝紧固而不用传统的榫接方式，以防结构受到破坏。椅的靠背为红色，坐垫为蓝色，木条全漆成黑色，木条的端面漆成黄色，黄色意味着断面，是连续延伸的构件中的一个片断，以引起人的联想，即把各木条看成一个整体。这把椅子以最简洁的造型语言和色彩，表达了现代主义的造型理念。被称为“经典的现代主义”。

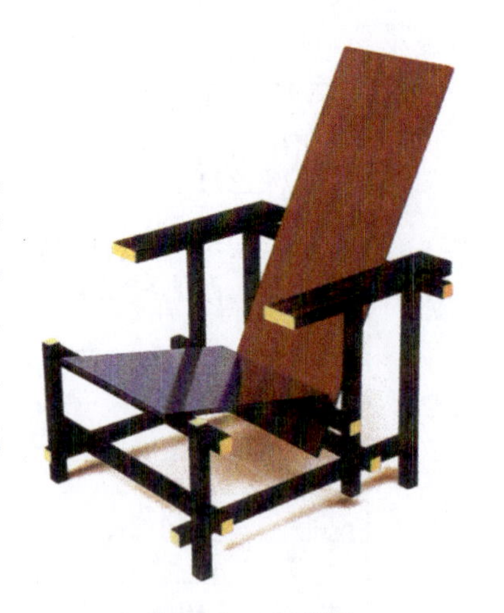

图 7-38　红蓝椅

(2) “交叉”扶手椅（图 7-39）

由加拿大设计师福兰克·格瑞（Frank Gehry）设计的扶手椅，采用弯曲成型的胶合板条编制、黏结而成，胶合板条（宽 50 mm、厚 2 mm）由枫木薄板层压胶合而成。椅座采用编制结构，没有用胶粘接，弹性好。整个椅子没有用金属件做固定，而采用高性能的热固性胶黏剂，使椅子结构更结实。

图 7-39　“交叉”扶手椅

(3) 迷题扶手椅（图 7-40）

由美国设计师大卫·奎克（Davod Kawecki）设计，采用桦木胶合板。椅子的各部分是从一块胶合板上用激光切割而成，由用户自行插接组装成。

(4) “玛丽 - 洛尔”桌（图 7-41）

由法国设计师克里丝汀·格恩（Christian Ghion）和帕特里克·那多（Patrick Nadeau）设计的，采用胶合板材料制作。在制作中采用了胶合板热加工的新方法，胶合板在被切割加工前，以电脑数控技术将其蒸成曲形。桌子的四部分（两个分开的模型）被粘在一起。

(5) 如坐针毡舒适椅（图 7-42）

由设计师汉斯·桑德格林·贾克伯森设计。椅子由 37 根白蜡木棒和一个车削加工的圆盘组成，木棒固定在圆盘上，椅面出乎意料的均匀且圆滑。白蜡木具有良好的自然色泽，木质弹性和韧性好，经过蒸汽处理后具有良好的加工性能。这款椅子拓展了一种新的方式，人们

图 7-40　迷题扶手椅

图 7-41　“玛丽 - 洛尔”桌

图 7-42　如坐针毡舒适椅

可以坐在独特的木棒椅上，坐在绽放如花蕊的椅面上，真是别有一番惊奇！

(6) Schizzo 椅子（图 7-43）

设计师罗•阿拉德采用压缩胶合板弯曲制作。当木材被切成薄板，并被黏合在预先准备好的形状上时，就会变得有弹性，甚至能够弯曲。这款椅子常被称为“二合一”椅，它通过两张独立且相同的椅子加以利用槽缝，拼接构成统一的实体，两个实体既可拼装使用又可独立使用。

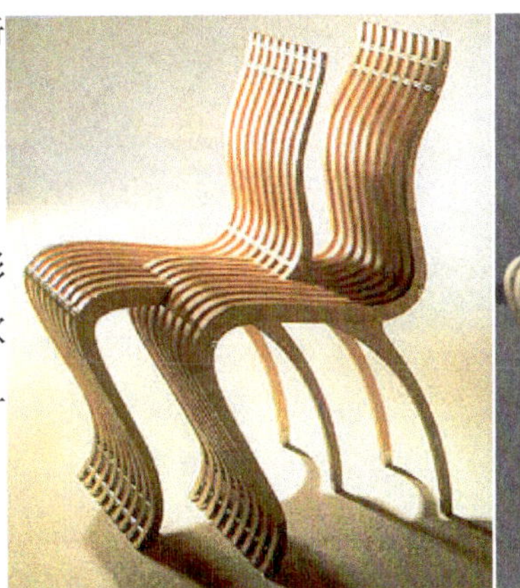

图 7-43 schizzo 椅子

(7) 单体椅子（图 7-44）

由设计师大卫•兰德斯设计的。单体椅子是用几百块尺寸不一的樱桃木做成的。在椅子的边缘，木头构成了环状，而到最后形状完成时就变成垂直的了。这张单体椅子的观念受到随处可见的砖的影响，那是一种非常简单的结构制造的方法，或许作为一种工具和生产方式，这在工业产品中是最早的例子。

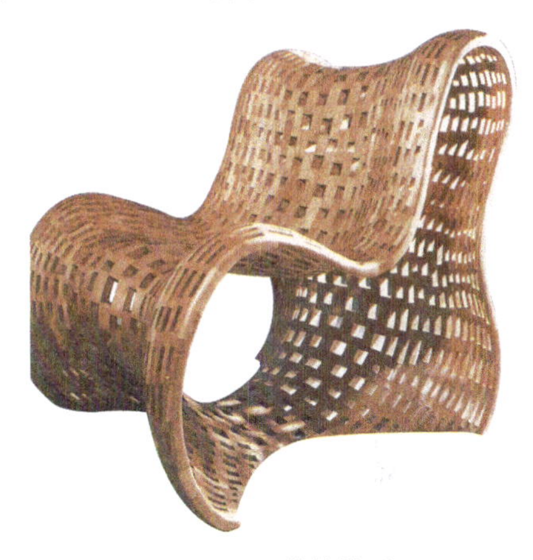

图 7-44 单体椅子

(8) Toby Cufflin（图 7-45）

Toby Cufflin 这款纯手工打造的座椅造型流畅优雅，整体结构上并没有使用任何一根钉子，完全是依靠木材弯曲技术去创造出符合人体工学的线条架构而成。它的造型线条让椅子显得相当华丽高贵，弯曲的间隔亦可以放置书报杂志；在具有美学观赏价值的同时也提升功能性，让使用更加舒适方便。

(9) 扭曲的橱柜（图 7-46）

由设计师托马斯•海尔维克（Thomas Heatherwick）设计的这个橱柜形态非常奇特，为了形成这样一种扭曲的形态，设计师采用了一种用于制造木制飞机螺旋桨的技术，先将橡木板材切割成条状，弯曲成型后再重新黏结起来，形成这样一种形态。

(10) 加拿大木质家具设计

加拿大设计师 Brent Comber 设计的不同以往的木质家具，所用的材料都是木材加工废弃的木头，不会破坏生态环境。他的 Alder 系列（图 7-47）是将成簇的树枝结合切割成各种几何形体，Shattered 系列（图 7-48）则用块状原木代替了树枝，加工简单。

图 7-45 Toby Cufflin

图 7-46 扭曲的橱柜

(11) 响板剪刀（图 7-49）

这款由日本长谷川刃物株式会社生产的剪刀引入了通用设计的概念，不仅正常人使用起来很省力，也方便残疾人的使用。该项设计获得了 2004 年的日本 G-Mark 大奖。剪刀的手柄采用了木材材质，在握放之间，两个手柄互相敲击，发出清脆的响板似的声音。这一细微的特征一下子使这个普通的剪刀变得有情趣了。不同木质的纹理和色彩也起到了天然的装饰作用，很有亲和力。

图 7-47 Alder 系列

图 7-48 Shattered 系列

图 7-49 响板剪刀

(12)Sun Ra 灯具（图 7-50）

Sun Ra 灯具是由设计师罗伯特·拉泽罗尼（Roberto Lazzeroni）设计的。Sun Ra 灯具的木质框架上显露着自然的纹理，营造出古典、优雅气息，而璀璨的照明灯则充满了现代的奢华之感，古典与现代的统一，正是拉泽罗尼想要在这件作品中表现的特色。设计师对每一种材料的属性有极好的把握，将强调它们的自然属性作为设计的重点，而在细节之处又有精妙的处理。

图 7-50 Sun Ra 灯具

(13) 糖果盒（图 7-51）

由台湾设计师林彦志设计的糖果盒采用胡桃木与槭木制作而成。整个造型由可移动的九个方盒组成，可任意组合，造型简洁大方，实用性高。胡桃木与槭木两种材质的搭配使颜色变化多样，增添趣味性，并使天然原木材质更显高贵。

(14) Mobiado Professional EM 木质手机（图 7-52）

Mobiado 是世界上独一无二的手机厂商，该品牌产品采用诺基亚的机芯，自行设计制造手机外壳，是世界上唯一仅仅制造豪华手机的厂商。Professional EM 的豪华之处就在于它采用了突破传统的木制手机外壳，营造出了独特的复古风格。

图 7-51 糖果盒

这款手机采用了珍贵的可可波罗木和洪都拉斯紫檀木，表面经过了精细的打磨，不仅在材料的应用上出奇制胜，也显示出了精湛的木材加工技术。木材属于天然材料，给人质朴复古的感觉，能很好衬托出设计师想要传达的效果。由于采用了纯木材的材质，而且所有的树木都会呈现完全不同的纹理，所以客观上每一款手机的外观都是独一无二的，这也是木材手机的一大特色。

Professional EM 的外部设计大量采用了硬木、铝金属和不锈钢等材质，尽善尽美地创造除了它所独有的奢华风格。手机的木制外壳具有两种颜色搭配，一种是黄檀木和黑色的搭配，另一种是洪都拉斯红木与银色的搭配。机器正面和背面的深色部分采用了航天铝金属，在保证了具有相当坚固的保护性后仍具有超轻的重量。按键表面采用了不锈钢工艺，为用户提供最大程度的舒适感受，而按键看起来更像是晶莹的水晶珠子。屏幕保护部分采用的抗磨丙烯酸的材质。

图 7-52 EM 木质手机

(15) 奥林巴斯纯木数码相机（图 7-53）

近日奥林巴斯刚刚发布了一项最新的研究成果，就是利用纯木材质经过三次挤压成型的加工技术。利用这一技术，奥林巴斯试制了一款采用纯木材质外壳的数码相机其相机外观与 μ 系列的滑盖设计有些相似，由于采用了木材外壳，机身质感相当不错。在德国 Photokina 2006 展会上，这款由奥林巴斯试制的纯木材外壳数码相机将被展出。

外壳加工过程：原木→立体切削加工品→压缩成型→加热处理→完成加工

这种经过三次压缩成型的纯木质外壳具有天然的色彩和光泽，其硬度要高于聚乙烯、ABS等树脂材料。据称这一技术还将用于其他电子器件的包装以及机箱的制造中去。

(16) 扫描复印机（图7-54）

由台湾设计师林雨青和江翰辑设计的复印机，以古书的意象概念重新赋予扫描复印机新的形态。纸张的传入与输出，犹如从书卷中抽出一张张我们所要的知识，视每一张纸都是珍贵的不得轻易浪费的。侧边以传统竹材与现代材质集合成太极之形，意表古今浩瀚智慧皆融于万卷之中。扫描复印机的材质取自于台湾南投竹山当地的孟宗竹，以冷烧炭化的技术，并经刨皮加工，充分展现了竹材特有的纤维纹路与清新雅致的独特香气。

图7-53　奥林巴斯纯木数码相机

图7-54　扫描复印机

(17) 绿色环保手提包（图7-55）

以日本当地多余的杉木薄片为材质，开发设计一系列有关木材的文具、电脑包。电脑包MONACCA为最知名的产品，获得2006年good design大奖。每个包上都有山木的独特纹理，呈现木材特有的温暖感觉。

(18) 伴侣几（图7-56）

这张伴侣几是在制作茶几时，由于木材年份久远，一不小心就自然地断开了。设计师朱小杰灵感迸发，将其一高一低错开，阳在上、阴在下，半圆阴阳，取名“伴侣几”。就像一对夫妻，伴侣几的两部分你包容我，我补充你，分合随意，相濡以沫。或当茶几，或做桌子，伴侣几都在平常的生活琐碎中悄悄阐述这样一个道理：爱情，就是要互相包容。去除繁琐的装饰，仅凭乌金木材质如同艺术般的年轮肌理，这款茶几就能很完整地展示大自然创造的原始、自然的美丽。

图7-55　绿色环保手提包

(19) 蛋壳概念建筑（图 7-57）

使用木材组成的有机外形实在是让人出乎意料。借助了传统船型建筑的方法——蒸汽加工，使其变软。采用了覆有亚麻籽油的木材进行防紫外线保护，如此高效益并且持久耐用的拱状建筑被永久载入历史。

图 7-56　伴侣几

(20) 软木制品（图 7-58）

保温柔软多孔而有弹性，软木是自然界中一种神奇的材质之一，它来自一种树皮，这种树木具有完全可以再生的资源，因其具有质轻、耐用、良好的化学惰性和绝缘性等，成为人们的新宠。

图 7-58　软木及其制品

图 7-57　蛋壳概念建筑

思考题

1. 木材作为一种优良的造型材料，阐述其基本性能特点。
2. 木材的裁切方式与木材的纹理特征有何关联？
3. 木材表面主要采用透明涂饰，有何特点和作用？
4. 设计中常用的木材种类有哪些？各有何特点，适用于哪些设计领域？
5. 榫孔结构是原木制品的主要结构形式，蕴涵了人类几千年的文明与智慧，对现实设计具有重要的应用与借鉴意义，请搜集整理榫孔结构的类型，并尝试将其创造性地运用于现实设计中。
6. 试分析传统木工工艺与现代木材加工方式的特点。
7. 木材的连接练习：设计一种新的连接形式，将三块以上的木材连接起来。
   要求：尽量不用传统的连接方式，连接形式要有创新，结构形式与整个形态要有机的结合。

第八章

无机非金属材料及加工工艺

在金属材料、有机高分子材料和无机非金属材料三大类材料中，无机非金属材料因其具有金属材料和高分子材料所无可比拟的优异性能，在现代技术中占有越来越重要的地位。无机非金属材料是20世纪40年代以后，随着现代科学技术的发展从传统的硅酸盐材料演变而来的，是以某些元素的氧化物、碳化物、氮化物、卤化物、硼化物以及硅酸盐、铝酸盐、磷酸盐、硼酸盐等物质组成的材料，是除金属材料和有机材料以外的所有材料的统称。主要包括玻璃、陶瓷、石材等。

8.1 玻璃材料

在科学技术高度发展、各种自然材料和人工材料日益丰富的今天，玻璃这一“古老而又新兴、奇特而又美丽”的材料，正前所未有地发挥出它的特性。玻璃具有一系列的优良特性，如坚硬、透明、气密性、不透性、装饰性、化学耐蚀性、耐热性及电学、光学等性能，而且能用吹、拉、压、铸等多种成型和加工方法制成各种形状和大小的制品。玻璃作为现代设计中一大媒介材料，已经成为人们现代生活、生产和科学实验活动中不可缺少的重要材料（图8-1)。此外，从环境保护的角度看，玻璃作为“绿色”材料，将是21世纪普遍看好的材料。

图8-1　玻璃制品

8.1.1 玻璃的基本性能

玻璃是以石英砂、长石、石灰石等为主要原料，加入某些金属氧化物、化合物等辅助原料，经高温加热熔融、冷却凝固所得的非晶态无机材料。由于玻璃的非晶态结构，其物理性质和力学性质等具有各向同性的特征。

(1) 强度

玻璃的强度与其成分、结构和工艺有关。其强度一般用抗压、抗拉强度等来表示。玻璃的抗压强度较高，玻璃的抗拉强度较低，玻璃的抗压强度为抗拉强度的14～15倍。

(2) 硬度

玻璃是典型的脆性材料，玻璃的硬度较大，硬度仅次于金刚石、碳化硅等材料，它比一般金属硬，不能用普通刀和锯进行切割。玻璃的硬度值通常在莫氏硬度5～7级。可根据玻璃的硬度选择磨料、磨具和加工方法，如雕刻、抛光、研磨和切割等。

(3) 光学性质

玻璃是一种高度透明的物质，具有一定的光学常数、光谱特性，具有吸收或透过紫外线和红外线、感光、光变色、光储存和显示等重要光学性能。通常光线透过越多，玻璃质量越好。由于玻璃品种较多，各种玻璃的性能也有很大的差别，如有的铅玻璃具有防辐射的特性。一般通过改变玻璃的成分及工艺条件，可使玻璃的光学性能有很大的变化。图 8-2 为玻璃光纤。

(4) 电学性能

常温下玻璃是电的不良导体，具有较高的电阻率，可做绝缘材料。玻璃在潮湿空气或温度升高时，玻璃的导电性迅速提高，熔融状态时则变为良导体。

(5) 热性质

玻璃的导热性很差，一般经受不了温度的急剧变化。制品越厚，承受温度急剧变化的能力越差。普通玻璃经热处理强化后能提高热稳定性。

图 8-2　玻璃光纤

(6) 化学稳定性玻璃的化学性质较稳定。玻璃的耐酸腐蚀性较好，大多数工业用玻璃都能抵抗除氢氟酸以外的其他酸的侵蚀。玻璃耐碱腐蚀性较差。玻璃长期在大气和雨水的侵蚀下，表面光泽会失去，变得晦暗。尤其是一些光学玻璃仪器易受周围介质（如潮湿空气）等作用，表面形成白色斑点或雾膜，破坏玻璃的透光性，所以在使用和保存中应加以注意。

8.1.2 玻璃的工艺特性

玻璃的工艺特性是包括玻璃的熔制工艺、玻璃的成型工艺以及玻璃的二次加工工艺，玻璃制造成型工艺过程如图 8-3 所示。

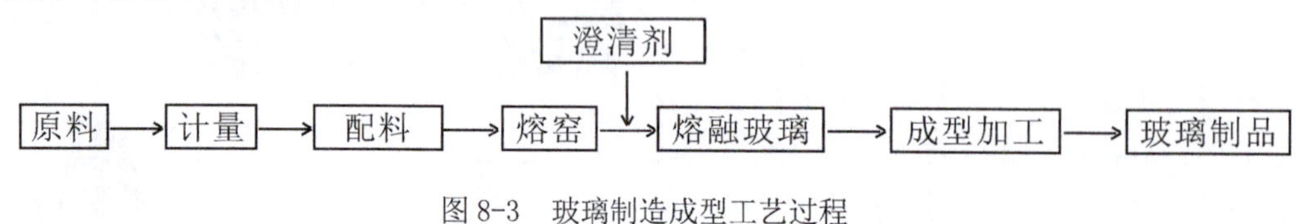

图 8-3　玻璃制造成型工艺过程

1. 玻璃原料

用于制备玻璃配合料的各种物料统称为玻璃原料。根据用量和作用的不同，玻璃原料分为主要原料和辅助原料两类。主要原料是指为向玻璃中引入各种主要成分的原料，它们决定了玻璃制品的物理、化学性质；辅助原料是为了赋予玻璃制品具有某些特殊性能和加速熔制过程所加的原料，主要辅助原料有澄清剂、着色剂、脱色剂、乳浊剂、助熔剂。

(1) 主要原料

①石英砂：石英砂又称硅砂，其主要成分是二氧化硅 (SiO_2)，它是玻璃形成的重要氧化物，以硅氧四面体 [SiO_4] 的结构组元形成不规则的连续网络，成为玻璃的骨架。

②硼酸、硼砂及含硼矿物：向玻璃中引入氧化硼 (B_2O_3) 的原料。B_2O_3 能降低玻璃的膨胀系数，提高其热稳定性、化学稳定性和机械强度，增加玻璃的折射率，改善玻璃的光泽。此外，B_2O_3 还起助熔剂作用，能加速玻璃的澄清和降低玻璃的结晶能力。

③长石、瓷土、蜡石：向玻璃中引入氧化铝 (Al_2O_3) 的原料。Al_2O_3 能提高化学的稳定性、热稳定性、机械强度、硬度和折射率，减轻玻璃液对耐火材料的侵蚀，并有助于氟化物的乳浊。

④纯碱、芒硝：向玻璃中引入碱金属氧化物氧化钠 (Na_2O) 的主要原料，Na_2O 是玻璃的良好助熔剂，可以降低玻璃黏度，使其易于熔融和成型。

⑤方解石、石灰石、白垩：向玻璃中引入氧化钙 (CaO) 的主要原料。CaO 在玻璃中主要作用为稳定剂，含量较高时，能使玻璃的结晶化倾向增大，而易使玻璃发脆。在一般玻璃中，CaO 的含量不超过 12.5%。

⑥硫酸钡、碳酸钡：向玻璃中引入氧化钡 (BaO) 的主要原料。含 BaO 的玻璃吸收辐射线能力较强，常用于制作高级器皿玻璃、光学玻璃、防辐射玻璃等。

⑦铅化合物：向玻璃中引入氧化铅（PbO）的主要原料。PbO 能增加玻璃的比重，提高玻璃折射率，使玻璃制品具有特殊的光泽和良好的导电性能。沿玻璃的高温黏度小，熔制温度低，易于澄清，硬度小，便于研磨抛光。

(2) 辅助原料

①澄清剂：向玻璃配合料或玻璃溶液中加入一种高温时本身能气化或分解放出气体，以促进排除玻璃中气泡的物质称为澄清剂。常用的澄清剂有：氧化砷（As_2O_3）、氧化锑（Sb_2O_3）、硫酸盐、氟化物等。

②着色剂：使玻璃制品着色的物质称为着色剂，通常使用锰、钴、镍、铜、金、硫、硒等金属和非金属化合物，其作用是使玻璃对光线产生选择性吸收，从而显出一定的颜色。

③脱色剂：为了提高无色玻璃的透明度，常在玻璃熔制时，向配合料中加入脱色剂，以去除玻璃原料中含有的铁、铬、钛、钒等化合物和有机物的有害杂质。常用的脱色剂有：硒（Se）、氧化锰（MnO_2）、氧化砷（As_2O_3）、氧化锑（Sb_2O_3）、硝酸盐、氟化物等。

④乳浊剂：使玻璃制品对光线产生不透明的乳浊状态的物质称为乳浊剂。最常用的乳浊剂有氟化物，也可以使用磷酸盐、锡、砷、锆等化合物及滑石等。

⑤助熔剂：能促使玻璃熔制过程加速的物质称为熔助剂或加速剂。

玻璃原料的选择是玻璃制品生产中的一个主要环节。采用何种原料作为主要成分，应根据以确定的玻璃组成、性质要求、原料来源、价格与供求的可靠性等因素全面考虑。

2. 玻璃的熔制

玻璃的熔制是指将配合料经过高温熔融，形成均匀无气泡并符合成型要求的玻璃液的过程，它是玻璃生产中很重要的环节，是获得优质玻璃制品的重要保证。

玻璃的熔制是一个非常复杂的工艺过程，它包括一系列物理的、化学的、物理化学的现象和反应，其结果是使各种原料混合物变成复杂的熔融物，即玻璃液。各种配合料在加热至高温并形成玻璃的过程中所发生的变化，从工艺角度而论，大致可以分为硅酸盐的形成、玻璃的形成、澄清、均化和冷却五个阶段，表 8-1 所列是对常用的钠—钙—硅玻璃熔制过程以及所产生的反应、生成物和工艺条件的说明。

表 8-1　钠—钙—硅玻璃的熔制过程

阶　段	反　　应	生 成 物	熔制温度
1. 硅酸盐的形成	石英结晶的转化，Na_2O 和 CaO 的生成各组分固相反应	硅酸盐和 SiO_2 组成的烧结物	800 ～ 900℃
2. 玻璃的形成	烧结物熔化，同时硅酸盐与 SiO_2 互相溶解	带有大量气泡和不均匀条缕的透明玻璃液	1200℃
3. 澄清	玻璃液黏度降低，开始放出气态混杂物（加澄清剂）	去除可见气泡的玻璃液	1400 ～ 1500℃
4. 均化	玻璃液长期保持高温，其化学成分趋向均一，扩散均化	消除条缕的均匀玻璃液	低于澄清温度
5. 冷却		玻璃液达到可成型的黏度	200 ～ 300℃

3. 玻璃的成型

玻璃的成型是指将熔融的玻璃液加工成具有一定形状和尺寸的玻璃制品的工艺过程。玻璃的成型方法可以分为两类：热塑成型和冷成型。通常把冷成型归属到玻璃的冷加工中，玻璃的成型通常指热塑成型。常见的玻璃成型方法有：压制成型、吹制成型、压延成型、拉制成型和浮法成型等。

(1) 压制成型

压制成型是在模具中加入玻璃熔料加压成型，图 8-4 为玻璃压制成型示意图。压制成型多用于玻璃盘碟（图 8-5）、玻璃砖的制作。压制成型工艺简单，尺寸精确，制品外表可带有花纹。

(2) 吹制成型

吹制成型是玻璃器皿最常见的成型方法，是先将玻璃黏料压制成雏形型块，再将压缩气体吹入处于热熔态的玻璃型块中，使之吹胀成为中空制品，图 8-6 为玻璃吹制成型示意图。吹制成型主要用以制造空心产品，

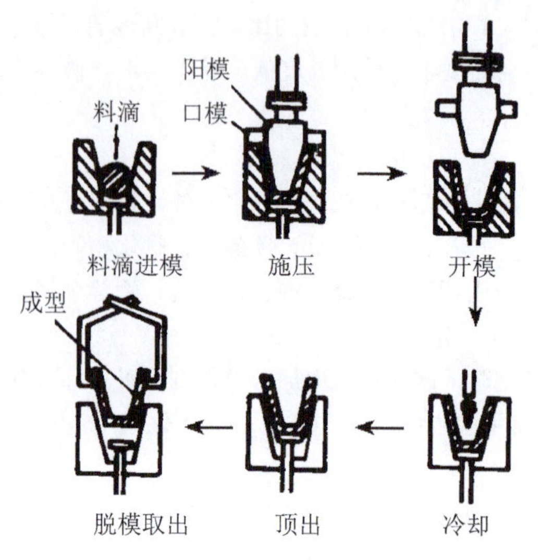

图 8-4　压制成型示意图

图 8-5　玻璃盘碟

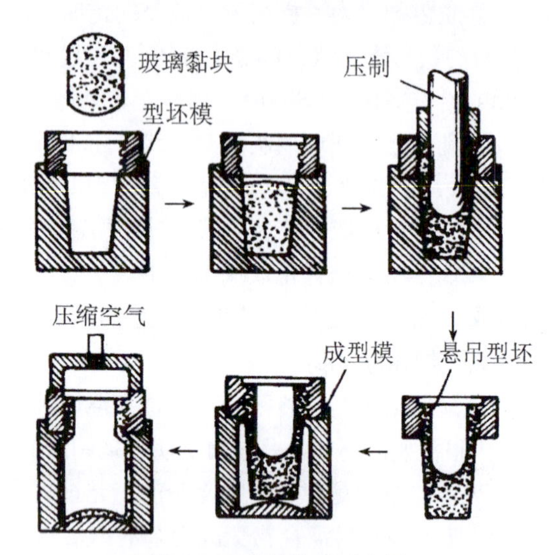

图 8-6　吹制成型示意图

如水杯、器皿、瓶、罐、灯泡等（图 8-7）。

吹制成型按是否使用模具可分为有模吹制成型和无模吹制成型；按自动程度可分为机械吹制成型和人工吹制成型。人工吹制是一种古老的成型方法，手工吹制借助铁质吹管，一端蘸取玻璃液（挑料），另一端为吹嘴，挑料后在滚料板上滚匀、吹气，形成玻璃料泡，并逐渐吹制成制品，图 8-8 为人工吹制工艺过程。人工吹制过程更像是一种艺术的创作过程，使得玻璃形态的创作空间充满了想象力（图 8-9）。

(3) 压延成型

压延成型是用金属辊将玻璃熔体压成板状制品，图 8-10 为压延成型示意图。压延成型主要用来生产压花玻璃（图 8-11）、夹丝玻璃等。

(4) 拉制成型

拉制成型是利用机械拉引力将玻璃熔体制成制品，分为垂直拉制（图 8-12）和水平拉制（图 8-13），主要用来生产平板玻璃、玻璃管 (8-14)、玻璃纤维等。

图 8-7　吹制成型制品

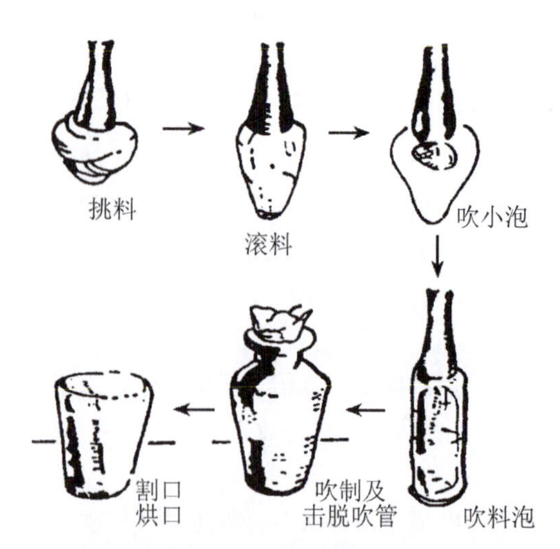

图 8-8　人工吹杯示意图

图 8-9　人工吹制制品

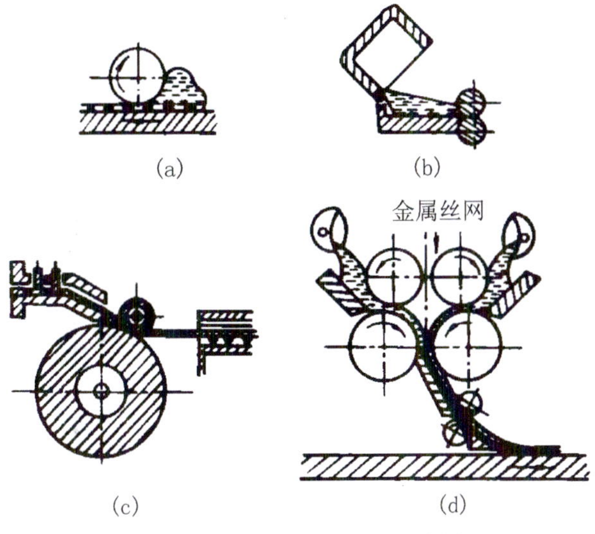

图 8-10　压延法成型原理示意图
(a) 平面压延；(b) 辊间压延；
(c) 连续压延；(d) 加丝压延

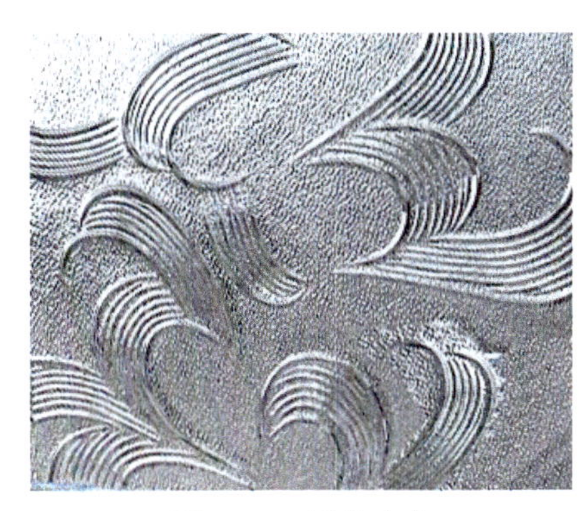

图 8-11　压花玻璃

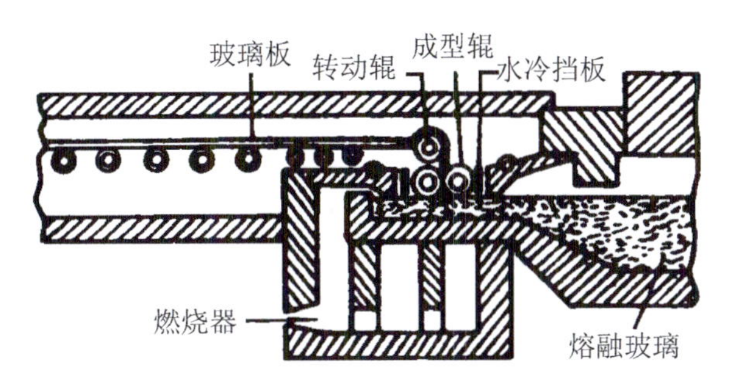

图 8-13　水平拉制示意图

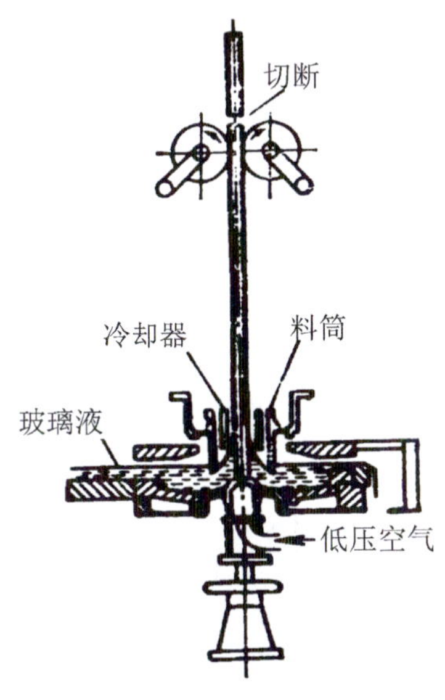

图 8-12　垂直引上拉管示意图

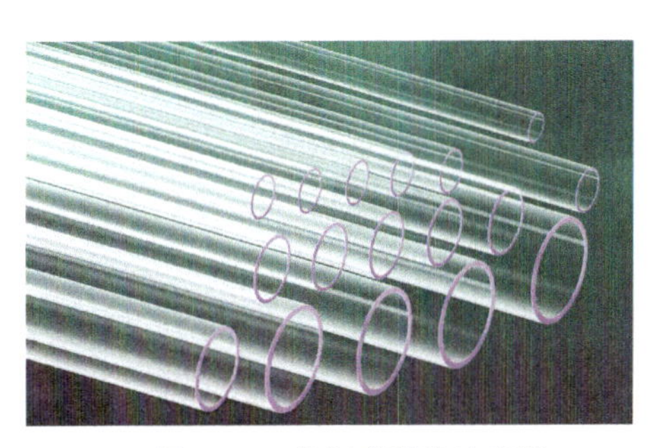

图 8-14　拉制成型的玻璃管

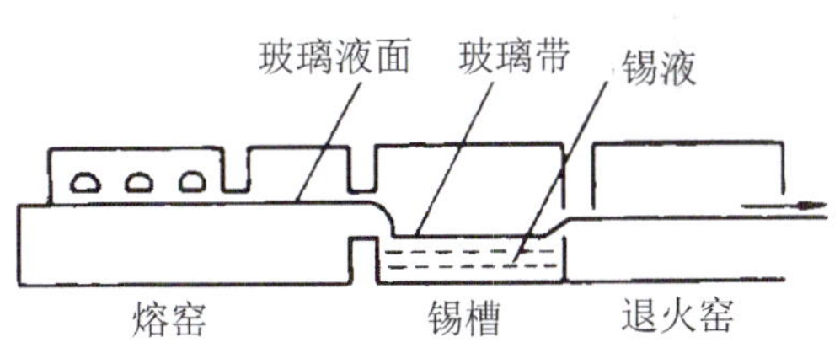

图 8-15　浮法玻璃生产工艺示意图

(5) 浮法成型

浮法成型是生产平板玻璃的主要工艺方法，其成型过程是在通入保护气体（N_2 及 H_2）的锡槽中完成的。熔融玻璃从池窑中连续流入盛有熔融锡液的锡槽中并漂浮在相对密度较大的锡液表面上，在重力和表面张力的作用下，玻璃液在洁净的锡液面上铺开、摊平，形成上下平整且具有一定厚度的玻璃板，硬化、冷却后被牵引离开锡槽进入退火窑，经退火、切裁，就得到平板玻璃产品。图 8-15 为浮法玻璃生产工艺示意图，图 8-16 为浮法玻璃生产线。采用浮法制造技术生产的平板玻璃称为浮法玻璃。浮法玻璃厚度均匀，表面平整光洁，无玻筋和玻纹，表面质量与磨光玻璃相同，是一种高质量的平板玻璃。

图 8-16　浮法玻璃生产线

随着科学和技术的发展，新的成型方式不断出现，技术也不断更新，热弯、热熔以及脱蜡铸造等成型方式不断完善，新材料

和新工艺层出不穷。

4. 玻璃的热处理

玻璃制品在生产中，由于要经受激烈和不均匀的温度变化，导致制品内部产生热应力。结构变化的不均匀及热应力的存在会降低制品的强度和热稳定性，很可能在成型后的冷却、存放和机械加工过程中自行破裂；制品内部结构变化的不均匀性，又可能造成玻璃制品光学性质的不均匀。因此，玻璃制品成型后，一般都要经过热处理。

玻璃制品的热处理，一般包括退火和淬火两种工艺。

(1) 玻璃的退火

退火就是消除或减小玻璃制品中的热应力的热处理过程。对光学玻璃和某些特种玻璃制品，通过退火可使内部结构均匀，以达到要求的光学性能。玻璃制品的退火工艺过程包括加热、保温、慢冷及快冷四个阶段。

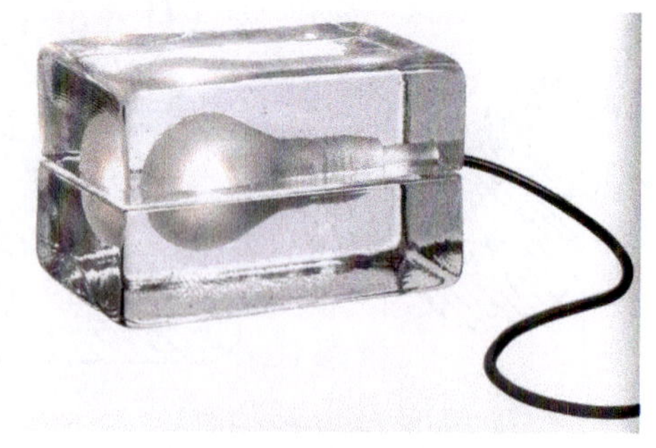

图 8-17　冰块灯

由设计师哈里·科斯基宁 (Harri Koskinen) 设计的冰块灯（图8-17），采用人工浇铸制作而成，成型后经过长时间的冷却过程，因此在面对温度急速变化时，不会产生龟裂的现象。中间的雾面灯泡空间由喷砂处理而成。冰块灯造型简洁，质感十足，可以放置在桌上作为装饰灯源。

(2) 玻璃的淬火

淬火就是将玻璃制品加热到转变温度以上，然后在冷却介质（淬火介质）中急速均匀冷却，在这个过程中玻璃的内层和表面层将产生很大的温度梯度，使玻璃表面形成一个有规律、均匀分布的压力层，以提高玻璃制品的机械强度和热稳定性。

图 8-18　玻璃的切割

5. 玻璃制品的二次加工

成型后的玻璃制品，除极少数能直接符合要求外（如瓶罐等），大多数还须作进一步加工，以得到符合要求的制品。经过二次加工可以改善玻璃制品的表面性质、外观质量和外观效果。玻璃制品的二次加工可分为冷加工、热加工和表面处理三大类。

(1) 玻璃制品的冷加工

冷加工是指在常温下通过机械方法来改变玻璃制品的外形和表面状态所进行的工艺过程。冷加工的基本方法包括研磨、抛光、切割、磨边、喷砂、钻孔和车刻等。

图 8-19　玻璃的喷砂处理

①研磨是为了磨除玻璃制品的表面缺陷或成型后残存的凸出部分，使制品获得所要求的形状、尺寸和平整度。

②抛光是用抛光材料消除玻璃表面在研磨后仍残存的凹凸层和裂纹，以获得光滑、平整的表面。

③切割是用金刚石或硬质合金刀具划割玻璃表面并使之在划痕处断开的加工过程（图 8-18）。

④磨边是磨除玻璃边缘棱角和粗糙截面的方法。

⑤喷砂则是通过喷枪用压缩空气将磨料喷射到玻璃表面以形成花纹图案或文字的加工方法（图 8-19）。

⑥钻孔是利用硬质合金钻头、钻石钻头或超声波等方法对玻璃制品进行打孔（图 8-20）。

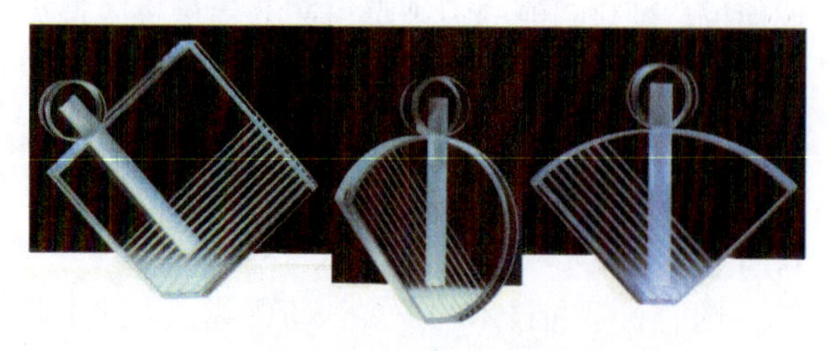

图 8-20　玻璃的钻孔

⑦车刻又称刻花，是用砂轮在玻璃制品表面刻磨图案的加工方法（图 8-21）。

(2) 玻璃制品的热加工

有很多形状复杂和要求特殊的玻璃制品，需要通过热加工进行最后成型。此外，热加工还用来改善制品的性能和外观质量。热加工的方法主要有：火焰切割、火抛光、锋利边缘的烧口等。

(3) 玻璃制品的表面处理

玻璃制品的表面处理包括表面着色、表面涂层（如镜子镀银、表面导电等）以及玻璃表面光滑面与散光面的形成（如玻璃表面的刻蚀、玻璃抛光等）。

图 8-21　玻璃的车刻

①玻璃彩饰：利用彩色釉料对玻璃制品进行装饰的过程（图 8-22）。常见的彩饰方法有：描绘、喷花、贴花和印花等。彩饰方法可单独采用，也可组合采用。

描绘是按图案设计要求用笔将釉料涂绘在制品表面。

喷花是将图案花样制成镂空型版紧贴在制品表面，用喷枪将釉料喷到制品上。

贴花是先用彩色釉料将图案印刷在特殊纸上或薄膜上制成花纸，然后将花纸贴到制品表面。

印花是采用丝网印刷方式用釉料将花纹图案印在玻璃制品表面。

所有玻璃制品彩饰后都需要进行彩烧，才能使釉料牢固地熔附在玻璃表面，并使色釉平滑、光亮、鲜艳，且经久耐用。

②玻璃蚀刻：利用氢氟酸的腐蚀作用，使玻璃获得不透明毛面的方法。先在玻璃表面涂覆石蜡、松节油等作为保护层并在其上刻绘图案，再用氢氟酸溶液腐蚀刻绘所露出的部分。蚀刻程度可通过调节酸液浓度和腐蚀时间来控制，蚀刻完毕除去保护层。多用于玻璃仪器的刻度和标字，玻璃器皿和平板玻璃的装饰等，图 8-23 所示为玻璃蚀刻画。

图 8-22　玻璃彩饰

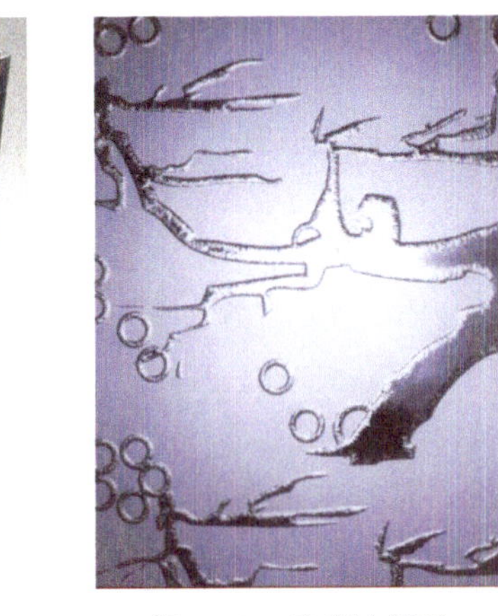

图 8-23　玻璃蚀刻画

8.1.3 常用玻璃材料

1. 玻璃材料的分类

(1) 按玻璃的用途和使用环境分类

日用玻璃——瓶罐玻璃、器皿玻璃、装饰玻璃等；

技术玻璃——光学玻璃、仪器玻璃、管道玻璃、电器用玻璃、医药用玻璃、特种玻璃等；

建筑玻璃——窗用平板玻璃、镜用平板玻璃、装饰用平板玻璃、安全玻璃；

玻璃纤维——无碱纤维（Na_2O 含量＜0.7%）、低碱纤维（Na_2O 含量＜2%）、中碱纤维（Na_2O 含量为 12%）、高碱纤维（Na_2O 含量为 15% 左右）等。

表 8-2 为玻璃主要类型及特性和用途。

(2) 按玻璃化学成分分类

钠钙玻璃——其成分中 SiO_2 约为 70%，CaO 约为 10%，Na_2O 约为 15%，约占生产的所有玻璃材料的 90%。它的生产成本低，它对高温、剧烈温差变化和化学介质的抵抗能力较弱。广泛用于制造平板玻璃、瓶罐玻璃、灯泡玻璃等。

铅玻璃——含多量氧化铅的玻璃。铅玻璃因其优良的光学性能而被称作水晶玻璃。可以用来制造水晶玻璃、艺术器皿玻璃和刻花玻璃器皿，也常被用来制作光学棱镜和光学透镜。铅玻璃的电绝缘性比钙钠玻璃和硼玻璃都要好，可以作为防辐射材料、制造光学玻璃、电真空玻璃等。铅玻璃不耐高温，在受热时不耐冲击。

石英玻璃——SiO_2 含量 99.5% 以上，石英玻璃于 1952 年研制成功，是造价最高的玻璃材料。石英玻璃

表 8-2　玻璃主要类型及特性和用途

类　型	特 性 及 用 途
容器玻璃	具有一定的化学稳定性、抗热震性和一定的机械强度，美观，透明，清洁，价廉，并能经受装罐、杀菌、运输等过程；主要用作各种饮料瓶、食品瓶、药用瓶、安培瓶、化妆瓶等
建筑玻璃	具有采光和防护功能，良好的隔声、隔热和艺术装饰效果；可做建筑物的门、窗、屋面、墙体及室内外装饰用
光学玻璃	用于制造光学仪器或机械系统的透镜、棱镜、反光镜、窗口等玻璃材料；有眼镜玻璃、保护镜、紫外线用玻璃等
电真空玻璃	具有较高的电绝缘性能和良好的加工、封接气密性能；主要用作灯泡壳、玻壳芯柱、荧光灯、显像管玻璃、电子管等
泡沫玻璃	又称多孔玻璃，气孔占总体积的 80%～90%，具有良好的隔热、吸声、难燃等优点，可采用锯、钻、钉等机械加工；应用在建筑、化工、造船、国防等方面作隔热或吸声泡沫材料
光学化纤	用来构成各种光学纤维元件；用于传输光能、图像、信息等，如光学纤维镜、光学纤维传像束、光学纤维传光束、光缆等
特种玻璃	具有特种用途的玻璃，如半导体玻璃、激光玻璃、微晶玻璃、防辐射剂量玻璃、声光玻璃等

的成分为二氧化硅，其抗热冲击能力是所有玻璃材料中最强的，并且能长时间耐受 900℃的高温，用于制造半导体、电光源等精密光学仪器及分析仪器等。

硼硅酸玻璃——发明于 1912 年，是第一种耐高温、有较好抗热冲击能力的玻璃材料。硼硅酸玻璃可以用来制作咖啡壶、炉子、实验室用的玻璃器皿、车灯及其他在高温环境中工作的设备。它抗酸和抗化学介质腐蚀的能力很强，热膨胀率很低，因此被用来制作天文望远镜的镜片和其他精密仪器。硼玻璃还可以用作树脂的强化纤维。

铝硅酸玻璃——发明于 1936 年，它的造价高昂，加工难度很大。主要用于制造高性能设备，如高温测量仪、太空飞行器的舷窗以及集成电路中的电阻。

特殊成分玻璃——渗钕的激光玻璃，硫系、氧硫系等半导体玻璃、微晶玻璃，以及金属玻璃等。

(3) 按制造方法分类

玻璃按制造方法可分为吹制玻璃、拉制玻璃、压制玻璃以及铸造玻璃等。

2. 常用玻璃品种

(1) 平板玻璃

平板玻璃是板状玻璃的统称（图 8-24）。上下表面平行，成分多属于钠 - 钙 - 硅酸盐。主要采用浮法、垂直引上法、平拉法和压延法生产。平板玻璃具有透光、透视、隔热、隔声、耐磨、耐候等特性，并且通过着色、表面处理、强化、复合等方法制成彩色玻璃、镀膜玻璃、钢化玻璃、夹层玻璃等特殊制品。

图 8-24　平板玻璃

①磨砂玻璃：磨砂玻璃又称毛玻璃或暗玻璃，采用喷砂或研磨等机械方法，或者用氢氟酸溶液磨蚀等化学方法将玻璃表面处理成均匀毛面（图 8-25）。其表面呈微细凹凸，可使光线产生漫射，只有透光性而不能透视，具有均匀柔和的效果。常用于建筑物中要求透光而不透像的门窗，以及玻璃黑板、照相屏板等。

②磨光玻璃：磨光玻璃又称镜面玻璃，采用平板玻璃抛光而得。分为单面磨光和双面磨光两种。磨光玻璃表面平整光滑，有光泽，透光率达 84%，物像透过玻璃不变形。磨光玻璃主要用于安装大型门窗，制作镜子等。

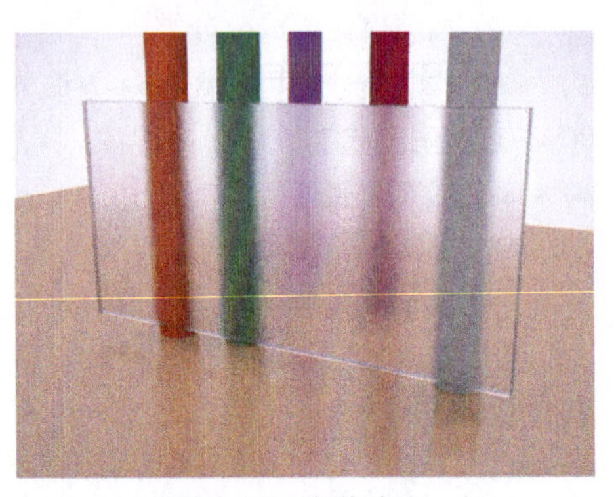

图 8-25　磨砂玻璃

③夹层玻璃：夹层玻璃是利用透明、黏结力强的塑料膜片将两块或两块以上的平板玻璃在高温高压作用之下黏结起来的玻璃（图 8-26、图 8-27）。黏结用的塑料膜片常为聚乙烯醇缩丁醛树脂和聚碳酸酯树脂。夹层玻璃的强度高，有优异的抗冲击和抗穿透性能，破碎时玻璃碎片被塑料膜片黏结，不易脱离飞散。主要用作汽车、飞机的风挡玻璃、防弹玻璃（图 8-28、图 8-29），也用于有特殊安全要求的建筑物门窗、幕墙及展示陈列等方面。

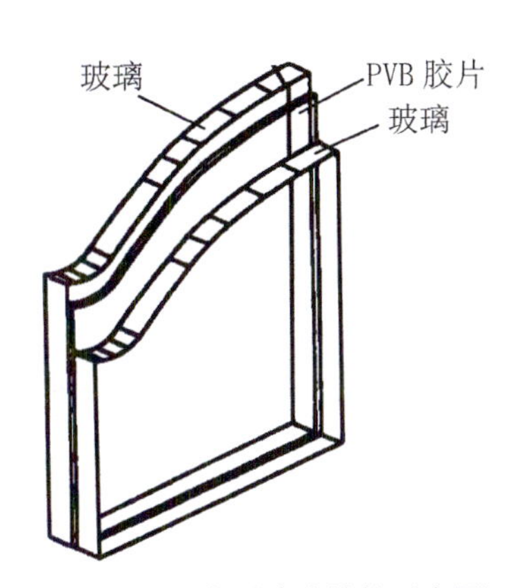

图 8-26　夹层玻璃结构示意图

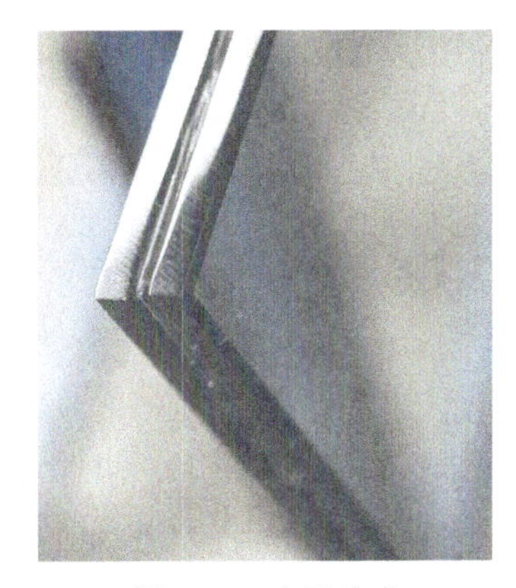
图 8-27　夹层玻璃

④钢化玻璃：钢化玻璃又称强化玻璃。经强化处理而具有良好机械性能和耐热震性能的玻璃。强化处理方式有：物理方式，如风淬火、油淬火和熔盐淬火；化学方式，如表面离子交换、表面晶化、酸处理等。通常，钢化玻璃多指经风淬火处理的玻璃。钢化玻璃破碎后裂成圆钝的小碎片（图 8-30），碎片不带尖锐棱角，可减少对人的伤害。钢化玻璃不能进行机械切割，钻孔等加工。多用于交通运输车辆的车窗和建筑门窗、隔墙等。

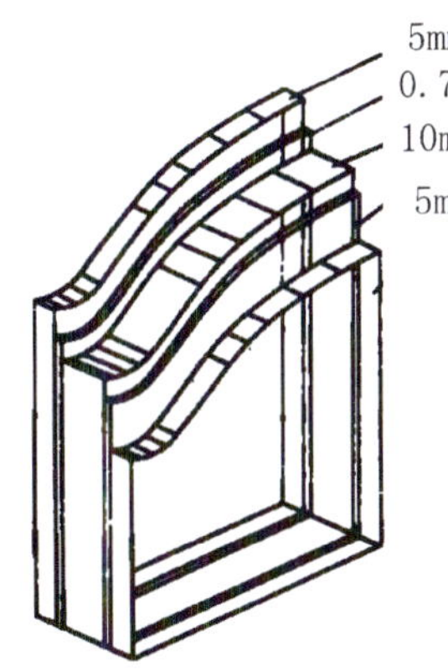

图 8-28　典型防弹玻璃结构

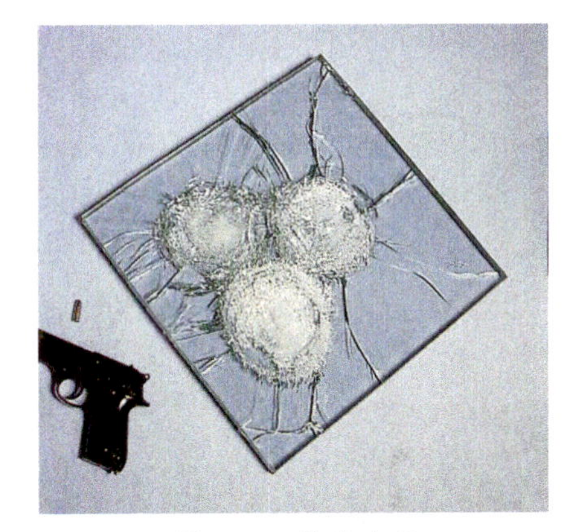
图 8-29　防弹玻璃

图 8-30　破碎的钢化玻璃

⑤夹丝玻璃：夹丝玻璃又称防碎玻璃和钢丝玻璃。它是将普通平板玻璃加热到红热软化状态，将预热处理的金属丝或金属网压入玻璃中间而制成的（图 8-31、图 8-32）。由于金属丝或金属网的嵌入，夹丝玻璃在遭受冲击或温度剧变时破而不缺，裂而不散、具有较好的安全性和防火性。夹丝玻璃的颜色可以是无色的或彩色的，表面可以是压花的或磨光的。常用于建筑物的门窗、走廊、天井等处。

⑥彩色玻璃：彩色玻璃是对通过的可见光具有一定的选择性吸收的玻璃。根据着色工艺，可分为本体着色和表面着色两种。本体着色

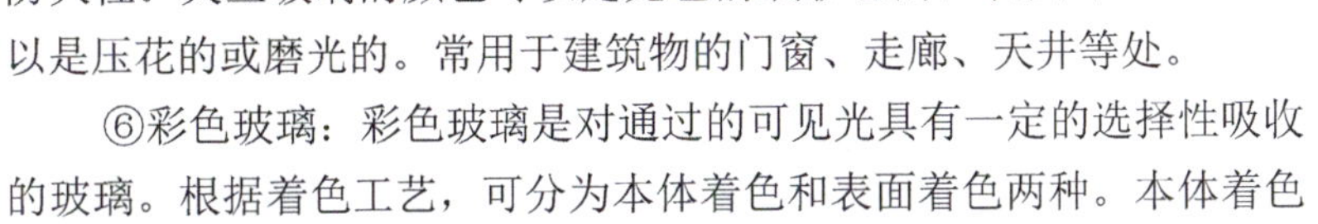
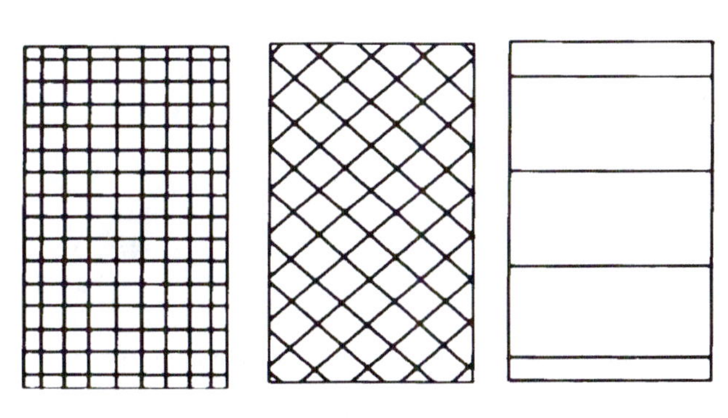
图 8-31　玻璃的夹丝形式

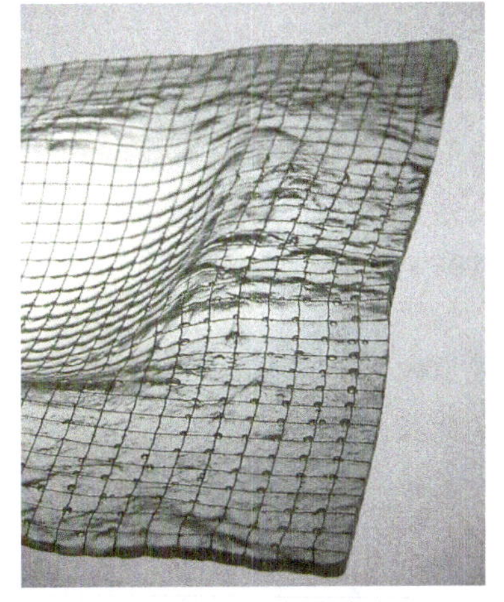
图 8-32　夹丝玻璃

是在玻璃原料中加入金属氧化物，熔融后能产生的颜色有茶色、蓝色、灰色、绿色等。表面着色则是在玻璃表面覆敷一层金属的、金属氧化物或有机物的颜色涂层，使玻璃呈色。彩色玻璃分透明和不透明两种，其色泽有多种，可拼成各种花纹图案，产生独特的装饰效果（图 8-33）。

图 8-33 彩色玻璃

⑦釉面玻璃：釉面玻璃是在玻璃表面涂覆一层彩色易熔性色釉，然后加热到彩釉的熔融温度，使釉层与玻璃牢固结合在一起，经退火或钢化等不同热处理方式而制成（图 8-34）。具有钢化玻璃的所有特性，是一种具有抗酸碱、耐腐蚀的安全装饰材料。

图 8-34 釉面玻璃

⑧花纹玻璃：花纹玻璃是将玻璃依设计图案加以雕刻、印刻等无彩色处理，使表面呈现透明与不透明的花纹图案，具有良好的艺术装饰效果（图 8-35）。

根据加工方法分为：压花玻璃、喷花玻璃和刻花玻璃。

压花玻璃又称滚花玻璃，是熔融玻璃经刻有花纹图案的压延辊而制成，分单面压花和双面压花玻璃。压花玻璃由于花纹凸凹不平使光线漫射，失去透视性，并降低透光率（透光率为 60% ～ 70%）常用作建筑物门窗或室内隔墙等。

喷花玻璃又称胶花玻璃，是在玻璃表面贴以刻有花纹图案的纸型作为保护层，通过喷砂处理而成。

刻花玻璃是由平板玻璃经涂覆、雕刻、围腊、酸蚀、研磨而成。

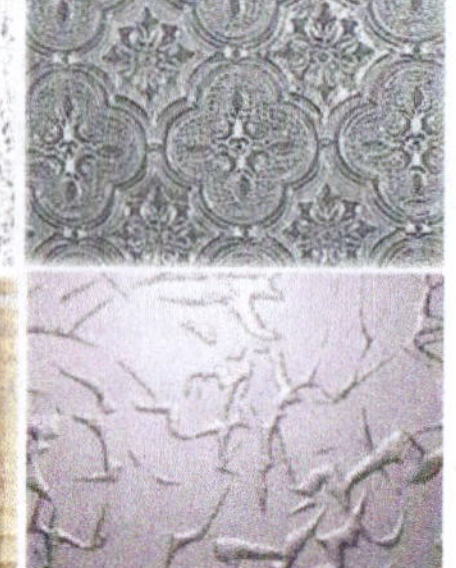
图 8-35 花纹玻璃

⑨中空玻璃：中空玻璃又称隔热玻璃，是在两块或多块平板玻璃之间充以干燥气体，四周边缘用胶接、焊接或熔接的方法密封而成的玻璃制品（图 8-36、图 8-37）。具有优良的保温、隔热、隔声及防结露等性能。可用彩色玻璃、钢化玻璃、夹层玻璃、镀膜玻璃等作外层原片，以改善性能和装饰效果。广泛用于铁路车辆、建筑物、冷藏库、冷藏橱柜等处。

⑩热反射玻璃：热反射玻璃又称镀膜玻璃，是在平板玻璃表面涂覆金属或金属氧化物膜层的玻璃 （图 8-38）。具有良好的隔热性能和遮光性，并具有光线单向透过性，从室外不能看到室内的人和物品，而从室内可以清楚地看到室外的景色，具有较好的隐蔽效果。它能有效地调节阳光中可见光的透过率，大大降低夏天强烈阳光对室内的直晒，使室内光线柔和。对太阳辐射热有较高的反射能力，可节约室内空调的能量。镀膜玻璃外观具有多种色彩及镜面效果，增加建筑物的美观，用作建筑物门窗、幕墙等。镀膜玻璃可选色彩丰富，有较好的反射装饰效果，大大加强了玻璃对周围环境的反射，

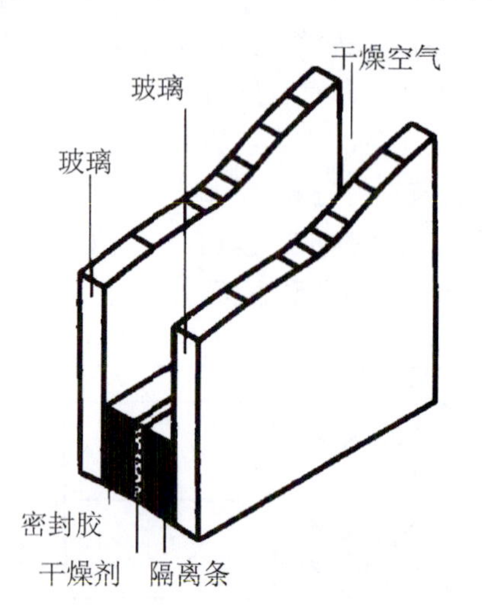

图 8-36 中空玻璃结构示意图

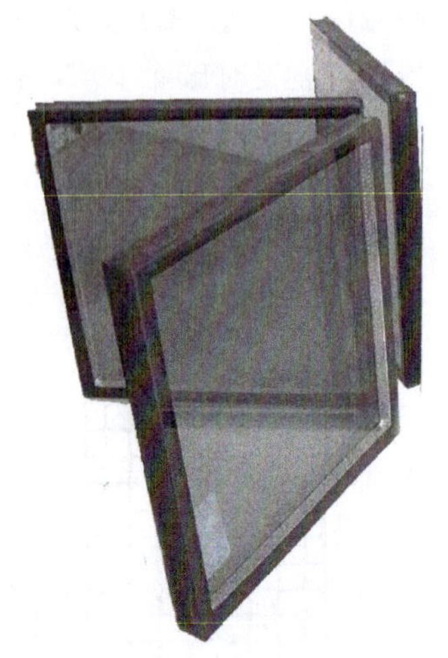
图 8-37 中空玻璃

可将建筑物装饰得富丽堂皇。在夏天，降低太阳热量进入室内的比例，减少空调等降温设施的费用，使室内凉爽；在冬天，阻止室内热量向室外的散失，起到良好的隔热保温效果；组成中空玻璃使用，其隔热保温效果会更好。阳光控制镀膜玻璃能很好地阻挡紫外线进入室内，防止阳光中日益增多的紫外线对人体健康的危害，同时，减少紫外线对地毯、窗帘、家具等室内装饰的长期老化损害，延长了使用寿命。

图 8-38　镀膜玻璃

⑪吸热玻璃：吸热玻璃是能吸收大量热射线并保持良好透明度的玻璃。具有控制阳光与热能透过的功能。吸热玻璃是在普通硅酸盐玻璃中引入一定量的着色氧化物或在玻璃表面喷涂着色氧化物薄膜而具有吸热性。常见的吸热玻璃颜色有茶色、蓝色、灰色、绿色等。多用作建筑物门窗、幕墙及车、船风挡玻璃等，起采光、装饰、防眩、节能作用。

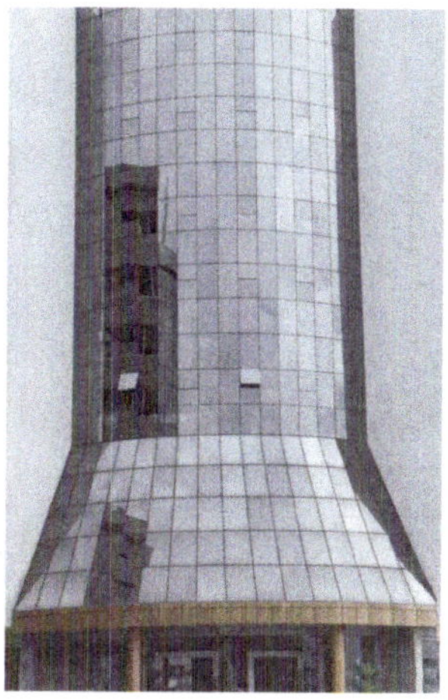

⑫光栅玻璃：光栅玻璃又称镭射玻璃。以玻璃为基材，用特殊材料或特殊工艺使玻璃表面形成全息光栅或几何光栅的玻璃（图 8-39）。在光源照射下，光栅玻璃发生物理衍射现象产生七彩光。按结构可分为单层光栅玻璃、普通夹层光栅玻璃和钢化夹层光栅玻璃。品种有透明光栅玻璃、印刷图案光栅玻璃、半透明半反射光栅玻璃和金属质感光栅玻璃。主要用作建筑物的装饰材料及轻工产品的外观装饰材料。

图 8-39　镭射玻璃

⑬光致变色玻璃：光致变色玻璃又称光色玻璃，具有随光线强弱而变色的特性。在玻璃中引入卤化银等光敏剂而得。光照时玻璃颜色随光线增强而渐渐变暗，照射停止后，玻璃又恢复到原来的颜色。可用于变色眼镜、防光材料显示装置的制作及全息存储等。

(2) 日用玻璃

日用玻璃是用于制造日用器皿、艺术品和装饰品的玻璃的总称（图 8-40）。用这种玻璃制成的制品应有很好的透明度和白度（日光下呈无色或很弱的蓝色），或具有鲜艳的颜色和清晰美观的图案，表面洁净有一定光泽，有较好的热抗震性、化学稳定性、机械强度。主要用于制作茶具、餐具、炊具、艺术制品等。

图 8-40　日用玻璃

(3) 泡沫玻璃

泡沫玻璃又称多孔玻璃，是一种气孔率在 80% 以上的玻璃（图 8-41）。将玻璃粉与发泡剂混合并置于模具中加热，发泡剂受热产生大量气体使软化的玻璃膨胀成型，冷却后脱模再退火而得。根据配料与生产工艺的不同，其气孔可分为封闭的非连通孔、连通孔和部分连通孔。气孔封闭的泡沫玻璃机械强度高、不透气、不燃、导热系数小，不变形，经久耐用，可进行锯、钻、钉等加工，是一种良好的保温绝热材料。气孔相连或部分相连的泡沫玻璃具有较大的吸声系数，多作吸声材料。泡沫玻璃还可制成各种不同颜色，且永不褪色，是良好的装饰材料。

图 8-41　泡沫玻璃

(4) 微晶玻璃

又称玻璃陶瓷，将含有晶核生成剂的玻璃在一定条件下进行热处理，玻璃相中析出大量微晶体相，形成由晶体相和玻璃相构成的复合体（图 8-42）。

玻璃和陶瓷的主要区别在于结晶度，玻璃是非晶态而陶瓷是多晶材料。玻璃在远低于熔点以前存在明显的软化，而陶瓷的软化温度同熔点很接近，因而陶瓷的机械性能和使用温度要比玻璃高得多。玻璃的突出优点是可在玻璃软化温度和熔点之间进行各种成型，工艺简单而且成本低。微晶玻璃的结构、性能及生成方法与玻璃、陶瓷有所不同，兼具玻璃的工艺性能和陶瓷的机械性能，它利用玻璃成型技术制造产品，然后高温结晶化处理获得陶瓷，具有优良的机械强度、化学稳定性、热稳定性及机械加工性。适当地选择晶核生成剂及晶化条件，可获得性能极不相同的微晶玻璃品种，如耐热微晶玻璃、可切削微晶玻璃、耐腐蚀微晶玻璃、光敏微晶玻璃、热敏微晶玻璃等。

微晶玻璃常被用来制造耐高温和热冲击产品，如炊具。此外它们作为建筑装饰材料正得到越来越广泛的应用，如地板、装饰玻璃。

图 8-42　微晶玻璃

(5) 其他玻璃

①玻璃马赛克：玻璃马赛克又称玻璃锦砖，一种小规格的乳浊状半透明彩色饰面玻璃（图 8-43）。尺寸一般为 20 ～ 20 mm、30 ～ 30 mm、40 ～ 40 mm，厚度为 4 ～ 6 mm。表面平整光滑，背面有凹槽纹利于砂浆黏结。玻璃马赛克色彩丰富、色调柔和；质地坚硬，不积尘，雨天自洗，经久常新；化学稳定性和热稳定性好。多拼合成各种图案，用于建筑物的外墙装饰。

②玻璃空心砖：将两块模压成凹形的玻璃熔接或胶接成一整体，中间充入干燥空气，经退火处理和涂饰侧面而成（图 8-44）。玻璃空心砖有单孔腔和双孔腔之分。玻璃空心砖强度高，绝热、隔声、耐火，多用来砌筑透光墙壁。

图 8-43　玻璃马赛克

(6) 玻璃纤维

玻璃纤维是将熔融的玻璃液经孔状楼板拉制成丝状制品。玻璃纤维耐热性密度比合成纤维密度大、耐热性好，具有很好的抗张强度和抗冲击强度，具有吸声、隔声性、脆性大。玻璃纤维可经纺织加工、表面处理制成各种玻璃纤维制品，如玻璃纤维布（图 8-45）、玻璃纤维纱等，其主要用作增强材料、隔热吸声材料、绝缘材料等。

玻璃纤维分为无碱纤维（Na_2O 含量＜0.7%）、低碱纤维（Na_2O 含量＜2%）、中碱纤维（Na_2O 含量为 12%）、高碱纤维（Na_2O 含量为 15% 左右）等。

图 8-44　玻璃空心砖

3. 新颖奇特的玻璃

玻璃是一种古老的建筑材料，随着现代科技水平的迅速提高和应用技术的日新月异，各种功能独特的玻璃纷纷问世，兴旺了玻璃家族。

(1) 可钉玻璃

日本研制成功一种可钉玻璃。它是把硼酸玻璃粉与碳化纤维混合后加热制成的。采用硬质合金强化的玻璃，最大断裂力为一般玻璃的 2 倍以上，无脆性，在上面钉钉子和装木螺丝，无须担心破碎。

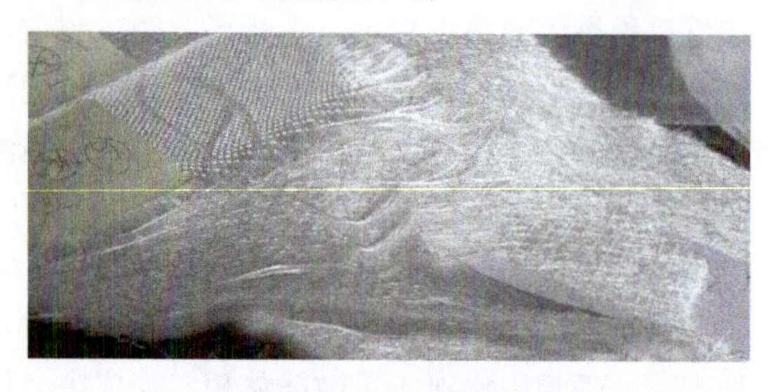

图 8-45　玻璃纤维布

(2) 天线玻璃

日本研制成功一种电视天线窗户玻璃。这种玻璃内层嵌有很细的天线，安装后，室内电视机就能呈现更为清晰的画面。

(3) 灭菌玻璃

在制造玻璃时，加入适量的铜离子，制出的玻璃就具有灭菌、防霉的功效。用此种玻璃制成器皿盛装食品，能在 24 小时内杀死所有大肠杆菌和葡萄球菌，还能防止食品霉变。

(4) 导电玻璃

最近有一种导电玻璃问世。这种玻璃导电后，不但可直接用于飞机、汽车玻璃窗的防雾防霜层，还可作各种光学器件及仪器仪表的面板和液晶显示。

(5) 发电玻璃

有一种玻璃，当它吸收太阳光的能量后可以发电。把它安装在窗户上可供室内照明，甚至提供电视机和收音机的电源。

(6) 折光玻璃

一种由美国研制的玻璃能把太阳光折射到房间的阴暗角落，使处于室内的人能享受阳光的温暖。对那些光线不足的房间，还是一种节电的用品。据称，这种玻璃是因涂上了一种能折射光线的涂层，因此具有折射光线的作用。

(7) 调光玻璃

一种可调透明度的玻璃，可以免用窗帘，只要根据需要按一下遥控开关，玻璃就会自动由暗变亮或由亮变暗。它是在两层玻璃中间夹一层透明导电膜，打开开关时，导电膜的液晶分子在微弱电流下呈规则排列，光线就能通过；关掉开关时，液晶分子回到原来杂乱无章状态，于是由亮变暗，可以起到一定的保护和屏蔽作用。所以这种玻璃对减少紫外线对人体的照射，预防皮肤癌也有作用。

(8) 薄纸玻璃

德国研制出一种能用于光电子设备、生物传感器、计算机显示屏及其他现代技术领域的超薄玻璃，其厚度约为 0.003 mm，犹如一片硬薄纸板（图 8-46）。

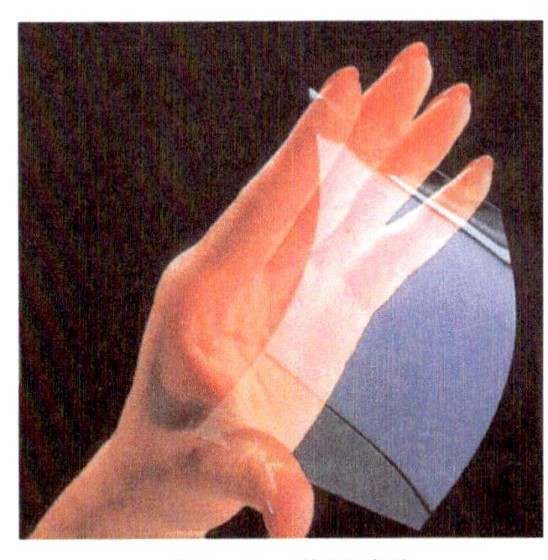

图 8-46　薄纸玻璃

(9) 自净玻璃

自净玻璃又称自洁玻璃，属于生态环保型“绿色玻璃”。高层建筑外墙的清洁历来是个令人头疼的问题，而新问世的自净玻璃表面涂有一层二氧化钛的光催化剂薄膜，紫外线下不仅能把玻璃上的污染物分解，即使不冲洗也能长期保持洁净，可达到自动清洗的效果，可不费气力清洁玻璃窗。

(10) 防盗玻璃

匈牙利研制出一种具有防盗作用的新型玻璃，这种玻璃为多层结构，每层之间嵌有极细的金属丝，而金属丝与报警装置相连接。当盗贼打破玻璃时，会立即响起警报声。

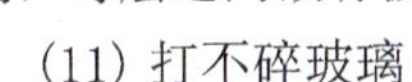

(11) 打不碎玻璃

英国一家飞机制造公司发明了一种用于飞机上的打不碎玻璃，它是一种夹有碎屑黏合成透明塑料薄膜的多层玻璃。这种以聚氯酯为基础的塑料薄膜具有黏滞的半液态稠度，当有人试图打碎它时，受打击的聚氯酯薄膜会慢慢聚集在一起，并恢复自己特有的整体性。这种玻璃可用于轿车，以防盗车。

(12) 不反光玻璃

由德国研制开发的不反光玻璃，光线反射率仅在 1%以内（一般玻璃为 8%），从而解决了玻璃反光和令人目眩的头痛问题。

(13) 隔声玻璃

日本制造出一种新型隔声玻璃。这种玻璃是用厚达 5 mm的软质树脂将两层玻璃黏合在一起，几乎可将全部杂音吸收，特别适合录音室和播音室使用，但其价格相当于普通玻璃的 5 倍。

(14) 空调玻璃

这是一种用双层玻璃加工制造的，可将暖气送到玻璃夹层中，通过气孔散发到室内，代替暖气片。这不仅节约能量，而且方便、隔声和防尘，到了夏天还可改为送冷气。

(15) 污染变色玻璃

美国研制出一种能探测污染的污染变色玻璃。这种玻璃受到污染气体污染时能改变颜色，例如当受到酸性气体污染时变成绿色、受到含胺气体污染时变成黄灰色等，用它来制作污染检测材料和标示材料将具有广泛的用途。

(16) 排二氧化碳玻璃

日本研究开发出可透过二氧化碳的玻璃膜，将它应用在居室的玻璃窗上，可将室内的二氧化碳气体排出室外。它在不同的湿度下，透过的二氧化碳量不同，湿度越大，透过性越高。

(17) 调温玻璃

英国一家公司研制成功被称为云胶的热变色调温玻璃，它是一种两面是塑料薄膜和中间夹着聚合物水色溶剂的合成玻璃。它在低温环境中呈透明状，吸收日光的热能，待环境温度升高后则变成不透明的白云色，并阻挡日光的热能，从而有效地起到调节室内温度的作用。

(18) 生物玻璃

美国研制出一种具有生物活性能和活性组织结合的新型生物玻璃。这种生物玻璃具有生物适应性，可用于人造骨和人造齿龈等方面。

(19) 泡沫玻璃

保加利亚研制成功一种泡沫玻璃，它具有良好的生物稳定性，吸湿性差，便于加工，也容易与其他建筑材料黏合。这种新型泡沫玻璃是在加入各种矿物成分的液体玻璃的基础上制造成功的。

(20) 信息玻璃

日本发明了一种能记录信息的玻璃。它记录信息时，先用光学显微镜将激光集中在玻璃内部的某一点上，30 微秒即完成一次照射，留下一个记录斑点，读信息时，通过激光扫描斑点来进行。这种记录信息可在常温下进行，其性能已高于目前使用的光盘。

8.1.4 玻璃在设计中的应用

玻璃，有一种神秘和优雅，它令喜好幻想的人们痴迷。玻璃的唯美形象使它因此而可以进行任何比喻，并可以具有所有功能。玻璃的品质似乎总是可以唤起人们的梦想与遐思。

玻璃以其天然的、极富魅力的透明性和变幻无穷的色彩感和流动感，充分展现了玻璃的材质美。玻璃材质美的特征在于透明性，这是玻璃“最可贵的品格”。日本工艺玻璃艺术家野口真里曾把玻璃艺术的创作比喻为“犹如在水中和空气中工作”，这道出了玻璃的材质特点：似有似无，实而又虚。面对一件纯净无暇的玻璃艺术品，观者时时产生种种遐想，甚至有一种超凡入圣的感觉。

玻璃材质美的另一特性是反射性，坚硬而光滑的表面，使玻璃具有强烈的反射光的能力。玻璃是光的载体，光是玻璃的韵律。光的透射、折射、反射将玻璃的材质美淋漓尽致地表现出来。无论是透明的，还是半透明的，玻璃似乎都给显现的光与影增添了一种其他任何材料都无法效仿的叙事情调。所以，让我们在决定使用玻璃之前对自己说：“一切，都能够通过玻璃来实现。”

1. 玻璃制品

现代的玻璃制品包括日用器皿、艺术品和装饰品等。这类玻璃透明度高，一般为无色或鲜艳的彩色，表面光洁度高，通过不同的表面处理也可以加工清晰美观的图案。

利用现代化科技，玻璃制品可调制成各种颜色（图 8-47），再加上高精度雕刻或喷涂出

图 8-47　玻璃材质的色彩效果

来的图案（图 8-48），使玻璃制品更为华丽动人、简洁明快、形态逼真，极富艺术特色，人们在创造更多种玻璃制品的同时，也在创造更多种加工技术。玻璃的材质性能决定了玻璃的制作技术，如利用玻璃的可熔性和可塑性进行吹制、压制、浇制；利用玻璃固化后的坚硬性进行切割、打磨、雕刻、喷砂、抛光、描金、釉彩；利用玻璃的化学特性进行浸酸腐蚀等。

图 8-48　玻璃的图案效果

制品玻璃根据玻璃原料的品质分为普通制品玻璃和晶质玻璃（水晶玻璃）。采用水晶玻璃制成的玻璃器皿从古到今都备受人们钟爱，它不仅具有晶莹剔透的质感（图 8-49），还可通过各种玻璃工艺技术，使它在透明与朦胧的变幻中、在流光溢彩的七彩世界中，表达出设计者对玻璃材质超物质性的体验以及对世界、对人生、对艺术的情感和思索，从而构成了玻璃艺术最鲜明、最富感染力并最有时代感的审美特征，从视觉到心理都给人以积极的富有活力的美感。

随着科学技术的发展和人民生活水平的提高，当代玻璃制品的设计不仅仅是单纯的功能设计，而是包含着对玻璃制品的功能、工艺技术和美观等因素的统一的整体设计，这种设计展示了人类驾驭玻璃材料、运用技术手段的能力和创造艺术美的才华，高度体现了玻璃材料卓越的工艺技术和艺术化表现方式的完美结合，充分展现了玻璃材质的自然美感，形成了当代玻璃制品的设计风格——玻璃艺术（图 8-50）。人们在深入了解玻璃的特性中，扩大着玻璃的表现力，以至玻璃在日益融进人们物质生活的同时，也一步步登上了艺术的殿堂。近现代以来，由于玻璃艺术家、科学家的努力探索和研究，玻璃无论在新材料的运用还是新技术的使用上，抑或是现代理念上，都有质的飞跃。

(1) Alvar Aalto 曲线花瓶（图 8-51）

芬兰设计师 Alvar Aalto 是 20 世纪最伟大的建筑大师和设计大师。他的设计风格充满理性又不呆板，简洁实用的设计既满足了现代化大生产的要求，又延续了传统手工艺精致典雅的特点，Aalto 的设计充满了人文主义精神。Alvar Aalto 曲线花瓶是 Aalto 最著名的设计，是 1937 年他为 Savoy 餐厅做建筑设计时配套设计的“Savoy”花瓶。据说这个花瓶的设计灵感来自于芬兰蜿蜒曲折的海岸线。这个花瓶的线条就被认为是“每一根都在与人接触”。直到今天，这款花瓶仍然由芬兰著名的 Littala 玻璃器皿公司生产。Savoy 花瓶的这种有机的造型和 Aalto 所设计的其他大部分产品一样，被看做是对传统几何形式主义的颠覆，被称为“Alvar Aalto 曲线”。Alvar Aalto 曲线花瓶具有的概念和形式，永远不会令人感到厌烦。瓶体流动曲折的轮廓在精确的水平线衬托下显得格外分明，边缘用玻璃刀锯割后抛光，打磨抛光的玻璃边缘以波动变化诉说着瓶体形状之下包含的故事。花瓶底部的造形使花瓶能稳固立于 3 个支点之上。

图 8-49　晶莹剔透的玻璃材质

图 8-50　玻璃艺术品

图 8-51　Alvar Aalto 曲线花瓶

(2)“开里斯 (Calice)”高脚玻璃杯（图 8-52）

由意大利设计师艾塞里・开斯提格拉尼 (Achille Castiglioni) 设计，杯体采用水晶玻璃材料，经人工吹制而成，杯子造型的独特之处是可以根据不同的使用功能，上下都可以倒过来用。杯体由两个大小不同的圆锥状杯身组成，以两个锥边作为连接点，产生上下体量大小

的对比变化，并通过玻璃质地所特有的流畅光影线条，突出简洁的形体。

(3)“卡特乔（Cartoccio）”玻璃杯（图 8-53）

由意大利设计师卡尔·莫瑞提(Carlo Moretti) 设计，杯身采用卷状锥体形，杯口部分斜切，使整个设计产生动感而具有生命力。

图 8-52 “开里斯”高脚玻璃杯

图 8-53 “卡特乔”玻璃杯

(4) 玻璃杯子和勺子（图 8-54）

法国女设计师 laurence brabant 很善于运用于玻璃制成各种精美的器皿，如花瓶、盘子、烛台等。她利用废弃的玻璃瓶制成了各种杯子和勺子。

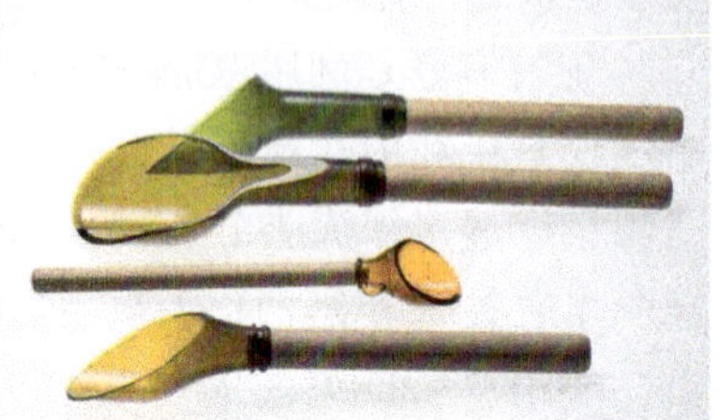

图 8-54 玻璃杯子和勺子

(5) 人马花瓶（图 8-55）

由设计师埃德文·奥斯托姆(Edvin Ohrstrom) 设计的人马花瓶采用层叠技术制成，几层玻璃叠加在一起，不同层次的玻璃或经雕刻、或酸蚀、或切割、或被处理出磨砂效果，极富趣味。奥斯托姆用这种技术创作了许多极具表现力的作品，将雕塑的特征巧妙地运用到玻璃制造中来，采用带有隐喻意义的人物、动物和植物进行装饰，生动而发人深思。人马花瓶就是运用了 Ariel 技术的作品，一幅壮阔、辉煌而极具传奇色彩的场景就这么巧妙地被奥斯托姆收容在这只小小的花瓶中。

图 8-55 人马花瓶

(6) 苹果花瓶（图 8-56）

由设计师英杰伯格·伦汀 (Ingeborg Lundin) 设计的苹果花瓶，以其平和的式样和温婉的优雅在国际玻璃工艺界占有一席之地。苹果花瓶只是非常简单地由一个玻璃气泡演变而来，伦汀想借助这种最简单的方式解释玻璃的本质——透明、轻盈和脆弱。

(7) 孔雀花瓶（图 8-57）

孔雀花瓶是 L•C 蒂法尼 (L•C Tiffany) 设计的“法夫赖尔”系列花瓶之一，其采用的处理技术是将不同纹理和色彩的细小玻璃熔化成一个不透明的热玻璃球，然后按想象把它吹成最终的形状，加入热玻璃球的装饰图案起初很小，随着球被吹成花瓶，图案逐渐变大并达到设计要求。孔雀花瓶的神奇之处在于装饰图案并非在花瓶完成之后加在表面，而是在制作过程中把它加入熔化的玻璃，显示了蒂法尼高超的吹玻璃工艺。犹如自然的孔雀羽毛一样，花瓶的羽毛装饰让我们感到一种池水般地捉摸不定、纤细和柔顺。

图 8-56 苹果花瓶

图 8-57 孔雀花瓶

(8) 花瓶（图 8-58）

由设计师佩尔·鲁肯（Per Lutken）设计，有着简约古典的造型和不加色彩的纯粹。设计从此添加了柔和的色系和富有流动感的造型，却在透明的纯粹和波浪般轻柔起伏的式样中融合了自然的本质，是斯堪的纳维亚所提倡的“生动玻璃制品”的代表，这种有机的设计形式也成为斯堪的纳维亚现代风格设计中的主导。

图 8-58　花瓶

(9) 花瓶（图 8-59）

由设计师琳·伍聪（Lin Utzon）设计，设计者热衷于玻璃材质的运用，通过不同的手法在其作品中融入东方禅风与柔性概念，传达出直接、不矫饰的美学特征。冰山花瓶采用透明玻璃材质制作而成，摆放在桌上就像冰山飘在海平面上，无论是否插花都很好看。而 Smoke 花瓶则是利用双层制作技术，使内层为白色玻璃，外层为灰色玻璃，让花瓶灰里透白，营造出烟翠的感觉，呈现典雅的高贵气质，称为寒烟翠花瓶。

图 8-59　花瓶

(10) 玻璃台灯（图 8-60）

由 Maria Berntsen 设计，没有掺杂一丝塑料或者金属“杂质”的玻璃台灯。显示出一种纯粹的透明之美，可以清晰地看到红色电缆于玻璃中穿行，伴随微亮的灯光开启，随着电流的嗡嗡之声，刹那间光亮了整个世界，炫目、柔软、惊心动魄。柔软、高贵与梦幻。产品设计所表现的通透晶莹，通过纯净的玻璃材质完美地表现出来，能让人撩拨心弦，其产品成为超越过去、现在和未来的经典，同时在成本与工艺上达到平衡，可以让喜好浪漫的人在平时就可享受在优雅的艺术中。

图 8-60　玻璃台灯

图 8-61　“Sassi”的吊灯

(11)“Sassi”的吊灯（图 8-61）

Damdesign 公司的卡尔·霍泰（Kal Chottai）推出了一款新的名叫“Sassi”的吊灯。这盏吊灯的设计灵感来自鹅卵石。悬挂在钢丝上的嵌套的系列中空玻璃造型，体现了玻璃吹制后的自然美。

(12) DROPPA 玻璃杯（图 8-62）

这是一款非常具有视觉冲击力的容器。设计师将该玻璃杯设计成了一个凝固的水滴形状，它的灵感来自于水滴溅起的一瞬间。为了更好地表达这种理念，它还采用了全透明的设计，晶莹剔透的玻璃材质配上独特的造型更凸显了这款容器的唯美气质。DROPPA 玻璃杯可以分

图 8-62　DROPPA 玻璃杯

为三部分，上半部分是一个杯子，中部则是一个瓶子，与杯子组合在一起共同构成了水面以上的部分，而底部的涟漪则是一个托盘。整套设计给人以一点点性感的感觉。

2. 玻璃家具

随着世界家具风格流行潮流的变化，人们越来越喜欢晶莹剔透的玻璃家具。这是因为和传统的木材家具相比，玻璃的实用性并不逊色，同时，玻璃更具有宝石般的材质感觉，借助现代高超的加工工艺结合木材、金属应用，其造型更能够具有独特的艺术效果。现代家居中家具、洁具、镜面等，都显示出了玻璃工艺的超凡不俗。玻璃新工艺在家居装饰及现代家具中的表现力，更是受到人们的青睐。

在当前世界家居的流行潮流中，一些设计师越来越偏爱各种透明、半透明的材质，从而形成一场“透明的革命”。许多人以拥有晶莹透明的艺术玻璃家具为荣，晶莹剔透的家具似乎涤荡了现代人心中的烦忧，拓宽立体空间，给人以美的感受，已成为现代家具中的流行亮点。玻璃家具融合了现代家具和传统家具的精华，将玻璃和金属、木材等多种材质巧妙地结合在一起，加上高超的现代加工技术，使玻璃家具既具有实用性，又成为家具中一个极具欣赏性的艺术雕塑，使人们从各方面观察家具时都会感觉完美无暇。玻璃家具独特的设计造型和材质效果迎合了现代家具设计中讲求视觉中心的特点，通过不同的点、线、面的组合形成造型艺术的千变万化，丰富了家具的造型语言，它像珍贵的宝石饰物一样让居室焕发出华丽而灿烂的光彩，成为人们视觉的焦点。图 8-63 为玻璃家具。

图 8-63　玻璃家具

玻璃家具随着室内装饰的不断深化，其功能更趋向实用与观赏相结合，如不同造型的餐桌、茶几、书柜、酒柜、音响柜、电话柜、梳妆台等。同时，玻璃家具适应不同阶层审美者的需求，以其晶莹剔透的身姿使家居充满了浪漫情趣。采用玻璃制成的餐桌、茶几等家具，更易与居室的其他家具相搭配。其精巧玲珑的风格和别具一格的造型，无论是放在客厅、餐厅或书房，均会在家具丛中独树一帜，闪烁着几丝奇异的光彩，特别是在灯光的照射下更为亮丽，为居室增添了与白天截然不同的温馨气氛。

当前用于玻璃家具的是新型钢化玻璃，它的透明度要高出普通玻璃 4 ～ 5 倍，犹如水晶一般清澈迷人，同时它还具有较高的硬度和耐高温特性。前些年，玻璃家具的支架主要由钢管焊接而成，现在则使挤压成型的金属材料，既不用焊接，也不用螺钉固定，而是采用高强度的胶黏剂来黏结，使造型分外流畅、秀丽。

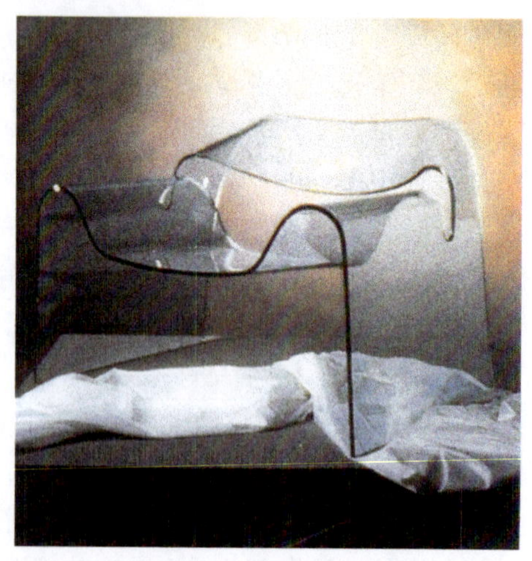

图 8-64　“幽灵”扶手椅

(1)“幽灵”扶手椅 (图 8-64)

由意大利设计师西尼·伯埃瑞·马瑞埃尼 (Cini Boeri Mariani) 和日本设计师 Tomu Kataganagi 设计的“幽灵”扶手椅，由整块 12mm 厚的玻璃切割弯曲成型。弯曲前先将玻璃进行切割加工，开口处向上弯曲成椅背、向下弯曲成椅座。这个完全透明的设计给人以独特的视觉效果，改变了玻璃材料易碎的名声，开发了一系列灵巧、弯曲的玻璃家具。

(2)“拉格罗”桌 (图 8-65)

由意大利设计师维多里奥·利维 (Vittorio Livi) 设计，这款桌子采用 15mm 厚的整块玻璃板切割后，再加热弯曲制作而成。产品造型简洁而富于创新，令人耳目一新。

(3)Tala 桌 (图 8-66)

由法国设计师塞里夫设计，Tala 桌采用易碎却时尚的玻璃

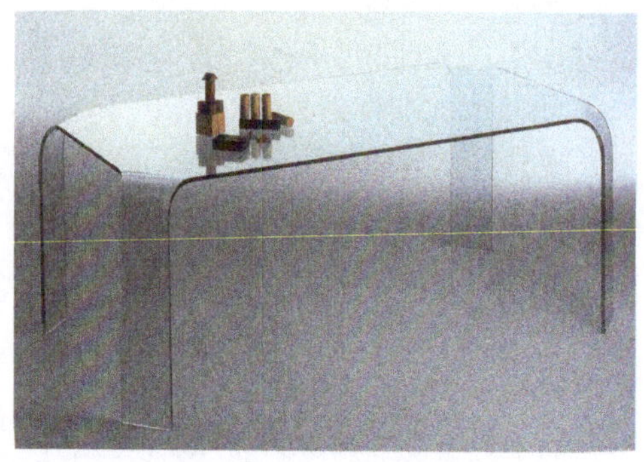

图 8-65　“拉格罗”桌

材料制作，桌体结构采用经表面处理而得的毛玻璃制作，桌面采用边缘经抛光处理的透明玻璃，采用黏合技术和绳具进行组合。透明的桌面与不透明的毛玻璃桌体形成虚实，产生独特的光影效果，成为人们视觉的焦点。

(4) 玻璃椅子（图 8-67）

丹尼•拉恩 (Danny Lane) 设计的玻璃椅子，采用边缘参差不齐的多层玻璃板叠合而成，设计者突破材料运用的陈规，对传统的材料赋予新的运用形式，创造出新的艺术效果。

图 8-66　Tala 桌

3. 玻璃建筑

玻璃在建筑中的运用可以追溯到很久以前，欧洲中世纪的哥特教堂中，室内最引人注目的装饰特色就是那缤纷多彩、令人叹为观止的彩绘玻璃窗（图 8-68），那是以铁棂分格、铅条盘图、各色玻璃镶嵌而成，利用光线和色彩表现来传达出与上帝相通的世界和幻影。中世纪，哥特式建筑的教堂使用了彩色玻璃镶嵌的花窗，当阳光透过时，映射着神秘的光彩，造成一种向上升华、天国神圣的幻觉。

图 8-67　玻璃椅子

20 世纪，建筑内部的钢铁框架结构有了进一步的发展，使玻璃在建筑中的使用面积更大，玻璃在建筑中发挥出了更大的作用，通过玻璃，人们逐渐消除了室内外的界限，将自然引入了室内。

建筑中玻璃材料的应用，赋予建筑以宝石般的晶莹光彩，使建筑充满了光的效果和氛围，创造了一种全新的境界，不断实现着人们对于建造冰清明净建筑的梦想。同时光也使玻璃改变了自己的面貌，从而形成了建筑、玻璃、光三者互相依赖、相辅相成的关系，并且进一步在其特定的空间环境中产生丰富的表现力，赋予人们更加丰富的开敞、奔放、流动、抒情、虚幻、典雅等心理感觉。玻璃的透明特性使其在不同的室内外光线变化中有不同的视觉效果，如透明玻璃的夜景光影效果甚至比在白天的光线下显得更加楚楚动人，产生独特的光影效果。此外，利用并充分发挥玻璃的光学性能而制造的棱镜玻璃、压花玻璃等有更好的光影效果。玻璃的光与影在塑造了流光溢彩的视觉效果的同时，还可以将建筑与环境融为一体，使得建筑与环境显得十分协调。

图 8-68　彩绘玻璃窗

玻璃作为一种现代建筑材料，它除了具有其他建筑装饰材料共有的色彩、肌理光泽外，还具有其他材料所不具有的其他特性。从历史角度看，运用其透射特性作为建筑室内采光是发明玻璃的最初目的。随着现代科技的发展，玻璃的反射、折射和漫反射的物理特性被发现和运用，如玻璃用于建筑内部扩大室内的空间尺度（虚空间），光学性能不同的玻璃的运用使空间产生或虚无缥缈或朦胧的艺术效果，现代玻璃幕墙运用镜面玻璃和艺术特质，使得周围的建筑、绿化反射于其上，形成新建筑与老环境的对话。现代生产工艺的运用增加了玻璃的刚度、强度、安全、防火等功能特性，拓展了它的使用领域，玻璃材料的运用在现代建筑发展史上具有里程碑的意义。

科技发展至今，玻璃已成为设计师们不可缺少的建筑装饰材料。由于玻璃特有的透光质地，使它不仅用于门窗，还逐步取代砖瓦混凝土而用于墙体，同时通过研磨、刻花、镶嵌、彩饰等加工方法提高装饰效果，使建筑中玻璃的运用逐渐超出了实用功能的要求，成为现代建筑中的一种艺术形式（图 8-69）。

(1) 玻璃墙（图 8-70）

由杰姆斯·卡朋特（James Carpenter）设计，该玻璃墙采用层压的玻璃棱镜垂直结构系统，具有折射和隔声作用。它能阻止光线直接射进大厅，如同透过玻璃棱镜折射进来的光线的投影屏，展现了变化的阳光效果，具有独特的室内景致。层压的玻璃由透明的外层玻璃和蚀刻漫射的里层玻璃组成，在透明的外层玻璃里侧进行相互固定。

图 8-69　玻璃螺旋楼梯

(2) 水晶之城（图 8-71）

位于日本东京青山区的普拉达旗舰店如同巨大的水晶，菱形网格玻璃组成它的表面，这些玻璃或凸或凹，透明半透明的材质与建筑物强调垂直空间的层次感呼应着营造出奇幻瑰丽的感觉。建筑表面的这种处理方式使整幢大楼通体晶莹，俨然一个巨大的展示窗，颠覆了人们对店面展示的概念。

(3) 巴黎卢浮宫的玻璃金字塔形（图 8-72）

由建筑大师贝聿铭设计的玻璃金字塔，四个侧面由 673 块菱形玻璃拼组而成。这座玻璃金字塔不仅是体现现代艺术风格的佳作，也是运用现代科学技术的独特尝试。他在建筑中采用了玻璃材料，在卢浮宫的拿破仑庭院内建造一座玻璃金字塔，金字塔不仅表面面积小，可以反映巴黎不断变化的天空，还为地下设施提供了良好的采光，创造性地解决了把古老宫殿改造成现代化美术馆的一系列难题，取得了极大成功，并享誉世界。整个建筑极具现代感又不乏古老纯粹的神韵，完美结合了功能性与形式性的双重要素。这一建筑正如贝氏所称："它预示将来，从而使卢浮宫达到完美。"

图 8-70　玻璃隔离墙

(4) 玻璃环境艺术

玻璃艺术在公共环境空间中的运用是现代工业文明的结果，也是人类文化发展的必然趋势，现代文化需要玻璃的参与，环境需要玻璃的烘托，人类社会更是需要玻璃艺术家为社会的发展注入新鲜的空气和血液。公共玻璃环境艺术是一门新的艺术门类，它的发展处于一个开始的状态，它的各种不同类型的特性需要后来者不懈地研究才能找出其独特的艺术语言，并将其运用于与我们息息相关的环境和社会，成为人类文化有益的补充，图 8-73 为玻璃环境艺术。

图 8-71　水晶之城

玻璃不同时间与观察点光影的多重变化，使得环境艺术在三维空间艺术的基础上又增加了时间维度。玻璃以光泽、透明度等特性为"虚"形成明显虚实对比。其间通过不同的点、线、面的组合形成环境艺术的千变万化，丰富了环境的造型语言。玻璃通过

图 8-72　巴黎卢浮宫的玻璃金字塔形

自身的一些特性，如用它的物理和化学性能去影响周围的环境，而环境又反作用于玻璃，使玻璃与周围环境相辅相成、相得益彰。

在运用玻璃的反射、折射效果取得环境艺术表现的同时，还应避免盲目追求艺术观感的“浮光掠影”而忽略周围环境的使用要求。近年来，幕墙玻璃的使用在塑造城市现代壮观与美丽之外，由于大面积光的反射对其周围环境形成的“光污染”现象也逐渐显现出来，从更深的层面来看，这是一个环境伦理问题，值得引起设计师的重视。

图 8-73　玻璃环境艺术

8.2 陶瓷材料

陶瓷材料是人类生活和生产中不可缺少的一种重要材料，在材料大家族中陶瓷是人类最早利用的非天然材料，从发明至今已有数千年的历史。陶瓷这一古老的人造材料，以其优异的物理化学性能，自始至终伴随着人类社会的繁衍、生产力水平的进步和产品设计理念的日益发展而提升，成为现代工程材料的重要支柱之一。

8.2.1 陶瓷的基本知识

1. 陶瓷的组成和分类

陶瓷是人们熟悉的一种材料，在产品设计中作为重要的造型材料被广泛使用（图 8-74）。金属、塑料和陶瓷通常称为产品设计的三大材料。

图 8-74　陶瓷制品

陶瓷是以天然矿物质和人工制成的化合物为原料，按一定配比称量配料，经成型、高温烧制而成的制品的总称。陶瓷可分为传统陶瓷与特种陶瓷两大类。虽然它们都是经过高温烧结而合成的无机非金属材料，但其在所用原料、成型方法、烧结制度和加工要求等方面却有着很大区别。传统概念的陶瓷是指以黏土、长石、石英等天然矿物原料为主要原料，特种陶瓷的主要原料材料已经不是传统的黏土硅酸盐材料，而采用了碳化物、氮化物、硼化物等人工精制合成原料。传统陶瓷与特种陶瓷的主要区别见表 8-3。

表 8-3　传统陶瓷与特种陶瓷的主要区别

区别	传统陶瓷	特种陶瓷
原料	天然矿物原料	人工精制合成原料（氧化物和非氧化物两大类）
成型	注浆、可塑成型为主	注浆、压制、热压注、注射、轧膜、流延等静压成型为主
烧结	温度一般在 1350℃以下，炉窑烧制	常需 1600℃左右高温烧结，功能陶瓷需精确控制烧结温度。突破炉窑烧制的界限，采用真空烧制、热压烧制等新方式
加工	一般不进行加工	可进行切割、打孔、研磨和抛光等加工
性能	以外观效果为主	以内在质量为主，常具有耐温、耐磨、耐腐蚀和各种敏感特性
用途	炊餐具、陈设	主要用于宇航、能源、冶金、交通、电子、家电等行业

如今，随着科技水平的发展提高，陶瓷的概念已被大大扩展，陶瓷的性能也有了重大的突破，其应用已渗透各个领域。陶瓷种类繁多，可以从不同角度进行分类。

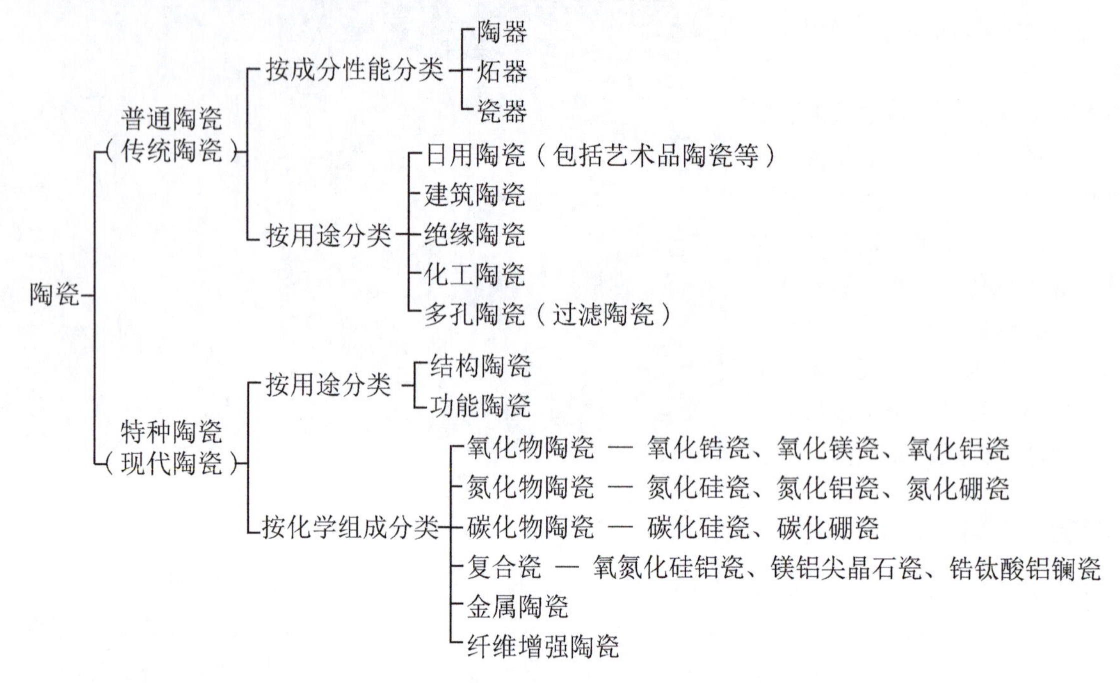

2. 陶瓷的基本特性

陶瓷材料的元素之间的结合键主要为离子键、共价键或离子—共价键。这些化学键的特点赋予这一大类材料高化学稳定性、耐高温、耐腐蚀、高强度等基本属性。

(1) 陶瓷力学性能

①刚度大、硬度高：陶瓷的刚度是各类材料中最高的，比金属高若干倍。陶瓷也是各类材料中硬度最高的，这也是它的最大特点之一。

②强度高：陶瓷强度理论值很高，但实际强度却比理论值低，陶瓷的抗拉强度很低，抗弯强度较高，而抗压强度非常高，一般比抗拉强度高 10 倍。陶瓷高温强度一般比金属高，有很高的抗氧化性，适宜作高温材料。

③性脆：陶瓷属脆性材料，塑性很差，在室温下几乎没有塑性。陶瓷断裂前无塑性变形，冲击韧性极低，而且其抗拉强度比抗压强度低得多。不过，在高温慢速加载的条件下，陶瓷也能表现出一定的塑性。

脆性是陶瓷的最大缺点，是阻碍其作为产品造型材料广泛应用的主要问题，是当前被研究的重要课题。

(2) 陶瓷的热性能

①熔点高、高温强度好，抗蠕变能力强，热硬度可达 1000℃，是很有前途的高温材料。用陶瓷材料制造的发动机体积小，热效率高。许多陶瓷材料高温下不氧化、抗熔融金属的侵蚀性高，可用来制作坩埚等。

②陶瓷膨胀系数和导热系数小，承受温度快速变化的能力差，在温度剧变时会开裂。由于陶瓷中的气孔对传热不利，陶瓷多为较好的绝热材料，具有很好的耐火性能或不可燃烧性，是很好的耐火材料。但陶瓷的热稳定性很低，比金属低得多，这是陶瓷的另一个主要缺点。

(3) 陶瓷的化学性能

陶瓷的化学性能是指陶瓷材料耐酸碱侵蚀和在环境中耐大气腐蚀的能力，即陶瓷材料的化学稳定性。陶瓷材料的化学稳定性很高，有良好的抗氧化能力，能抵抗强腐蚀介质和高温的共同作用。陶瓷对酸、碱、盐等腐蚀性很强的介质均有较强的抗蚀能力，与许多金属的熔体也不发生作用，所以也是很好的坩埚材料。有的陶瓷在人体内无特殊反应，可作人造器官（称为生物陶瓷）。

(4) 陶瓷的导电性

陶瓷的导电性变化范围很广。大部分陶瓷可作绝缘材料，有的可作半导体材料，还可以作压电材料、热电材料和磁性材料等。随着科学技术的发展，已经出现了具有各种电性能的陶瓷，如压电陶瓷、磁性陶瓷、透明铁电陶瓷等，它们作为功能材料为陶瓷的应用开拓了广阔的天地。

(5) 陶瓷的光学性能

①陶瓷材料对白色光的反射能力称为陶瓷的白度。普通日用瓷的白度一般要求在 60% ~ 70%，高白瓷的白度要求大于 80%。

②陶瓷允许可见光透过的程度称为陶瓷的透光度。透光度与陶瓷材料的组成、结构、气孔率、厚度等因素有关。

③陶瓷表面对可见光的反射能力称为陶瓷的光泽度。一些陶瓷表面常施釉进行装饰，其釉面平整光滑、无针孔等缺陷时，光泽度就高。

(6) 气孔率和吸水率

气孔率是指陶瓷制品中全部孔隙的体积与该制品总体积之比，用百分数表示。气孔率的大小是衡量陶瓷质量和工艺制度是否合理的重要指标。

吸水率反映了陶瓷制品是否烧结和烧结后的致密程度。

总之，陶瓷材料具有优良的理化性能和极好的耐高温、耐腐蚀性能，而且其原料来源广泛，用作高温结构材料和功能材料，具有极其重要的应用前景。

8.2.2 陶瓷的成型工艺

陶瓷制品的生产流程比较复杂，各品种的生产工艺不尽相同，陶瓷制品的成型工艺通常包括原料配制、坯料成型、干燥、施釉、窑炉烧结和后续加工等主要工序。

1. 原料配制

根据陶瓷制品的组成，将所需的各种原料进行配料，制成所需的坯料（图 8-75），它是陶瓷工艺中最基本的一环。原料在一定程度上决定着制品的质量和工艺流程、工艺条件的选择。

图 8-75　陶瓷坯料

陶瓷原料通常可分为两类：

①传统陶瓷原料：为可塑性原料，主要是指黏土类天然矿物，它们在坯料中起塑化和黏结作用，赋予坯料以塑性与注浆成型性能，保证干坯强度及烧后的各种使用性能，如机械强度、热稳定性和化学稳定性等，这一类原料是使坯料成型得以进行的基础，也是黏土质陶瓷的成瓷基础；

②特种陶瓷原料：通常为无可塑性原料，主要为人工精制合成原料，又分为氧化物原料和非氧化物原料。

根据陶瓷制品品种、性能和成型方法的要求、原材料的配方和来源等因素，选择不同的坯料制备工艺流程，一般包括煅烧、粉碎、除铁、筛分、称量、混合、搅拌、泥浆脱水、炼泥与陈腐等工艺。制备时，要求坯料中各组成成分充分混合均匀，颗粒细度应达到规定的技术要求，并且尽可能无空气气泡，以免影响坯料的成型与制品的强度。

2. 坯料成型

将配制好的坯料制作成具有一定形状和规格的坯体，以实现陶瓷产品的使用与审美功能，这个赋形工序即为成型。由于陶瓷制品品种繁多，因其性能要求、形状规格、大小厚薄、产量等的不同以及所用坯料性能各异，所采用的成型方法也是多种多样的。最基本的成型方法主要包括三大类：可塑成型、注浆成型和压制成型，其中以前两类最为普遍。

(1) 可塑成型

可塑法又叫塑性料团成型法。坯料中加入一定量的水分或塑化剂，使坯料成为具有良好塑性的料团。利用泥料的可塑性通过手工或机械成型，将泥料塑造成各种各样形状坯体的工艺过程，称为可塑成型。主要适用于生产具有回转中心的圆形产品。可塑成型的基本方法有：拉坯成型、旋坯成型、挤压成型、车坯成型、印坯成型等。

①拉坯成型：拉坯成型也称为手工拉坯成型（图 8-76），是古老的手工成型方法，是在拉坯机（图 8-77）上进行操作的，不用模具，由操作者手工控制成型，多用以制作碗、盆、瓶、罐之类的圆形器皿。拉坯时要求坯料的屈服值不太高，延伸变形量要大，即坯泥既有“挺劲”，又能自由延展。

图 8-76 拉坯成型

②旋坯成型：旋坯成型是将泥料掼入旋坯机上旋转着的模具中，通过型刀的挤压力和刮削作用将坯泥成型于模型工作面上。旋坯成型可分为阴模旋坯成型（图 8-78a）和阳模旋坯成型（图 8-78b）。阴模旋坯成型主要用来制作型腔较深的制品，如杯子等；阳模旋坯成型主要用来制作扁平的制品，如盘碟等。

图 8-77 拉坯机

③挤压成型：挤压成型一般是将真空炼制的泥料放入挤压机的挤压筒内，在挤压筒的一头对泥料施加压力，另一头装有挤嘴即成型模具，通过更换挤嘴能挤出各种形状的坯体，从而达到要求的形状。挤压成型法对泥料要求较高：粉料细度要求较细，溶剂、增塑剂、胶黏剂等用量应适当，泥料混合均匀。挤压成型适用于加工各种断面形状规则的棒材和各种管状产品。

④车坯成型：车坯成型是用挤压出的圆柱形泥段作为坯料，在卧式或立式车床上加工成型。车坯成型常用于加工形状较为复杂的圆形制品，特别是大型的圆形制品。

⑤雕塑成型：雕塑是靠手工和简单的工具制作，通过刻、划、镂、雕、堆塑等各种技法进行制作，产生造型姿态独特的陶瓷产品（图 8-79），一般用于制作人物、鸟兽、花卉、景物等艺术陈设瓷。其生产效率很低，但其手工艺性较高，有独特的艺术鉴赏价值。

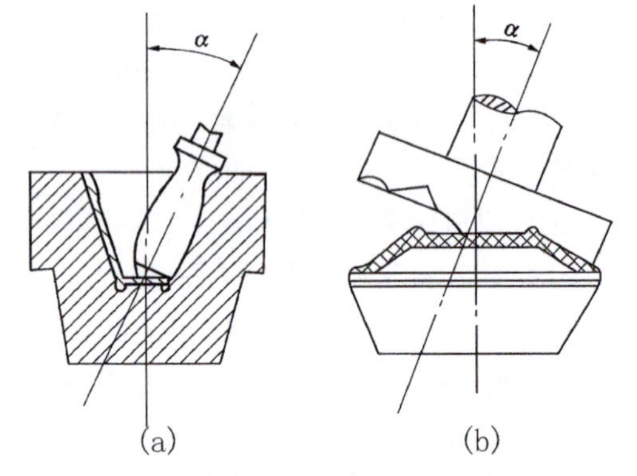

图 8-78 旋坯成型
(a) 阴模旋坯成型；(b) 阳模旋坯成型

⑥印坯成型：印坯成型是以手工将可塑性软泥在模型中翻印成型或印出花纹，结合黏结法，将印成的几件局部半成品黏到一起，组成一个完整的坯体。印坯有时也作为附件和其他成型方法做出的主体配合使用。它的最大优点是可以不要设备投入，但是要解决好坯裂、变形等常见技术缺陷。

(2) 注浆成型

注浆成型又叫浆料成型，陶瓷成型中的一种基本方法，其成型工艺简单。注浆成型适用于形状复杂、不规则、薄壁、体积大且尺寸要求不严格的陶瓷制品。注浆成型又分为空心注浆成型和实心注浆成型两种基本方法：

①空心注浆成型：空心注浆成型是将制备好的坯料泥浆注入石膏模具内，由于石膏模具的吸水性，泥浆在模具内壁上形成一均匀的泥层，经过一定时间后，当泥层厚度达到所需尺寸时，将多余的泥浆倒出，坯料形状便在型内固定下来（图 8-80）。留在模具内的泥层继续脱水、收缩、并与模具脱离，出模后即得空心注件。坯体外形由模具工作面决定，坯体的厚度则取决于料浆在模具中的停留时间。

图 8-79 雕塑成型

②实心注浆成型：实心注浆成型是将泥料浆注入模具后，泥料浆中的水分同时被模型的两个工作面吸收，坯体在两模之间形成，没有多余料浆排出（图 8-81）。坯体的外形与厚度由两模工作面构成的型腔决定。

当坯体较厚时，靠近工作面处坯层较致密，远离工作面的中心部分较疏松，坯体结构的均匀程度会受到一定影响。

(3) 压制成型

压制成型又称粉料成型、干压成型、模压成型。它是将含有一定水分和添加剂的粉料在金属模具中用较高的压力压制成型。与注浆法、可塑法相比，压制成型由于坯料采用粉料、水分和胶黏剂的量较少，所以压成后坯体的强度较大，变形小，不经干燥可以直接焙烧，烧结后收缩小，并且制品尺寸精度高，易于机械化和自动化，生产率高。但模具磨损大，制品的体积和尺寸有一定限制。

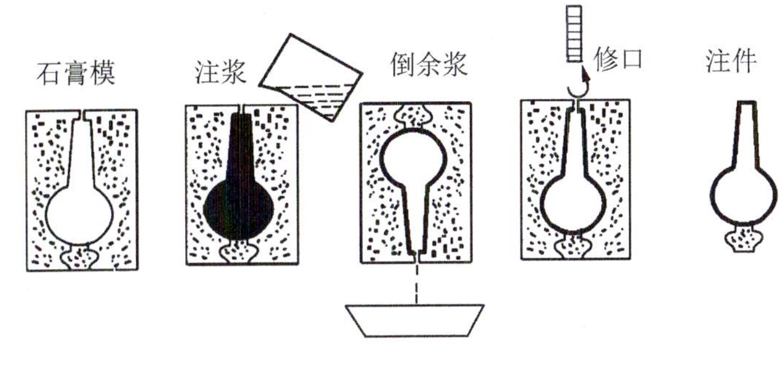

图 8-80　空心注浆成型

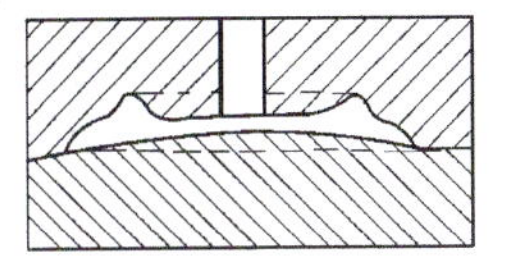
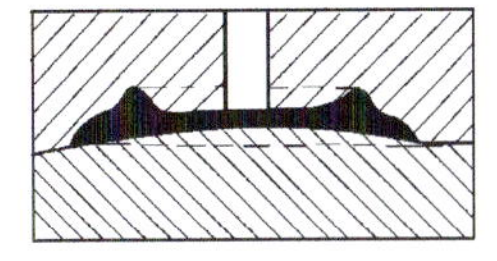

图 8-81　实心注浆成型

近年来发展了一种新的压制成型工艺——等静压成型。它是利用液体介质的不可压缩，并能均匀传递压力的特性而得到的一种成型方法。它是将陶瓷粉料装入塑料或橡皮做成的模具内，振实、密封后放入高压容器内，然后利用液体加压成型。这种成型方法的特点是受压均匀、致密度高、烧成收缩和变形小，适应多种制品的生产，具有较好的应用前景。

3. 干燥

成型后坯体（生坯）一般都含有较高的水分，易发生变形和损坏，难以适应下一工序的要求，因此成型后的坯体要进行干燥处理。干燥处理有利于提高坯体对釉料的附着力，还可缩短烧结周期、降低燃料消耗。由于水分的失去，生坯在干燥后可能产生收缩变形，甚至开裂。对于生坯的干燥，必须根据不同的成型方法所致坯体的干燥收缩特点，确定正确的干燥方法和制定相应的干燥制度。常用的干燥方法有对流干燥、微波干燥、远红外线干燥等。生产中常根据生坯不同干燥阶段的特点，将几种干燥方法结合使用，从而达到事半功倍的效果。

图 8-82　各种釉料

4. 施釉

施釉是在陶瓷坯体表面覆以釉质材料。釉是陶瓷表面那层晶莹通透的“玻璃”层，是陶瓷的霓衣云裳。釉不仅是陶瓷表面漂亮的装饰层，也是陶瓷坯体的保护层，它不仅能大大提高制品的外观效果，还能改善表面性能、提高其力学强度和热稳定性，对陶瓷制品进行着色、析晶、乳浊等，能掩盖坯体的不良颜色和缺陷。施釉的表面平滑、光亮、无吸湿性、不透气，同时在釉下进行图案装饰时，釉还能保护画面，防止彩画中有毒元素渗出等作用。

釉的种类很多（图 8-82），按照釉料的成分可以分为：石灰釉、长石釉、铅釉、无铅釉、硼釉、食盐釉等；按照烧成的温度可分为：高温釉、低温釉；按照烧成后的表面特征可以分为：透明釉、乳浊釉、有色釉、无色釉、裂纹釉、有光釉、哑光釉、结晶釉、窑变釉等。

釉面质量的好坏直接影响陶瓷产品的性能和质量。尤其是具有艺术价值的陶瓷产品，釉面质量更具有决定性的影响。当然，大多数的特种陶瓷不需要施釉，可跳过此道工序，直接进行烧结。

施釉的技巧其实包括了“选用什么釉”以及“用哪种方法施釉”这样两个问题。因为不同的釉，不仅颜色各有区别，还有厚与薄、透明与乳油、有光与吸光之分。相同造型的陶艺，如果施用的釉不同，所产生的效果也完全不同。釉料的选择要考虑釉料和坯体泥料的收缩性、烧成温度等。同时，采用不同的施釉方法也很关键，不同的施釉方法，可使釉面呈现匀净、光洁的效果，也可使釉面富于变化和流动感。

通常采用的施釉方法有：荡釉、浸釉、喷釉（图 8-83）、浇釉（图 8-84）、刷釉等方法。

图 8-83　喷釉

图 8-84　浇釉

5. 窑炉烧结

烧结又称为烧成，是坯体瓷化的工艺过程，也是陶瓷工艺中最重要的一道工序。烧结过程是将成型后的坯体放置窑炉中（图 8-85）在一定条件下进行热处理，进行低于熔点的高温加热，使其内的粉体间产生颗粒黏结，经过物质迁移导致致密化和高强度成为陶瓷产品的过程（图 8-86）。坯体在这一过程中经过一系列的物理、化学变化，形成一定的矿物组成和显微结构，获得所要求的性能指标。烧结对陶瓷制品的显微组织结构及性能有着直接的影响。正确的烧成制度，是保证获得优良产品的必要条件。

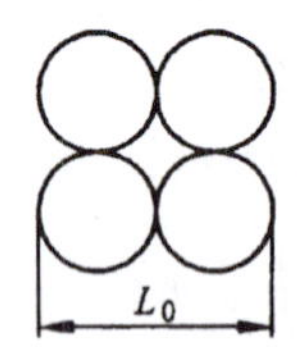

空隙形状
发生改变

整体形状改变
并产生收缩

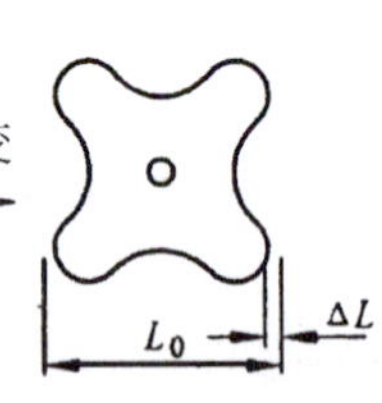

图 8-86　陶瓷的烧结过程

图 8-85　陶瓷坯体窑炉烧结

6. 后续加工

该工序通常是针对特种陶瓷而言。特种陶瓷经成型、烧结后，还可根据需要进行后续精密加工，使之符合表面粗糙度、形状、尺寸等精度要求，如磨削加工、研磨与抛光、超声波加工、激光加工甚至切削加工等。

8.2.3 常用陶瓷制品

1. 日用陶瓷

日用陶瓷是指人们日常生活中使用的陶瓷器皿，根据生产原料、结构特征通常分为陶器、炻器与瓷器三大类。

①陶器制品一般由黏土烧制而成，坯体为有色和无色，表面常施透明或不透明低温釉，烧制温度较低，一般不超过 1000℃，通常有一定的吸水率，断面粗糙无光泽，结构不致密，不透光，敲击之声粗哑沉浊，具有亲切、朴实、耐久，但极具永恒而不易落伍的艺术特性（图 8-87）。

图 8-87　陶罐

图 8-88　凿孔瓷容器

陶器按其坯体细密性、均匀性及粗糙程度，又有粗陶和精陶之分；按是否施釉又有施釉和不施釉之分。

②瓷器是以瓷土作原料，通常表面施高温釉，须经 1200℃以上的高温烧制，其坯体致密、细腻，基本上不吸水，有一定的透光性，断面呈石状或贝壳状、白色，质地坚硬，轻轻敲打有金属般的清脆声音。主要制作日用器皿（图 8-88）、美术瓷、装饰瓷等。

③炻器是介于陶器与瓷器之间的一类产品，也称半瓷。炻器与瓷器的主要区别是：炻器坯体通常较厚，

大多有颜色，且无半透光性，有吸水性（吸水率＜2%），轻轻敲打有浑浊的声音。图8-89为格拉尔德·魏格尔设计制作的系列炻器。

图8-89 炻器（格拉尔德·魏格尔）

2. 建筑陶瓷

陶瓷作为建筑装饰材料，自古有之，装饰性强，具有良好的耐久性和抗腐蚀性，其花色品种及规格繁多，主要用作建筑物内、外墙和室内、外地面的装饰。建筑陶瓷的主要品种为各种陶瓷饰面砖制品。

陶瓷饰面砖是指将黏土和长石等主要原料，经特定的烧制工艺制成的。饰面砖可以用作建筑的内、外墙及地面的装饰，施工时可据饰面砖的不同种类用水泥浆、水泥砂浆或合成树脂等为胶黏剂进行粘贴。在建筑与环境艺术装饰材料的设计运用中，陶瓷饰面砖是一种非常重要的装饰材料。陶瓷饰面砖以其坚固耐用、色彩鲜艳多样、图案丰富的装饰效果，加之易清洗、防火、抗水、耐磨、耐腐蚀和维修费用低等优点，应用日渐广泛，除传统用于卫生间、厨房和生活起居的家庭装修外，已广泛应用于办公、旅馆、医院等公共建筑的环境设计之中。现代建筑装修工程中应用的陶瓷饰面砖按用途分为外墙砖、内墙砖、地砖、广场砖等；按功能分为地砖、墙砖及腰线砖等；按工艺分为通体砖、抛光砖、玻化砖、釉面砖、陶瓷锦砖等。

(1) 通体砖

通体砖的表面不上釉，而且正面和反面的材质和色泽一致，因此得名。通体砖是一种耐磨砖，有很好的防滑性和耐磨性。一般我们所说的“防滑地砖”，大部分是通体砖。现在还有渗花通体砖等品种，但相对来说，花色比不上釉面砖。由于室内设计倾向于素色设计，因此通体砖也越来越成为一种时尚，被广泛使用于厅堂、过道和室外走道等装修项目的地面（图8-90）。由于这种砖价位适中，颇受消费者喜爱。

图8-90 通体砖

(2) 抛光砖和玻化砖

抛光砖是通体砖坯体的表面经过打磨而成的一种光亮的砖种。抛光砖属于通体砖的一种衍生产品。相对于通体砖表面粗糙，抛光砖表面光洁，坚硬耐磨，但缺点是容易脏。

玻化砖是一种强化的抛光砖，但是制作要求更高，采用高温烧制。质地比抛光砖更硬更耐磨，毫无疑问，它的价格也同样更高。

抛光砖和玻化砖因为表面光亮，所以美观，同时耐磨性高，但是存在色泽单一，易脏，不防滑和容易渗入有颜色液体等缺点，这两种砖尺寸一般都比较大，主要用于客厅，门庭等地方，很少用于卫生间和厨房等多水的地方。

图8-91 釉面砖的应用

(3) 釉面砖

釉面砖是表面经过烧釉处理的砖，是装修中最常见的砖种。根据光泽的不同分亮光釉面砖和哑光釉面砖；根据原材料的不同可分为两种：陶质釉面砖，即由陶土烧制而成，吸水率较高，强度相对较低。主要特征是背面为红色；瓷质釉面砖，由瓷土烧制而成，吸水率较低，一般强度相对较高，主要特征是背面为灰白色。由于该砖表面平滑，色彩丰富，图案花色多样，而且防污能力强，具有防水、耐火、耐腐蚀、易清洗等功效，因此被广泛使用于厨房和卫生间的墙面和地面装饰（图8-91），是较为高档的内墙装饰材料。

(4) 陶瓷锦砖

陶瓷锦砖俗称马赛克，是最传统的一种马赛克（图 8-92），小巧玲珑、色彩斑斓，表面也有无釉和施釉两种，边长不大于 50 mm，厚度 3 ～ 4.5 mm。制品有正方形、长方形、三角形和六角形，可拼成各种图案。为了便于施工，在出厂前按设计好的各种图案将陶瓷锦砖粘贴于牛皮纸上，一般由数十块小块的锦砖组成一个相对的大砖，故陶瓷锦砖又有“皮纸砖”的俗称。陶瓷锦砖质地坚硬，具有耐酸碱、耐磨、吸水率小、易清洗和永不褪色等特点，被广泛使用于游泳池、卫生间、厨房、浴室等经常需清洗的墙面和地面，甚至还可以用于外墙面的装饰。

图 8-92　陶瓷锦砖

3. 卫生陶瓷

卫生陶瓷是指用于卫生设施上的带釉陶瓷制品，包括有洗面器、浴缸、便器、淋浴器、水槽等卫浴产品（图 8-93）。该类产品表面坚硬，表面具有良好的耐污性和抗腐蚀性，易于保持清洁。主要用作卫生间、厨房、实验室等处的卫生设施。

卫生陶瓷洁具用品主要是采用注浆成型法来生产。生产产品的类型及规模不同，相应的注浆成型工艺也各不相同。通常采用的注浆法是用石膏模注浆成型，即将泥料倒入石膏模具中，石膏模吸收泥料中的水分，在模具内壁形成一定厚度的泥料坯后，倒出多余的泥料，打开模具就可获得所需坯体。而大型的卫生洁具则通常采用压力注浆成型工艺，其方法是通过抽吸把泥浆注入模具，泥料中的水在压力下会很自然地从模具中渗出，从模具中取出坯体，在快干机中干燥，喷釉后进行烧结。烧结时要考虑到坯体的收缩现象。

图 8-93　卫生洁具

图 8-94　美术陶瓷

4. 美术陶瓷

美术陶瓷包括陶塑人物、陶塑动物、陈设品等。该类制品的烧制工艺及其造型、釉色和装饰等都呈现出艺术特点。美术陶瓷具有较高的艺术价值，主要用作室内艺术陈设及装饰（图 8-94），并为许多收藏家所珍藏。

5. 园林陶瓷

园林陶瓷包括有中式、西式琉璃制品及花盆等。该类制品具有良好的耐久性和艺术性，并有多种形状、颜色及规格，特别是中式琉璃的瓦件（图 8-95）、脊件、饰件配套齐全，常用作园林式建筑的装饰。

图 8-95　琉璃瓦件

6. 特种陶瓷

根据性能和用途主要分为结构陶瓷和功能陶瓷两大类，而根据化学组成又分为氧化物陶瓷和非氧化物陶瓷。

(1) 结构陶瓷

结构陶瓷是在特殊环境或工程条件下具有高稳定性和优异机械性能的新型陶瓷，具有优异的高温机械性能、耐化学腐蚀、耐高温氧化、耐磨损、密度小（约为金属的 1/3）等特性，因而在许多场合逐渐取代昂贵的超高合金钢或被应用到金属材料根本无法胜任的场合，如发动机汽缸套、轴瓦、密封圈、陶瓷切削刀具等。

图 8-96 是由精密陶瓷公司生产的金工陶瓷构件（MacorR 构件），

图 8-96　金工陶瓷构件

是一种高强度的刚性材料，外观洁白，其加工特性接近金属。可进行钻孔、研磨、车削、锯割、抛光和碾磨等机械加工，且机械加工后无需淬火，耐高温可达1000℃。高强度、高刚性的优点使这种陶瓷可使用所有金属材料的加工工艺，不会产生收缩和在烧结中变形等现象。对制作产品实物模型或那些需要最大限度减少制作时间和成本的低量产品来说，它可谓是一种理想的材料。

(2) 功能陶瓷

功能陶瓷是指具有一定特殊声、光、电、磁、热等物理性能和化学性能的陶瓷材料。具有性能稳定、可靠性好、成本低、易于多功能化和集成化等优点。功能陶瓷是采用高精度的原料制成，因其原材料、置备方法的多种多样而具有不同的功用，形成不同种类的制品。按其化学组成可分为氧化物陶瓷和非氧化物陶瓷。按其功能可分为介电陶瓷、压电铁电陶瓷、绝缘陶瓷、超导陶瓷、磁性陶瓷、光学与电光陶瓷、生物陶瓷等。

图8-97所示的电子陶瓷元件，是在氧化铝或铝的氮化物的陶瓷基片上进行厚膜金属化处理而制成的，它比常规印制电路板具有更高的操作温度，具有极佳的机械强度，且精确性高。

图8-97　电子陶瓷元件

(3) 氧化物陶瓷

氧化物陶瓷是用高纯的天然原料经化学方法处理后制成，主要包括氧化铝 (Al_2O_3)、氧化锆 (ZrO_2)、氧化镁 (MgO)、氧化铍 (BeO) 等。氧化铝和氧化锆具有优异的室温机械性能，高硬度和耐化学腐蚀性，主要应用于陶瓷切削刀具。氧化物陶瓷最突出优点是不存在氧化问题，原料价格低廉，生产工艺简单，烧结性能好，但热强性（蠕变抗力）较差。氧化锆陶瓷因其高韧性和高光洁度可用于制造高温弹簧（图8-98)，这类陶瓷弹簧具有金属材料所不具有的柔韧性和耐高温能力。

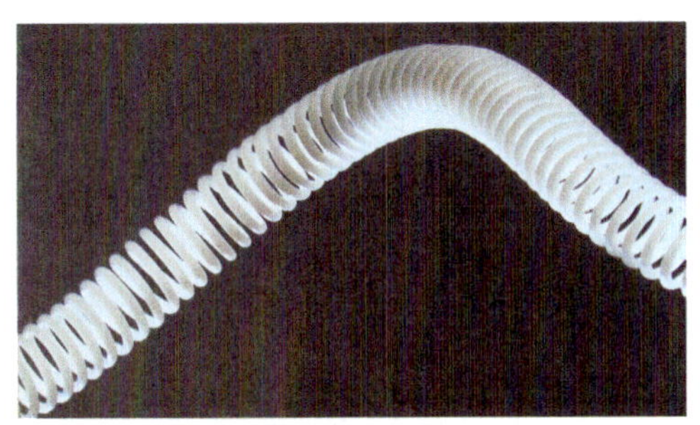
图8-98　氧化锆高温弹簧

(4) 非氧化物陶瓷

非氧化物陶瓷是采用产量少的天然原料或人工合成的无机化合物为原料，克服了传统陶瓷固有的脆性，成为超越金属的具有特殊功能的新材料。非氧化物陶瓷主要包括碳化硅 (SiC)、氮化硅 (Si_3N_4)、碳化锆 (ZrC)、硼化物等。同氧化物陶瓷不同，非氧化物陶瓷原子间主要是以共价键结合在一起，因而具有较高的硬度、模量、蠕变抗力，并且能在高温时仍维持这些功能，这是氧化物陶瓷无法比拟的。这些含硅的非氧化物陶瓷还具有极佳的高温耐蚀性和抗氧化性，因此一直是陶瓷发动机的最重要材料，目前已经取代了许多超高合金钢。

8.2.4 陶瓷材料在设计中的应用

时代在不断发展和进步，陶瓷材料在保持原有造型特征和艺术特征的基础上，通过设计师的灵活运用，创造出许多令人惊奇的陶瓷产品。

(1) “Polar Molar”牙签架（图8-99)

由设计师KCLO 设计的“Polar Molar”牙签架，是采用注浆成型、由两部分黏合而成内空的坯体，再经上釉制成的陶制桌上牙签架。“Polar”表示“地极”的含义，它同时又有“棍子”的意思，这里我们可以引申为“牙签”。而“Molar”这个词则代表了牙齿。设计师KCLO说：“之所以这样设计是因为使用者拿牙签时都乐意从中间，也是用最卫生的部位取牙签。”“Polar Molar”其中的一个功能就是可以把它放置在餐桌，在餐后或者是在乏味的宴席中引起用餐者的兴趣和话题。“Polar Molar”牙签架所采用的陶质材料烧结过程中比瓷器变形小、适合空心造型，通常烘烧温度低于1200℃、成本低。

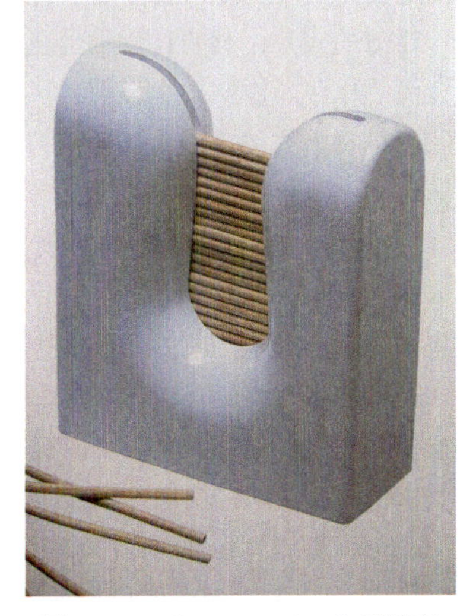
图8-99　“Polar Molar”牙签架

(2) 海绵花瓶（图 8-100）

由荷兰设计师马赛尔·万德思（Marcel　Wanders）设计的海绵状花瓶，是将海绵浸入陶浆，使陶浆完全浸透海绵，在海绵坯体上捅出一个孔，把陶土制成的管状的插花容器放入孔中，然后放入炉窑中烧制。海绵在高温下化为灰烬，只剩下酷似海绵的陶瓷海绵胎体，即得到一款新奇别致、现代前卫的花瓶。设计师用古老传统的材料创作了体现现代创意的产品，充分体现了设计师对陶瓷工艺的了解和对陶瓷成型技术的前卫性探讨。

图 8-100　海绵花瓶

(3) 陶瓷花插椅（图 8-101）

由著名设计师萨地·扬德拉·帕克黑尔设计的一系列别具匠心的家具产品，给设计领域带来了全新的视觉语言。陶瓷花插椅分为前后两部分，分别进行拉坯制作。烘烧后用胶把两部分黏合在一起。大批量生产的工业造型和古老的拉坯工艺结合在一起，创造出了大批的家具制品。

图 8-101　陶瓷花插椅

(4) “白化”拼板玩具灯（图 8-102）

由设计师KCLO设计的一款极具礼品价值的产品。设计师KCLO说道：“我设想能生产出一种非常好玩又好拆装的桌上用品。我在思索着为什么不能把产品做得更有趣味，给用户更多一些快乐的笑容。”

“白化”拼板灯是由一块块独立的拼板组成的油灯，这就是名称的由来。每个拼板本身就是一盏灯，是由白色瓷质材料制成。这种瓷质材料含有玻璃的成分，是一种具有玻璃状的陶瓷，具有极佳的抗热冲击能力，硬度极高，独特的白色外表，状似玻璃，防水，这使得产品能够存放液体。每一块拼板中可以盛放 40 毫升的燃料。拼连起来的油灯像一块巨大的拼图。在你不使用它的时候，每块拼板可以朝上叠起来，可以节省出很多宝贵的空间。

图 8-102　“白化”拼板玩具灯

(5) Zero 陶瓷餐刀（图 8-103）

由设计者 Seymour Powell 设计的陶瓷餐刀，刀刃采用称为“陶瓷钢”的新颖陶瓷材料——氧化锆陶瓷材料精制而成，刀柄采用高质量、防水的工程材料。氧化锆陶瓷材料是材料中强度最高和最具韧性的。这种材料比钢轻，但硬度比钢材料高 50%，刚性极佳，化学性质不活泼，用于现代厨房，具有普通金属刀无法比拟的优点。陶瓷餐刀硬度高，耐磨性是金属刀的 60 倍；刀刃锋利，能削出如纸一样薄的肉片；材料化学性能稳定，不与食物发生任何反应，保持食品的原色、原味，尽享美食风味。不生锈，不变色，可耐各种酸碱有机物的腐蚀，健康环保；刀具表面光洁度非常高，色泽圆润、洁白，有玉的质感。不粘污，清洁容易；该刀完全无磁性，且为全致密材料，无孔隙。同金属刀具相比，陶瓷餐刀性脆，用它来切割骨头或用作撬棒使用的话易损坏刀具。陶瓷餐刀的工艺是将陶瓷粉末和特殊黏合剂压制成型，制成刀具的坯体，然后在 1000℃左右的温度下烧制，然后用金刚石砂轮进行打磨，最后再安装刀柄。陶瓷餐刀充分体现新世纪、新材料的绿色环保概念，是当代高新技术为现代人奉献的又一杰作。

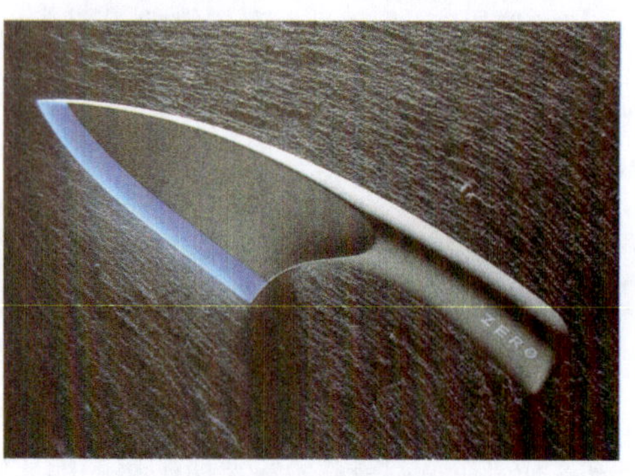

图 8-103　Zero 陶瓷餐刀

(6) 雷达“银钻”计时陶瓷手表（图 8-104）

当一般手表制造商还在使用金、铜或钢这些常规原材料来制造手表的时候，雷达公司已开始采用创新材料。雷达品牌创立于 1957 年，因其率先使用超前材料制成的独特产品而在业内建立了声誉。雷达公司的目标就是：制造出美观恒久的手表，生产出了世界上第一块永不磨损手表。20 世纪 80 年代，陶瓷首次被作为高性能材料来制作手表。此时的陶瓷已经在很多高科技领域如航天飞机上开始使用。陶瓷技术的发展给雷达公司带来了可实现生产出超坚硬、永不磨损目标的可能。

超精细氧化锆或碳化钛粉可用于手表的生产。氧化锆是一种较为常用的高性能陶瓷原料，压制成型后，在 1450℃左右的温度进行烧结，再用钻石沙抛光使其表面更为光亮、更具金属感。这种材料具有极佳的强度及断裂韧度，其坚韧的特性使其更易抵抗破裂，具有超硬、超耐磨性，化学稳定性极佳，耐高温（可至 2400℃），致密，低导热性（是氧化铝的 20%）。氧化锆的颗粒较细小，这样使得由它制成的表面涂层更为圆润，也使其应用于制作刀具、活塞、轴承产品，甚至是华丽的首饰制品。

雷达公司用陶瓷注铸技术来生产更为复杂、精密的“整体陶瓷”系列手表产品。雷达公司将纯度和熔点极高的有色氧化物与陶瓷粉进行混合，制出了色彩丰富的高科技陶瓷材料。

图 8-104　陶瓷手表

(8) 陶瓷手机（图 8-105）

在目前的手机市场上，手机外观材质主要有两类，一种是采用全金属制造，它的好处是质感强，耐磨少褪色；另一种为塑料材质，它的优点是轻便。然而看惯了这两种机身后，久而久之会有厌烦的感觉，那么就换一个外观为陶瓷的手机吧。沃达丰电信最新推出的 V602T 将手机制造工艺提升到又一个境界，它的外观就采用了陶瓷材质制成，独特的陶瓷工艺令这款手机颇具艺术感，让人惊叹不已，在保证了质感的同时又不会褪色，同时充满时尚韵味。陶瓷手机带给人们一种新的视觉感受，为手机市场带来一股新风。

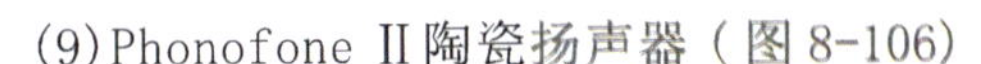

图 8-105　V602T 陶瓷手机

(9) Phonofone Ⅱ陶瓷扬声器（图 8-106）

Phonofone Ⅱ是一个留声机风格的 MP3 播放器的扬声器，专为苹果 iPod 系列播放器而设计，不过与 iPod 播放器在一起时，它才是主角。在加拿大设计师 Tristan Zimmerman 的重新诠释下，爱迪生的留声机，19 世纪的发明，史上第一个发音装置——成功、优雅地借壳还魂，成为结合现代科学技术及怀旧经典的特色音响。该产品不仅仅只是使用了陶瓷材料，它更延伸了材料的使用空间，带来了新的实用价值，赋予了全新的美学价值。

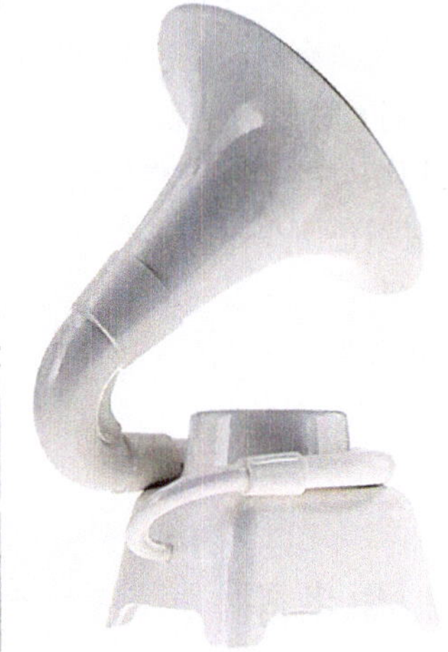

图 8-106　Phonofone Ⅱ陶瓷扬声器

Phonofone Ⅱ的整体结构是由陶瓷组成的。由于陶瓷的硬度能够强化声音的频率，因此是扩大声音的好材料。陶瓷材料的采用改进了扬声器的声学性能，使音色表现得非常的圆润、自然、和谐。与 iPod 系列播放器配套使用，内置 MP3 插槽，陶瓷扬声器无须外置电源或安装电池，通过 iPod 可对其进行供电，利用振动的原理将像耳机的音乐，放大成不超过 55 分贝的和谐共鸣之音。只要将 ipod 耳机放在两个特制的小孔上，按下播放键，美妙的音色即从陶瓷唱机中流泻而出。Phonofone Ⅱ陶瓷扬声器还具有环保节能的特点，其外观颜色将有多种选择，可对陶瓷进行上釉着色，并可刻上图案。

(10) 陶瓷“编织墙”（图 8-107）

Muurbloem 工作室的设计师 Gonnette Smits 在欧洲陶瓷工作中心研制开发出一系列陶瓷墙体材料，使其看上去拥有一种更舒服的触觉感受。这种陶瓷材质，耐高温、耐腐蚀，表面坚硬，该产品不仅是一种单一设计理念的实体转化，而是一个产品系列，它能够依据不同工程的具体要求而制作出相适应的产品。用设计师自己的话说：“当一座建筑物的外墙看上去好像用手工编织而成的时候，它可以创造出一种奇幻如诗般的意境，而这也正是设计想表达的。我们当然可以在‘线’的颜色以及针脚的方式上开些小玩笑，譬如说将它织成一件挪威款毛衫，那样的话，我们就可以将那建筑物描述为一座穿了羊毛衫的大厦了。”

图 8-107　陶瓷“编织墙”

(11) 不烫手的杯子（图 8-108）

由伦敦设计师斯蒂芬设计陶瓷杯子，不是采取以往一贯的把手改良，而是采用独特的鳍状结构，即通过在杯子的外壁上添加突出的竖条来降低热量的传递，达到隔热的目的。当杯子内壁温度高达 100℃时，杯子外部的温度也只有 50℃，不会烫手。这只杯子外缘巧妙地设计了棱边，美观、易握、防烫。

8-108　不烫手的杯子

(12) Tonfisk Oma 柠檬榨汁机（图 8-109）

由两位年轻的设计师詹妮·奥佳拉（Jenni Ojala）和苏珊娜·霍卡拉（Susanna Hoikkala）设计的榨汁机，也许很容易让你想起菲利普·斯塔克（Philippe Starck）的 Juicy Salif 榨汁机，她们设计的柠檬榨汁机虽然不及菲利普·斯塔克的那么惊世骇俗，但是却多了几分亲切，而且看上去更加好用，至少在清洁方面，发挥了陶瓷材料的特性，即抗酸碱性强、不易被油污弄脏。Tonfisk Oma 柠檬榨汁机造型简单大方，它的深度和中间切边的设计，既操作方便，又不会把柠檬溅到客人身上，只要把切好的半个柠檬片往碗里一转，就可从漏嘴中倒出清凉的柠檬汁了。同时这款榨汁器也一定会为你的餐桌增色不少。

图 8-109　Tonfisk Oma 榨汁机

思考题

1. 玻璃和陶瓷有何区别和联系？它们各有哪些材质特征？
2. 试述平板玻璃加工产品的种类、特点和用途。
3. 简述玻璃的生产工艺以及主要成型方法。
4. 简述陶瓷制品成型的工艺过程及坯料成型的主要方法。
5. 了解工程陶瓷材料的使用性能特点，熟悉常用的工程结构陶瓷材料的基本性能和应用。
6. 简述陶瓷材料的组织结构及性能特点。

第九章

复合材料及加工工艺

随着现代科学技术的发展，对材料性能的要求越来越高、越来越全面。除要求材料具有高强度、高模量、耐高温、低密度以外，还对材料的韧性、耐磨、耐腐蚀、电性能等提出了种种特殊要求。更特殊的是有些制品要求材料具有一些互相矛盾的性能，如导电且绝热；强度高弹性好，又能焊接等。这对单一材料来说是无法实现的，通过采用复合技术，把一些不同性能的材料复合起来，取长补短，来实现这些性能要求，于是就出现了现代复合材料。

9.1 复合材料的基本特征

9.1.1 复合材料的概念

复合材料是指两种或两种以上不同化学性质或不同组织结构的材料，通过不同的工艺方法组成的多相材料，一般是由高强度、高模量和脆性很大的增强材料和强度低、韧性好、低模量的基体所组成。常用玻璃纤维、碳纤维、硼纤维等做增强材料，以塑料、树脂、橡胶、金属等做基体组成各种复合材料。

由于可用于复合的素材种类繁多，所以组合成的复合材料也不计其数。如将之归类，至少可能有如图 9-1 所示的 10 类。其中每一根线的两端指示一种可能的组合。

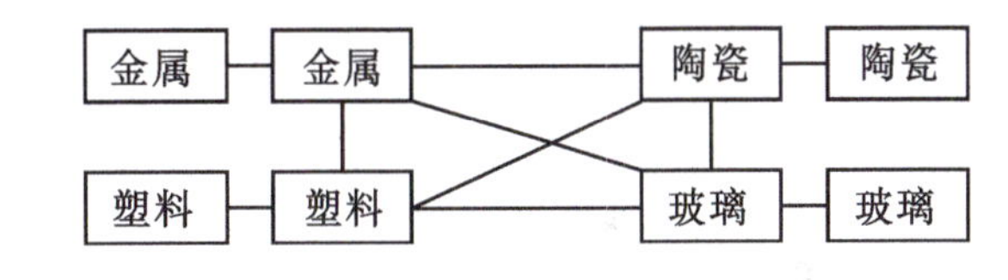

图 9-1　可能复合的素材组合方式

复合材料的开发保留了单一材料各自的优点，克服和弥补单一材料的某些弱点，得到单一材料无法比拟的、优越的综合性能，从而充分发挥材料的综合性能，取长补短，产生从未有的新机能，达到最好的使用要求，成为一类新型的工程材料。

9.1.2 复合材料的特点

由于复合材料能集中和发扬组成材料的优点，并能实行最佳结构设计，所以具有许多优越的特性。

①比强度（强度与密度之比）、比模量（弹性模量与密度之比）高。比强度越大，材料自重越小；比模量越大，材料的刚性越大。纤维增强复合材料的比强度和比模量是各类材料中最高的。复合材料与具有同等强度和刚度的高强度钢零件相比，其自重可减轻 70%。表 9-1 为常用材料的力学性能。

②良好的抗疲劳性能。复合材料的疲劳强度极限高于金属材料，具有较长的使用寿命和较大的破坏安全性。多数金属的疲劳极限是抗拉强度的 40% ～ 50%，而碳纤维增强的复合材料则可达 70% ～ 80%。

③良好的减摩、耐磨性能。当选用适当的塑料与钢板构成复合材料时，可作耐磨构件如轴承材料等。若将石棉等材料与塑料复合，则可以得到摩擦系数大，制动效果好的摩阻材料。

④减振能力强。复合材料的减振能力强，可避免在工作状态下产生共振及由此引起的破坏。此外，由于复合材料中纤维与基体界面吸振能力大，阻尼特性好，即使结构中有振动产生，也会很快衰减。

⑤高温性能好。各种增强纤维的熔点或软化点一般都较高，用这些纤维与塑料、金属组成复合材料，高

表 9-1　常用材料力学性能比较

材料名称	密度 / $(g\cdot cm^{-3})$	抗拉强度 / $(MPa\times10^3)$	弹性模量 / $(MPa\times10^3)$	比强度 / $cm\times10^7$	比模量 / $cm\times10^6$
钢	7.8	1.03	2.1	0.13	0.27
铝	2.8	0.47	0.75	0.17	0.26
钛	4.5	0.96	1.14	0.21	0.25
玻璃钢	2.0	1.06	0.4	0.53	0.21
高强碳纤维 - 环氧树脂	1.45	1.5	1.4	1.03	0.97
高模碳纤维 - 环氧树脂	1.6	1.07	2.4	0.67	1.5
硼纤维 - 铝	2.65	1.0	2.0	0.38	0.75
硼纤维 - 环氧树脂	2.1	1.38	2.1	0.66	1.0
有机纤维 PRD- 环氧树脂	1.4	1.4	0.8	1.0	0.57
SiC 纤维 - 环氧树脂	2.2	1.09	1.02	0.5	0.46

温强度均有较大提高。一般铝合金在 400℃时弹性模量大幅度降低，并接近于零，强度也显著下降，然而碳纤维增强复合材料在此温度下强度和模量基本不变。

⑥复合材料的化学稳定性好。

⑦成型工艺简单灵活。复合材料可采用模具一次成型来制造各种构件，也可以采用手糊成型、缠绕成型、喷射成型等工艺生产各种产品，它可适应各种造型的需要，创造出意想不到的效果。

在设计阶段，不论选用什么材料，都应考虑其废弃物的处理，这已成为现代工业设计的原则。从这一角度来说，复合材料的回收处理较困难，易引起环境问题。所以复合材料设计时，必须充分确认对其处理的可能性。

9.1.3 复合材料的分类

复合材料一般由基体相和强化相两部分材料组成。基体材料起黏结作用，增强材料起强化作用。复合材料的分类方法有很多，主要有以下分类：

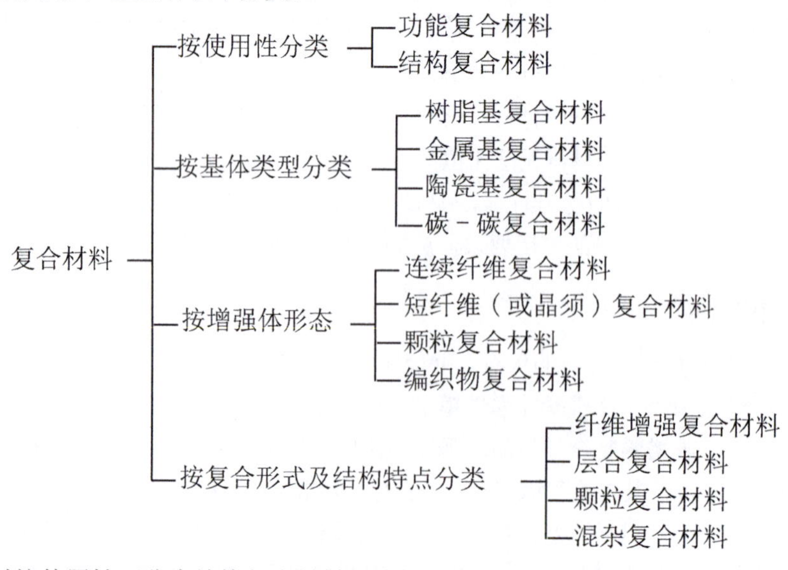

①复合材料按使用性可分为结构复合材料和功能复合材料。

结构复合材料以力学性能为主，主要用作承力和次承力结构使用的材料，它要求质量轻、强度和刚度高，且能耐一定的高温，在特定条件下还要求具有膨胀系数低、绝热性能好或耐介质腐蚀性强等其他特性。目前结构复合材料占绝大多数。

功能复合材料是指除力学性能以外还提供其他物理、化学、生物等性能的复合材料，根据功能可分为电功能、光功能、声功能、热功能、生物功能等功能复合材料，具有广阔的发展前途。未来的功能复合材料能产生原有组分所不具备的新功能，即复合的相乘效应，这将成为复合材料发展的主流，也将为产品设计提供更多的新型材料。

②按基体可分为树脂基复合材料、金属基复合材料、陶瓷基复合材料、碳—碳复合材料。通常，复合材料按此方法分类。

③ 按 增 强 体 形 态 分（图 9-2）。

连续纤维复合材料：作为分散相的纤维，每根纤维的两个端点都位于复合材料的边界处。

短纤维（或晶须）复合材料：由短纤维（或晶须）无规则地分散在集体材料中制成的复合材料。

颗粒复合材料：由微小颗粒状增强料分散在集体中制成的复合材料。

编织物复合材料：以平面二维或立体三维纤维编织物为增强材料与基体复合而成的材料。

④按复合形式及复合结构特点分。

纤维复合材料：将各种纤维增强体置于基体材料内复合而成。如纤维增强塑料、纤维增强金属等。

夹层复合材料：由性质不同的表面材料和芯材组合而成。通常面材强度高、薄；芯材质轻、强度低，但具有一定刚度和厚度。分为实心夹层和蜂窝夹层两种。

颗粒复合材料：将硬质细粒均匀分布于基体中，如弥散强化合金、金属陶瓷等。

混杂复合材料：由两种或两种以上增强相材料混杂于一种基体相材料中构成。与普通单增强相复合材料比，其冲击强度、疲劳强度和断裂韧性显著提高，并具有特殊的热膨胀性能。分为层内混杂、层间混杂、夹芯混杂、层内 / 层间混杂和超混杂复合材料。

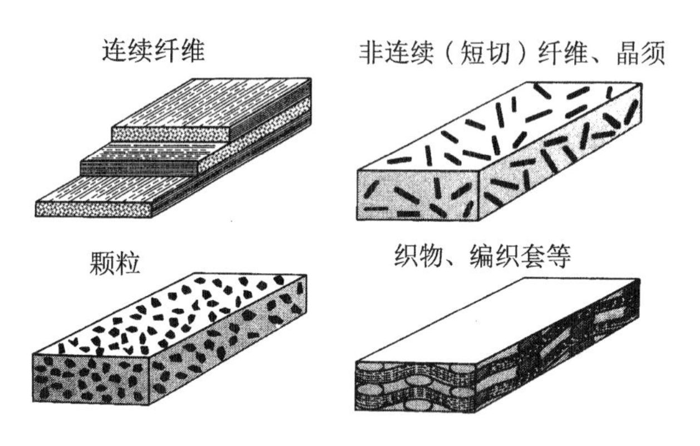

图 9-2　复合形态

9.2 常用复合材料

9.2.1 纤维增强复合材料

纤维增强复合材料是复合材料中应用最多、发展最快的一类复合材料。它一般由高强度、高模量，但脆性大的增强纤维和强度低、模量低，但韧性好的基体组成。增强纤维以纤维状物质或织物为主，常用的有玻璃纤维、碳纤维和硼纤维，还可采用金属纤维、陶瓷纤维、化学纤维等，其中玻璃纤维是最常用的增强纤维。增强纤维的加入增强了基体材料的力学性能和其他性能，使复合材料具有优良的综合性能。

纤维增强复合材料的强化效果取决于纤维的特性（强度和弹性模量）、含量、长短、排列方式以及基体本身的特性及两者界面间的物理、化学作用特点等。为了达到纤维增强的目的，应特别注意如下有关强化的几个问题。

①增强纤维的强度及弹性模量应比基体材料高，以保证复合材料中承受外载荷者主要是增强纤维。

②基体和纤维的相容性好，高温下不发生化学反应，基体不腐蚀、损伤纤维。

③基体和纤维之间要有一定的黏结作用，而且应具有适当的结合强度，以保证基体所受的应力能通过界面传递给纤维。但结合强度不宜过大，因为复合材料受力破坏时，纤维从基体中拔出将消耗一定的能量，过大的结合强度将使纤维拔出这种吸能过程消失，而发生脆性断裂。

④纤维排布方向应和构件受力方向基本一致，以发挥纤维增强作用。

1. 玻璃纤维增强塑料

玻璃纤维增强塑料是重要的高分子复合材料，是一种重要的工业造型材料。

玻璃纤维增强塑料是常用的增强塑料之一，是以玻璃纤维及其制品（织物、毡材等）为增强材料制成的树脂基复合材料。玻璃纤维增强塑料质轻，坚硬，比强度高，耐腐蚀性、绝热性和电绝缘性良好，可采用手糊成型、喷涂成型、缠绕成型、模压成型等方法加工成型。多用作结构材料、电绝缘材料及装饰材料，用于制作化工设备、汽车车身、船体等大型结构件，广泛用于化工、机械、建筑、运输等方面。

玻璃纤维是由玻璃经过高温融化成液态并以极快的速度拉制而成。玻璃原来的性能很脆，但拉成纤维后柔软如丝，可以像棉纱一样纺织，可制成玻璃布。玻璃布按其编织方法不同，分为平纹布、斜纹布、缎纹布，以及单向布。

玻璃纤维具有高的抗拉强度，其抗拉强度比天然或化学纤维高 5 ～ 30 倍，约比高强度钢高 2 倍，其弹性模量较高，耐热性好，在 200 ～ 300℃时力学性能变化不大，在 300℃以上强度才逐步下降； 玻璃纤维的化学稳定性高，除氢氟酸、热浓磷酸和浓碱外，对所有化学介质均有良好的稳定性，这点是天然纤维和化学纤维都比不上的。玻璃纤维的主要缺点是脆性较大，耐磨性、柔软性较差；纤维表面光滑，不宜与其他物质相结合；对人的皮肤有刺痛的感觉。

玻璃纤维增强塑料按树脂性能可分为热固性和热塑性两大类，即热塑性玻璃纤维增强塑料和热固性玻璃纤维增强塑料两种。

(1) 热塑性玻璃纤维增强塑料

热塑性玻璃纤维增强塑料是以玻璃纤维为增强剂和以热塑性树脂为胶黏剂制成的复合材料。用作黏结材料的热塑性树脂有尼龙、聚碳酸酯、聚烯烃类、聚苯乙烯类、热塑性聚酯等，其中以尼龙的增强效果最为显著。

热塑性玻璃纤维增强塑料同热塑性塑料相比，在基体相同的条件下，强度和疲劳性能可提高 2 ～ 3 倍以上，冲击韧性提高 2 ～ 4 倍（与脆性塑料比），蠕变抗力提高 2 ～ 5 倍，达到或超过了某些金属的强度。例如，40% 玻璃纤维增强尼龙的强度超过了铝合金而接近于镁合金的强度。因此可以用来取代这些金属。

(2) 热固性玻璃纤维增强塑料

热固性玻璃纤维增强塑料以热固性树脂为胶黏剂的玻璃纤维热固性增强塑料，俗称玻璃钢。常用的树脂有不饱和聚酯、酚醛树脂、环氧树脂等，其中环氧树脂应用较为普遍。玻璃钢有很高的机械强度，质轻，比一般钢铁轻 3/4，比铝轻 1/2。玻璃钢的性能是随玻璃纤维和树脂种类不同而异。同时和组成相的比例、组成相之间结合情况等因素有密切关系。

热固性玻璃钢主要有以下特点：

①具有高的比强度，超过一般高强度钢及铝、钛合金的比强度。但其弹性模量和比模量低，只有结构钢的 1/10 ～ 1/5，刚性较差。

②具有良好的电绝缘性和绝热性。

③对淡水、大气及多种腐蚀性化学介质都具有稳定性。如有机硅树脂玻璃钢，具有优异的憎水性，即水流在其表面只能滚落而不润湿，吸水性极低。

④根据需要可制成半透明或特别色泽。

⑤能承受超高温的短时作用。如酚醛树脂玻璃钢可在 150 ～ 200℃温度下长期使用，也能耐瞬时超高温。有机硅树脂长期使用温度可达 200 ～ 250℃。由于受有机树脂耐热性的限制，目前一般还只在 300℃以下使用。

⑥适宜于制成大型整体件，可以方便地制成任意曲面、不同厚度和非常复杂的形状。还可以利用玻璃纤维的各向异性，单独增强受力的方向，使受力部位的尺寸和质量得以减小。

⑦具有防磁、透过微波等特殊性能。

常见玻璃钢的性能特点比较见表 9-2。

玻璃钢的应用非常广泛，主要用来制造机器设备的外壳、机架、机罩及仪表罩，车辆的车身及各种配件（如车门、窗框、仪表盘、挡泥板及油箱等），以及车厢内部装饰板、桌椅、地板等。还包括体育用品、日常生活用品、工艺品等（图 9-3）。玻璃钢还可以代替不锈钢、铜、铝等金属作石油

图 9-3　玻璃钢产品

表 9-2　几种玻璃钢性能特点比较

玻璃钢类型	性 能 特 点
酚醛树脂玻璃钢	耐热性高，可在 150℃～ 200℃温度下长期工作，价格低廉，工艺性较差，需在高温高压下成型，收缩率大，吸水性强，固化后较脆
环氧树脂玻璃钢	机械强度高，收缩率小（＜ 2%），尺寸稳定性和耐久性好，可在常温常压下固化，成本高，某些固化剂毒性大
不饱和聚酯玻璃钢	工艺性好，可在常温常压下固化成型，对各种成型方法具有较广的适应性，能制造大型异形构件，可机械化连续生产，但耐热性较差（＜ 90℃），机械强度不如环氧玻璃钢，固化时体积收缩率大，成型时气味和毒性较大
有机硅树脂玻璃钢	耐热性高，长期使用温度可达 200 ～ 250℃，具有优异的憎水性，耐电弧性好，防潮绝缘性好，与玻纤的黏结力差，固化后机械强度不太高

化工方面的防腐蚀材料。图 9-4 为玻璃钢制作的冷却塔。

图 9-4　玻璃钢冷却塔

2. 碳纤维复合材料

碳纤维复合材料是 20 世纪 60 年代迅速发展起来的。碳纤维是一种强度比钢大、比重比铝还小的新颖材料，与玻璃纤维相比，碳纤维具有高强度、高模量的特点，是比较理想的增强材料，可用来增强塑料、金属和陶瓷。

各种纤维（包括人造纤维和天然纤维）在隔绝空气的条件下，经高温碳化，都可制成碳纤维或石墨纤维。在 2000℃以下烧成的称为碳纤维。近来有用石油沥青拉丝作原料，再经碳化处理，制得的碳纤维具有较好的力学性能。

(1) 碳纤维树脂复合材料

碳纤维树脂复合材料中的基体树脂主要采用环氧树脂、酚醛树脂和聚四氟乙烯。这类复合材料的密度比铝轻，比强度、比模量比钢大，疲劳强度高，冲击韧性好，同时耐水和湿气，化学稳定性高，摩擦系数小，导热性好，受 X 线辐射时强度和模量不变化等，总之其性能比玻璃钢普遍优越，可以用作宇宙飞行器的外层材料，人造卫星和火箭的机架、壳体、天线构架，作各种机器中的齿轮、轴承等受载磨损零件、活塞、密封圈等受摩擦件，也用作化工零件和容器等。这类材料的主要问题是，碳纤维与树脂的黏结力不够大，各向异性强度较高，耐高温性能差等。图 9-5 为采用碳纤维树脂复合材料制作的头盔。

图 9-5　头盔

(2) 碳纤维金属复合材料

碳不易被金属润湿，在高温下容易生成金属碳化物，所以这种材料的制作比较困难。现在主要用于熔点较低的金属或合金。在碳纤维表面镀金属可制成碳纤维金属基复合材料，这种材料在接近金属熔点时，仍具有很好的强度和弹性模量。用碳纤维和铝锡合金制成的复合材料，是一种减摩性能比铝锡合金更优越、强度很高的高级轴承材料。图 9-6 为采用碳纤维金属复合材料制成的 ThinkPad T 系列的机壳，在碳纤维中掺入镁或者钛颗粒，两者的优缺点相互补充，达到既坚固又轻便的终极目标。不过碳纤维复合材料的成型较难，废品率一直居高不下，加之原材料价格较高，成为目前最昂贵的机壳材质。

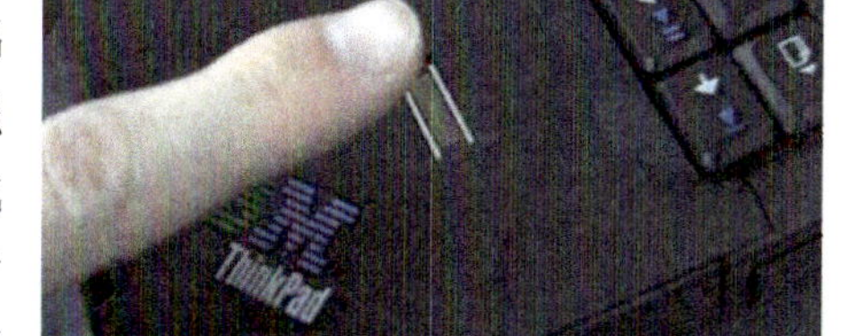

图 9-6　ThinkPad T 系列的机壳

(3) 碳纤维陶瓷复合材料

我国研制了一种碳纤维石英玻璃复合材料。同石英玻璃相比，它的抗弯强度提高了约 12 倍，冲击韧性

提高了约 40 倍，热稳定性也非常好，它克服了玻璃最大的缺点：脆性，从而变成了比某些金属还坚固的不碎玻璃，是有前途的新型陶瓷材料。如果在普通玻璃中混以 60% 的碳纤维细粉，强度也要提高许多倍。经过碳纤维增强的陶瓷，无论在抗机械冲击性还是抗热冲击性方面都有极大的提高，这在很大程度上克服了陶瓷的脆性，同时又保持了陶瓷原有的许多优异性能。

3. 其他纤维复合材料

(1) 硼纤维复合材料

硼纤维也是近年来研究发展的一种新的增强材料。

硼纤维的特点是抗拉强度高，耐高温，在无氧化气氛条件下能耐 1000℃以上的高温。硼纤维密度大，与碳纤维相比，它的比强度与比模量都差些，抗拉强度与玻璃纤维差不多，但弹性模量为玻璃纤维的 5 倍。硼纤维直径较粗，弯曲半径小，伸长率较小，生产成本高，所以目前仅在军事工业上少量采用。

硼纤维树脂复合材料的抗压强度（为碳纤维树脂复合材料的 2 ～ 2.5 倍）和抗剪强度很高，蠕变小，硬度和弹性模量高，有很高的抗疲劳强度，耐辐射，对水、有机溶剂和燃料、润滑剂都很稳定。硼纤维树脂复合材料主要应用于航空和宇航工业，制造翼面、仪表、转子、压气机叶片、直升机螺旋桨叶和传动轴等。

(2) 晶须增强复合材料

近年来用晶须代替纤维组成的复合材料发展很快。晶须也叫纤维状晶体，是一种单晶纤维，是一类新型的高强度增强材料，它是金属或陶瓷自由长大的针状单晶体，直径极小，在 30 μm 以下，长度约几毫米。由于它不存在晶体缺陷，它的强度极高，可接近于原子结合力的理论强度。目前已有小批量生产的氧化铝、氮化铝和氮化硅几种晶须。由于成本高，多用于尖端工程，有时也用晶须作为玻璃钢制品的辅助增强材料，在应力特别高的部位上撒上晶须，可使该部位局部增强。

(3) 石棉增强材料

石棉是一种矿物纤维，它具有耐酸、耐热、保温及不导电等特性。常见的石棉有温石棉（蛇纹石石棉）及青石棉（斜方角闪石石棉）。温石棉的特点是纤维较长，较柔软，可以纺织。缺点是它所含的结晶水较多，遇热不够稳定，容易被浓酸腐蚀。青石棉质较硬，机械强度较差，但耐酸性较好。

石棉可以制成布、带、绳和纸。改性的酚醛树脂和石棉布复合的材料，可以压制成刹车片。这种刹车片柔软、耐冲击，在冲击载荷下不致断裂。另外，用石棉布浸渍酚醛树脂压制成的层压板具有较高的力学性能，可以做成承受较大载荷的摩擦零件，如离合器片。

9.2.2 层合复合材料

层合复合材料是由两层或两层以上不同材料结合而成的，其目的是为了将组分层的最佳性能组合起来以得到更为有用的造型材料。用层合法增强复合材料可使强度、刚度、耐磨、耐腐蚀、绝热、减轻自重等若干性能分别得到改善。

图 9-7　铝钢复合板

1. 金属层压复合材料

层压金属基复合材料是由两层或多层不同金属组成的复合材料。各层材料相互紧密地结合在一起，其性能优于单一金属，根据需要选择不同的金属层，可使层压金属基复合材料具有多种优异的性能，从而在要求耐磨损、耐腐蚀、抗冲击、高的热传导性以及电磁性能和强度、韧性方面得到广泛应用（图 9-7、图 9-8）。

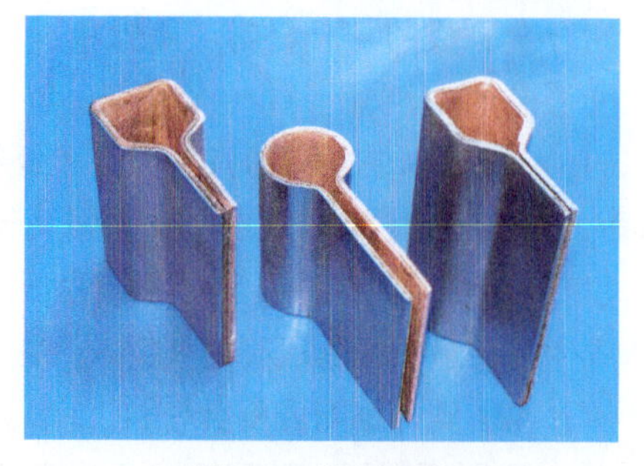

图 9-8　钛铜复合

金属层压板可以用不同的方法制造，其中最普遍的方法是轧合、双金属挤压和爆炸焊合等。最简单的层压金属复合材料是双层金属复合材料，它是将两块具有不同热膨胀系数的金属板黏合在一起。不锈钢 - 普通钢复合材料、合金钢 - 普通钢复合材料都是典型的双层金属复合材料。化工设备上采用钛包钢来代替全钛材料制造容器，既发挥钛的抗腐蚀、抗磨蚀和抗污垢等性能，又节约钛的用量，降低制造成本。图 9-9 采用复合金属板生产的炊具，由 0.4 mm的 304 不锈钢材料、1.2 mm～2.3 mm厚的纯铝板材和 0.5 mm的 430 不锈钢材料复合而成，用此材料生产的炊具，具有无油烟的效果，适用在电磁炉上。

图 9-9　采用复合金属板生产的炊具

2. 塑料金属多层复合材料

由塑料和金属层合成的多层复合材料，常见的有铝覆塑板、钢覆塑板复合材料和多层金属复合材料。

铝塑复合板可简称为铝塑板（图 9-10）。铝塑板一般是由内外两层高强铝合金板，内夹聚乙烯芯板或低密度 PVC 泡沫板三层构成，板材表面喷涂氟碳树脂面漆。其表面平整、光洁、色彩丰富，常用的有银灰色、浅灰色、香槟色、棕色等，并有仿天然石纹理，色泽漂亮、持久，质感好。

图 9-10　铝塑复合板

铝塑板的施工性能良好，易切割、裁剪、折边、弯曲、施工便利；耐酸碱、易清洁、隔声、减振、阻燃效果好，火灾时不产生有毒烟雾；它还有很强的耐候性能和耐紫外线性能，轻质、高强、刚性优等特点。铝塑板主要用于现代建筑幕墙或玻璃配合形成铝与玻璃幕墙，光洁、庄重、极具现代感。另外还广泛用于门面、包柱、内墙面、吊顶、家具、展台等处的装饰。

而生产中常用的 SF 型的三层复合材料，是以钢板为基体，烧结铜球为中间层，用聚四氟乙烯或聚甲醛塑料为表层的一种自润滑材料，它的物理、机械性能取决于基体，摩擦磨损性能取决于塑料。钢与塑料之间通过多孔性青铜为媒介，所获得的黏结力一般可大于喷涂层和粘贴层，一旦塑料磨损，露出青铜，也不致严重磨伤配件表面。这种材料大量用作装饰材料或作产品的壳体等，在冷冻机、冰箱、洗衣机、仪表等产品上得到广泛应用。

3. 夹层结构复合材料

夹层结构复合材料是由两层薄而强的面板（或称蒙皮）中间夹着一层轻而弱的芯子组成，面板是由抗拉、抗压强度高、弹性模量大的材料组成，如金属、玻璃钢、增强塑料等。芯子的结构类型有两大类，一是实心的；二是蜂窝格子。芯子材料根据要求的性能而异，常用泡沫塑料或木屑、石棉等。蜂窝格子常用金属箔、玻璃钢等。面板和芯子的连接方法一般用胶黏剂胶结，金属材料可用焊接，夹层结构复合材料的特点主要有：比重小，减轻了产品的结构质量；具有较高的刚度和抗压稳定性；可以根据需要选择面板和芯子的材料，以得到所需的性能和质感。

夹层结构复合材料的性能与面板的厚度、夹芯的高度、蜂窝格子的大小或泡沫塑料的性能等有关。通常，蜂窝夹层结构的耐热性和机械强度比泡沫夹层结构高。因此，对于结构尺寸大，要求强度高、刚度好、耐热性好的受力构件应采用蜂窝夹层结构（图 9-11）；而对于受力不大，但要求结构刚度好，尺寸较小的受力构件可采用泡沫塑料夹层结构。夹层结构复合材料已广泛用于飞机上的天线罩隔板、机翼以及火车车厢、运输容器等方面。

图 9-11　夹层结构复合材料

9.2.3 颗粒复合材料

颗粒复合材料是由一种或多种材料的颗粒均匀分散在基体材料内所组成的材料。

颗粒复合材料的增强原理是利用大小适宜的高硬度、高强度的细小颗粒，呈高度均匀分布在韧性基体中，使其阻碍导致塑性变形的位错运动或分子链运动。增强粒子的粒子体积、粒子特性、粒子直径及粒子间距离直接影响增强效果。一般认为，粒子愈小，强化效果愈大。但粒子太小，则近于固溶体结构，作用不大；若粒子太大，往往引起应力集中而成为裂纹源，反而使强度降低。

非金属颗粒增强非金属基体的混凝土、金属颗粒增强非金属基体的复合固体推进剂、金属颗粒增强金属基体的烧结合金、非金属颗粒增强金属基体的碳化物硬质合金等都为颗粒复合材料。

金属陶瓷是常见的一种颗粒复合材料。一般地说，金属及其合金的热稳定性好、延伸性好，但在高温下易氧化和蠕变；陶瓷则脆性大，热稳定性差，但是耐高温、耐腐蚀。为取长补短，将陶瓷微粒分散于金属基体中，使二者复合一体即是金属陶瓷。金属陶瓷兼有金属和陶瓷的优点，具有金属的韧性、高导热性和良好的热稳定性，又具有陶瓷的耐高温、耐腐蚀和耐磨损等特性，具有高硬度、高强度、耐磨损、耐腐蚀、耐高温和膨胀系数小等特点，是一种优良的工具材料。除金属陶瓷外，还有石墨－铝合金复合材料，就是在铝液中加入颗粒状石墨并悬浮于铝合金中，是新型的轴承材料。另外碳－橡胶复合材料也是常用的耐磨颗粒复合材料。

弥散强化复合材料是通过添加微粉或超微粉对材料进行弥散强化，改善其物理和化学性能等，通常采用直径为 0.01 ～ 0.1μm 的微粒子进行弥散强化，且强化粒子的数量应小于 20%。

例如，铜合金中的高强度和高导电性一直是一对相矛盾的特性。一般只能在牺牲电导率和热导率的前提下改善铜的力学性能，来获得高的强度。但采用稳定弥散相强化铜基材料却是解决这一矛盾的较好方法。通过向基体中引入均匀、细小、具有良好稳定性的颗粒以达到弥散强化铜的目的成为制备高强高导铜的一大热点。以碳化硅（SiC）纳米颗粒为增强相的 Cu/SiC 复合材料，是典型的弥散强化复合材料，它以其优良的导电性能，较高的强度及适中的价格，成为了一类具有优良的综合物理性能和力学性能的功能材料。

9.3 复合材料的成型工艺

一般材料的产品化过程，分为原材料加工和由材料加工形成产品两个基本过程。然而复合材料的产品化过程则不同，它的这两个基本过程是同时实现的，所以复合材料的设计过程就是产品的设计过程，并且不同的产品即使采用相同的复合材料也有不同的成型方法与条件。

复合材料成型工艺是生产复合材料制品的主要手段，它的成型方便性是复合材料工业发展的基础和重要前提。复合材料的成型过程，也就是复合材料的生产过程。材料的复合、定位于一次完成，因此复合材料的成型工艺是产品设计、造型与工艺相互配合同步完成的一种生产技术。在所有工业材料加工制造过程中，复合材料的这种生产技术是独树一帜的，也是绝无仅有的。

复合材料成型工艺有许多种，它的易成型和易着色的特点，使之可以制成色彩艳丽、变化繁多的品种形体和制品。它的进步与创新，决定着复合材料工业的发展水平。

随着复合材料应用领域的拓展，产品技术的升级，成型工艺日臻完善，材料种类和产量相应增加，各种成型工艺的应用比例也将发生变化。复合材料的成型工艺方法有很多种，每种方法都有它自身的特点，例如手糊成型工艺的普遍性和特殊性；模压成型工艺的稳定性和可靠性；缠绕成型工艺的规律性和局限性；喷射成型工艺的方便性和随机性；树脂传递模塑成型工艺的均匀性和流变性；拉挤成型工艺的准确性和坚固性；连续成型工艺的连续性和先进性以及其他成型工艺的相关性和适应性等。

这里主要介绍纤维－树脂复合材料的成型方法。

纤维与树脂复合材料的成型方法是以纤维形态不同而异。短纤维增强塑料制品一般都可用普通的塑料成型加工方法制造，但必须根据纤维的长度、分散度和制品性能要求等方面来合理地选择成型方法。通常，纤维增强复合材料均是一次成型，所制成的产品无须再进行机械加工。但实际使用中，由于装配等原因，机械加工仍是难免的。纤维增强塑料复合材料可以车、铣、刨、磨、钻、镗、锯、锉等切削加工，只是加工时要求刀刃锋利、切削速度快、进刀慢。特别是最终进刀时要小心避免撕裂纤维。还要注意散热，为防止发热过大，可采用吹风或冷却剂，或者多次提起钻头完成断续钻孔。在加工碳纤维复合材料时工具磨损较大，应注意经常修磨刀刃勿使刀刃口变钝。

1. 手糊成型

手糊成型是增强塑料成型方法之一，以手工作业为主。在涂有脱模剂的模具上均匀地刷一层树脂，再将按要求剪裁成一定形状的片状增强材料（如纤维增强织物），铺贴到模具上，然后涂刷树脂，再铺贴增强材料，如此重复直至达到所需厚度和预定形状，然后加热固化，脱模即得制品（图 9-12）。手糊成型时要求铺贴平整、无褶皱，涂刷树脂要均匀浸透织物层并排出气泡。手糊成型工艺简单、操作方便，不需专用设备，适用性强，不受形状和尺寸限制，但制品精度低，质量不够稳定，操作技术性强，成型技术对产品质量影响很大，劳动条件差、效率低。多用来制作大型物品，如：汽车壳体、飞机雷达罩、机尾罩、船艇、大型雕塑等。也是制作玻璃钢模型的主要方法。因此，手糊法在产品设计中只广泛用于小批量整体造型件或大型制件。

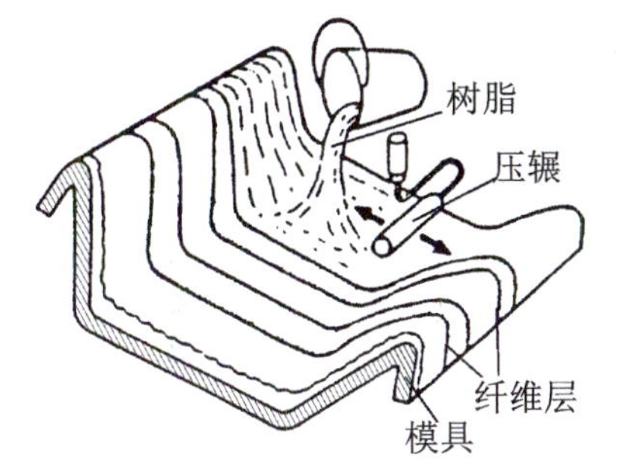

图 9-12　手糊成型示意图

2. 纤维缠绕成型

纤维缠绕成型是纤维增强塑料的成型方法之一。纤维缠绕成型是将经过浸渍树脂后的纤维和带，用手工或机械方法按一定规律连续缠绕于芯模（或内衬）上，然后固化成型，制成一定形状的制品（图 9-13）。纤维缠绕成型分为湿法缠绕和干法缠绕两种方式。湿法缠绕是纤维浸渍树脂后直接缠绕于芯模上；干法缠绕是纤维浸渍树脂后烘干，缠绕时再加热熔融树脂，使缠绕在芯模上的纤维彼此粘着。这种成型方法的特点是：易于机械化，能通过计算机程序控制，生产率高，制品强度高，质量稳定。但设备费用高，对制品形状局限性较大，适合于制作球形、圆筒形和回转壳体等零件。

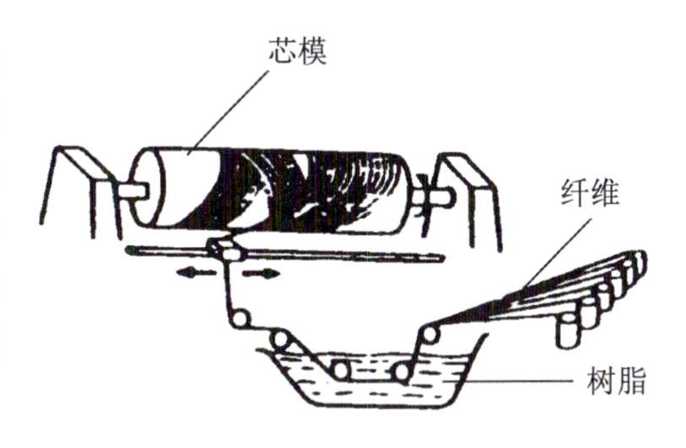

图 9-13　缠绕成型示意图

3. 模压成型

模压成型是借助于压力机采用很高压力，将涂覆好的纤维或纤维制品压制成所需要的形状，然后固化成型。模压成型制品质量可靠、均匀，制品两面平整，生产效率高。可成型复杂的制品，生产效率较手糊法、喷射法高，但设备费用高，立面较深的制品需要大吨位压机。特别适用于大量生产的中小型玻璃钢制品。

4. 喷射成型

喷射成型是增强塑料的成型方法之一。利用压缩空气将树脂、硬化剂（或固发剂）和切短的纤维同时喷射到模具表面，达到一定厚度后固化成型（图 9-14）。经过辊压、排除气泡等，再在其表面喷涂一层树脂经固化而成玻璃钢制品。喷射法成型的特点是效率高、制品无接缝、制品整体性好，适应性强等，制品形状、尺寸不受限制。适合于异形制品的成型，但此法劳动条件差，操作人员技术要求高，树脂、硬化剂和纤维的比例要求严格。操作环境污染大等缺点。多用于制造大型制件，也可用于泡沫塑料的成型，通常是将快速反应的树脂（如聚氨酯）和助剂喷射到模具或基体表面上，然后发泡、固化而成型。

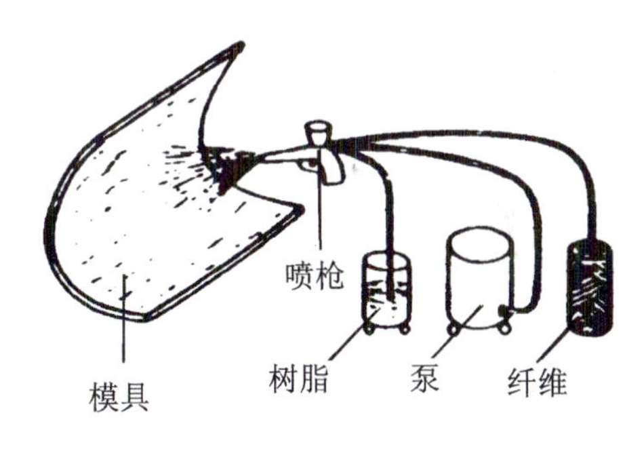

图 9-14　喷射成型示意图

5. 其他成型方法

其他成型方法还有连续成型、离心成型、树脂注射成型、回转成型、裱衬成型等。

9.4 复合材料在设计中的应用

(1) Random 吊灯（图 9-15）

由 Moooi 公司于 2006 年推出。20 世纪 70 年代麻绳和黏粘的工艺如今被创造性地运用在灯饰设计上，让这一古老的技术重新焕发了活力。Random 灯饰采用高科技的玻璃纤维和环氧树脂材料，纤薄的膜层会随机成卷，球的半径分为大、中、小三个尺寸。同样的脉络繁杂的肌理，在黑色的衬托下更加清晰，在灯光的映射下更显魅惑。

图 9-15 Random 吊灯

(2) 玻璃钢椅（图 9-16）

1949 年设计的玻璃钢椅，由玻璃纤维增强塑料压制而成，该椅子造型在当时也是应用新型塑料品种，对塑料材料进行改进并应用于产品设计的典型例证。在家具设计领域具有较大的影响。

(3)"轻轻型"扶手椅（图 9-17）

由意大利设计师阿尔贝托·梅达 (Alberto Meda) 设计，这张椅子成为碳纤维材料应用的完美案例，碳纤维的应用，使椅子的结构和功能得到完美的结合且椅子的重量只有 1 千克，具有高强度比，同时也拥有精致的形状。椅座和椅背部分的芯材采用蜂窝式的聚酰胺塑料，在其面上覆贴碳纤维，两者热熔为一体。碳纤维使用前已浸透环氧树脂。椅腿由碳纤维和树脂复合制成。这款扶手椅体现了设计师不断追求新颖独特的设计风格以及对新材料运用和技术创新的精神。

图 9-16 玻璃钢椅子

(4)"Sirius Mushroom"吊灯（图 9-18）

该吊灯由英国设计师拉塞尔·D·贝克设计制作。吊灯灯体采用玻璃纤维和树脂制作，灯体经钻孔加工后可嵌入带颜色的橡胶球，达到装饰作用。

(5)"苍鹭"台灯（图 9-19）

由日本设计师 Isao Hosoe 设计。灯体造型多少像抽象的"苍鹭"。灯体底座和灯臂采用经玻璃纤维增强的 PA66 制成，底座底部装有用聚碳酸酯塑料制成的小轮子，轮子上涂有硅橡胶，使灯具能在平面上平滑移动，反光灯罩采用高抛光铝材和耐热防护玻璃，当高度改变时，反光罩与工作台面始终保持水平状态。

图 9-17 "轻轻型"扶手椅

图 9-18 "Sirius Mushroom"吊灯

(6) 球椅 (Ball Chair)（图 9-20）

由芬兰设计大师艾洛·阿尼奥 (Eero Aarnio) 设计的"球椅"看似航天舱的座椅，采用玻璃纤维复合材料制成。"球椅"在 1966 年科隆家具博览会上引起很大的轰动，一夜成名。艾洛·阿尼奥完全抓住了那个时代最动人心弦的精神，从而使他的"球椅"成为一种时代的象征，很快地这张椅子被大量地制造生产。而玻璃纤维复合材料，成为艾洛·阿尼奥设计时最喜欢使用的素材。艾洛·阿尼奥的许多作品享誉全球的国际知名度，并获得许多工业设计奖项。其他代表作品还包括有焦点椅（图 9-21）和螺丝钉桌（图 9-22）。

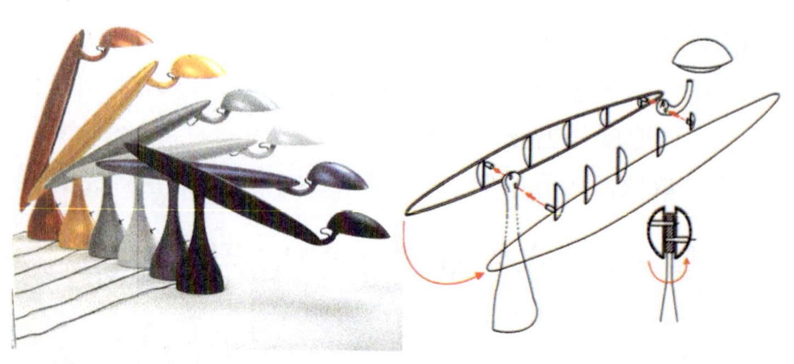
图 9-19 "苍鹭"台灯

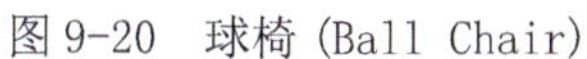

图 9-20　球椅 (Ball Chair)

图 9-21　焦点椅 (Focus Chair)

图 9-22　螺丝钉桌

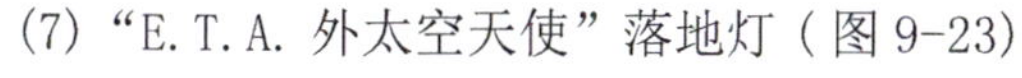

(7)“E.T.A. 外太空天使”落地灯（图 9-23）

由意大利设计师古利文尔莫·伯奇西 (Guglielmo Berchicci) 设计的落地灯，外形细长、高挑、迷人，可制成各种外观色彩。落地灯由两对称部分装饰而成，灯体部分采用聚酰胺树脂和玻璃纤维制作，表面涂饰两层保护性的烘干漆，对灯体做特殊的无毒处理。

图 9-23　“E.T.A. 外太空天使”落地灯

(8) 诺基亚 8800 CA 手机（图 9-25）

诺基亚 8800 CA 是一款采用了碳纤维材质机身的奢华手机。外壳由碳纤维、钛合金、不锈钢等材料组成，屏幕则采用了超强度玻璃材质。如此的高端材质和出色设计代表着诺基亚始终是引领着手机界的时尚潮流和最高的锻造工艺。手机外观时尚经典，在简约的线条中，体现出清爽、典雅和奢华的质感。

(9) VAIO G 系列笔记本电脑（图 9-26）

作为 VAIO 家族中的新成员，VAIO G 系列完全秉承了 VAIO 对超轻薄笔记本电脑的设计理念，采用多层全碳纤维材料和 LED 屏幕技术，使机身总重仅 1.15kg、薄至 2.15cm，不断挑战人们对于轻薄的极限。VAIO G 系列首次在顶盖，腕托和底部同时选取多层纯碳纤维材质，这种轻薄坚固的最新材料目前广泛运用在航空航天和方程式赛车上，比市面上主流的镁铝合金顶盖相比坚固 200%，重量减少 30%。VAIO G 系列笔记本电脑的轻薄但却坚韧的机身设计可以从容应对商务使用过程中可能发生的意外跌落、正面挤压和意外的局部受压等情况，坚固的机身为商务人士提供了最安全的保护，使商务人士可放心地在各种环境中轻松使用。

VAIO G 系列的多层碳纤维上盖的颜色除了商务经典的黑色以外，还提供了清晰带碳纤维纹理的咖啡色，为商务人士提供更多选择。

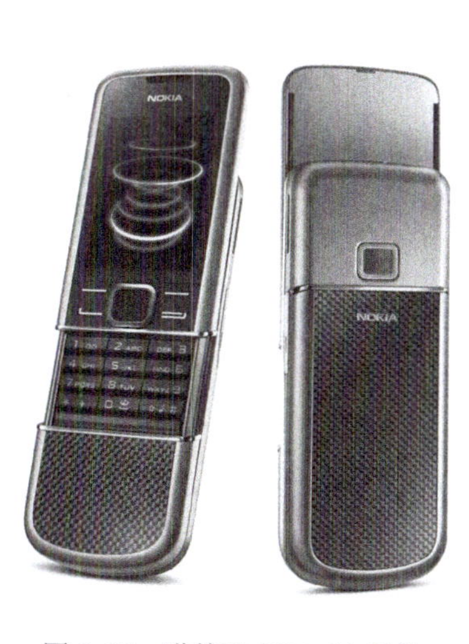

图 9-25　诺基亚 8800 CA 手机

(10) invicta S1 超级跑车（图 9-27）

Invicta S1 是世界上第一辆采用单片碳纤维车壳的汽车。车壳与钢

管空间车架底盘连接在一起，形成一个非常强壮、且重量非常轻的车身结构，不仅仅拥有很高的扭曲刚度，而且在低抗外力方面也有优异的特性。建立单片式车壳至关紧要的步骤是材料的选用，Invicta S1采用了最新的，名为ZPREG碳纤维材料。这种材料比普通的钢板轻了约30%，并且比传统的碳纤维能更快、更容易地成型，而且表面平滑更容易上色，加工工序也少了很多，比以前赛车或航空用的碳纤维材料需要的处理技能更简单一些。Invicta S1拥有重量轻，运转平顺以及可靠耐用的特点，整个车身的重量约为1100千克，比同样采用此4.6升发动机的福特野马Cobra轻了约300千克。轻盈的车身使S1有非常突出的加速表现，能在5秒以内完成0～100千米的加速，在11秒内达到160千米的时速，如果道路条件许可，S1可以很从容地将时速越过275千米。Invicta S1在世界上是独一无二的，能够完全展示其拥有者的独特个性。

图9-26 VAIO G系列笔记本电脑

图9-27 invicta S1超级跑车

思考题

1. 什么是复合材料？它有哪些种类？其性能特点是什么？
2. 增强材料在复合材料中的作用是什么？常用的增强材料有哪些？
3. 简述玻璃钢、碳纤维增强塑料的性能特点及应用。
4. 试述纤维增强复合材料的成型方法。
5. 收集复合材料的应用与发展相关资料，探讨复合材料对未来设计的影响。

第十章

产品设计中材料的选择与开发

10.1 设计材料的选用

设计是一种复杂的行为，它涉及设计者感性与理性的判断。与设计的其他方面相比，材料的选择是最基本的，它提供了设计的起点。材料选择的适当与否，对产品内在和外观质量影响很大。如果材料选择不当或考虑不周，不仅影响产品的使用功能，还会有损于产品的整体美感，降低使用价值，增加加工制作难度。因此，设计师在选择材料时，除必须考虑材料的固有特性外，还必须着眼于材料与人、环境的有机联系。

10.1.1 设计材料的选择原则

设计材料的种类多，量大面广。每一种材料都有自身的特点和特质，在设计中如何正确、合理地选用材料是一个实际而又重要的问题。作为一个设计师应该尽量发掘材料本身的特点、发挥它的特长，才能真正创造出好的产品。工业设计师在选择材料时，首先应当遵循科学的原则，了解材料的物理属性、加工方法。材料是设计师创造产品的物质基础，材质在产品上的运用被设计师赋予一定的意义。产品不只是实用功能的载体，其精神和文化上的象征功能也非常重要。根据产品的造型特点、定位层次、风格特征，来选择合适的材料，通过不同材质透出的感觉特性，按照一定的美学原则，有机地和整个产品结合起来。

设计材料的选择应遵循以下原则：

1. 实用性原则

(1) 材料的外观

材料的外观主要考虑材料的感觉特性。根据产品的造型特点、民族风格、时代特征及区域特征，选择不同质感、不同风格的材料。

(2) 材料的使用性能

材料的使用性能主要由材料的固有特性决定，材料的固有特性应满足产品功能要求、产品结构要求、使用安全要求以及使用环境、作业条件和环境保护的需要。

无论怎样的产品，都必须先考虑产品应具有怎样的功能和所期望的使用寿命，这样的考虑必定会在选用何种材料更合适方面做出总的指导。例如，操纵键盘的材料应具有恰当的接触摩擦性和冲击回弹性，以保证可靠操作和手感舒适；用作控制面板的材料应选择反射率较低并易于在其表面形成图样符号或易于贴附图样符号的材料制作，以减少眩光和便于指示控制动作；医院中与病人接触的某些电疗设备，其表面应选择绝缘且抗静电的材料。

2. 工艺性原则

材料应具有良好的工艺性能，符合造型设计中成型工艺、加工工艺和表面处理的要求，应与加工设备及生产技术相适应。

材料成型工艺的选择原则应遵循高效、优质、低成本的原则，即应在规定的周期内，经济地生产出符合技术要求的产品，其核心是产品品质。材料应具有良好的工艺性能，符合造型设计中成型工艺、加工工

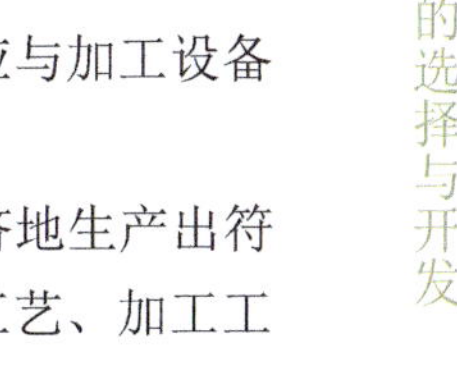

艺和表面处理的要求，应与加工设备及生产技术相适应。

3. 经济性原则

材料是否有竞争能力，除了质量和质量稳定性以外，还有材料的生产成本和价格。材料价格的影响因素很多，其中产量是决定因素之一。因为高产量不但可以实现自动化而且质量稳定，成品率大幅度提高，成本明显下降。扩大应用范围是促进生产量的必由之路。在满足设计要求的基础上，尽量降低成本，优先选用资源丰富、价格低廉的材料，使产品具有较强的竞争力，以获得最大的经济效益。

4. 环境性原则

材料的生产－使用－废弃的过程，是一个将大量的资源从环境中提取，再将大量废弃物排回环境中去的恶性循环过程。材料选用要从环保的角度考虑，符合绿色设计要求，选用有利于生态环境保护的材料。

5. 创新性原则

随着科学技术水平的发展，新材料、新技术的不断出现势在必然。当一种新的材料出现后，需要创新性使用，来创造出一种新的形态方式，赋予产品新的品质和内涵。新材料的出现为产品设计提供更广阔的前景，满足产品设计的要求。

10.1.2 影响材料选择的基本因素

除材料本身的固有特性外，影响材料选择的基本因素主要有以下几个方面。

(1) 功能

无论怎样的产品，都必须先考虑产品应具有怎样的功能和所期望的使用寿命。这样的考虑必定会在选用何种材料更合适方面做出总的指导。

(2) 基本结构要求

如何综合平衡设计中对产品的功能、人机工程学和美学方面的要求，以及针对批量生产特点的机械结构、加工工艺难点和由此产生的成本问题等加以解决，已成为材料选择中的主要问题。其中材料的耐久性应是材料选择中必须最先考虑的。在大多数情况下，这样的考虑比仅考虑美学品质或节约成本而选用可能导致产品在使用过程中过早废弃的劣质材料，显然要有意义得多。

(3) 外观

产品的外观在一定程度上受其可见表面的影响，并受材料所能允许的制造结构形式的影响。因此，外观也是材料选择应考虑的一个重要因素。就产品的表面效果来看，材料还影响着产品表面的自然光泽、反射率与纹理，影响着所能采用的表面装饰材料和装饰方式，影响着装饰的外观效果和在使用期限内的老化程度与速度。

(4) 工艺

一般而言，当产品的材料选定以后，其成型工艺的类型就已大致确定了。例如，产品为铸铁件，应选铸造成型；产品为薄板成型件，应选冲压成型；产品为ABS塑料件，应选注塑成型；产品为陶瓷材料件，应选相应的陶瓷成型工艺；在选择成型工艺中还必须考虑产品的生产批量、产品的形状复杂程度及尺寸精度要求、现有生产条件以及充分考虑利用新工艺、新技术和新材料的可能性。至于造型所采取的制造工艺与手段，如浇铸、模铸、冲压、弯折或切削等也在很大程度上依赖于所采用的材料。

除此之外，为了合理选用成型工艺，还必须对各类成型工艺的特点、适用范围以及涉及成型工艺成本与产品品质的因素有比较清楚的了解。

(5) 安全性

安全是最基本的因素。材料的选择应按照有关的标准选用，并充分考虑各种可能预见的危险。例如医院的某些电疗设备中与病人接触的部位，其表面应选择绝缘且抗静电的材料；在设备较暴露的位置若配置普通的平板玻璃，就易于碰撞碎裂而造成人身伤亡；在设备内部若选用易于泛潮的塑料轴承，就会因隐匿着腐蚀的危险性造成质量恶化而导致至关重要的控制件失灵。

(6) 控制件

控制件对材料的选择也有其特殊的需求。例如，操纵键盘的材料应具有恰当的接触摩擦性和冲击回弹性，以保证可靠操作和手感舒适；用作控制面板的材料应选择反射率较低并易于在其表面形成图样符号或易于贴附图样符号的材料制作，以减少眩光和便于指示控制动作。

(7) 抗腐蚀性

抗腐蚀性是材料选择的另一个重要准则，因为它影响着产品的操作、外观、寿命和维护。在直接涉及人身安全的场合，则必须通过材料的选择来防止危险的腐蚀。例如，为了保证维修、测试、操作过程的安全，对设备中必须具备的升降机或其他必须保证生命安全的设备，其材料的选择就应该以保证安全为前提。

(8) 市场

设计者必须对未来可能使用自己所设计产品的消费者进行调研。如果可能，应尽量使自己的产品达到或超出消费者所期望的程度。对于材料，要考虑到消费者的态度往往受他所接触的各类产品的影响。有时消费者所期望的材料也许恰恰是设计者并不准备采用的。在有些情况下，消费者对某些产品所选用的材料还受到传统习惯的束缚，在一定时间内未必会被消费者接受。当然，这并不等于说产品选用的材料就必须永远停滞在传统的水平上。问题在于当我们选择新材料替代传统材料时，如何在造型设计上、在广告宣传上设法让消费者能够更快地适应和接受。

10.2 材料工程的发展

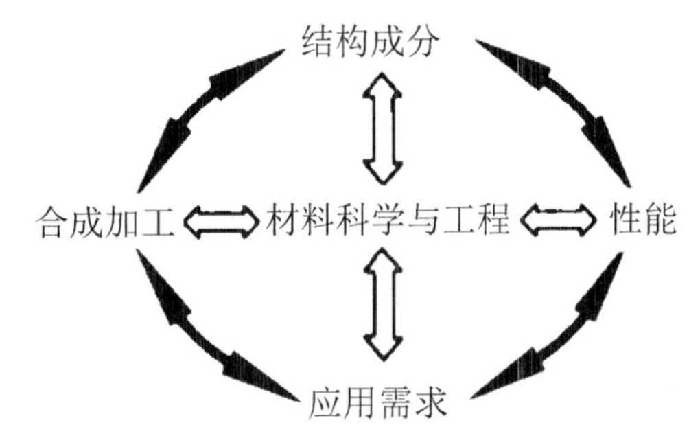

图 10-1 材料科学与工程领域中的四大主题及其相互关系

图 10-1 为材料科学与工程领域研究的四大主题及其相互关系，其中，“应用需求”提供了本学科与社会交互作用的通道，经由这一通道，社会向材料工作者提供需求信息，材料工作者向社会提供能满足需求的材料或材料产品；“合成与加工”与社会存在着一定的相互作用，这主要体现在对环境的影响方面，例如，加工过程中污染物的排放、能耗大小等；“材料结构成分”主要研究材料内部的化学成分、晶体结构、显微结构、复合结构的成因，以及这些结构对性能的影响；“材料性能”主要研究性能的评价方法、测试方法及影响因素。

随着人类文明的进步，面对人类需求在质和量方面的不断增长，对材料品种和性能的要求越来越高。材料科学与工程领域发生着日新月异的变化，主要特征体现在：

①新构思、新观念不断涌现，成为此领域迅速发展的强大推力。例如，材料低维化，由三维块体材料向二维薄膜材料、一维纤维材料、零维原子簇和纳米粉体材料发展；材料梯度化，利用特殊制备方法可将不同的两种材料平缓地、无界面地连接在一起；材料复合化，包括纤维复合、颗粒复合、纳米复合、原位复合等；材料仿生化，师法自然可以做到结构仿生（形似）和功能仿生（神似）；材料智能化，集传感、执行功能为一体；材料绿色化，积极探索废弃材料的二次利用，大力发展绿色材料。

②营造特殊环境，利用特殊手段，制备特殊材料，获取特殊性能。例如，在微重力条件下制备超纯晶体材料、特殊自润滑材料、优良磁性材料和超导材料等；在高温、高压条件下合成金刚石、氧化物和非氧化物超硬材料；在快速冷却条件下生产非晶态材料、微晶材料和纳米材料；在自蔓延条件下合成各类金属间化合物、梯度材料；在激光束、电子束、离子束作用下制备各类非平衡材料、实施材料表面改性。

③强烈依赖其他高新技术，材料领域成为其他高新技术综合应用的实验地。当今新材料的合成和制备大多在高温、高真空、特殊气氛等非平衡环境中进行。20 世纪 80 年代后期纳米器件——巴基球的发现就是综合应用激光技术、高真空技术和精细测试技术的范例，发现者因此于 1996 年获得诺贝尔奖。

④经济实力成为制约材料领域发展速度、深度和广度的关键因素。20 世纪 90 年代，美国每年用于材料研制和开发的费用均为数十亿美元；日本、美国、德国、法国等发达国家先后制定了材料资助项目，对新材料的研制和开发给予了高度重视。各国都希望材料这块“基石”更加牢固，以便在这块“基石”上建筑更加雄伟的人类文明大厦。

1986年，我国开始实施国家高技术研究发展计划(863计划)，新材料是七个优先发展的领域之一，“863计划”的实施，为我国新材料的研究和发展起到了导向和推动作用，使我国新材料的研究水平有了很大的提高。

10.3 设计材料的开发

材料不仅是当前世界新技术革命的三大支柱（材料、信息、能源）之一，而且又与信息技术、生物技术一起构成了21世纪世界最重要和最具发展潜力的三大领域之一。因此，材料特别是新材料，已经成为了“高科技术产业的先导和基础”，对人类社会的进步发挥着决定性作用，对设计的未来发展具有重要影响。

现代设计与材料的关系是互相刺激、互相促进的。时代的变迁、意识的变化，会带来人们对材料需求的变化，从而促进设计材料的改进和开发。从现代设计的概念变化与新材料开发的关系来看，当人们物质生活还不丰富时，设计更多的追求功能性和机械性，而当人们的物质生活达到一定水平时，设计随之将其侧重点偏向于造型、感觉等方面。

满足人类文明的需求是材料研制和开发的出发点和回归点，出发点和回归点的重合是通过若干个中间环节实现的。材料的开发经历从基础研究到应用再到实用的过程。对于新材料的发现和研制，材料开发闭环过程为：功能需求分析→确定性能指标→确定材料体系和加工方法→材料成分设计和工艺参数优化→性能评价→应用→产品失效分析，然后进入下一轮循环，直至达到预定要求（图10-2）。在闭环过程中还设置了一些对预定指标与实际指标的比较环节，从使用性能、工艺性能、经济效益、环境保护等方面对材料进行综合比较，以便获得合乎要求的材料。

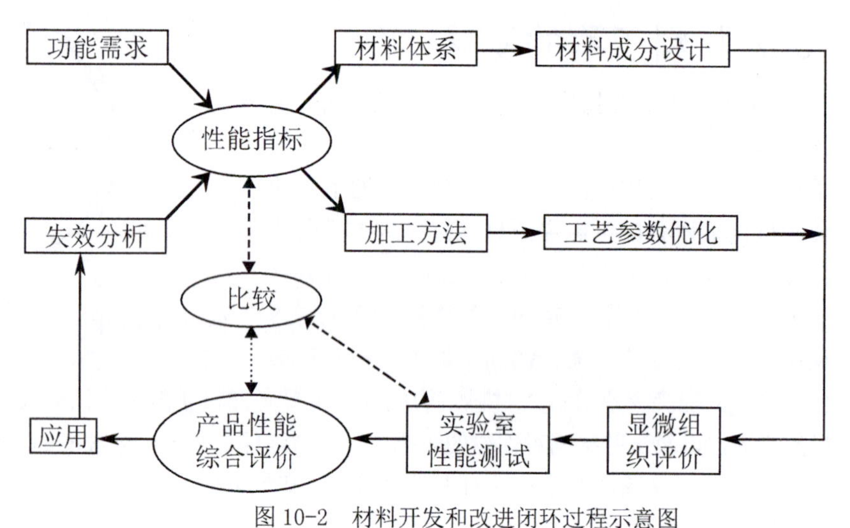

图10-2　材料开发和改进闭环过程示意图

10.3.1 新材料

新材料是指那些新出现或正在发展之中的、具有传统材料无法比拟的全新的特殊材料，或采用新工艺、新技术合成的具有各种特殊机能（光、电、声、磁、力、超导、超塑等）或者比传统材料在性能上有重大突破（如超强、超硬、耐高温等）的一类材料。

新材料与传统材料之间并没有截然的分界，新材料是在传统材料基础上发展而成的；传统材料经过组成、结构、工艺和设计上的改进，提高材料的性能或产生新的功能，从而发展成为新材料。

1. 新材料发展的标志

①引起生产力的大发展，推动社会进步。从石器、陶瓷器、青铜、铸铁、钢、塑料到各种新材料的出现，均标志着一个相应经济发展的历史时期。例如，单晶硅的问世，导致以计算机为主体的微电子工业的迅猛发展；光导纤维的出现，使整个通信业发生了质的变化。

②根据需要设计新材料，一改以往根据产品功能来选择材料的方式，而是建立一种由材料来设计产品的新观念。这种材料设计可以从组成、结构和工艺来实现设计产品的观念。更重要的一点是：一种新材料已经不是只具有某一单一功能，而是在一定条件下可能具有多种功能，从而使材料为高新技术产品的智能化、微型化提供基础。

2. 新材料的性能要求

当今人类正面临一场新技术革命，需要愈来愈多的品种各异和性能独特的新材料，现代社会对开发研制新一代材料提出了如下的要求：

①结构和功能相结合：要求材料不仅能作为结构材料使用，而且具有特殊的功能或多种功能。正在开发研制的梯度功能材料和仿生材料即属于此。

②智能化：要求材料本身具有感知、自我调节和反馈的能力，即具有敏感和驱动的双重功能。

③减少污染：为了人类的健康和生存，要求材料在制作和废弃过程中对环境产生的污染尽可能少。

④可再生性：材料可以多次反复利用。

⑤节省能源：材料制造、成型过程的能耗应尽可能少，同时又可利用新开发的能源。

⑥长寿命：要求材料能长期保持其基本性能，稳定可靠，用来制造材料的设备和元器件尽可能少维修或不维修。

以上是对新一代材料开发、研制时的总体要求。这是从最佳状态来考虑的，实际上很难同时满足。一般总是从尽可能多地满足这些要求出发，采用这种方案来实施。

3. 新材料的应用特征

随着人类文明的进步，随着人类需求在质和量方面的不断增长，对材料品种和性能的要求越来越高，材料科学与工程领域发生着日新月异的变化，主要特征体现在：

①构思、新观念不断涌现，成为此领域迅速发展的强大推力。

②营造特殊环境，利用极端手段，制备特殊材料，获取特殊性能。

③强烈依赖其他高新技术，材料领域成为其他高新技术综合应用的实验地。

④经济实力成为制约材料领域发展速度、深度和广度的关键因素。

4. 新世纪材料开发应用中必须考虑的因素

①重视材料制备工艺与技术的开发。任何一种新材料从发现到应用于实际，必须经过适宜的制备工艺才能成为工程材料。高温超导材料自 1986 年发现以后到现代，已有 20 多年历史，但仍不能普遍应用，主要是因为工艺成本高。创新材料也需要不断改进生产工艺流程，以提高产品质量，降低成本和减少污染，从而提高竞争能力。

②材料应用的考虑因素。材料的广泛应用是材料科学技术发展的主要动力，实验研究出来的具有优异性能的材料不等于就拥有实用价值，必须通过大量应用研究，才能发挥其应有的作用。

新材料具有新特性，这些特性通常都是作为优点被利用的，但任何事物都有两面性，往往使用时的优点就会成为废弃时的缺点，如有良好的耐候性是产品所希望的，但废弃物的处理就很困难。所以在产品设计中就应考虑到废弃物的再利用或最终处理，使之成为设计的一环。

同传统材料一样，新材料可以从结构组成、功能和应用领域等多种不同角度对其进行分类，不同的分类之间相互交叉和嵌套，目前，一般按应用领域和当今的研究热点把新材料主要分为：电子信息材料、新能源材料、纳米材料、先进符合材料、先进陶瓷材料、生态环境材料、新型功能材料（含高温超导材料、磁性材料、金刚石薄膜、功能高分子材料等）、生物医用材料、高性能结构材料、智能材料、新型建筑及化工材料等。

10.3.2 新材料对产品造型设计的影响和作用

在人类的历史长河中，新材料不断创造着人类新的生活，人类使用各种材料创造新的生活，建构新的世界。如果我们用新材料的涌现，以及从新材料及其技术对推动人类社会发展的作用来描述人类的历史，那么，从古至今，人类已经经历了它的旧石器时代、新石器时代、青铜时代、铁器时代、钢铁时代、高分子材料时代、复合材料时代等，在现代社会，新材料以及新材料中的高新技术正在为人类展开一个新世界的画卷，现代人类更是进入到了一个以高性能材料为代表的多种材料并存的时代。可以说，新材料的使用不仅使生产力获得极大的解放，极大地推动了人类社会的进步，而且在人类文明进程中具有里程碑的意义，为人类文明提供新的行为理念，建立起人类扩展自身生存与发展空间的信心。

材料是人类赖以生存和发展的物质基础，人类文明的历史在一定意义上是人类认识、探索、创新和使用材料的历史。新材料是营造未来世界的基石。如果没有20世纪70年代制成的光导纤维，就不会有现代的光纤通信；如果没有制成高纯度大直径的硅单晶，就不会有高度发展的集成电路，也不会有今天如此先进的计算机和电子设备。

随着技术革新的浪潮日益高涨，作为其支柱的新材料正在飞速发展。新的材料使人类超越自然界，实现了根据材料来设计产品，根据产品的需要，通过新的组成、结构和工艺设计来实现其所需功能的概念，并且它的功能要求正在向着迎合人类在各个领域的需要而发展。由此可以说，新材料已成为人类从“自然王国”走向“自由王国”的动力源泉。新材料的不断发展，给产品造型设计带来了很大的变化。多种新材料的选择，造就了多样的产品形态，从而改变了人类的生活方式。

人类的造物活动都是和新材料的出现、新工艺的产生和新技术的发展息息相关的。新材料是设计师创新设计的重要着眼点之一，设计师通过尝试采用新材料对传统命题进行革新，或借鉴甚至试验新的成型技术、表面加工技术对传统材料的成型性、表面肌理等进行大胆尝试，设计出大量的极具创新性的作品。然而当今材料科学日新月异，材料从种类到加工技术都在以加速度发展，因此，与掌握有限的几种材料相比，学习如何全方位把握材料性能的方法及途径，培养应对层出不穷的新材料的能力就显得尤为重要。能否将材料与功能有机地结合起来，将材料特性在使用中发挥得淋漓尽致，则有赖于对材料特性的全面、深刻的认识和掌握。因此，设计师在设计过程中应将设计材料的范畴拓展到最大范围，突破传统，才能独树一帜，开拓创新。

展望新材料对产品造型设计的影响和作用，可归纳如下：

①在产品进一步电子化、集成化和小型化的趋势下，新材料的使用有可能突破传统结构，甚至还可能引起一场材料与技术的革命，产生新的产品设计风格。因此，设计工作应与新材料开发建立一种互相融合的关系。

②产品外观形象要具有未来性。新材料的使用，对产品外观可以起到新颖、美观、独特的装饰作用，使设计本身变得更简洁、合理，更具时代感。

③材料在与功能相适应的同时，还要有良好的触觉质感和更好的可操作性。通过新材料的使用，设计应最大限度地赋予产品新的魅力。

④设计应进一步开发传统材料，使之在现代生活中具有新的意义。

10.3.3 新材料的开发方向

材料是设计的物质基础，现代社会的进步与新材料的发现和发展息息相关。在工业化高度发展的今天，设计制造任何一件产品都离不开材料。由于现代制品的复杂性远远大于以往用树枝、石块制作的制品，所使用的材料也日趋复杂。由使用树枝、石块及简单的合金材料时代向新材料层出不穷的时代过渡的过程，实质上就是人类对材料的认知的增长和扩大过程。

过去，由于材料种类的稀少，材料与制品的对应关系都是相对固定的，在设计中改变性质、重新组合使用材料、改变材料用途的可能性极小。因此材料的开发成为现今材料科学的主要任务。当今在新技术的驱动下，运用具有新的组合方式、新的形态和新的性质的各种材料进行新制品的开发会产生令人振奋的效果。图10-3所示的幼儿餐具，其把柄材料采用具有“形状记忆”功能的材料，能与各种手形自动吻合，可任意适合左右手，还可以根据不同人的手指、握力等任意改变其形状，以最佳形态适合不同手的把握。

图10-3　幼儿餐具

一般认为，新材料的研究与开发主要包括四方面的内容：

①新材料的发现或研制；

②已知材料新功能、新性质的发现和应用；

③已知材料功能、性质的改善；

④新材料评价技术的开发。

可以看出，新材料的研究与开发主要围绕着材料本身的功能和性质这一主题。但是，一种新材料的出现是否对人类文明产生深刻影响，是否能满足人类生活的需求，仅仅考虑上述问题则不够，还必须考虑新材料的产业化、商品化，这样才能使人们享受到实惠，对人类文明产生促进作用。

目前，新材料的开发主要体现在基础材料的改良开发和复合材料的开发。

1. 基础材料的开发

基础材料是指金属、木材、玻璃、陶瓷、塑料等常见材料。这些材料由于其特性的限制，不能在更多的领域中应用。因此新材料的开发往往是对基础材料的性能进行改良开发，进一步探索材料的组成、结构和性能，使其在性能上获得重大突破的材料（如超强、超硬、耐高温等），以提高或替代原有材料的特性为具体目标，使材料扬长避短，从而获得期望的材料特性，扩大材料的使用范围。

在日常生活与设计实践中几乎离不开塑料，但由于塑料特性的限制使它不能在更多的领域应用，因此就对高分子材料的性能提出了新的要求，如表 10-1 和表 10-2 所示。

图 10-4 所示为Ribbon自行车手把包带，以聚亚胺酯塑料为基料，添加天然的软木成分而制成，木质成分的加入，给自行车手把包带添加了在此之前所没有的一些优异特性。当把它缠绕在自行车手把上时，它可以吸收手上的汗液，以确保能安全、舒适地握住车把。包带的颜色是将材料进行染色，从而有效地阻止颜色的褪色。

表 10-1　新型塑料所期望的特性

通用塑料的性能	新型特种塑料的性能
轻而硬	重而软
易成型	不易变形
不耐热、高温下会变形	耐热、高温下也不变形
不导电、不传热	能导电、传热
易燃	不会燃烧
不锈不腐	能腐

2. 复合材料的开发

复合材料的开发是采用新工艺和新技术合成的具有各种特殊机能（光、电、声、磁、力、超导、超塑等）。复合材料具有单一素材无法取得的机能。这些机能具有以下特性：各单体材料所保持的机能；在复合与成型过程中形成的机能；由复合结构特征产生的技能；复合效应所致的机能。

表 10-2　新型塑料的替代机能

类别	替代机能
类陶瓷性塑料	难燃、耐磨、高弹性、高耐热塑料
类金属性塑料	高强度、高导电、高结晶化塑料
类玻璃性塑料	透明、耐磨光纤
类生物体塑料	人造皮革、变色树脂、吸水性树脂、除臭树脂、飘香树脂、保温树脂、形状记忆树脂、防虫纤维、离子交换纤维等
特殊个性塑料	磁性纤维、超导纤维、感光树脂等

开发复合材料的目的主要体现为：

①弥补某些材料的缺点，更好地发挥其有用的机能；

②利用具有某些特性的材料以构成单一材料无法实现的特性；

③产生从未有的新机能。

复合材料的开发概括起来有两个方面。一方面强调了复合效果，说明了复合材料在性能和成型上具有其他单一组分所没有的各种长处，具有细观的不均匀性和粗观的各向异性的、成型工艺的方便性、结构形状的无限制性；另一方面突出了复合材料的可设计性，即组成复合材料的（基体和增强材料）可以按照设计要求进行选择，材料设计和结构设计是同时进行的，这是与其他材料设计所不同的新的设计概念，有利于最大限度地发挥材料的作用，减少材料用量，满足特殊性能要求，同时给设计者提供了较多的自由度。

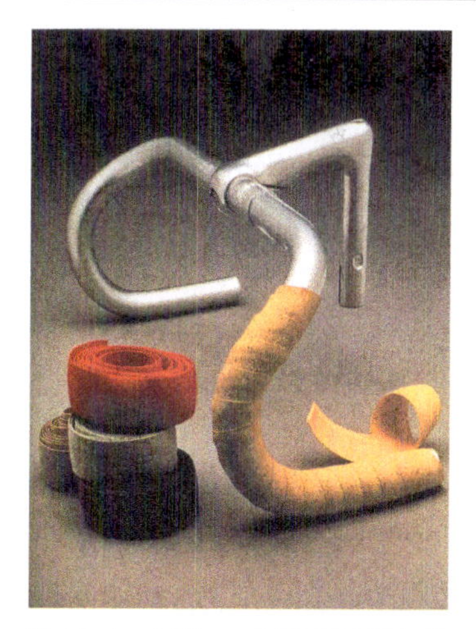

图 10-4　Ribbon 自行车手把包带

复合材料在产品设计中的应用，给人们以应用最新科学技术的材质美的印象，这本身就包含有科学美，具有鲜明的时代感，因而，复合材料越来越受到人们的重视。随着研究的深入，材料的复合向着精细化方向演化，出现了诸如仿生复合、梯度复合、纳米复合、分子复合、原位复合和智能复合等新颖方法。

图 10-5 所示为“绳结”躺椅，由荷兰设计师 Marcel Wanders 设计。躺椅采用特制粗绳依据传统编结工艺编织打结并经特殊处理而成。这种粗绳由碳化纤维和“aramid”编织套组成，粗绳在经特殊处理前与普通粗绳一样，但经环氧处理后，粗绳在高温下晾干后变得又坚固又结实。利用粗绳这一特性，在经特殊处理前将粗绳按设计构思编织打结，编结后的形态柔软松沓，不具有实用功能。经环氧处理后按设计的形式将它悬挂在框架上，使之具有椅子的形状。高温下晾干后就具有椅子的实用功能。

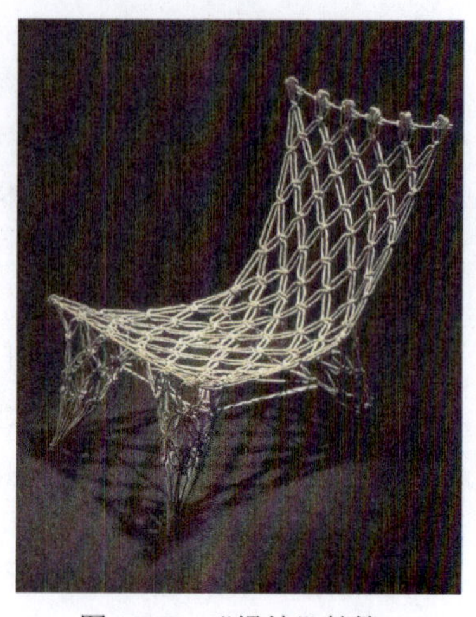
图 10-5 “绳结”躺椅

10.4 发展中的新材料

1. 纳米材料

纳米材料的概念形成于 20 世纪 80 年代中期，由于纳米材料会表现出特异的光、电、磁、热、力学、机械等性能，纳米技术迅速渗透材料的各个领域，成为当前世界科学研究的热点。

纳米材料是由纳米级原子团组成的，纳米是一个尺度单位。一纳米是十亿分之一米（$1nm=10^{-9}m$），约为 4 倍原子大小。纳米材料是指在三维空间中至少有一维处于纳米尺度范围（1 ～ 100nm）或由它们作为基本单元所构成的材料。

随着颗粒尺寸的量变，在一定条件下会引起颗粒性质的质变。由于材料的许多物性与晶粒尺寸有敏感的依赖关系，当粒径减小到一定值时，会出现独特的纳米效应，即表面效应、小尺寸效应和宏观量子隧道效应，使材料在宏观上显示出许多奇妙的特征。

(1) 特殊的光学性质

当黄金被细分到小于光波波长的尺寸时，即失去了原有的富贵光泽而呈黑色。事实上，所有的金属在超微颗粒状态都呈现为黑色。尺寸越小，颜色愈黑，银白色的铂（白金）变成铂黑，金属铬变成铬黑。由此可见，金属超微颗粒对光的反射率很低，通常可低于 1%，大约几微米的厚度就能完全消光。利用这个特性可以作为高效率的光热、光电等转换材料，可以高效率地将太阳能转变为热能、电能。此外又有可能应用于红外敏感元件、红外隐身技术等。

(2) 特殊的热学性质

固态物质在其形态为大尺寸时，其熔点是固定的，超细微化后却发现其熔点将显著降低，当颗粒小于 10nm 量级时尤为显著。例如，金的常规熔点为 1064℃，当颗粒尺寸减小到 2nm 尺寸时的熔点仅为 327℃左右；银的常规熔点为 670℃，而超微银颗粒的熔点可低于 100℃。

(3) 特殊的磁学性质

小尺寸的超微颗粒磁性与大块材料显著的不同，大块的纯铁矫顽力约为 80 安 / 米，而当颗粒尺寸减小到 20nm 以下时，其矫顽力可增加 1000 倍，若进一步减小其尺寸，大约小于 6nm 时，其矫顽力反而降低到零，呈现出超顺磁性。利用磁性超微颗粒具有高矫顽力的特性，已作成高储存密度的磁记录磁粉，大量应用于磁带、磁盘、磁卡以及磁性钥匙等。利用超顺磁性，人们已将磁性超微颗粒制成用途广泛的磁性液体。

(4) 特殊的力学性质

陶瓷材料在通常情况下呈脆性，不具有可塑性，然而由纳米超微颗粒压制成的纳米陶瓷材料却具有良好的韧性，在室温下就可以发生塑性变形。因为纳米材料具有大的界面，大量的界面为原子扩散提供了高密度的短程快扩散路径，正是由于这些快扩散过程，纳米材料形变过程中一些初发微裂纹得以迅速弥合，从而在一定程度上避免了脆性断裂。因此表现出甚佳的韧性与一定的延展性，使陶瓷材料具有新奇的力学性质。超微颗粒的纳米效应还表现在超导电性、介电性能、声学特性以及化学性能等方面。例如，当金属颗粒减小到纳米量级时，电导率已降得非常低，原来的良导体实际上已完全转变为绝缘体。

纳米材料的种类大致可分为纳米粉末、纳米纤维、纳米膜、纳米块体四类。其中纳米粉末开发时间最长、技术最为成熟，是生产其他三类产品的基础。

①纳米粉末：又称为超微粉或超细粉，一般指粒度在100nm以下的粉末或颗粒，是一种介于原子、分子与宏观物体之间处于中间物态的固体颗粒材料。可用于：高密度磁记录材料；吸波隐身材料；磁流体材料；防辐射材料；单晶硅和精密光学器件抛光材料；微芯片导热基片与布线材料；微电子封装材料；光电子材料；先进的电池电极材料；太阳能电池材料；高效催化剂；高效助燃剂；敏感元件；高韧性陶瓷材料（摔不裂的陶瓷，用于陶瓷发动机等）；人体修复材料；抗癌制剂等。

②纳米纤维：指直径为纳米尺度而长度较大的线状材料。可用于：微导线、微光纤（未来量子计算机与光子计算机的重要元件）材料；新型激光或发光二极管材料等。

③纳米膜：纳米膜分为颗粒膜与致密膜。颗粒膜是纳米颗粒黏在一起，中间有极为细小的间隙的薄膜。致密膜指膜层致密但晶粒尺寸为纳米级的薄膜。可用于：气体催化（如汽车尾气处理）材料；过滤器材料；高密度磁记录材料；光敏材料；平面显示器材料；超导材料等。

④纳米块体：是将纳米粉末高压成型或控制金属液体结晶而得到的纳米晶粒材料。主要用途为超高强度材料、智能金属材料等。

种种优异性能给纳米材料带来了广阔的应用前景，纳米材料的应用不断扩大，主要用途有：

①医药工业：使用纳米技术能使药品生产过程越来越精细，并在纳米材料的尺度上直接利用原子、分子的排布制造具有特定功能的药品。纳米材料粒子将使药物在人体内的传输更为方便，用数层纳米粒子包裹的智能药物进入人体后可主动搜索并攻击癌细胞或修补损伤组织。使用纳米技术的新型诊断仪器只需检测少量血液，就能通过其中的蛋白质和DNA诊断出各种疾病。

②家电工业：用纳米材料制成的纳米材料多功能塑料，具有抗菌、除味、防腐、抗老化、抗紫外线等作用，可用作电冰箱、空调机里的抗菌除味塑料。

③电子计算机和电子工业：可以从阅读硬盘上读卡机以及存储容量为目前芯片上千倍的纳米材料级存储器芯片都已投入生产。计算机在普遍采用纳米材料后，可以缩小成为“掌上电脑”。

④环境保护：环境科学领域将出现功能独特的纳米膜。这种膜能够探测到由化学和生物制剂造成的污染，并能够对这些制剂进行过滤，从而消除污染。

⑤纺织工业：在合成纤维树脂中添加纳米SiO_2、纳米ZnO、纳米SiO_2复配粉体材料，经抽丝、织布，可制成杀菌、防霉、除臭和抗紫外线辐射的内衣和服装，可用于制造抗菌内衣、自洁净衣料（图10-6）等。

图10-6　自洁净衣料

⑥机械工业：采用纳米材料技术对机械关键零部件进行金属表面纳米粉涂层处理，可以提高机械设备的耐磨性、硬度和使用寿命。

⑦体育健身工业：纳米材料可以显著提高体育用品的性能，对运动领域的发展具有重要的作用。Wilson运用纳米技术制造的球拍（图10-7），将纳米级的二氧化硅（SiO_2）渗入到碳纤维的空隙间，巩固和增强了碳纤维的稳定性和强度，将稳定性、拍框强度和威力全面提升，球拍具有更高的强度和韧性、更好的弹性，以及优异的操控性能和良好的击球感，为球拍性能带来了突破。

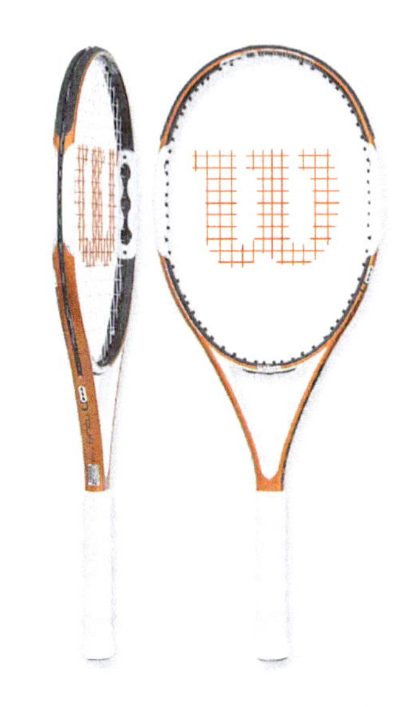

图10-7　Wilson纳米网球拍

在人们为纳米材料的神奇而惊叹的时候，纳米（加工）技术已向我们走来。纳米加工技术的核心是原子或分子位置的控制、具有特殊功能的原子或分子集团的自复制和自组装。纳米材料与纳米技术是一种基于全新概念而形成的材料和材料加工技术，是当前国际前沿研究课题之一。以纳米材料为代表的纳米技术必将对21世纪的经济和社会发展产生深刻的影响，成为21世纪科学技术发展的前沿。正如美国IBM公司首席科学家阿莫斯特

朗在 20 世纪末所说：“正像 70 年代微电子技术引发了信息革命一样，纳米科学技术将成为下世纪信息时代的核心。”

2. 智能材料

20 世纪 80 年代中期，人们提出了智能材料（Smart Materials 或者 Intelligent Material System）的概念。智能材料是模仿生命系统的感知和驱动功能，能感知环境变化并能实时地改变自身的一种或多种性能参数，作出所期望的、能与变化后的环境相适应的智能特征材料。智能材料的设计、制造、加工和性能结构特征均涉及材料学的最前沿领域，代表了材料科学的最活跃方面和最先进的发展方向。智能材料要求材料体系集感知、驱动和信息处理于一体，具备自感知、自诊断、自适应、自修复等功能。智能材料来自于功能材料。从仿生学的观点出发，智能材料应具有或部分具有以下重要功能：

①有传感功能，能够感知外界或自身所处的环境条件，如负载、应力、应变、振动、热、光、电、磁、化学、核辐射等的强度及其变化；

②有反馈功能，能通过传感神经网络，对系统的输入和输出信息进行比较，并将结果提供给控制系统，从而获得理想的功能；

③有信息积累和识别功能，能积累信息，能识别和区分传感网络得到的各种信息，并进行分析和解释；

④有响应功能能够根据外界环境和内部条件变化，实时动态地作出相应的反应，并采取必要行动；

⑤有自修复功能，能通过自繁殖、自生长、原位复合等再生机制，来修补某些局部损伤或破坏；

⑥有自诊断功能，能通过分析比较系统目前的状况与过去的情况，对诸如系统故障与判断失误等问题进行自诊断并予以校正；

⑦自调节能力，对不断变化的外部环境和条件，能及时地自动调整自身结构和功能，并相应地改变自己的状态和行为，从而使材料系统始终以一种优化方式对外界变化作出恰如其分的响应。

形状记忆材料（对一定条件下的形状具有记忆功能）、电流变液（在一定电流强度下实现液固转变）、感光镜片（根据周围的强度变化调整明暗）、磁致伸缩材料等都是智能材料。

形状记忆合金被用作人造卫星或宇宙飞船上的半球形的网状自展天线（图 10-8）。先把天线在低温下折叠成小团放在卫星或飞船里，发射或升空后，通过加热或利用太阳能能使天线从折叠状态展开成工作状态。

图 10-8　人造卫星天线

形状记忆合金的发明与应用，使人们对金属材料的特性及功能开阔了眼界，图 10-9 所示的灯具一“花瓣”采用镍钛记忆合金材料，“花瓣”在相应的温度下慢慢绽放。预计在 21 世纪智能材料将引导材料科学的发展方向，其应用和发展将使人类文明进入更高的阶段。

3. 电子信息材料

电子信息材料是指在微电子、光电子技术和新型元器件基础产品领域中所用的材料，主要包括单晶硅为代表的半导体微电子材料；继光晶体为代表的光电子材料；钕铁硼（NdFeB）永磁材料为代表的磁性材料；光纤通信材料；磁存储和光盘存储为主的数据存储材料；压电晶体与薄膜材料；储氢材料和锂离子嵌入材料为代表的绿色电池材料等。这些基础材料及其产品支撑着通信、计算机、信息家电与网络技术等现代信息产业的发展。

电子信息材料的总体发展趋势是向着大尺寸、高均匀性、高完整性以及薄膜化、多功能化和集成化方向发展。当前的研究热点和技术前沿包括柔性晶体管、光子晶体、SiC、GaN、ZnSe 等宽禁带半导体材料为代表的第三代半导体材料、有机显示材料以及各种纳米电子材料等。

图 10-9　镍钛记忆合金“花瓣”

4. 新能源材料

新能源和再生清洁能源技术是21世纪世界经济发展中最具有决定性影响的五个技术领域之一，新能源包括太阳能、生物质能、核能、风能、地热、海洋能等一次能源以及二次电源中的氢能等。新能源材料则是指实现新能源的转化和利用以及发展新能源技术中所要用到的关键材料。主要包括储氢电极合金材料为代表的镍氢电池材料、嵌锂碳负极和$LiCoO_2$正极为代表的锂离子电池材料、燃料电池材料、Si半导体材料为代表的太阳能电池材料以及铀为代表的反应堆核能材料等。

当前的研究热点和技术前沿包括高能储氢材料、聚合物电池材料、中温固体氧化物燃料电池电解质材料、多晶薄膜太阳能电池材料等。

5. 生态环境材料

生态环境材料又称绿色材料，是指同时具有满意的使用性能和优良的环境协调性，或者是能够改善环境的材料。生态环境材料是在人类认识到生态环境保护的重要战略意义和世界各国纷纷走可持续发展道路的背景下提出来的，是国内外材料科学与工程研究发展的必然趋势。生态环境材料的研究进展将有助于解决资源短缺、环境恶化等一系列问题，促进社会经济的可持续发展。

生态环境材料实质上是赋予传统结构材料、功能材料以特别优异的环境协调性的材料，以及直接具有净化和修复环境功能的材料。它是由材料工作者在环境意识指导下，或开发新型材料，或改进、改造传统材料所获得的。生态环境材料与量大面广的传统材料不可分离，通过对现有传统工艺流程的改进和创新，以实现材料生产、使用和回收的环境协调性，是生态环境材料的重要内容。同时，要大力提倡和积极支持开发新型的生态环境材料，取代那些资源和能源消耗高、污染严重的传统材料。还应该指出，从发展的观点看，生态环境材料是可持续发展的，应贯穿于人类开发、制造和使用材料的整个历史过程。

生态环境材料主要包括：环境相容材料，如纯天然材料（木材、石材等）、仿生物材料（人工骨、人工器脏等）、绿色包装材料（绿色包装袋、包装容器）、生态建材（无毒装饰材料等）；环境降解材料（生物降解塑料等）；环境工程材料，如环境修复材料、环境净化材料（分子筛、离子筛材料）、环境替代材料（无磷洗衣粉助剂）等。

生态环境材料研究热点和发展方向包括再生聚合物（塑料）的设计、材料环境协调性评价的理论体系、降低材料环境负荷的新工艺、新技术和新方法等。

10.5 新材料的运用

新材料的出现，使得越来越多的设计师引以为用，创造着不同的设计形态，打破了以往规矩的创作方式，让观众大开眼界。设计师的设计作品必须通过物质媒介制造成现实的产品，所以关注新材料的发展必将给设计师的设计创新带来更多的灵感和启示。

(1) ORICALCO衬衣（图10-10）

由设计师Mauro Taliani设计的ORICALCO衬衣，是由意大利的Corpo Nove公司生产的。这件男士衬衫采用记忆金属（50%的钛与其他合金制成的织物）制成，该记忆金属是一种能使织物纤维相对温度变化也随之作出反应的物质。被卷成一团的时候它会起皱，突然放在热空气里的时候，比如电吹风，它能很快松弛下来。用水洗的时候，它就像钢铁做成的那么硬，它的褶皱和相关信息被藏在织物的记忆中。

图10-10 ORICALCO衬衣

(2) 电子产品（图10-11）

新材料和传统材料都可能创造出让人意想不到的新产品。人们不断探索高科技材料，将许多以前的想象变为可能；同时，传统材料的巧妙运用也为产品增添了更多的人文气息。

高科技产品在不断发展，而对自然回归的向往也越加强烈。这些造型古朴的产品只是外表披上了乡村风味伪装的电子产品。这些产品包括用木料包装的移动存储设备和石质的音响底座，它们饱受磨损的原装外壳换成了正宗的洪都拉斯紫檀、银槭或者产自萨佩莱的优质木料。使用这些东西，能让你一直和大自然保持亲密的联系。

(3) 欧米茄凳 (2004)(图 10-12)

欧米茄凳是经典长椅的现代版。采用用稻草杆编织的表面，铝板铸成的外形。表层材料的创新使它更像一张有魔力的地毯，轻松复制出欧米茄的造型。根据需要，椅子可以转换成不同的形状。欧米茄凳子不断从人类的肢体语言中获取灵感，有趣地回应了人们就座的需要，并给人以轻巧时尚的感觉。

图 10-11　电子产品

(4) 变色龙汤匙(图 10-13)

该汤匙以颜色的变化，显示使用状态，让使用者可简单掌握使用的对策，该汤匙是针对幼儿喂食中易产生烫伤的问题而开发设计的，汤匙舀食物处所用的材质具有适度的弹性，不易造成伤害，当所舀的食物温度超过 40℃，舀食物处则会变色以达到警示的效果，随温度的下降，颜色又会复原，可重复使用，此外由于汤匙魔术般的色彩变化也达到了吸引幼儿注意力的娱乐效果。

图 10-12　欧米茄凳

(5) BMC Pro Machine SLC01 赛车(图 10-14)

SLC01 赛车是获得了 2005 年欧洲自行车设计大赛 (EUROBIKE AWARD 2005) 的设计金奖，由 NOSE(瑞士)公司设计，瑞士自行车生产商 BMC 生产。这是世界上第一辆所有框架采用 Easton CNT 技术生产的自行车，CNT 即碳纳米管纳米技术，是指用管状的纳米碳分子组成纤维，这种纤维比以前任何碳材料有更大的强度，它的比强度是铝的几百倍，比传统的碳纤维也高出好几倍。

(6) 电子织物智能产品

随着科技的发展，一种新型的智能电子织物被研发成功，电子织物是一种三维技术的织物材料。这种材料由两个机械针织或编织的表面组成，同时这两个表面用间隔的细丝相互连接。这种织物以尼龙和聚酯纤维包裹碳和金属，可让电流流通。织物直接与小型电路板、晶片及电池相连接。使用者可以用手指触碰纤维，产生的电流信号由晶片辨认，再送往输出终端。由于布料纤维具有特定的编织方式，晶片可以辨识出使用者按的是哪个英文字母。同时这种材料有良好的空气流通性和可回收性，具有柔软、质轻的特点，主要用于电子产品。

图 10-13　变色龙汤匙

图 10-15 为软性腕上电话，由萨姆·赫克特为英国 ElekSen 公司设计的，他的设计非常重视科技含量，造型风格则较为简约。这款软性腕上电话就是采用了智能电子织物，可以弯曲、折叠，小巧而方便，使电话变得更灵活。它首次让产品表面和产品内部一样，变得智能化。

图 10-14　BMC Pro Machine SLC01 赛车

图 10-16 为会议电话，用于会议电话接收、传输并记录声音的信息。这种电话如同一个容器，被舒适地放置在水平面上。我们可以感觉到，我们的语言好像全都滴进了这个容器里。它由主体的扬声器和透明保护外壳两个部分组成。扬声器面板采用电子织物压制而成，在织物和扬声器面板之间不再需要额外的层。这为实现较低的单位成本和整体上更薄的横截面提供了有力

的物质条件。依赖织物能够传递声波的能力，音量控制位于织物表面，通过点击图表式的量度即可激活。随着音量的增加，接触面的表面振动增强，从而可以感知反馈也增强了。

图 10-17 为织物电话，电子织物技术的运用，使电话变得更灵活，它首次让产品表面和产品内部一样，变得智能化。

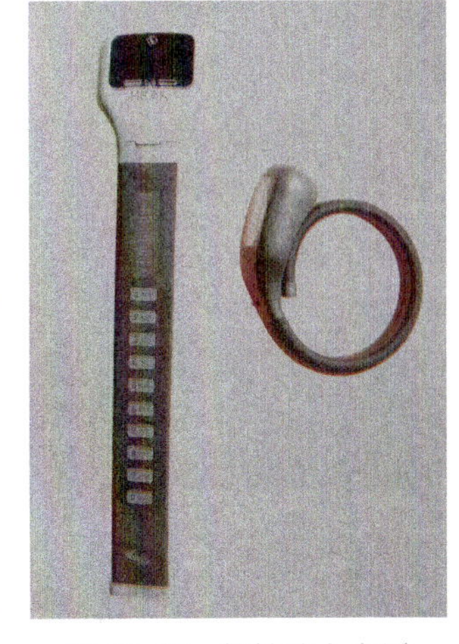

图 10-15　软性腕上电话

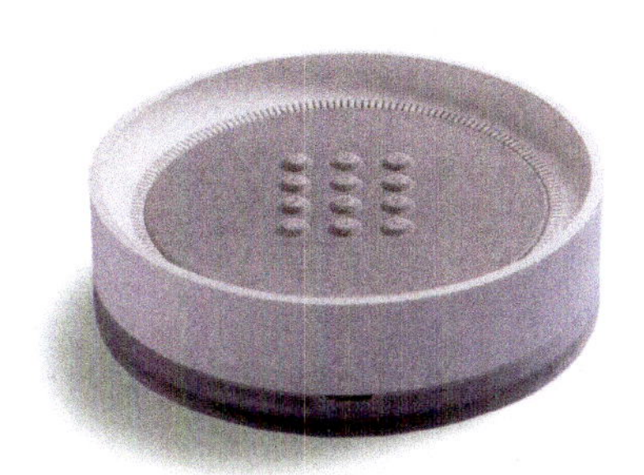

图 10-16　会议电话

(7) 可以表达情感的衣服

“皮肤”是飞利浦公司称之为“软性科技”研究项目的一个组成部分，它专门用来探索敏感材质的衣物面料会给人类带来什么样的感官体验。在对这种可感知人情绪的衣裙研制过程中，科学家发现科技对于人情绪的感知要先于人自身。目前研究人员已经生产出了一系列的原形产品。“Bubelle 害羞裙”(图 10-18) 是其中的一个，这种服装的布料结构里多植入了一层可以感测穿衣者情绪的感应器，会在人身害羞或发怒的时候呈现出不同的颜色，即根据穿衣者的情绪好坏改变颜色。这件特殊的衣服分为两层：内层含有捕捉情绪的生物识别传感器，通过传感装置可感知人情绪，并直接反映出人体的情绪变化，把情绪转换成颜色传给外层，然后在衣服的外层投射出来。而外层起保护和展示作用。Bubelle 裙的设计能测量到皮肤发出的信号，然后通过生物材料和科技改变光线的散射，依靠小型的投射线在黑暗中呈现出不同的颜色。尽管由衣服呈现出来的颜色可以有很多种解释，但是设计者认为红色反映出着装人强烈的感情，蓝色证明人的心态很平和。Bubelle 裙的大胆设计创造了一种全新的沟通方式——用衣服作为画面来表达人们用言语所不能传递的感情。设计队伍仍然在不断地努力中，希望采用更小的设施可以对更细微的情感做出反应。

图 10-17　织物电话

图 10-18　Bubelle 害羞裙

(8) 橡皮泥鼠标（图 10-19）

虽然鼠标已经尽可能地利用人体工学原理来帮助人们缓解疲劳，但是不同的人还是有着不同的需求，所以很难找到一款真正能适应不同人手型的鼠标，那就将塑造外形的任务交给用户吧。这款橡皮泥鼠标是用尼龙和聚亚胺酯材料包裹黏土制成的，所以你可以根据自己的需要将鼠标变成各种各样的造型。这样不但能够更好地适应自己的手型，还能够获得更多的新鲜感。

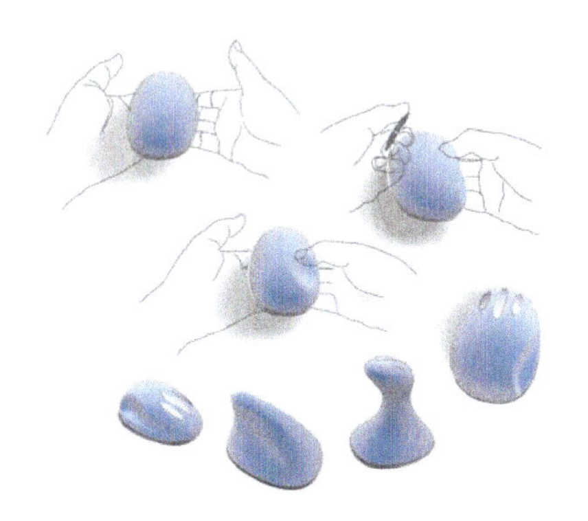

图 10-19　橡皮泥鼠标

(9) Morph 纳米技术概念终端（图 10-20）

由诺基亚研究中心（NRC）和剑桥大学共同开发，通过合作，双方都希望能研发更好的手机材质，并在造型与功能上，开展出新的想象。Morph 纳米技术概念终端显示了未来的移动终端会有怎样的延展性和灵活性，使用户可以将他们的移动终端转变成不同的外形。它的所有的手机零件都分布于薄薄一片、近乎透明的机体上，蓝牙耳机可巧妙地别在手机片上。这绿色长方形的片状物不仅可对折，还能再弯曲成为手环，直接戴于手腕之上。它展示了纳米技术可以提供的功能：灵活的材料选择，透明的电子器件和可自我清洁的表面。更神奇的事，Morph 防水性、延展性与弹性都超强，能帮你侦测分析当日空气成分。担心绿色于今天的衣服不搭吗？没关系，利用手机可以拍下皮包或衣服的花纹，按下几个按键，手机片立即转换为同色调，成为身上另一个时尚绝配。

(10) LUCE 灯（图 10-21）

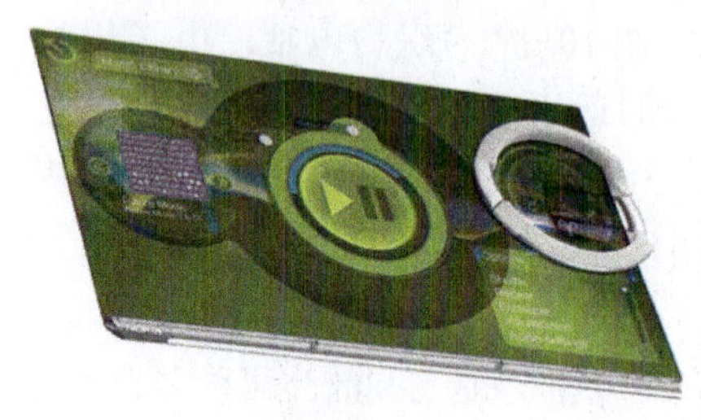
图 10-20　Morph 纳米技术概念终端

这是一个异常华丽的造型灯饰，由日本 Asahi Kasei Chemicals 发明。灯体的主体采用了一种对光有高度传导性的新型材料，这种材料有极高的可塑性，设计者能轻松地用它制造出任何想要的造型，就像图所展示的：如同莲花盛开，层层花瓣清晰可见，在黑夜中尽情灿烂。在隐藏于材料中的 LED 点光源所发出的柔和灯光下，能表现出一种非常漂亮的流光溢彩的效果。这对科技时尚的追求者来说，无疑是最为渴求的。无论是产品造型的奇特，还是产品材质通透的体现，或是提炼融合各种不同的文化设计元素于一体，设计始终坚持在形、色、质三方面相互交融从而提升到意境上，从而折射出隐藏在产品表象下的设计精神，这种精神通过用户视觉和触觉的联想与想象而得到传递，以获得更多人的理解与认同。对此，设计师在一开始设计时，便要首先考虑材质的选择，毕竟，材料是基础，形建立在质的基础上，色则依附在形上。设计师对材质的恰当运用，不仅能在视觉和触觉上强化作品的表现力与穿透力，更能通过材质来诠释设计的理念与思考。但这不是说材质在设计中占有绝对地位，它和其他设计元素一样，只有当造型、材质、功能、风格等都趋向于平衡与完美时，产品的特有的美感才能最真实地体现在使用者的面前，才能最为全面地体现设计者对生活的理解与思考。

图 10-21　LUCE 灯

(11) 去味大蒜压磨棒（图 10-22）

去味大蒜压磨棒是利用物理原理研制而成的新特家居用品，由设计师 Ineke Hans 设计。当我们在剥大蒜时，总是满手大蒜味。一般常见的蒜头压磨器，要用力压才能让蒜头变成蒜粒，而且清洗很麻烦，但这个荣获德国 Reddot 设计奖、Design Plus 奖的压磨器，除了方便大蒜压磨外，方便清洗，最重要的是这只压磨棒也是去味皂，只要将大蒜压磨棒浸水弄湿，就可当“肥皂”用，在手中摩擦，可把蒜味异味清除。这种功效缘于其创新的材质，压磨棒的不锈钢材料经过纳米技术处理，是以不锈钢皂与水流产生的正离子结合腥臭异味的负离子，然后用水带走，无需任何洗涤剂，只需空气和水，能方便、有效、彻底清除异味，是完全环保的产品。

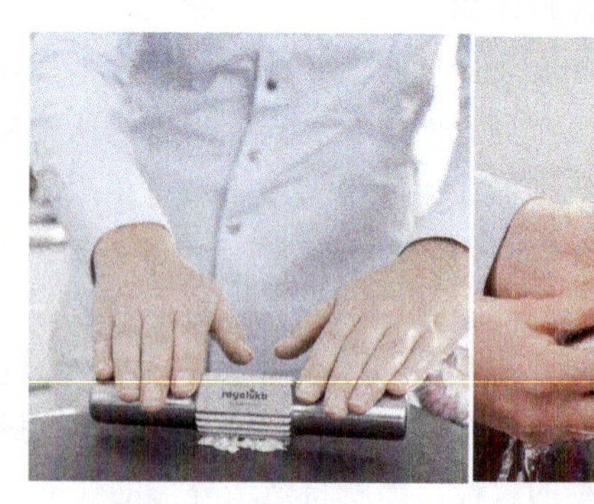
图 10-22　去味大蒜压磨棒

思考题

1. 设计中材料的选择要遵循的基本原则是什么？
2. 简述新材料的概念及作用。
3. 搜集新材料及其应用的相关信息，探讨新材料对未来设计的影响。

第十一章

材料体验与表现

在造型设计中，对材质的选用大多是考量材料的物理特性，即以产品的功能性来决定产品所应用的材质，但消费者对材质的心理感受，应是今后设计师认真思考的方向。材料体验是对材料的性能及材质质感的良好把握，是设计中的重要环节。

11.1 材料的认知体验

对各种材料材质进行认知性、试验性、拓展性的体验，培养对各种材料特性的体验，并由此捕捉、掌握和深入发掘材料特性的能力，以及在设计中创造性运用材料的能力。

人类通常依靠五种感觉（视觉、触觉、听觉、味觉和嗅觉）接受外界信息来感知这个世界。视觉是我们使用最多和最信赖的感知器官，材料表面的很多质感信息常常是由视觉感知其表面光线反射和光线变化而获知的。除了视觉，触觉也是重要的感知器官，当对某些视觉感知产生疑惑时，常会不自觉地用手去触摸，以证实视觉感知的正确与否。

根据本书第三章中材料感觉特性的测定方法，利用几种材料棒作为评价对象，选择 8 对具有代表性的材质特征形容词进行测试练习。将这 8 对形容词分为两组，第 1 组为较具象的形容词，第 2 组为较抽象的形容词。

①柔软——坚硬、轻巧——笨重、光滑——粗糙、温暖——凉爽

②亲切——冷漠、自然——人造、古典——现代、时尚——保守

将每对感觉特性形容词制作成感觉量尺，把量尺分为十个量度，测试时在量尺上标注每种材料的位置，从而明确材料在该量尺上的感觉量度。以柔软－坚硬这一组感性形容词为例，量尺的十个量度为 0 ～ 10，如图 11-1。当某一材料的测定量度为 0 ～ 2 时，表明这一材料非常柔软；测定量度为 2 ～ 4 时，表明这一材料较柔软；测定量度为 6 ～ 8 时，表明这一材料较坚硬；测定量度为 8 ～ 10 时，表明这一材料非常柔软。

图 11-1　感觉量尺

测试材料棒为：不锈钢棒、铜棒、铝棒、玻璃棒、胶木棒、木棒、有机玻璃棒、ABS 棒、橡胶棒、软 PVC 泡沫棒（图 11-2）。

图 11-2　测试材料棒

测试方式分为：

①以视觉方式观看材料样品，凭视觉感受填写感觉量度；

②以触觉方式触摸材料样品（眼睛看不到），凭触觉感受来填写感觉量度；

③以视觉和触觉同时进行的方式，测定材料的感觉量度。

用第一组特征量尺来评量不同材质时，三种方式的感受结果在统计上并无太大差异。因视觉感受通常是由触觉感受累积而成的，视觉感受通过知觉判断而得。第二组感觉特征不是纯触觉所能精确感受的，纯视觉感受与以视觉与触觉同时感受的结果，没有显著的差异，但纯触觉感受时，则与上述两种感受方式有着显著的差异。

通过以上感受方式，分析三种方式的差异和共同点，分析各种材料的感受特征，从而感知个人对材料的把握及在材料运用中应关注的问题，从而更好地为设计服务。

材质虽被认定是触觉的范围，但消费者在长期的产品使用经验中，对于熟悉的材质，视觉能取代实际触摸的感觉。除了盲人或视力障碍的人外，一般人的消费模式，大多是以视觉与触觉同时感受的方式。

图 11-3 为利用材料触感特征设计的魔方——触感材料概念设计（Touch and Play），专为盲人设计的玩具，它区别于图案色彩识别的魔方，让人通过对不同材料的触觉来让人作出判断的，可以让盲人也来体验这种原本寄存于视觉的智力游戏，看上去难度大于普通魔方，但是我们通常是依赖视觉而感觉世界的，也许我们的触觉通过训练开发一样有着惊人的感知能力。其创意在于将六种触感完全不同的材料（金属，木头，布，橡胶，硬塑料，石头）做成新魔方，即使是盲人也能够和常人一样体会到其中的乐趣，该魔方对传统的魔方进行了再设计。该设计由浙江大学工业设计系设计，获得 2006 年 iF 材料概念设计奖。

图 11-3　盲人魔方

11.2 材料构成体验

不同材质的质感给人们不同的心理感受，对不同材质特征的研究有助于培养审美能力和掌握材料特有的表现力，是研究产品造型不可缺少的环节，其中材料特性的比较与概括，将为简练而生动地表现产品形态打好基础。材料构成是对材料特征元素（色彩、肌理、光泽、质地、形态）的认识和把握，在材料构成表现的过程中，通过对几种材料的观察与比较，注意对材料特征元素的分析和提炼，善于捕捉材料的特征，抓住材料的表现特征，结合自己对“构成”的理解，表现出材料构成的主题。通过材料构成练习，使设计师能够善于捕捉不同材质的特征，从中找寻到用于设计创作的材料运用思路，为创造设计的艺术性打下良好基础。

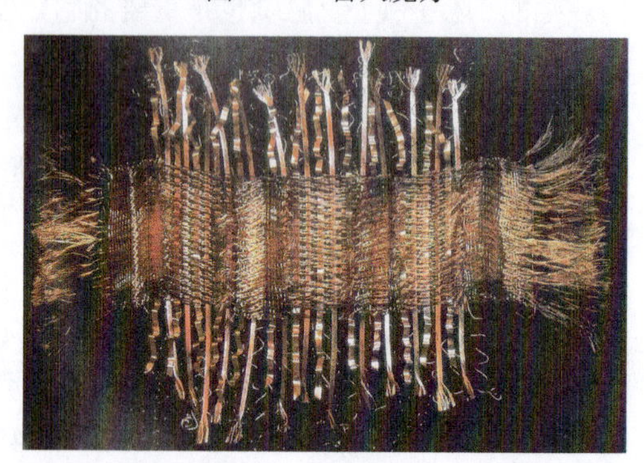
图 11-4　构成一

材料构成练习实例：

构成一（图 11-4）：由设计师 Susan McGehee 设计制作，把铜线和铜皮条编织成引人注目的形式，将传统的编织技术运用到非传统的材料上，编织创造出当代的帷幔，帷幔看起来好像漂浮在墙上一样。

构成二（图 11-5）：由设计师 Myra Burg 设计制作，采用黄麻和彩色纤维缠绕树枝而成，Myra Burg 利用生活中现有的一些材料，创造了一种革新的、独特的视觉艺术，并在创作的过程中享受着这种不同寻常的或者是复杂的因素。

构成三（图 11-6）：由设计师 Ayra Burg 设计制作，采用天然彩色和合成纤维、铝材制成，

图 11-5　构成二

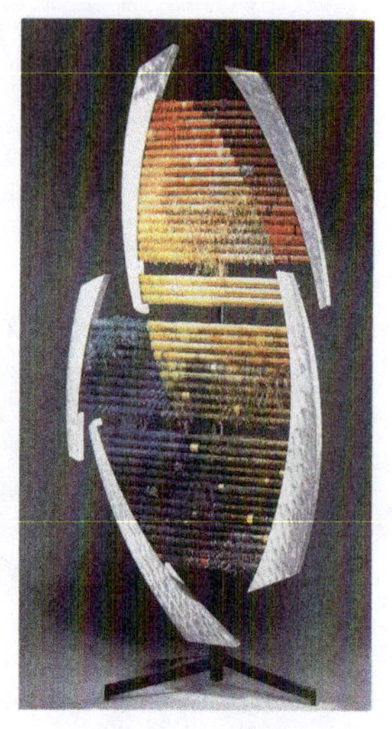
图 11-6　构成三

铝材表面经特殊处理形成一定的纹理和光泽，其质感特征与纤维的质感特征形成强烈的对比，充分展示和强化了它们的材质。

构成四（图 11-7）：以牙签为构成材料来表现。将牙签摆放成具有延伸感的造型，意在突出竹材的自然与生长的感觉。牙签是用竹材经过磨制加工而成的，其表面并没有经过涂饰和雕刻等处理，保持了竹材本身的颜色和质感。

图 11-7　构成四

构成五（图 11-8）：以图钉、拉链、棉花为构成材料制作而成。图钉坚硬而光亮的材质给人以冷峻酷感，而柔软无光的柔软材料（棉花）给人以柔弱、含蓄的感受，两者材质肌理感觉对比强烈。通过拉链将这两种材质自然地组合在一起，表达出刚强的盔甲外表下隐藏着柔弱的真我。只有卸下保护的盔甲，才能看见真正的自我。

图 11-8　构成五

构成六（图 11-9）：以玻璃为原料，将整块的玻璃摔碎成形状各异的小块，然后将小块的玻璃随意地组合黏结，做出一个很随意的造型。整个构成中，玻璃的各个角度都有体现，整个形状呈现了色彩与光泽的完美变奏，虽然造型随意，但并不缺乏美感和艺术感，很好地体现了玻璃特有的那种光泽度和通透感，打破了玻璃原本块状的死板形象。

构成七（图 11-10）：材用石块和沙粒制作而成。石材所对应的心理感受是坚实、冰冷。而沙子给人心理感受是自然亲切，显示出轻快感。石块由低到高盘旋上升，到达最高点后，再由高到低盘旋下降，这种柔美的造型方式，缓解了石材给人沉重和冰冷的心理感受，仿佛它被沙粒的性格所感染，也渐渐褪去了冰冷。

图 11-9　构成六

图 11-10　构成七

构成八（图 11-11）：利用多个光盘制作构成。光盘给人冰冷的感觉，但是在光的照射下，具有反光效果，会产生不同的颜色，给光盘增加更多的色彩，使冰冷的光盘显得生动些。

构成九（图 11-12）：将成套的餐盘放在木质的桌子面上。木材天然的纹理和色泽，给人以温暖、自然之感，而叠合的瓷盘又是那么的洁白无瑕和富有层次感。木材表面的自然质地与

图 11-11　构成八

图 11-12　构成九

瓷盘细腻、平滑的质地形成了鲜明的对比，整体给人以温暖、宁静、和谐之美感。

构成十（图 11-13）：由若干不同颜色的棉线线轴构成。棉线的质地亲和、柔软，光泽柔和，染色后成为不同色彩，是人们日常生活中经常用到的物品。众多不同颜色的棉线线轴，倾斜放置，构成了色彩斑斓的画面，给人以亲切活泼的感受。

图 11-13　构成十

11.3 材料的设计技法表现

产品造型是通过各种材料来实现的，在设计表现中，产品的材料质感是构成产品表现的重要因素，通过对材料质感的表现可以直接反映出产品与材料的真实性。材料质感设计表现的表现元素主要包括材料的色彩、材料表面的肌理以及材料对光的反射和折射。材料质感的表现不是对实物的完全再现，而是通过截取材质的典型特征来传达设计者要表达的材质感觉和特征，既要注重材质表现的准确性，又要注意不同材质的结构特殊性。

材料质感的技法表现主要有以下两种：

1. 手绘表现方式

表达者借助纸、笔、颜料和其他工具，通过手绘方法表现产品材料质感。这要求表达者具有很强的结构表现力，能将产品的材质效果，系统、简明、清晰地表达出来，能够利用最简洁的画面语言来表现出各种材料的特性（如塑料、金属、玻璃、木材等）。这就需要平时注意观察，多思考和大量的练习，最终积累出自己的经验和画法。

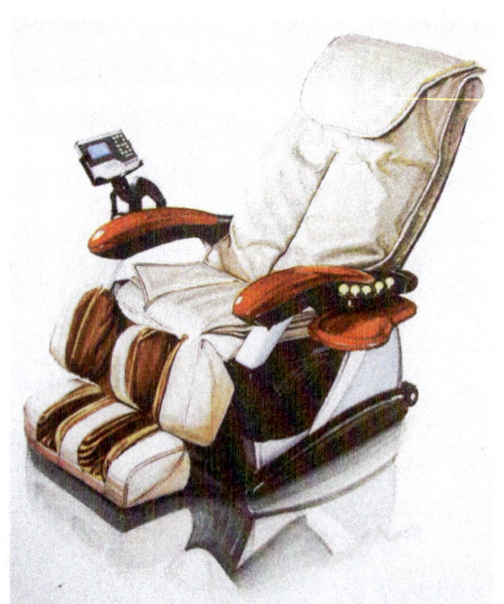

图 11-14　材质的手绘表现

在图 11-14 中，充分表现了产品的材质，准确、细腻地表现出布质材料的松软和木质扶手的肌理色彩效果，整体表现轻松自然，效果良好。

2. 计算机辅助设计的表现方式

计算机辅助设计在当今设计领域应用越来越广泛，在产品的形态、结构、色彩、材质的表现上，计算机强大的表达能力，能快捷、准确、真实地表达产品的材料质感，大大地提高了设计构想的实现能力。

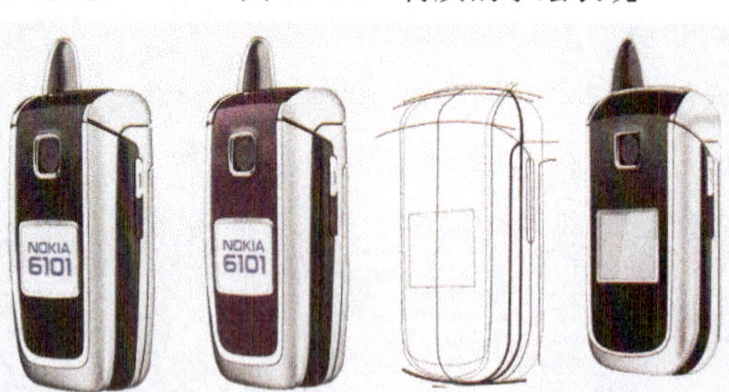

图 11-15　二维设计软件质感效果图

计算机辅助设计软件所提供的高清晰、全真的庞大的材质库，能轻松表现出木材、石材、塑料、金属、玻璃等材质，保证了设计是对未来产品的直观表现。常用的计算机辅助设计软件主要有二维设计软件（Photoshop、CorelDraw）和三维设计软件（3D Max、Rhino）。图 11-15 为采用 Photoshop/CorelDraw 二维设计软件表现的产品质感效果图。图 11-16 采用 3DMax/Rhino 三维设计软件表现的产品质感效果图。

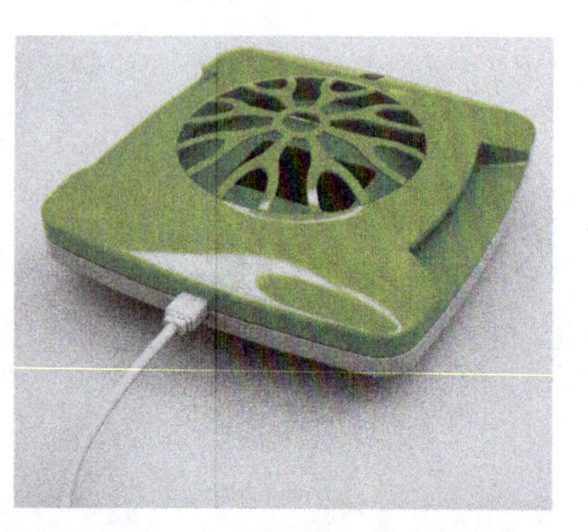

图 11-16　三维设计软件质感效果图

图 11-17　木材质感的手绘表现

(1) 木材的质感表现（图 11-17、图 11-18）

木材是一种具有丰富自然属性的

材质，其纹理美观，形态多样。没有经过抛光、涂饰处理的木材，基本上没有明显的高光和反光。但经涂饰处理的，如涂有清漆、洋干漆、烤漆等涂料的木材，其表面都有较强的高光和反光。描绘木材这种极具自然美感的材质，不需要多余的修饰，其特点是把握材质的特性和设计产品的用途。

在表现木材的质感时主要表现木材的纹理和色彩，可用笔勾画出纹理的变化痕迹，或同一色系的色彩重叠画出木纹，要求表现出木纹的肌理和色彩。木纹的表面不反光，高光较弱。练习时可以选也可以用钢笔、马克笔勾画出木纹线，或者用黑色或彩色来加强木纹线，从而表现出木材的自然肌理和质感。

(2) 塑料的质感表现（图 11-19、图 11-20)

塑料是工业设计中最常见的材质，塑料分为光泽塑料和亚光塑料两大类。光泽塑料的反光强烈，而且工业产品的塑料材质多有色彩上的变化，着色时体现出塑料材质的光泽性和整体性，应尽量消除笔触，体现出其整体感，常常使用渐变的色彩来体现出光影的变化。亚光塑料材质质感柔和精细，色彩的应用丰富，明暗反差不强烈，反光较弱，高光较少且色彩偏灰。

图 11-18　木材质感的计算机表现

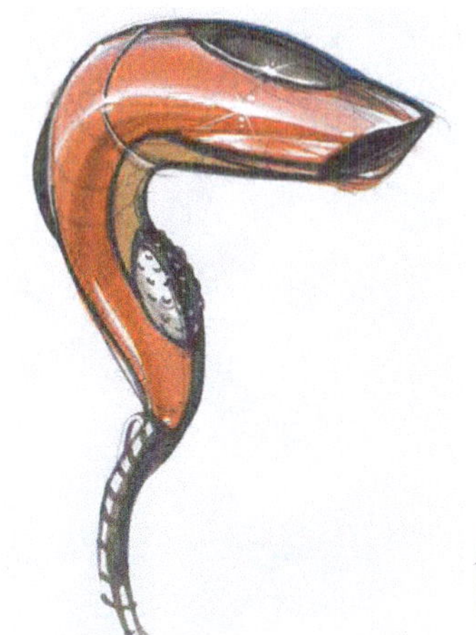

图 11-19　塑料质感的手绘表现

(3) 金属的质感表现（图 11-21、图 11-22)

金属材料质地坚硬、表面光洁度较高。在表现金属的质感时应针对金属表面加工处理的不同形式，表现金属的阴暗、光影、反光强弱。表现时下笔要肯定有力，笔触应尽量光洁平整，笔触明确，边缘清晰，干净利落地表现出金属的质感特点。

在表现不锈钢材质及表面有镀层的高反光金属材质时，要注意材质的高反光度，注意受

图 -11-20　塑料质感的计算机表现

光面和背光面的明暗对比变化和色彩冷暖对比关系。最亮的高光和最暗的反影往往是连在一起的，要注意对这些变化强烈的明暗关系进行取舍，同时要结合光源色和环境色一起处理，合理地利用补色的对比关系运用明暗高度对比的方法，选择和产品结构相吻合的明暗关系来仔细刻画。根据产品的形态特征，采取不同的运笔方向，表现不同形体之间不同的起伏和转折关系。

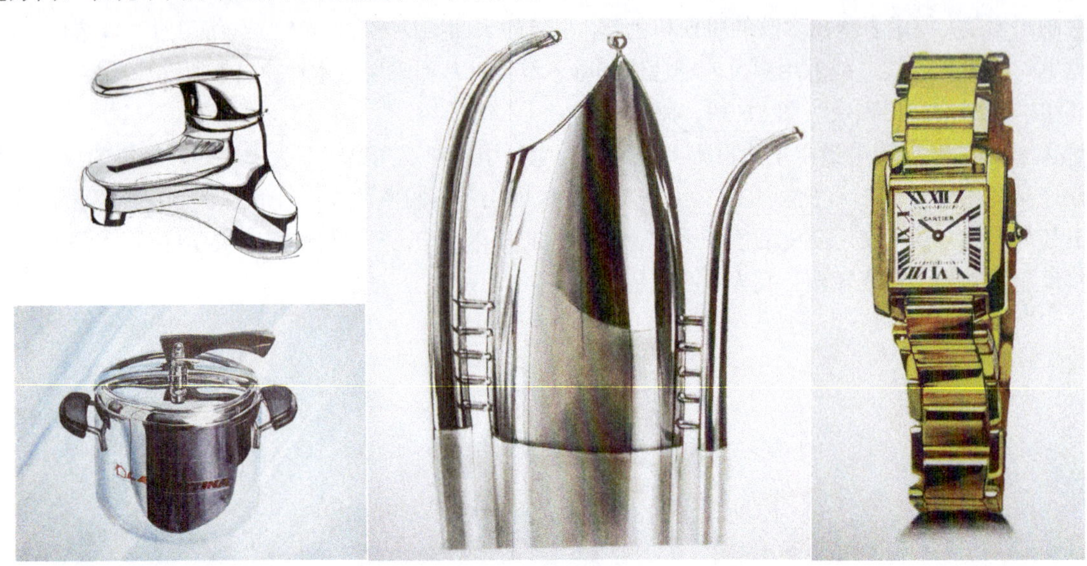

图 11-21　金属质感的手绘表现

图 11-22　金属质感的计算机表现

(4) 玻璃的质感表现（图 11-23、图 11-24）

玻璃材质的表面光洁度高，受光面有明亮的反光区，具有透射和反射的特点，它可以分割空间，却也可以扩展空间。玻璃反光较强，其反光形状根据不同的结构而定。

玻璃材质的表现主要是其透明感，一般用高光画法，在底色上加上明暗，点上高光即可。

(5) 其他材质的质感表现

在设计中常常要表现布料和皮革等面材的质感。布料给人以柔软温暖的感受，常常有各式各样的花纹款式。皮革则分为亚光皮革和反光皮革，表现时要注意其明

图 11-23　玻璃质感的手绘表现

暗变化及其柔软光滑的质感。

布和皮革这类人造材料相对于前面讲到的几种材料而言，有着非常独特的个性特征。皮革的种类较多，有人造皮革和天然皮革。从表现的角度可分为高亮皮革和亚光表现，在表现皮革质感时特别要注意皮革高光的表达（图 11-25、图 11-26）。布纹的柔软、皮革的柔韧都体现出鲜明的材料美感。在表现布纹质感时，重点在于对其质感特征进行分析和概括，布材料没有很强的高光，布纹也相对柔和（图 11-27、图 11 28）。

图 11-24　玻璃质感的计算机表现

图 11-25　皮革质感的手绘表现

图 11-26　皮革质感的计算机表现

图 11-27　布料质感的手绘表现

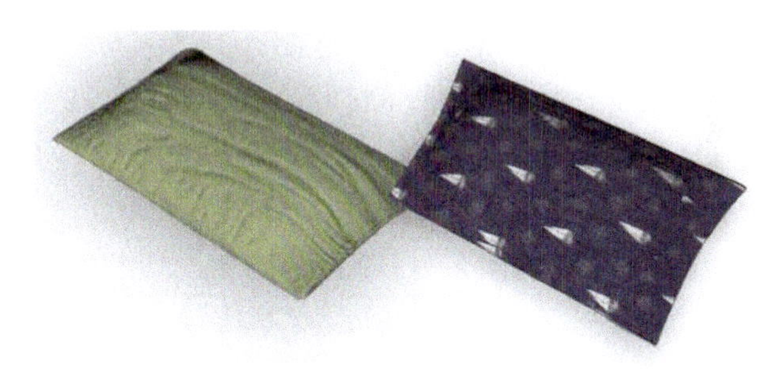

图 11-28　布料质感的计算机表现

◆ 思考题

1. 收集各种材料并进行多方面的体验和认知。

2. 材料质感构成练习：利用周围环境中的各种材料，进行材料构成表达训练。要求构成作品充分利用和发挥材料特性，说明选用的材料和表达的创意。

3. 材料的材质表现技法有哪些？各有哪些特点？

参 考 文 献

[1] 程能林．产品造型材料与工艺 [M]．北京：北京理工大学出版社，1991.
[2] 王玉林．产品造型设计材料与工艺 [M]．天津：天津大学出版社，1994.
[3] 张宪荣．工业设计理念与方法 [M]．北京：北京理工大学出版社，1996.
[4] 黄良辅，段祥根．工业设计 [M]．北京：中国轻工业出版社，1995.
[5] 何晓佑．流行设计 [M]．南京：江苏美术出版社，1996.
[6] 沈榆．现代设计 [M]．上海：上海科技教育出版社，1995.
[7] 王继成．现代工业设计技术与艺术 [M]．上海：中国纺织大学出版社，1997.
[8] 台湾设计学会．设计：教育、文化、科技 [M]．台北：亚太图书出版社，1997.
[9] 汤重熹，曹瑞忻．产品设计理念与实务 [M]．合肥：安徽科学技术出版社，1998.
[10] 许平，潘琳．绿色设计 [M]．南京：江苏美术出版社，2001.
[11] 郑静，邬烈炎．现代金属装饰艺术 [M]．南京：江苏美术出版社，2001.
[12] 梅尔·拜厄斯．世纪经典工业设计－设计与材料的革新 [M]．北京：中国轻工业出版社，2000.
[13] 克里斯·莱夫特瑞．欧美工业设计 5 大材料顶尖创意 [M]．上海：上海人民美术出版社，2004.
[14] 颜鸿蜀，王珠珍．材料抽象表达散记 [J]．设计新潮，1995（4）：30－31.
[15] 彭仕廉．匠心独运·物之有神（上）[J]．装饰装修天地，1995（10）：39.
[16] 彭仕廉．匠心独运·物之有神（下）[J]．装饰装修天地，1995（11）：31－32.
[17] 徐永吉．木材的环境特性 [J]．室内设计与装修，1993（4）：36－37.
[18] 刘森林．室内环境设计的材质 [J]．家具与室内装饰，1991（6）：6－9.
[19] 苑金生．新颖奇特的木材 [J]．世界产品与技术，1997（5）：24.
[20] 安迪．美感来自材料 [J]．装饰，1988（2）：43－44.
[21] 阿德里安·海斯．西方工业设计 300 年 [M]．长春：吉林美术出版社，2003.
[22] 谢希文，过梅丽．材料工程基础 [M]．北京：北京航空航天大学出版社，1999.
[23] 杨慧智．工程材料及成形工艺基础 [M]．北京：机械工业出版社，1999.
[24] 郁文娟，顾燕．塑料产品工业设计基础 [M]．北京：化学工业出版社，2006.
[25] 叶蕊．实用塑料加工技术 [M]．北京：金盾出版社，2000.
[26] 段卫斌．产品设计效果图新表现 [M]． 上海：上海科学技术出版社，2007.
[27] 郑建启，刘杰成．设计材料工艺学 [M]．北京：高等教育出版社，2007.
[28] 张锡．设计材料与加工工艺 [M]．北京：化学工业出版社，2004.
[29] 黄丽．高分子材料 [M]．北京：化学工业出版社，2005.
[30] 高岩．工业设计材料与表面处理 [M]．北京：国防工业出版社，2005.